创意策划：安徽新华传媒股份有限公司

智慧图书馆探索与实践

《智慧图书馆探索与实践》编委会　编

国家图书馆出版社

图书在版编目（CIP）数据

智慧图书馆探索与实践 /《智慧图书馆探索与实践》编委会编． — 北京：国家图书馆出版社，2021.9（2023.12 重印）
ISBN 978-7-5013-7299-7

Ⅰ.①智… Ⅱ.①智… Ⅲ.①数字图书馆－图书馆工作－研究 Ⅳ.①G250.76

中国版本图书馆 CIP 数据核字（2021）第 144262 号

书　　名　**智慧图书馆探索与实践**
著　　者　《智慧图书馆探索与实践》编委会　编
责任编辑　王炳乾　张　颀
责任校对　郝　蕾
封面设计　耕者设计工作室

出版发行　国家图书馆出版社（北京市西城区文津街 7 号　100034）
　　　　　（原书目文献出版社　北京图书馆出版社）
　　　　　010-66114536　63802249　nlcpress@nlc.cn（邮购）
网　　址　http://www.nlcpress.com
排　　版　北京旅教文化传播有限公司
印　　装　河北鲁汇荣彩印刷有限公司
版次印次　2021 年 9 月第 1 版　2023 年 12 月第 2 次印刷

开　　本　710mm×1000mm　1/16
印　　张　28
字　　数　370 千字
书　　号　ISBN 978-7-5013-7299-7
定　　价　99.00 元

《智慧图书馆探索与实践》编委会

目　录

第一部分　智慧图书馆总论

第二部分　智慧图书馆产生背景

第三部分　智慧图书馆发展现状

第四部分　智慧图书馆案例研究

第五部分　智慧图书馆发展对话

前　言

随着互联网、大数据、语义网、云计算、物联网、5G等信息与通信技术的发展，随着图书馆事业自身发展的内在驱动，智慧图书馆越来越引起图书馆界的关注。过去十余年，人们对于智慧图书馆的概念、内涵、特征、技术、体系、功能、服务等诸多方面进行了深入探索，取得了不少理论成果。不少图书馆根据本馆具体情况在智慧图书馆体系、下一代图书馆业务系统、智能书库、自动采编、智能设备应用、智慧服务等多个领域展开了卓有成效的探索，取得了较好的效果。

尽管如此，由于智慧图书馆出现时间比较短，理论研究有待进一步深化，实践活动有待进一步展开，智慧图书馆建设将会是一个长期发展过程。在这个过程中，随着智慧图书馆理论研究的逐步深入，智慧图书馆实践层面存在着的碎片化、工具化和片面化的问题将会得到逐步解决，智慧图书馆建设水平也会逐步提高。特别是国家图书馆提出建设“全国智慧图书馆体系”的理念和思路，为我国智慧图书馆事业的进一步发展指明了前进的方向。我们相信，在这一理念和思路的指引下，我国的智慧图书馆事业的发展前景会越来越好。

因此，及时总结和提炼智慧图书馆建设过程中每一个阶段的发展成果，具有十分重要的理论和现实意义。一方面，这是对过往理论与实践经验的总结，另一方面，这也是未来发展的思想和实践根基。基于这样的原因，我们编写本书，希望借此对迄今为止的智慧图书馆发展状况进行总结梳理，并且对未来发展趋势进行探讨。

本书的编写出版，得到了各级领导、有关专家、图书馆界同人以及业界朋友们的大力支持和帮助，我们在此表示衷心感谢。

由于水平有限，错漏之处在所难免，敬请读者批评指正。

本书编委会

2021 年 8 月 1 日

第一部分　智慧图书馆总论

全国智慧图书馆体系：开启图书馆智慧化转型新篇章①

饶　权

编者按：智慧图书馆是“十四五”期间我国图书馆高质量发展的重要抓手和未来发展的重要趋势，做好智慧图书馆建设工作具有十分重要的现实意义。《中华人民共和国国民经济和社会发展第十四个五年规划和2035年远景目标纲要》明确指出加快数字社会建设步伐，推进线上线下公共服务共同发展、深度融合，积极发展智慧图书馆。文化和旅游部《“十四五”公共文化服务体系建设规划》进一步指出推动实施智慧图书馆统一平台建设。显然，智慧图书馆建设既需要条件成熟的图书馆先行先试，又需要全国一盘棋协同发展，只有这样才能不断满足人民群众对美好文化生活的需求。因此，国家图书馆从顶层设计出发，提出建设“全国智慧图书馆体系”的理念和思路，这将对我国智慧图书馆建设起到战略引领和推动作用。时任国家图书馆馆长饶权在《中国图书馆学报》2021年第1期撰文《全国智慧图书馆体系：开启图书馆智慧化转型新篇章》，系统论述了“全国智慧图书馆体系”建设的总体架构及其支撑保障体系，这对我们做好智慧图书馆建设工作具有非常重要的方法论意义和实践指导意义。本书编委会征得作者和《中国图书馆学报》编辑部的同意，将该文收入本书，按照统一体例进行了编排，以飨读者。

随着智慧理念的践行和智慧型社会的发展，国内外智慧图书馆建设已从理论探讨转向应用开发，我国的公共图书馆、高校图书馆、专业图书馆等已经开始了

① 本文系作者在2020年10月15日“第十届上海国际图书馆论坛”上主旨报告的主体内容。

智慧化转型的理论和实践探索。但是，目前我国的智慧图书馆建设还缺乏成熟的理论指导，各图书馆系统内部和区域间缺少统筹和联通，全国层面的智慧图书馆建设整体缺乏顶层设计和宏观规划。

国家图书馆作为全国图书馆信息网络中心，曾经通过组织实施国家数字图书馆工程、数字图书馆推广工程等全局性工程项目，推动我国图书馆事业由传统向数字化转型。面对图书馆智慧化发展的新需求，国家图书馆再次提出建设"全国智慧图书馆体系"的理念和思路，在全国层面进行统筹规划，希望为推动我国图书馆由数字化向智慧化转型发展作出新的贡献。

"全国智慧图书馆体系"思路的提出是在2020年初，后邀请学界和业界专家经过多次研讨和论证，构建了初步框架。2020年9月初，在习近平总书记给国图老专家回信一周年暨国家图书馆建馆111周年之际，我们邀请全国副省级以上公共图书馆馆长参加座谈会，会上分享了"全国智慧图书馆体系"建设的基本思路，引发与会馆长强烈共鸣，也收到了许多宝贵意见和建议。经过多次深度论证、广泛征求意见和反复修改完善，国家图书馆正式向有关部门提出建设"全国智慧图书馆体系"的建议。

本文以全球"智慧社会"的发展趋势为背景，分析转型时期图书馆在思想理念、业务格局、知识服务、空间布局等方面的变化，以及向智慧化转型的迫切形势，详细阐释"全国智慧图书馆体系"建设的总体思路、内容架构、目标愿景等，以期与全国各级各类图书馆一起，开启智慧化转型新篇章。

1 经济社会发展进入"智慧社会"建设新时代

当前，人类社会正在经历一场以人工智能、大数据、云计算、物联网、区块链、5G等技术为引领的新一轮科技和产业革命。智能技术在医疗、金融、交通、制造、教育、文化等领域得到广泛应用，无人驾驶汽车、AI诊疗、"无人工厂"、"无人值守超市"等原本存在于科幻电影里的场景，如今正逐渐走进现实。随着一些行业智能化转型方案的不断落地，智慧城市、智慧社会、智慧国家乃至智慧地球的建设理念应运而生，并迅速发展为一项全球性重大议题。

为了牢牢把握信息化新发展阶段带来的新机遇，世界上主要国家和地区都围绕经济社会的智慧化转型发展作出了一系列重要战略部署。美国联邦政府于2015年发布《白宫智慧城市行动倡议》[1]和《美国创新战略》[2]，提出智慧城市建设愿景，强调要利用大数据、智能传感器等新技术，减少城市交通拥堵、打击犯罪、促进经济增长、应对气候变化影响、提高城市服务水平；日本在2016年出台的《第五期科学技术基本计划》[3]中提出"社会5.0"的超智能社会建设目标，强调所有行业都要在"社会5.0"目标框架下实施智能化战略，以智能化技术手段提高劳动生产效率，提供高效服务，响应社会的各种需求，并产生新的商业价值；新加坡在2006年就启动了"智慧国家2015"[4]计划，2014年又推出"智慧国家2025"[5]计划，提出建设覆盖全国的数据收集、连接和分析基础设施平台，根据所获数据预测公民需求，提供更好的公共服务，让新加坡成为一个智慧国家。

中国也高度重视智能化技术的发展与应用，2016年颁布的《国民经济和社会发展第十三个五年规划纲要》首次提出要"建设一批新型示范性智慧城市"[6]。中国共产党第十九次代表大会报告首次写入"智慧社会"，并将其与科技强国、质量强国、航天强国、网络强国、交通强国、数字中国等战略并列，这是对信息社会发展前景的前瞻性概括，也是科学判断信息社会发展趋势所作出的战略部署[7]。

---

① Fact sheet：administration announces new "Smart Cities" initiative to help communities tackle local challenges and improve city services［EB/OL］.［2020-09-30］.https://obamawhitehouse. archives. gov/the-press-office/2015/09/14/fact-sheet-administration-announces-new-smart-cities-initiative-help.

② National Economic Council，Office of Science and Technology Policy. A strategy for American innovation［R/OL］.［2020-09- 30］. https://obamawhitehouse. archives. gov/sites/default/files/strategy_for_american_inno-vation_october_2015. pdf.

③ 第5期科学技術基本計画［EB/OL］.［2020-09-30］. https://www8. cao. go. jp/cstp/kihonkeikaku/index5. html.

④ iN2015 reports［EB/OL］.［2020-09-30］. https://www. tech. gov. sg/media/corporate-publications/in2015- reports.

⑤ Infocomm media 2025［EB/OL］.［2020-09-30］. https://www. tech. gov. sg/media/corporate-publications/infocomm-media-2025.

⑥ 中华人民共和国国民经济和社会发展第十三个五年规划纲要［EB/OL］.［2020-09-30］. http://www. xinhuanet. com/politics/2016lh/2016-03/17/c_1118366322. htm.

⑦ 习近平. 决胜全面建成小康社会 夺取新时代中国特色社会主义伟大胜利——在中国共产党第十九次全国代表大会上的报告［EB/OL］.［2020-09-30］. http://cpc. people. com. cn/n1/2017/1028/c64094-29613660. html.

2020年5月，《政府工作报告》将发展新一代信息网络列入国家新型基础设施建设规划，明确了以新发展理念为引领，以技术创新为驱动，以信息网络为基础，面向高质量发展需要，提供数字转型、智能升级、融合创新等服务的战略构想[①]。

智慧社会的发展目标是通过智能技术的广泛应用、数据资源的高度共享与城市要素的开放互联，促进社会的结构性变革和功能性再造，从而构造新的社会运作体系，全面提升社会治理的精细化水平，实现基本公共服务的便捷高效与普惠均等，推动经济社会高质量发展，更好地满足社会公众美好生活需要。从当前发展看，"智慧社会"主要呈现出以下几方面特点。

1.1 信息网络泛在延伸

随着"宽带中国"建设的推进，城乡一体的宽带网络将不断完善，信息网络加速向宽带、移动、融合方向发展，固定通信移动化和移动通信宽带化成为趋势，5G、Wi-Fi 6等下一代网络技术不断演进，高速宽带无线通信实现全覆盖，千兆入户、万兆入企稳步实现，社会公共空间实现无线网络全覆盖。信息网络加速向人与物共享、无处不在的泛在网方向演进，其智能化、泛在化和服务化的特征日益明显。网络的无处不在催生了计算的无处不在、软件的无处不在、数据的无处不在、连接的无处不在，从而为智慧社会奠定了坚实基础。

1.2 智能技术普及应用

随着大数据、云计算、互联网、物联网等信息技术的发展，泛在感知数据和图形处理器等计算平台推动以深度神经网络为代表的人工智能技术飞速发展，大幅跨越了科学与应用之间的"技术鸿沟"，图像分类、语音识别、知识问答、人机对弈、无人驾驶等人工智能技术逐步实现从"不能用、不好用"到"可用、好用"的技术突破，迎来爆发式增长的新高潮，成为"智慧社会"从梦想走向现实的重要基石，得到各国政府的普遍重视。新加坡出台《国家人工智能计划》[②]，将人工智能、大数据、虚拟媒体、物联网作为国家大力投资的前沿技术；英国发布

---

① 2020年政府工作报告[EB/OL].[2020-09-30]. http://www. gov. cn/premier/2020-05/29/content _ 5516072. htm.

② National artificial intelligence strategy[EB/OL].[2020-09-30].https://www. smartnation. gov. sg/why-Smart-Nation/NationalAIStrategy.

《人工智能领域行动》[①]，就人工智能技术的研发应用和大数据基础设施建设等重点领域发展进行规划部署；2017 年，中国政府先后发布《新一代人工智能发展规划》[②]和《促进新一代人工智能产业发展三年行动计划（2018—2020 年）》[③]，提出要推动智能产品在教育、文化、旅游等领域的集成应用。

1.3 数据资源价值凸显

近年来，大数据产业蓬勃发展，融合应用不断深化，数字经济量质提升，对经济社会的创新驱动、融合带动作用显著增强。2019 年中国数字经济增加值规模已达 35.8 万亿，占 GDP 比重达 36.2%[④]。2020 年国务院发布《关于构建更加完善的要素市场化配置体制机制的意见》[⑤]，将数据和土地、劳动力、资本、技术一并作为未来改革的重要内容，提出要加快培育数据要素市场，提升社会数据资源价值。未来，数据对经济社会发展的放大、叠加、倍增作用还将进一步凸显，并不断催生新产业、新业态、新模式。

提供更为便捷高效、更加智慧化的公共服务，是智慧社会建设的题中应有之义，作为公共服务体系中不可或缺的公共文化服务，也因此站在了一个新的历史关口。

2 图书馆事业发展进入智慧化转型的窗口期

图书馆一直是新技术的积极倡导者，也是技术进步的受益者。20 世纪 90 年代以来，中国图书馆界抓住全球信息基础设施数字化、网络化发展的时代机遇，

---

① Industrial strategy: artificial intelligence sector deal [EB/OL] . [2020-09-30] .https://www.gov. uk/govern- ment/publications/artificial-intelligence-sector-deal.

② 国务院关于印发《新一代人工智能发展规划》的通知 [EB/OL] . [2020-09-30] .http://www. gov. cn/zhengce/content/2017-07/20/content_5211996. htm.

③ 工业和信息化部发布《促进新一代人工智能产业发展三年行动计划（2018—2020 年）》[EB/OL] . [2020-09-30] .https://www. miit. gov. cn/jgsj/kjs/jscx/gjsfz/art/2020/art _291b5e6bc13f415494e84a0e9eac78f1.html.

④ 中国数字经济发展白皮书（2020 年）[EB/OL] . [2020-09-30] .http://www. caict. ac. cn/kxyj/qwfb/bps/202007/t20200702_285535. htm.

⑤ 关于构建更加完善的要素市场化配置体制机制的意见 [EB/OL] . [2020-09-30] .http://www. gov. cn/zhengce/2020- 04/09/content _5500622. htm.

及时推进数字图书馆建设的研究与实践，在教育、科技、文化等领域分别搭建了标准统一、传播快捷、覆盖广泛的数字图书馆服务网络，在数字图书馆软硬件系统开发、数字资源共建共享、标准规范体系建设、数字化服务推广等方面积累了丰富经验，较好地实现了从传统图书馆到数字图书馆的转型发展。

以公共图书馆为例，目前，大部分省、市级公共图书馆都实现了读者服务空间无线网络全覆盖，全国较大城市图书馆均已提供24小时自助服务，人们可以随时借阅文献，通过有线电视查阅书籍，收看图书馆举办的讲座，在乘坐地铁时也可以通过移动终端扫描二维码，来阅读图书馆提供的电子图书。截至2019年底，全国县级以上公共图书馆可供读者数字阅读的电脑终端已达14.57万台①，电子图书馆藏总量近8.66亿册，网站访问量达到21.18亿页次。

为适应移动互联网蓬勃发展的新趋势，各级图书馆积极拓展移动服务阵地。截至目前，国家数字图书馆移动阅读平台已在全国建成近400家地方分站，越来越多的图书馆开始利用官方微博主页、微信平台、手机门户网站、移动应用程序等新媒体服务渠道，主动将图书馆的资源和服务推送至用户移动终端，极大拓展了图书馆在互联网空间的文化影响力。2020年4·23世界读书日期间，国家图书馆联合全国近100家图书馆启动抖音传播矩阵，以短视频和话题相结合的方式开展馆藏推介，同时邀请读者讲述读书故事、交流学习心得，得到了社会公众的积极响应，活动期间累计发布短视频16.7万条，播放量近20亿次。

今天，信息化发展再次进入新阶段，技术应用的智能化程度不断提升，数据资源蕴藏的巨大能量不断释放，信息技术正在从助力经济发展的辅助工具向引领经济发展的核心引擎转变，图书馆的智慧化转型迫在眉睫。

2.1 图书馆的资源加工组织与服务方式需要适应新变化

一方面，随着互联网进一步向万物互联的物联网延伸，越来越多物理实体的实时状态被广泛采集、传输和汇聚，成为政府决策、科学研究、企业发展乃至个人学习成长的重要数据基础。与此同时，图书馆收藏的各类物理载体文献信息也需要彼此关联、与读者关联、与其他图书馆的物理资源关联，甚至与其他智能设

---

① 中华人民共和国文化和旅游部2019年文化和旅游发展统计公报[EB/OL].[2020-09-30].https://www. mct. gov. cn/whzx/ggtz/202006/t20200620_872735. htm.

施设备关联。另一方面，在人类社会信息活动中累积的资源持续呈指数级增长的同时，网络数据资源日益呈现结构化、非结构化并存并通过网络大规模交换、共享和聚集的态势，经济社会发展的各个领域都对基于细粒度知识关联的大数据挖掘与智能分析提出了越来越高的要求。下一代信息网络传输速率不断提升，人们对各类知识信息服务的敏捷度提出更高要求。当前，图书馆以文献载体为单元的信息组织加工方式，以及主要由人工支持的知识信息服务，已经远远不能适应当前网络信息环境的变化。

2.2 图书馆需要敏锐感知并主动参与构建知识服务新生态

在全球经济从传统经济向数字经济转型的过渡时期，我国数字经济迎来了变道超车的历史性机遇，特别是知识内容消费市场展现出较大潜力。截至 2020 年 3 月，我国网络新闻、网络文学、网络音乐、网络视频、网络直播的用户数量合计达32.4亿[①]。在推动知识共创、知识共享的基础上，知识内容免费和付费获取相结合的多元知识消费生态已集聚起广泛的现实需求。出版机构、互联网平台运营商、数字技术服务提供商、社会化生产者等第三方主体进入知识服务领域，在数字学术出版、网络文学创作、在线听书服务、知识社区运营等方面形成了较为成熟的知识服务产业链条，这对图书馆的知识信息服务中介功能带来严峻挑战，迫切需要图书馆以更加开放的姿态加入知识服务新生态的构建。

2.3 图书馆需要利用智慧化技术打造更具价值的馆舍空间

随着各类智能技术在经济社会生活各领域的普及应用，人们在日常生活、学习、工作中越来越适应和习惯于智慧化场景，对在图书馆阅读、学习、研究和创新创造活动中获得智慧化知识服务体验的需求日益凸显。在技术和需求的双重驱动下，图书馆势必迎来馆舍空间改造的新理念和新趋势。一方面需要为用户营造线上线下互动、虚实结合、开放互联、知识共享的信息获取与交流环境，提供场景回放、虚拟现实、沉浸式阅读等多种服务体验；另一方面需要利用数据化、智能化的管理手段，提升图书馆的实体空间与环境管理能力，最大限度发挥图书馆交互式学习、阅读和交流共享的空间价值，提升用户对图书馆

---

① 第45次《中国互联网络发展状况统计报告》[EB/OL].[2020-09-30].http://www. cnnic. cn/hlwfzyj/hlwxzbg/hlwtjbg/202004/t20200428_70974. htm.

的归属感和认同感。

近年来，中国政府围绕文化与科技融合、文化大数据建设出台系列政策文件，也为图书馆智慧化转型提供了新的发展机遇。2019 年，文化和旅游部与科技部、中宣部等六部门联合印发《关于促进文化和科技深度融合的指导意见》，提出要“利用物联网、云计算、大数据、人工智能等新技术对公共文化服务和文化产业进行全方位、全链条的改造”①。2020 年 5 月，中宣部文改办印发《关于做好国家文化大数据体系建设工作通知》，将“建设国家文化大数据体系”作为“新时代文化建设的重大基础性工程”，进一步明确了“打通文化事业和文化产业、畅通文化生产和文化消费、融通文化和科技、贯通文化门类和业态，推动文化数字化成果走向网络化、智能化”② 的政策导向。

面对智慧社会发展带来的历史机遇和时代挑战，国内外一些图书馆率先在智慧空间规划、智慧场馆建设、智慧业务管理和智慧服务创新等方面进行了积极探索，在文献自动分拣传输、人脸识别、无感借阅、机器人导览、虚拟讲解、仿真体验等领域，人工智能技术应用取得积极进展，有效提升了业务管理运行效率和用户线上线下学习阅读体验。例如，英国国家图书馆、美国芝加哥大学图书馆、日本明治大学图书馆、苏州第二图书馆等建成智能立体书库，通过智能书架与搬运机器人，实现书刊自动存取、分拣传输系统的全智能化管理，每天可以智能处理上万本图书；南京大学图书馆研发的智能盘点机器人，依托 RFID 感知、计算机视觉等智能技术，可以实现精确、可靠的全自动图书盘点，图书盘点效率超过每小时两万册，漏读率低于 1%③；美国康涅狄格州西港图书馆、加拿大圣文森特山大学图书馆、上海图书馆等引入交互机器人，将人脸识别、迎宾讲解、智能交互、书籍检索、信息查询等功能整合为一体，为读者提供人性化的随行阅读指引。

与此同时，一些图书馆开始尝试联合社会力量，为智能技术在图书馆一些业

---

① 科技部等六部门印发《关于促进文化和科技深度融合的指导意见》的通知[EB/OL].[2020-09-30].http://www. gov. cn/xinwen/2019-08/27/content _ 5424912. htm.

② 中央最新政策:《关于做好国家文化大数据体系建设的通知》[EB/OL].[2020-09-30]. https://www. gujianchina. cn/news/show-9194. html.

③ 智慧盘点机器人[EB/OL].[2020-09-30].http://lib. nju. edu. cn/zhtsg/zhpdjqr. htm.

务环节、服务领域的落地应用提供解决方案。例如，国家图书馆与出版机构、企业合作，探索打造基于5G、全景视频、全息影像等新技术的沉浸式阅读体验，将馆藏精品展览加工成全息影像资源，应用360度大屏、VR眼镜等技术设备，为公众提供全景交互式阅读体验；江西省图书馆新馆与高新技术企业合作建设智慧阅读空间，对读者进行人脸识别，经大数据系统分析推送文献，实现读书、品书"各有所好"；上海市图书馆行业协会联合高新技术企业，推动上海市各级各类图书馆部署基于"微服务"架构的第三代数字图书馆开放服务平台，加速智慧图书馆应用生态建设。

可以说，智慧化转型已经成为世界各国图书馆面对信息化建设新发展阶段历史机遇与时代挑战的共同选择。一些地区和图书馆的先行探索，为我们在更大范围内进行图书馆智慧化转型的全局规划、顶层设计和统筹部署积累了经验，奠定了基础。

3　关于"全国智慧图书馆体系"建设的初步构想

国家数字图书馆工程已在全国搭建起图书馆间互联互通的平台，实现资源共享，在此基础上，"全国智慧图书馆体系"进一步转型升级，重组业务，整合资源，打造知识服务生态，提供智慧服务。

3.1 关于智慧图书馆的理解与定位

近年来，关于智慧图书馆的研究和探讨日益深入，智慧图书馆已不只是一种适应技术变革的图书馆新发展形态，同时更是一种面向未来的图书馆新发展理念。它一方面要求图书馆应用智慧化技术手段进一步提高管理水平和服务效率，为用户获取知识信息提供更加便捷高效的支持；另一方面突出强调图书馆应当立足人的智慧活动需求，主动提供更加专业、精准的知识信息服务。其核心在于广泛应用5G、大数据、云计算、区块链等"技术智慧"，大力提升知识组织、加工、存储、传播、服务等领域的"图书馆智慧"，以全面激活创新创造过程中的"用户智慧"，最终服务于智慧社会的建设与发展。

归纳起来，智慧图书馆至少包含以下四方面特征：一是图书馆业务的全流程智慧化管理。进入智慧图书馆发展阶段，图书馆的业务内容、业务架构将进一步面临全流程的智慧化重组，实现文献信息全生命周期的自动化、一体化管理，全面提升图书馆业务管理效率，同时使图书馆员从大量简单的事务性工作中解放出来，更多地从事面向高层次学习阅读需求的专业知识信息服务。二是知识资源的全网立体集成。进入智慧图书馆发展阶段，图书馆资源建设将突破行业内集成共享的格局，进一步实现对互联网环境下网络原生资源、科学数据、开放存取资源、个人创作资源等多源知识内容的统一加工揭示、自动语义关联和集成管理服务，形成覆盖全网的立体化知识资源体系。三是知识服务生态链条的全域连通。进入智慧图书馆发展阶段，图书馆提供的知识信息服务将进一步向知识生产、传播、消费等全生态链条延伸、拓展，建立多渠道接入、多平台入驻、多样态产品输出的社会化合作机制，使社会知识活动中的不同角色都能够在图书馆得到供需适配的支持和服务。四是学习阅读空间的线上线下虚实交互。智慧图书馆的场馆体验将更加突出现代技术应用与人本服务理念的紧密结合。一方面基于对用户需求、行为数据及其与图书馆空间、资源、设施、工具等的实时匹配分析，针对各类学习阅读场景量身定制个性化、智慧化解决方案，为用户提供无感随行的便捷支持与服务；另一方面利用虚拟现实、增强现实、多维影像高清晰摄录等现代技术，进一步丰富知识服务内涵，使读者能够真正走进书本、穿越时空，获得沉浸式的全景阅读学习体验。

3.2 关于“全国智慧图书馆体系”建设的总体思路

我们在当前阶段提出建设“全国智慧图书馆体系”，希望依托国内已有数字图书馆基础设施、资源及服务网络建设成果，以及国家图书馆与全国各级公共图书馆之间已有的较为成熟的行业协同网络，充分发挥各级图书馆在知识信息的采集、汇聚、加工整合及关联揭示等方面的专业技术优势，通过政府财政投入带动社会资本与社会力量进入，整合国内知识服务领域头部机构在知识资源内容开发、知识服务产品集成、品牌渠道推广等方面的市场经验，联合打造面向未来的下一代图书馆智慧服务体系和自有知识产权的智慧图书馆管理系统，推动实现全国图书馆空间、资源、服务、管理等的全面智慧化升级（见图 1）。

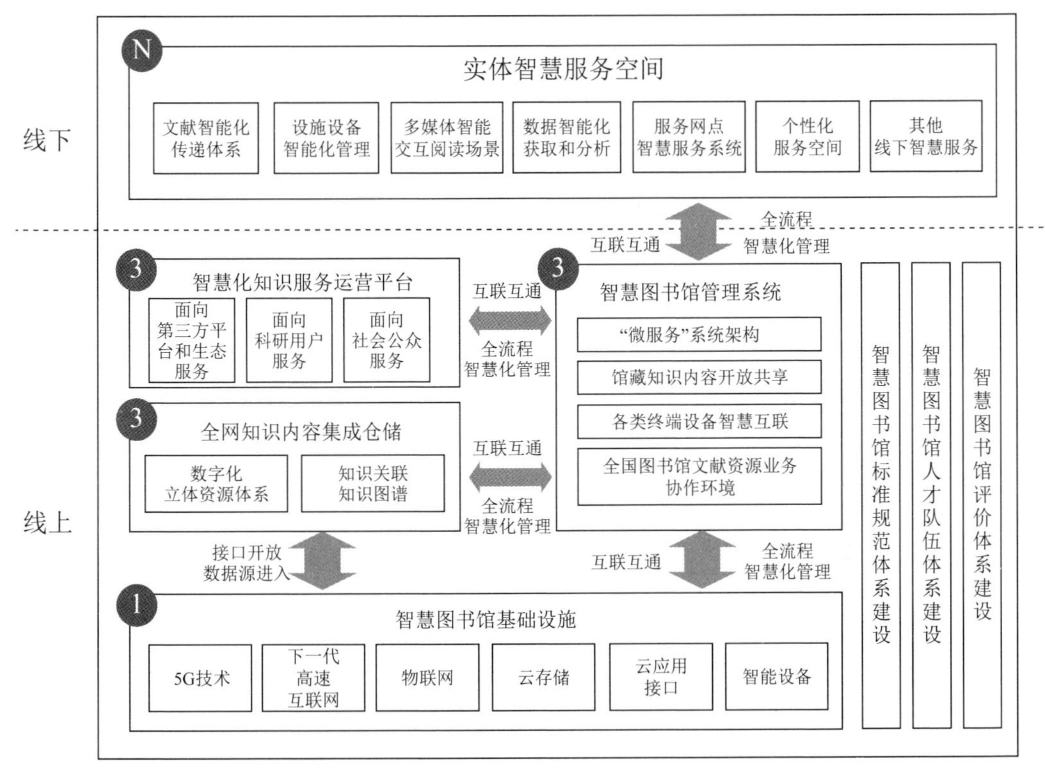

图 1　“全国智慧图书馆体系”建设项目框架

项目将通过贯穿知识创作、知识发表、知识存储、知识传播、知识发现到知识服务全域链条的大数据基础设施的构建，建立国家知识资源仓储系统，搭建开放式知识服务运营环境，辐射全国各级图书馆普遍建立智慧化服务空间，支持“人工智能＋数据”驱动的分众化知识发现与知识服务，实现对多元主体提供的各类知识内容和服务的全媒体发布接入、全面集成共享、全程在线提供。

项目建设的总体架构可以归纳为“1+3+N”。其中，“1”是指一个“云上智慧图书馆”，“3”是指搭载其上的全网知识内容集成仓储、全国智慧图书馆管理系统和全域智慧化知识服务运营环境，“N”是指在全国各级图书馆及其基层服务点普遍建立线下智慧服务空间。

“云上智慧图书馆”是支撑全国智慧图书馆体系运行的云基础架构，计划采用公有云与私有云相结合的混合模式。其中，公有云主要用于支持面向科研机构和社会公众的公益性服务。私有云主要用于支持面向政府部门及一些重要特殊项目与机构的服务。全国智慧图书馆体系将基于这个云基础架构，实现高度集成化运行管理，各图书馆可以不再单独组网和搭建系统。

全网知识内容集成仓储建设主要包括两部分内容：一是应用语义网、人工智能、智能标引、机器学习等技术，打造“云知识生产中心”，通过“云上智慧图书馆”的开放接口，为各级图书馆的知识采集、生产、加工提供一站式支持与服务，共同建设标准统一、数据共享、监管有效的图书馆知识内容仓储管理体系，在此基础上，不断增强知识管理与知识服务的支撑能力，逐步吸纳其他各类主体加入知识服务社群，推动实现智慧图书馆知识生产源的全域覆盖；二是借助语义网、人工智能等技术，自动抽取和构建满足用户需要的知识结构及相关资源体系，通过关联数据和本体进行语义组织，实现互联网环境下的自动语义关联和规范控制，形成全网集成的智慧化知识网络图谱。

智慧图书馆管理系统是全国智慧图书馆体系的“大脑中枢”，该系统将对图书馆集成管理系统进行全面智能化升级改造，实现对图书馆线上、线下业务的全流程智慧化管理。一方面通过基于开放接口的“微服务”系统架构，灵活支持图书馆各种已知和未知业务的开放接入，支持各类应用开发机构或个人基于对系统数据的深度挖掘与整合利用，开发独特的知识服务应用模块，以实现系统前端界面面向不同服务人群、不同目标定位的个性化定制；另一方面应用物联网技术，推动全国图书馆馆藏知识内容、各类终端设备、智慧服务空间、线上线下智慧活动的开放共享和智慧互联，建立集成全国各级图书馆及其他文献服务机构藏书、社会捐赠文献的线上虚拟书库管理系统，实现馆馆相联、书书相联、人书相联，支持用户便捷发现、获取身边的图书馆资源及服务。

智慧化知识服务运营环境将打造一个多元参与、互利共赢的知识“集市”，建立贯通知识创作、发布、存储、传播、利用等全域链条的社会化合作机制，支持各级图书馆及社会第三方平台开放接入，为知识生产者、知识服务者和知识消费者等不同角色的知识活动提供内容审核、资源加工、用户画像、活动推广、版权管理、空间运营、数据分析等一系列运营管理能力，为公民、法人和其他组织加入智慧知识服务网络提供全流程支持与服务。

智慧图书馆服务空间是全国智慧图书馆体系的“神经末梢”，将通过对各级图书馆及其基层服务网点建筑空间、设施设备的智慧化改造，支持文献编目、分拣、盘点、流通等线下业务的智能化升级。通过在各级图书馆服务网点部署智能座席、智能问答等智慧服务系统，打造多媒体智能交互阅读场景。引入社会化物流，建立覆盖全国的文献智能化传递体系，实现各级图书馆馆藏文献资源在全国范围内，特别是城乡基层的高效便捷流转。在线下场馆智慧化升级的基础上，项目还将推动图书馆智慧空间设施及其管理应用系统与用户智能终端的互联互通，建立线上与线下服务相结合的个性化阅读学习空间、交流共享空间和协同创新空间，提供基于虚拟现实、增强现实等智能化技术的沉浸式服务体验。

为确保全国智慧图书馆体系的科学发展，项目还将建设三个支撑保障体系：一是智慧图书馆评价体系建设，对纳入体系的图书馆空间、设施、资源、服务等的供给、利用情况进行实时动态监测，对各馆智慧化管理运行效率及智慧服务效能等进行科学立体评价，为全国智慧图书馆体系的持续更新和财政资金投入优化配置提供决策支撑。二是智慧图书馆标准规范体系建设，将围绕智慧图书馆业务、数据、服务、技术和产品的建设、维护与管理，建立一套较为完善的标准规范体系，为各级公共图书馆的智慧化转型，以及覆盖、连通全国的智慧图书馆体系建设提供标准支撑。三是智慧图书馆研究及人才培养体系建设，建立全国智慧图书馆发展研究中心，围绕关键技术、标准规范、服务应用等开展跟踪研究，以前沿研究成果引领全国图书馆智慧管理系统、智慧服务体系、智慧运营环境的建设与发展。同时着力培养一支包括学科馆员、数据馆员、交流馆员、科研信息助理、智库专家、知识产权服务专家、情报分析专家等专业人才在内的新型人才队伍，实现对智慧图书馆的可持续支持。

上述项目建设内容中，“云上智慧图书馆”基础设施建设、智慧图书馆管理系统开发、智慧化知识服务运营环境搭建主要由国家图书馆统筹实施，以在中央层面形成对全国图书馆智慧化转型基础的统一支撑和保障。各级图书馆在国家图书馆统筹协调下，主要负责本地特色知识内容体系建设、本地智慧图书馆服务空间运营，以及与智慧图书馆线上服务联动等，同时结合本馆建设、管理和服务需要，对自身场馆空间及线下设备进行智慧化升级与改造，基于智慧图书馆管理系统的微服务架构进行必要的定制开发，从而实现“云上智慧图书馆”面向全国的普惠、均等、便捷服务，以及在此基础上有针对性地满足各馆用户的本地化、特色化需求。与此同时，其他内容提供方、平台运营方和渠道运营方也可以通过开放接口加入，共同参与全国智慧图书馆体系的内容建设与服务。

随着信息技术的快速更新迭代，人们关于智慧社会的想象仍然在不断拓展，图书馆的智慧化转型也必将是一个长期渐进的过程。我们考虑在“十四五”时期首先完成全国智慧图书馆初步框架体系的构建，在知识内容仓储、智慧管理系统和智慧服务空间等领域达到基本应用规模，逐步实现各级图书馆面向全民阅读与终身学习、面向科技创新与产业革命、面向政府科学决策与现代化治理的知识资源保障和智慧服务支撑能力的全面提升。

总体上，我们希望通过这个项目的建设，建立可持续发展的新型知识服务业态，进一步延伸公益性知识服务覆盖范围，形成对弘扬优秀传统文化、普及科学知识、支持公众终身学习的强有力支撑，以促进每一位公民的全面发展，推动实现全民科学文化素质的整体提升；通过项目建设，建立拥有自主知识产权的知识资源发布、管理、服务、存储体系，为国家创新发展提供更加丰富多元、可信可靠的优质知识资源，提供面向创新主体、嵌入创新过程、以分众化目标和需求为驱动的专业知识服务，使创新驱动发展建立在强有力的知识资源支撑和保障基础之上；通过项目建设，从顶层设计层面创新推动公共文化服务供给侧结构性改革，不断丰富互联网优质知识内容供给，帮助文化产业新形态的孵化，增强文化发展活力，使文化供给体系更好地适应需求结构变化；同时进一步加强面向互联网阵地的高品质知识资源，特别是中文原生数字学术资源的有效供给，推进知识内容生产、传播、利用环节的融合创新，加快培育集成化、一站式知识协同共享环境。

“十四五”时期是中国在全面建成小康社会基础上开启全面建设社会主义现代化国家新征程的第一个五年，我国将进入新发展阶段。这是一个充满变化和挑战的新阶段，变局潜藏危机，危机孕育转机。我们期待与社会各方共同努力，深化交流，拓展合作，在创新中谋发展，于变局中开新局，为推动图书馆事业更好更快发展，提供更高质量更为便捷的知识服务作出新的更大贡献。

（本文作者饶权2018年8月任国家图书馆馆长；2021年5月任文化和旅游部党组成员、副部长）

第二部分　智慧图书馆产生背景

2021年6月10日，文化和旅游部印发《“十四五”公共文化服务体系建设规划》，明确提出，力争在“十四五”末，智慧图书馆体系建设取得明显进展，并提出全国智慧图书馆体系建设项目。智慧图书馆是近些年来我国图书馆领域高度关注的一个话题，相关概念逐渐落地实践，成为图书馆发展的一个重要方向。而结合社会、技术和人文等方面的发展背景来看，智慧图书馆也是图书馆顺应当前时代发展所作出的一个必然选择。

社会背景：从智慧城市到智慧图书馆

“智慧图书馆”的出现与“智慧城市”密不可分。而智慧城市则可溯源至20世纪90年代新加坡首次提出的“智慧岛”计划。新加坡是智慧城市建设的一个典型范例，2002年曾荣获世界传讯协会首次颁发的“智慧城市”称号；2006年，新加坡推出“智慧国家2015”计划；2014年，新加坡在提前完成“智慧国家2015”计划的基础上，又开启了“智慧国家2025”计划。大力投入智慧城市建设的不仅仅是新加坡，在美国、英国、法国、丹麦、瑞典、日本、韩国等国家，智慧城市建设也进入国家发展战略，成为21世纪全球国家间竞争的焦点之一。

在我国，智慧城市建设近年来也受到高度重视。通常，学界在回顾智慧城市、智慧图书馆在中国的发展时都会提到IBM的“智慧地球”概念。2008年11月，IBM提出“智慧地球”概念，2009年，IBM接连发布《智慧地球赢在中国》计划书和《智慧的城市在中国》白皮书，受到国内广泛关注。《智慧地球赢在中国》提出六大领域中的智慧行动方案，即智慧的电力、智慧的医疗、智慧的城市、智慧的交通、智慧的供应链、智慧的银行。《智慧的城市在中国》提出“智慧的地球从城市发生”，全面描绘了其“智慧城市”愿景，将组织（人）、业务/政务、交通、通讯、水和能源定义为城市的六大核心系统，作为智慧城市的主要建设方向。IBM向中国推广了“智慧城市”的概念，但在后续发展中，中国的智慧城市建设呈现出自己更加丰富的内涵。有媒体曾指出：“IBM想做的是城市IT的Smart系统，而中国则要在智能化的基础上，将新型城镇化、信息化和工业化在中国深度融合。”[①] 截至目前，我国已出台了一系列推进智慧城市建设的政策文件。如：2014 年 3 月中共中央、国务院发布的《国家新型城镇化规划（2014—2020 年）》；2014 年 8 月国家发展改革委、工业和信息化部、科学技术部、公安部、财政部、国土资源部、住房和城乡建设部、交通运输部等八部委联合发布的《关于促进智慧城市健康发展的指导意见》；2016 年 3 月，我国颁布《国民经济和社会发展第十三个五年规划纲要》，首次提出要“建设一批新型示范性智慧城市”；同年 11 月，国家发展改革委、中央网信办、国家标准委联合发布《关于组织开展新型智慧城市评价工作务实推动新型智慧城市健康快速发展的通知》。我国已在多个城市开展了智慧城市试点工作。我国住房和城乡建设部自 2012 年 11 月开启国家智慧城市试点工作以来，已分三批批准共计 277 个城市（区、镇）开展国家智慧城市试点工作。此外，国家发展和改革委员会、工业和信息化部、科学技术部、国家测绘地理信息局等多个部委也批准了智慧城市相关试点项目，呈现出一片繁花盛景之势。目前，各地的“十四五”规划更是纷纷将新型智慧城市建设列为首要发展任务或建设重点。2021 年 4 月 28 日，住房和城乡建设部、工业和信息化部联合发布《关于确定智慧城市基础设施与智能网联汽车协同发展第一批试点城市的通知》，北京、上海、广州、武汉、长沙、无锡等 6 个城市入选，显示着我国的智慧城市建设又将迎来新局面。

目前，关于智慧城市的界定还没有统一的认知。我国 2014 年 8 月发布的《关于促进智慧城市健康发展的指导意见》提出，智慧城市是运用物联网、云计算、大数据、空间地理信息集成等新一代信息技术，促进城市规划、建设、管理和服务智慧化的新理念和新模式[②]。2016 年 4 月 19 日，习近平总书记在网络安全和信息化工作座谈会上提出分级分类推进新型智慧城市建设。就此，《人民日报》（海外版）刊文提出，智慧城市是以人民为中心，实现民生服务便捷、社会治理精准、社会经济绿色、城乡发展一体、安全可控的城市[③]。这是我国目前较为主流

---

① 李大庆.智慧城市：一个舶来品的中国化历程[N].科技日报，2016-09-05(3).

② 国家发展改革委，等.关于促进智慧城市健康发展的指导意见[EB/OL].[2021-07-20].http://www.gov.cn/gongbao/content/2015/content_2806019.htm.

③ 叶子，袁苗苗.原来，智慧生活离我们这么近[EB/OL].[2021-07-20].http://www.cac.gov.cn/2018-09/11/c_1123411146.htm.

的观点。而结合社会发展背景来看，显然，智慧城市的兴起与城市化进程紧密相关。

城市的出现、扩张与社会经济文化的发展紧密相关。城市意味着人口、资源的高度集中，要想让一座城市运行有序且日益发展，既要满足城市居民日益增长的需求又要确保各种资源的可持续发展，由此产生的繁杂事务对于城市发展管理的要求不断提升。尤其是进入信息时代后，现代化城市的迅速发展一方面给人们带来更加先进便利的生产生活环境，另一方面，各种城市病层出不穷，又给人们造成新的问题和危机，如空气污染、地面形变、洪涝灾害、交通拥堵、疫情等。和发达国家相比，我国城市化发展起步晚，发展快，规模大。改革开放以来，我国一直积极探索符合国情的城镇化发展之路。第七次全国人口普查数据显示，2020 年我国大陆居住在城镇的人口占比为 63.89%，和 2010 年相比，我国常住人口城镇化率上升了 14.21 个百分点，而在新中国成立初期的 1949 年末，我国常住人口城镇化率仅为 10.64%[①]。“十四五”时期我国城镇化仍将保持相对较快的增长速度，但城镇化的发展模式正在发生改变。越来越多人口选择向公共服务水平更高的城市集聚。因此，智慧城市、智慧图书馆正日益受到重视。当前，人们普遍认可，新型智慧城市发展是新型城镇化发展的重要途径，也是城市治理水平和治理能力现代化发展的必由之路。有研究人员指出，智慧城市可以解决当前政府治理的两大核心需求。一是有利于赋能政府找到城市病问题的突破口，通过人工智能、物联网、大数据等信息科技的集成应用，解决城市化加速发展带来的环境问题和资源低效利用问题；二是有机会提高城市的全球竞争力，解决城市所面临的适龄劳动力人口下降的问题，促进产业转型升级、创新发展[②]。

可以说，智慧图书馆脱胎于智慧城市。最早提出智慧图书馆的是 2003 年芬兰奥卢大学图书馆的 Markus Aittola 等学者，他们介绍了该馆提供的“smart library”新型移动图书馆服务。但中国学者对智慧图书馆的广泛关注是置于智慧城市的背景下。在 IBM 向中国大力推广智慧城市后，我国很快出现了政府主导的智慧城市

---

① 丁怡婷，邱超奕．新型城镇化，让人民生活更美好［EB/OL］．［2021-07-20］.http://house.people.com.cn/GB/n1/2021/0622/c164220-32136799.html.

② 司晓，等．智慧城市 2.0：科技重塑城市未来［M］.北京：电子工业出版社，2018：23.

建设热潮。图书馆是以政府财政拨款为主要经费的公共文化服务机构，因此我国图书馆领域也一直追随政策，积极进行智慧图书馆的理论探讨和相关实践。2010年，严栋发表了《基于物联网的智慧图书馆》一文，这被普遍认为是我国智慧图书馆的研究之始。严栋在这篇文章中特别提到了IBM的“智慧地球”概念及国家领导层对此的重视，并指出图书馆作为信息服务机构的前沿应该抓住这一机遇，通过物联网的系统化发展与应用，推动现代图书馆向智慧图书馆演进[①]。此后，关于“智慧图书馆”的研究日益增加并成为一大热点，其中智慧图书馆和智慧城市的紧密联系屡屡被提及。业界素来就有“图书馆是一个城市的灵魂”“图书馆作为城市的第三空间”的共识。基于此，人们普遍认为，智慧图书馆是智慧城市建设中不可或缺的重要组成部分。同时，人们也在积极探索智慧图书馆在智慧城市建设中可发挥的作用，诸如教育功能、情报服务、文化共同体意识培育等方面，为推动智慧城市的发展建设作出贡献。

① 严栋.基于物联网的智慧图书馆［DB/OL］.［2021-07-21］.http://www.chinalibs.net/ArticleInfo.aspx?id=217801.

技术背景：互联网赋能图书馆转型发展

由新加坡政府部门建设的“新加坡智慧国家”官网（www.smartnation.gov.sg）上，十分醒目地写着一句话：“Transforming Singapore Through Technology”，明确提出“通过技术改变新加坡”。由此可见，技术在智慧城市建设中的重要作用。而在智慧图书馆的发展中，技术同样发挥着十分重要的作用。

众所周知，生产力三要素为劳动资料、劳动对象、劳动者。劳动资料中，生产工具是最为主要的具有决定意义的因素。迄今为止的人类历史表明，社会生产的变化发展，首先是从生产工具的变化发展开始的。正如原始社会的生产工具是石器，而铁器的出现决定了农业社会的形成，电器的出现催动了工业社会发展，互联网技术的应用则把人们带进信息社会。生产工具直接反映了时代技术水平，技术更新换代可直接引发人类社会的重大变革，在信息时代，这一表现更加明显。互联网技术的普及应用，深入社会各领域，改变着人们工作生活的方方面面。作为信息服务机构，图书馆工作是基于知识信息开展的，简而言之，就是保存、传播知识信息。从图书馆发展史来看，在最初，图书馆的诞生是为了保存好人类社会的知识信息，后来每一代图书馆的特征都与当时社会记录保存传播知识信息的技术水平密切相关。

在古代，技术水平低下，知识信息的载体通常是对天然物质做粗加工而形成的泥板书、羊皮卷、竹帛等，往往只有统治阶层才能建立图书馆，如目前所知最早期的神庙图书馆、皇家图书馆、宫廷秘书监。造纸术和印刷术的发明为知识信息的广泛传播、交流创造了条件，成为近代图书馆发展的基础。这一时期私家藏书楼在民间兴起，官府（皇家）藏书、寺观（教会）藏书、书院（学院）藏书的发展规模也十分可观，但这些文献资源依然主要掌握在社会地位较高的人中，普通人很难获得，馆藏策略更重保存而轻利用。工业革命后，缩微技术出现，电磁技术带来了录音机、电视机等机器设备，在文字之后实现了声音、影像的长久保存和广泛传播。各种机器的发明和运用大大解放了生产力，促进了社会经济的快速发展，城市化进程明显加快。科学技术成为第一生产力，也激发出社会公众对知识信息的广泛需求。这些变化给图书馆事业的发展创造了有利环境。图书馆开启自动化进程，向公众开放，更加重视对馆藏文献的利用，真正意义上的公共图书馆出现，馆员向专业化、职业化发展，图书馆事业稳步前进。

互联网技术开启了信息时代。不管是对整个人类社会而言，还是单就图书馆事业发展来看，互联网技术的出现都是一个具有划时代意义的里程碑事件。计算机的出现促进了传统图书馆向现代图书馆转变，而互联网技术使图书馆领域快步迎来了网络化、数字化时代。有了互联网，知识信息的表现形式变得极为丰富，包括文字、图片、声音、影像或者它们的融合体，知识信息的交流、传播变得非常便捷，人们能够突破空间、时间限制，随时随地传递获取海量知识信息。基于这样的新时代特征，吴建中[①]提出以知识为主体的“第三代图书馆”，目的是促进知识信息的交流和分享，其与以书为主体的“第一代图书馆”“第二代图书馆”相比，有了质的飞跃。

基于互联网应用的程度和范围，人们习惯将互联网发展过程划分为 Web1.0、Web2.0、Web3.0 等阶段。与此对应，图书馆领域也存在图书馆 1.0、图书馆 2.0、图书馆 3.0 等广为人知的概念。这其中反映出的是图书馆应用互联网理念和技术来规划图书馆的工作，推动图书馆事业的跨越式发展。Web1.0 时代，门户网站、搜索引擎技术的兴起发展实现了信息共享，但用户只能单向被动地接收信息。Web1.0 的技术应用到图书馆，推动图书馆工作的自动化、集成化，计算机系统管理取代了传统的手工操作，数字图书馆建设备受关注，读者可以通过网络广泛查找获取图书馆的相关信息。Web2.0 时代则实现了信息共建，用户在互联网上有了主动权，可以实现在线互动。而通过应用博客、维基、RSS、即时通信等 Web2.0

---

① 刘锦山 . 吴建中：从创客空间到第三代图书馆（图）[DB/OL].[2021-07-22].http://www.chinalibs.net/ArticleInfo.aspx?id=414232.

的技术和工具，图书馆更加重视以读者需求为导向提供服务，加强了与读者的互动，在移动设备和无线技术的加持下，移动图书馆迅速兴起。Web3.0 的核心理念是人性化、智能化，包含语义网、RFID 技术、物联网技术等，这些技术和理念在图书馆的应用又带来了新一轮变革，如倡导个性化服务，开展智能化的情报检索和分析，也推动着图书馆向智能图书馆、智慧图书馆转型发展。从 Web1.0 到 Web3.0，互联网的范式不断迭代升级，其在图书馆领域所展现出来的驱动力作用也愈加明显。目前，基于互联网发展起来的物联网、RFID 技术、云计算、大数据、人工智能等新兴技术已成为国内外图书馆人讨论和研究的热点话题，在关于智慧图书馆的探讨中更是高频出现。

物联网的概念早在 20 世纪末就已出现，然后在 2005 年 11 月国际电信联盟（ITU）发布的《ITU 互联网报告 2005：物联网》中被正式提出。物联网的学术定义为具有自我标识、感知和智能的物理实体基于标准的通信协议进行连接，构成物理世界和信息空间之间融合的信息系统[①]。而在通俗的理解中，物联网指的是通过信息传感设备把所有物品和互联网连接起来，进行信息交换和通信，从而实现对万物的智能化识别、定位、跟踪、监管等。RFID 技术指的是 Radio Frequency Identification，即无线射频识别，这是一种自动识别技术，通过无线射频方式进行非接触式双向数据通信，从而达到识别目标和数据交换的目的。RFID 技术是实现物联网的关键技术之一。目前，越来越多的图书馆应用了 RFID 技术，如在馆藏文献上加贴 RFID 标签，实现自助还书、智能门禁以及馆藏的自动分拣、排架等。云计算概念是在 2006 年 8 月由谷歌首次提出，早期指的是一种分布式计算，即由网络"云"将庞大的数据计算处理程序分解成无数个小程序，然后通过多部服务器组成的系统进行计算，得到结果，并返回给用户。所以云计算能在短短几秒钟内完成对数以万计的数据的处理。目前人们更关注的是云计算能够以互联网为中心，在网络上为每一个用户提供快捷且安全的云计算服务和数据存储。大数据简而言之就是超乎寻常的庞大数据集合，具有规模性、高速性、多样性且无处不在等特征。大数据可以反映图书馆的运行情况，还有助于了解用户行为、用户

① 高岩，景玉枝，杨静．智慧图书馆信息化建设理论与实践［M］．北京：科学出版社，2020：109.

需求，从而为图书馆运营、决策提供依据。大数据超出了传统数据库软件工具的处理能力范围，但只有在进行专业化处理后才能展现其价值，所以大数据离不开云计算。“人工智能”作为一个术语早在1956年即被提出，目前已成为一个以计算机科学为基础、融合多个学科的新兴学科。人工智能技术包含多个领域的技术，目标是通过模拟人类大脑运作，创造出能以人类智能相似的方式作出反应的智能机器。近几年，人工智能在我国受到高度重视，已被列入我国国家级发展战略，在图书馆领域也有了众多探索实践，如清华大学图书馆的机器人“小图”、南京大学图书馆的机器人“图宝”等。

这些技术在人们探讨智慧图书馆时经常被提及，当然，智慧图书馆所需要的技术不仅于此。智慧图书馆是各种技术的综合应用，是一个不断演进的过程。在这期间，技术因素是一个十分夺目的存在。随着科学技术的不断进步，人们对相应技术掌握、应用得更加深入，智慧图书馆才能由梦想变为现实。

人文背景：人本主义融入图书馆建设

如果说，物联网、RFID技术、云计算、大数据、人工智能等新兴技术架构起智慧图书馆的骨骼，那么，以人本主义为核心的人文精神就是智慧图书馆的血脉、肌肉，正如我们用“有血有肉”来比喻富有生命活力的内容。人本主义精神使图书馆建立了自己的核心价值体系，这是人们在智慧图书馆探索实践中关注的另一个重点。

以人本主义为核心的人文精神与图书馆的本质、使命有着十分天然的契合度。美国图书馆学家谢拉在《图书馆学引论》中明确提出“图书馆学始于人文主义”。在20世纪30年代，阮冈纳赞撰写了《图书馆学五定律》一书，提出至今仍被广大图书馆人奉为圭臬的五条定律——书是为了用的；每个读者有其书；每本书有其读者；节省读者的时间；图书馆是一个生长着的有机体。杜定友提出图书馆“三要素”，即“书、人、法”。其中，书包括图书馆等一切文化记载；人指的是读者、用户；法指的是图书馆的设备及管理方法、管理人才。杜定友认为，“书、人、法”三位一体，即成整个图书馆，并提出应以“人”为目标办图书馆，“书”和“法”是为“人”服务的。这两位著名图书馆学家的观点中也都反映出深刻的图书馆人文精神，在近些年再度受到图书馆人的高度重视。在社会各界认知中，图书馆与人文关怀更是密不可分。2019年国家图书馆建馆110周年之际，习近平总书记给国家图书馆8位老专家回信，指出，图书馆是国家文化发展水平的重要标志，是滋养民族心灵、培育文化自信的重要场所。由此可见，以人为本是图书馆精神内涵之一，弘扬人文精神，已成为展现图书馆独特价值的重要方式。

人本主义即以人为本，以人本主义为核心的人文精神表现为对人的尊严、价值、命运的维护、追求和关切，高度珍视人类留存下来的各种精神文化现象，追求一种全面发展的理想人格。人文精神与科学技术是对立统一的关系。但在现实中，其对立的一面往往更为常见，如在图书馆的发展历史上，就曾出现技术至上主义。而历史证明，人文精神与科学技术的分离越是明显，给人类社会制造的问题就越是严重。这一点，在科学技术日新月异的今天表现得尤其突出。在这一形势下，21 世纪以来，图书馆领域兴起了对于图书馆精神、图书馆价值的深入探讨，呼吁图书馆人文精神的回归。2008 年 3 月，中国图书馆学会通过了《图书馆服务宣言》，明确提出图书馆对社会普遍开放、平等服务、以人为本的基本原则。目前，展现人文关怀已成为图书馆管理和服务中的一个重要理念。

图书馆是社会中重要的公共文化服务机构，是通往知识之门，其使命是传承文明、服务社会。随着社会的不断发展，图书馆工作从传统的以书为中心转变为以人为中心，图书馆的一切工作都指向服务。如何让图书馆得到更好利用？如何提升图书馆服务效能？这些成为图书馆运营和发展的首要问题。为此，当前各级各类图书馆已普遍把“读者第一”“服务至上”作为图书馆开展各项业务工作的基本原则，将以人为本的人文精神融入图书馆发展建设中。这主要表现在以下几个方面。首先，坚持以读者需求为一切工作的出发点，从接待读者时平等以对、热情服务、尽量满足读者的相关需求，到改革调整图书馆部门岗位设置和业务流程，使图书馆服务更加符合读者群体需求，提升读者群体满意度。其次，充分利用图书馆的优势资源积极开展人文教育。图书馆是家庭教育、学校教育之外的社会教育中的重要主体，开展人文教育是图书馆的基本职能之一。在这方面，图书馆有着十分独特的优势：文献资源优势，即馆藏的丰富人文学科文献资源；专业人才优势，即拥有专业人文素养和信息素养的图书馆员队伍；场所环境优势，即图书馆为阅读学习而打造的舒适环境，包括专业且现代的布局设计和一应俱全的设备设施。利用这些优势，图书馆通过免费借阅、文献推介、展览讲座、培训和其他文化活动等各种形式开展人文教育，弘扬人文精神。此外，图书馆还进一步将人文关怀融入图书馆管理中，采用以人为本的管理模式，将图书馆员视为图书馆事业发展的第一资源，在图书馆管理中高度重视图书馆人才队伍的建设发展，为馆员提供在职培训和继续教育的平台，提升馆员的整体素养，实行岗位竞聘、绩效考核，激发馆员的热情和积极性，重视图书馆文化建设，强化馆员的责任心和向心力。

正是在这种图书馆人文精神已深入人心的背景下，智慧图书馆的提出才受到人们的高度关注。智慧图书馆旨在通过科学技术的应用实现更加人性化、智慧化的管理和服务，展现出人文精神与科学技术的统一结合，代表着图书馆作为一个生长着的有机体的发展方向。人们相信，对于智慧图书馆的探索实践，有助于图书馆更好地服务读者、服务社会，有助于图书馆更好地实现其价值和使命。

第三部分　智慧图书馆发展现状

关于智慧图书馆的探讨很早就已出现，但智慧图书馆从理论走向现实是近些年才有所进展的，相关实践活动还没有充分展开。而且，虽然近些年有不少图书馆推出了以“智慧图书馆”为名的服务或设施设备，但多数还只是初具智慧图书馆的基本特征，与人们设想的全面智慧化的智慧图书馆还有很远的距离。总的来说，我国智慧图书馆实践还处于初步探索阶段。因而，在这部分，我们将更多关注目前人们对于智慧图书馆的研究设想。

智慧图书馆在我国的发展探索

目前，大家普遍认为，世界上第一个正式提出智慧图书馆的是2003年芬兰奥卢大学图书馆的Markus Aittola等人。在他们的会议论文《智慧图书馆：基于位置感知的移动图书馆服务》（*Smart Library–Location-Aware Mobile Library Service*）中，介绍了奥卢大学图书馆推出的“智慧图书馆”服务，并提出智慧图书馆是一种不受时空限制、可被感知的移动图书馆服务，可以通过连接无线网络帮助用户在图书馆找到所需图书和资料。在国内，第一个对智慧图书馆展开研究的学者是福建华侨大学厦门校区图书馆的严栋，他在2010年发表了《基于物联网的智慧图书馆》一文，提出智慧图书馆就是以一种更智慧的方法，通过利用新一代信息技术来改变用户和图书馆系统信息资源交互的方式，以便提高交互的明确性、灵活性和响应速度，从而实现智慧化服务和管理的图书馆模式①。

在这之后的十几年间，我国关于智慧图书馆的研究探索日益增多。2013年2月，国务院发布《国务院关于推进物联网有序健康发展的指导意见》。2014年，我国首次将“大数据”写入政府工作报告。2015年1月，国务院发布《关于促进云计算创新发展培育信息产业新业态的意见》；随后9月，国务院发布《促进大数据发展行动纲要》。2016年5月，国家发展改革委、科技部、工业和信息化部、中央网信办联合制定并发布《“互联网+”人工智能三年行动实施方案》，这一年也被人们称为“人工智能元年”。同年，教育部发布《教育信息化“十三五”规划》，国务院发布《“十三五”国家信息化规划》。2017年，“人工智能”首次被

① 严栋.基于物联网的智慧图书馆[DB/OL].[2021-07-27].http://www.chinalibs.net/ArticleInfo.aspx?id=217801.

写入政府工作报告，随后7月国务院发布《新一代人工智能发展规划》。2019年6月6日，工业和信息化部正式向中国电信、中国移动、中国联通、中国广电发放5G商用牌照，中国正式进入5G商用元年。随着我国这一系列推进信息化建设发展的重大举措的落实，与智慧图书馆建设密切相关的新兴技术迅速发展，关于智慧图书馆的探索和实践也逐年火热，主要表现为相关研究成果日益增加，相关研讨会议频频召开，相关建设实践不断开展。虽然，截至目前，关于智慧图书馆的认知并没有统一的观点，但相关研究成果十分可观，可谓百花齐放、百家争鸣，为智慧图书馆的探索与实践提供了丰富参考和指导。

一、研究成果日益增加

从2010年开始，关于智慧图书馆的研究成果日益增加，该主题的论文数量逐年升高。2021年7月28日笔者在中国知网上以“智慧图书馆”为主题进行简单检索，即可找到3000多条结果。检索结果中主要是学术期刊论文，另外还有学位论文、会议文章、报纸文章等；来源为中文社会科学引文索引（CSSCI）的有560篇，来源为核心期刊的有459篇。同日，笔者通过国家图书馆网站文津检索系统以“智慧图书馆”为关键词进行检索，查找到出版的相关图书30多种，包括论文集、专著、编著作品，内容主要涉及智慧图书馆建设、图书馆智慧服务。其中，最早的是2012年上海图书馆编著的《智慧城市与图书馆服务：第六届上海国际图书馆论坛论文集》。此后是2015年出版的“2014云南省第六届中美图书馆实务论坛”文集《新趋势、新服务、新价值——建设新时代的“智慧”图书馆》。除了这两部，其他图书都是在2017年后出版的。总的来看，2010年至2012年，我国学者对智慧图书馆有了初步研究，大家主要关注智慧图书馆的一般概念、常识，包括智慧图书馆所涉及的技术概述、智慧图书馆的特征分析、国外在智慧图书馆方面的研究经验总结等。2013年以来，我国关于智慧图书馆的研究持续推进，紧随、响应国家政策，结合物联网、大数据、人工智能、5G等概念进一步探讨智慧图书馆的建设发展，关键词包括智慧服务、知识服务、个性化服务、情境感知、服务模式、智慧空间以及智慧图书馆员等。2017年后，智慧图书馆方面的研究在我国更受重视，每年相关成果的发文量和出书量相比之前明显增长，各方面的研究也日益深入，如针对智慧图书馆具体问题提出解决方案以及对智慧图书馆的应用实践进行研究。在关于智慧图书馆的研究中，王世伟、邵波、初景利、曾子明等学者的研究成果受到较高关注。值得注意的是，有研究发现，关于智慧图书馆的高水平论文中独自研究的相对较少，目前，我国智慧图书馆研究领域已形成了几个坚实的高水平研究团队，南京大学信息管理学院、武汉大学信息管理学院、南京大学图书馆、重庆大学图书馆、上海图书馆属于这一研究领域的高产机构①。

二、研讨会议频频召开

在智慧图书馆研究日益火热的情况下，图书馆领域召开的智慧图书馆相关主题的研讨会议也越来越多。相对于学者个人或研究团队的研究，业界积极组织召开相关研讨会议的行为更能展现出智慧图书馆在领域内的受重视程度，同时也大大促进了各方在智慧图书馆探索和实践方面的交流互动。笔者在e线图情全文数据库"国内会议"栏目检索后发现，最早在2011年11月，以"智慧图书馆，创新与和谐"为主题的2011年北京高校图书馆学术研讨会在北京邮电大学图书馆召开，来自北京市40余家高等学校图书馆和单位的代表参加了这次会议②。2012年10月，广东省高等学校图书情报工作指导委员会主办的"基于物联网的智慧图书馆构建"学术报告会召开。此后，全国各地各类图书馆以及中国图书馆学会、各地图书馆行业协会纷纷围绕智慧图书馆召开研讨会，尤其是在2017年后相关会议的举办频率显著提升。其中多场研讨会更是受到业内外高度关注。2017年3月，由中国图书馆学会学术委员会、阳光阅读推广委员会和《图书情报工作》杂志社共同举办的"智慧图书馆从理论到实践"学术研讨会召开，来自全国各级、各类

---

① 黎思敏.我国智慧图书馆研究领域的知识图谱可视化分析[J].图书馆研究与工作,2021(1):23-28.

② 北京邮电大学图书馆.北京邮电大学图书馆成功举办2011年北京高校图书馆"智慧图书馆,创新与和谐"学术研讨会(图)[DB/OL].[2021-07-28].http://www.chinalibs.net/ArticleInfo.aspx?id=243083.

图书馆的专家、学者和代表500余人参加会议[①]。同年9月，2017智慧图书馆论坛暨《图书馆报》编委会工作会议在上海图书馆召开，来自图书馆、出版社和相关企业的200多位代表参加了会议[②]。2019年4月，“图书馆智慧管理与服务创新论坛”在南京大学举行，正式发布了南京大学图书馆新一代智慧图书管理系统，宣告智慧图书馆建设全面启动[③]。2019年，中国图书馆年会还特别规划举办了以“智慧·融合·跨越智慧图书馆阅读服务创新”为主题的分会场。2020年11月，“第二届中国高校智慧图书馆（馆长）论坛”在中国传媒大学图书馆成功举行，论坛的主题为“展望‘十四五’，促进智慧图书馆大发展”，此次会议线上观看人数达到60万[④]。此外，自2016年开始，中国图书馆学会高校分会、中国信息协会教育分会和教育装备采购网每年共同举办“中国未来智慧图书馆发展论坛”，至2021年5月，已连续举办五届，有力推动了我国智慧图书馆发展进程。

三、建设实践不断开展

智慧图书馆的建设实践要晚于理论研究，但到目前，我国已有很多图书馆进行了智慧图书馆的实践探索，如已有众多图书馆广泛应用RFID技术开展自助服务。南京大学图书馆推出了NLSP下一代图书馆管理系统、智慧盘点机器人“图客”、智慧问答“图宝在线”等成果。上海图书馆结合其2017年开建的新馆东馆建设项目，确立了建设适应未来需要的智慧图书馆的总体目标，并就此做了较为系统全面的规划。据报道，为了建成一个“智慧、创新、包容”的通向未来的复合型图书馆，上海图书馆东馆将在云计算和大数据的支撑下，推进人工智能和物联网等技术的普惠化和多元化应用，在智慧图书馆建设中探索引进新一代的图书

① 湖北省图书馆.“智慧图书馆从理论到实践”学术研讨会在杭州举行（图）[DB/OL].[2021-07-28].http://www.chinalibs.net/ArticleInfo.aspx?id=417768.

② 人民网.2017智慧图书馆论坛暨《图书馆报》编委会工作会议召开[DB/OL].[2021-07-28].http://www.chinalibs.net/ArticleInfo.aspx?id=487228.

③ 齐琦，杨甜子.图书馆智慧管理与服务创新论坛在南京大学举行[DB/OL].[2021-07-28].http://www.chinalibs.net/ArticleInfo.aspx?id=470974.

④ 牛士静，刘剑英.第二届中国高校智慧图书馆（馆长）论坛在中国传媒大学图书馆成功举办（图）[DB/OL].[2021-07-28].http://www.chinalibs.net/ArticleInfo.aspx?id=492172.

自动分拣系统，通过人机协同由智能服务机器人提供引导、咨询、盘点、定位等服务，在网络空间引进虚拟机器人助手提供咨询服务，为更多的读者和用户提供更加公平、便利的服务环境①。相关调研结果②显示，我国图书馆从智慧空间、智慧管理、智慧服务方面开展了不同程度的智慧图书馆建设。其中，智慧服务的应用普及率较高，我国的一些公共图书馆和高校图书馆已全部或部分地开展了移动服务、自助服务、智能咨询服务、个性化推荐服务、智能导航导览服务、知识服务、创新体验服务。智慧管理的应用次之，主要表现为对图书馆空间和设备的智慧管理，包括使用智能机器人、无线蓝牙、人脸识别、智能安检等技术实现对图书的智能分拣、盘点、运输和上架等信息资源的智慧化管理以及对图书馆空间环境的智慧安防管理。开展智慧空间建设的图书馆较少，智慧空间建设目前还处于起步阶段。胡娟、柯平等③通过调研总结了当前我国公共图书馆智慧化发展的三种模式，指出在我国各省市智慧图书馆建设中，大部分图书馆的智慧化建设是通过“立足主馆技术引进”模式在馆内引进智慧设施设备来为用户提供智慧服务，实现智慧图书馆的部分功能，主要包括机器人运用和新技术 / 设备应用；一些图书馆通过“设立新点独立供给”模式打造 24 小时智慧图书馆和智慧城市书房 / 分馆，在局部为用户提供更加系统、完整的智慧化体验；还有部分图书馆以新馆建设为契机，依托新馆整体规划智慧图书馆建设。2020 年 10 月，国家图书馆馆长饶权在第十届上海国际图书馆论坛上表示，国家图书馆已正式向有关部门提出建设“全国智慧图书馆体系”的建议，并详细介绍了“全国智慧图书馆体系”建设的总体思路、内容架构和目标愿景。这标志着我国智慧图书馆建设实践迎来了一个新阶段。

---

① 徐颖.上图东馆:森林中一座可阅读的建筑[EB/OL].[2021-07-28].http://pic.shxwcb.com/159986.html.

② 吴志强,杨学霞.智慧图书馆的研究与实践在中国的发展[J].图书情报工作,2021(4):20-27.

③ 胡娟,柯平,王洁,等.后评估时代智慧图书馆发展与评估研究[J].情报资料工作,2021(4):28-37.

智慧图书馆的研究主题

目前为止，我国关于智慧图书馆的研究主要集中在以下主题：智慧图书馆的内涵、智慧图书馆的特征、智慧图书馆的技术应用、智慧图书馆的管理、智慧图书馆的馆员、智慧图书馆的服务、智慧图书馆的体系建设。

一、智慧图书馆的内涵

关于智慧图书馆的内涵，目前国内并没有统一的认知。在对智慧图书馆进行研究时，人们首先面对的问题就是“智慧图书馆是什么”，因而，众人从不同角度阐述了智慧图书馆的内涵。严栋（2010）提出“智慧图书馆＝图书馆＋物联网＋云计算＋智慧化设备”，它通过物联网来实现智慧化的服务和管理[①]。董晓霞等（2011）以北京邮电大学智慧图书馆示范系统为例，提出智慧图书馆应该是感知智慧化和数字图书馆服务智慧化的综合[②]。王世伟在2011年至2012年先后发表三篇文章《未来图书馆的新模式——智慧图书馆》《再论智慧图书馆》《论智慧图书馆的三大特点》，围绕智慧图书馆逐步深入展开探讨后，为智慧图书馆下定义，他认为智慧图书馆是以数字化、网络化、智能化的信息技术为基础，以互联、高效、便利为主要特征，以绿色发展和数字惠民为本质追求，是现代图书馆科学发

① 严栋.基于物联网的智慧图书馆[DB/OL].[2021-07-27].http://www.chinalibs.net/ArticleInfo.aspx?id=217801.

② 董晓霞，龚向阳，张若林，等.智慧图书馆的定义、设计以及实现[J].现代图书情报技术，2011(2):76-80.

展的理念与实践[1]。储节旺等（2015）认为，智慧图书馆是在秉持人文精神的前提下，对现在以及未来出现的众多高科技技术进行精心挑选筹划并努力将它们融入自身体系当中，以期更好地服务大众的一种图书馆发展新模式[2]。陈进等（2018）提出，智慧图书馆是一个智慧协同体和有机体，有效地将资源、服务、技术、馆员、用户（五要素）集成在一起，在以物联网和大数据为核心的智能技术的支撑下，通过智慧型馆员团队的组织，向（高素质的）用户群体提供发现式和感知化的按需服务[3]。李玉海等（2020）认为，智慧图书馆是以物联网、大数据、区块链及智能计算等设备和技术为基础，将图书馆的专业化管理和智能的感知、计算相结合，有效、精准、快捷地为用户提供所需的文献、信息、数据等资源，提供经过深加工的知识服务，提供用户需要的智能共享空间和特色文化空间，是虚实有机融合的图书馆[4]。段美珍等（2021）提出智慧图书馆是以人机耦合方式致力于实现深层次、便捷服务的高级图书馆形态，它以人的智慧和物的智能相结合为特征，以智能技术和智慧投入的融合为途径，以贯穿整个运行流程的数据为核心链接，以实现图书馆可持续发展为目标[5]。

二、智慧图书馆的特征

王世伟（2012）提出，数字化、网络化和智能化仅仅是智慧图书馆的外在表象特征，互联、高效和便利才是其真正的内在特点。其中，互联是智慧图书馆的基础，高效是智慧图书馆的核心，便利是智慧图书馆的宗旨。数年后，王世伟（2018）在思考智慧图书馆未来发展的若干问题时指出，新一代信息技术的飞速发展正在为智慧图书馆不断注入新内涵和新动能，并提出以互联、高效、便

① 王世伟.论智慧图书馆的三大特点[J].中国图书馆学报,2012,38(202):22-28.

② 储节旺,李安.智慧图书馆的建设及其对技术和馆员的要求[J].图书情报工作,2015(15):27-34.

③ 陈进,郭晶,徐璟,等.智慧图书馆的架构规划[J].数字图书馆论坛,2018(6):2-7.

④ 李玉海,金喆,李佳会,等.我国智慧图书馆建设面临的五大问题[J].中国图书馆学报,2020,46(246):17-26.

⑤ 段美珍,初景利,张冬荣,等.智慧图书馆的内涵特点及其认知模型研究[J].图书情报工作,2021(12):57-64.

捷、智能、泛在、可视为特征的智慧图书馆是图书馆转型升级的必然选择[①]。刘丽斌（2013）提出，智慧图书馆具有全面感知、互联互通、绿色发展、智慧服务与管理这四个主要特征，其中全面感知与互联互通是智慧图书馆服务与管理的技术基础，绿色发展是智慧图书馆的可持续发展战略，智慧服务与管理是智慧图书馆的最终落脚点，也是智慧图书馆最显著的特征[②]。储节旺等（2015）认为，智慧图书馆只有具有更全面立体的感知、更广泛的互联互通、更深入的智能洞察、更高效的协同管理这四大核心特征，才能胜任未来的工作[③]。陈凌等（2018）认为，智慧图书馆的本质特征是“以人为本”和“持续创新”[④]。段美珍等（2021）认为，智慧图书馆是不同形态图书馆基础上的进一步升级，因而，既包含了数字化、网络化、智能化的特点，又具有高度感知、泛在互联、高效协同、精准服务、以人为本、创新发展的特点[⑤]。饶权（2021）提出，智慧图书馆至少包含四方面的特征：一是图书馆业务的全流程智慧化管理；二是知识资源的全网立体集成；三是知识服务生态链条的全域连通；四是学习阅读空间的线上线下虚实交互[⑥]。

三、智慧图书馆的技术应用

技术是智慧图书馆发展的重要驱动力，在智慧图书馆的研究中，人们一直对相关技术应用予以特别关注，如物联网、RFID技术、云计算、大数据、人工智能、区块链等，主要探讨各种技术在智慧图书馆建设中的应用及其问题与策略、发展趋势和应用体系架构。随着科技的进步以及智慧图书馆研究和实践的发展，大家

---

① 王世伟. 关于智慧图书馆未来发展若干问题的思考［J］. 数字图书馆论坛，2018（7）：2-10.

② 刘丽斌. 智慧图书馆探析［J］. 图书馆建设，2013（3）：87-89.

③ 储节旺，李安. 智慧图书馆的建设及其对技术和馆员的要求［J］. 图书情报工作，2015（15）：27-34.

④ 陈凌，王燕，高冰洁，等. 智慧图书馆管理与服务机制初探［J］. 数字图书馆论坛，2018（6）：8-14.

⑤ 段美珍，初景利，张冬荣，等. 智慧图书馆的内涵特点及其认知模型研究［J］. 图书情报工作，2021（12）：57-64.

⑥ 饶权. 全国智慧图书馆体系：开启图书馆智慧化转型新篇章［J］. 中国图书馆学报，2021，47（251）：4-14.

对此的探索也越来越具体、深入，尤以刘炜、邵波等人在这方面成果突出。刘炜探讨了 SoLoMo（社会化本地移动应用）、机器学习、5G 等在智慧图书馆建设中的应用。邵波从超高频RFID、智能机器人技术、可穿戴技术等方面探索了智慧图书馆的建设。除了智慧图书馆的一些关键技术应用，智慧图书馆的系统平台架构也受到广泛关注。谢蓉、刘炜、朱雯晶（2019）提出以 FOLIO 为代表的"第三代图书馆服务平台"正在颠覆我们对传统图书馆技术应用的理解，其具备足够的灵活性、扩展性和个性化能力，是由图书馆主导的、基于微服务架构、全面支持智慧图书馆应用模式的平台，代表了未来的发展方向[①]。邵波、单轸、王怡（2020）指出 FOLIO、NLSP、Alma、WMS、Sierra 等新一代图书馆服务平台的出现和应用为图书馆提供了向智慧图书馆转型的契机，他们同时也强调，要实现向智慧图书馆的变革，单单依靠新一代的图书馆服务平台是不够的，机构需要重组，业务需要调整，人员需要培养，这样才能使整个图书馆体系真正成为以用户为中心、不断自我优化的系统[②]。杨新涯（2021）在谈及大学图书馆"十四五"信息化发展策略时提出，要进一步挖掘人工智能、5G、区块链等新型信息技术在图书馆设施中的实践价值，积极改革完善图书馆信息化设施建设，以建设真正意义上数据驱动的智慧图书馆[③]。

四、智慧图书馆的管理

在智慧图书馆的管理方面，多数研究人员关注的是对图书馆信息资源、图书馆空间和设备以及图书馆安防的智慧化管理，包括如何利用 RFID 技术实现对图书等传统馆藏资源的智慧化管理，如何利用无线传感器等技术实现智慧场馆的建设，如何利用智能监控系统做好图书馆的消防安全和防盗工作，实现智慧化安

---

① 谢蓉，刘炜，朱雯晶.第三代图书馆服务平台：新需求与新突破［J］.中国图书馆学报，2019，45（241）：25–37.

② 邵波，单轸，王怡.新一代服务平台环境下的智慧图书馆建设：业务重组与数据管理［J］.中国图书馆学报，2020，46（246）：27–37.

③ 杨新涯，罗丽.杨新涯谈大学图书馆"十四五"信息化发展策略［J］.晋图学刊，2021（1）：1–7.

防，等等。随着智慧图书馆从理论走向实践，人们发现了更多管理方面的新问题。如曾子明、孙守强（2020）通过文献分析法提取并分析了智慧图书馆人工智能的风险，并从管理层面提出了相应的风险防控对策[①]，如为人工智能软硬件设备安排运维人员，建立风险监管部门，加强监管和审核，提供培训和系统使用规范指导，制定合理的伦理制度规范，建立健全智慧图书馆风险防范制度，建立监管制度和风险反馈渠道，保障风险源及时发现和控制。刘慧等（2021）探讨了智慧图书馆透明数据的管理模式及其实现策略，指出透明数据管理目前存在数据版权、用户隐私以及隐私与共享之间的悖论等一系列的问题[②]，并由此从内容管理、过程管理、运行管理3个层面提出相应策略。近年来，越来越多的人开始关注智慧图书馆建设的顶层设计。管理机制与制度体系建设是图书馆管理工作的关键。陈凌等（2018）从人才机制、服务机制、资源机制、技术机制、用户机制、环境监测机制与决策机制7个层面探讨智慧图书馆的管理与服务机制设计，希望通过机制建设使智慧图书馆拥有持续创新的能力和活力[③]。陆康等（2020）提出，智慧图书馆制度变革是我国公共文化服务体系建设以及治理能力现代化的重要环节之一，是一种与技术创新、服务创新相适应的迭代过程。智慧图书馆的技术创新、服务创新必然要求制度变革的支持：一是对大数据、人工智能、区块链等与智慧图书馆相关的技术需要从制度法规上加以约束；二是图书馆、用户及服务商之间需要重塑权利、义务等根本性关系；三是图书馆需要重构立足空间、业务、资源的运营模式，形成新的因果关系和社会地位[④]。评估考核是图书馆科学管理的重要环节。目前，国内图书馆领域已就智慧图书馆馆藏资源评价、评估对象与方法、图书馆智慧水平评估、智慧馆员能力评估、智慧图书馆服务模式评估以及相关标准规范建设等展开探索。如刘炜、刘圣婴（2018）从智慧技术在图书馆的应用的

① 曾子明，孙守强. 智慧图书馆人工智能风险分析与防控［J］. 图书馆学研究，2020（17）：28-34.

② 刘慧，陆康，张婧. 智慧图书馆透明数据的管理模式及其实现策略研究［J］. 高校图书馆工作，2021（4）：48-53.

③ 陈凌，王燕，高冰洁，等. 智慧图书馆管理与服务机制初探［J］. 数字图书馆论坛，2018（6）：8-14.

④ 陆康，杜京容，刘慧，等. 我国智慧图书馆制度变革研究［J］. 国家图书馆学刊，2020（6）：11-19.

角度出发，提出了智慧图书馆的标准规范体系框架[①]，包括基础规范、技术规范、业务规范、数据规范、服务规范、产品规范和其他规范，并列出了目前亟须制定的相关标准规范。胡娟、柯平等（2021）分析了后评估时代智慧图书馆的评估环境、评估维度与原则以及评估要点，提出了智慧图书馆评估框架[②]："物"的建设为基础评估，包括对智慧技术引进、智慧设备采用和资源建设的评估；"人"的发展为重点评估，包括智慧馆员的培养情况、人数配比、智慧能力等和用户在图书馆的所获所得；"服务"的智慧化为核心评估，包括基础智慧服务和高级智慧服务，前者是智慧图书馆评估的基本项，后者则为加分项。

五、智慧图书馆的馆员

智慧图书馆被普遍认为是未来图书馆的发展方向，甚至是最高形态的图书馆。而馆员是图书馆工作的开展者，关于智慧图书馆的馆员将如何发展也是一大研究热点，研究主要集中在馆员在智慧图书馆建设中的角色定位，以及智慧馆员的能力素养方面。王金娜（2015）提出智慧图书馆馆员金字塔型能力结构模型，认为智慧馆员应具备塔基（基础能力）、塔身（核心能力）、塔尖（竞争能力）3 个层次的能力结构[③]。其中，基础能力包括职业精神、专业素质、人际交往能力；处于管理岗位、流通服务岗位、学科服务岗位、系统管理岗位和资源建设岗位的智慧馆员需具备不同核心能力，如管理岗位智慧馆员的核心能力是顶层设计能力、危机管理能力、推广营销能力、个人影响能力；竞争能力包括管理能力、创新能力、科研能力、协作能力。初景利、段美珍（2018）认为，智慧图书馆是由智能技术、智慧馆员和图书馆业务与管理系统这 3 个主体要素相互融合发展而成，其中，馆员及其智慧是图书馆开展智慧服务和智慧管理的核心[④]。后在辨析智能图书馆与智慧图书馆的区别时，初景利、段美珍（2019）再度提出，在智

① 刘炜，刘圣婴．智慧图书馆标准规范体系框架初探［J］．图书馆建设，2018（4）：91–95.

② 胡娟，柯平，王洁，等．后评估时代智慧图书馆发展与评估研究［J］．情报资料工作，2021（4）：28–37.

③ 王金娜．智慧馆员金字塔能力结构解析［J］．情报探索，2015（6）：101–104.

④ 初景利，段美珍．智慧图书馆与智慧服务［J］．图书馆建设，2018（4）：85–90.

慧图书馆业务和服务活动的开展过程中，馆员是核心的中坚力量，智慧图书馆的服务创新和优化升级依赖于馆员的业务创新[①]。陈凌、王燕雯（2018）提出，图书馆馆员综合能力应包括馆员的核心业务能力、专业技术能力、用户服务能力及一般能力[②]，并由此拟定智慧图书馆馆员综合能力评价指标，指出用户信息需求分析能力、学习新知识能力、满足用户需求能力、开拓创新能力、服务态度、数据分析处理能力、信息资源鉴别能力、信息资源加工处理能力等是智慧馆员的重要评价指标。

六、智慧图书馆的服务

智慧图书馆的服务是我国智慧图书馆相关研究中的一项重要内容，广大研究人员在这方面积极展开研究，成果十分丰富。人们普遍认为，实现服务智慧化是智慧图书馆建设的目标。服务的智慧化包括传统图书馆服务的智慧化和创新智慧服务，相关研究主要集中在移动服务、自助服务、智能咨询服务、个性化推荐服务、知识服务、智能导航导览服务等方面。沈奎林、邵波（2015）以南京大学图书馆实践智慧图书馆为例[③]，详细介绍了智慧图书馆服务体系及其创新探索，包括空间服务、自助服务、参考咨询服务、文献检索服务，以及在知识发现、个性化服务、移动服务等方面开展的“+”系列服务系统。初景利、段美珍（2018）提出智慧图书馆的核心是智慧服务，智慧图书馆所提供的智慧服务将具有场所泛在化、空间虚拟化、手段智能化、内容知识化、体验满意化等特点[④]。陈宋敏、吕希艳（2019）将智慧图书馆建设与智慧城市发展密切联系起来，认为智慧城市中智慧图书馆的核心服务功能包括智慧识别、智慧感知、智慧推荐与定位、智慧信息

---

① 初景利，段美珍. 从智能图书馆到智慧图书馆[J]. 国家图书馆学刊，2019(1):3-9.

② 陈凌，王燕雯. 智慧图书馆馆员综合能力评价指标研究[J]. 数字图书馆论坛，2018(4):66-72.

③ 沈奎林，邵波. 智慧图书馆的研究与实践——以南京大学图书馆为例[J]. 新世纪图书馆，2015(7):24-28.

④ 初景利，段美珍. 智慧图书馆与智慧服务[J]. 图书馆建设，2018(4):85-90.

素养教育①。曾子明对智慧图书馆的个性化服务、嵌入式服务、移动视觉搜索服务、场景式服务等进行了探索，分析其含义和特点，探讨读者需求，并提出相应体系框架的建构方式。2017 年至 2020 年间，曾子明在移动视觉搜索服务研究方面先后发表 7 篇论文展开深入探讨，认为移动视觉搜索是智慧图书馆知识服务创新的重要内容，提出了智慧图书馆移动视觉搜索服务模型及其技术框架②，探讨了将去中心思想及技术应用于智慧图书馆移动视觉搜索资源管理过程③，构建了融合情境的智慧图书馆移动视觉搜索服务模型④，该模型将用户画像嵌入智慧图书馆移动视觉搜索及推荐服务中⑤，从而不断优化图书馆移动视觉搜索服务。这展现出我国研究人员在推进智慧图书馆的服务探索方面作出不懈努力。关于未来智慧图书馆服务的发展，国家图书馆馆长饶权的观点无疑十分具有代表性，他提出，要抓住当前国家大力推动智慧社会建设，扶持 5G、物联网、大数据等新基建的契机，谋划好“十四五”时期图书馆事业的智慧化转型发展，依托人工智能技术，对图书馆的空间、资源和服务进行全方位重塑，构建起从空间感知与知识的细粒度组织到智慧服务的全新流程⑥。

七、智慧图书馆的体系建设

当前，智慧图书馆是互联的这一观点已基本成为共识。随着互联范围的扩大，从馆内的互联到馆间的互联，智慧图书馆的体系建设也日益受到关注。在这方面，我国的公共文化服务体系建设、图书馆总分馆服务体系建设不仅提供了有

① 陈宋敏，吕希艳．智慧城市中智慧图书馆的模型与功能研究［J］．数字图书馆论坛，2019（9）：55-60.

② 曾子明，秦思琪．智慧图书馆移动视觉搜索服务及其技术框架研究［J］．情报资料工作，2017（4）：61-67.

③ 曾子明，秦思琪．去中心化的智慧图书馆移动视觉搜索管理体系［J］．情报科学，2018，36（1）：11-15，60.

④ 曾子明，蒋琳．融合情境的智慧图书馆移动视觉搜索服务研究［J］．现代情报，2019，39（11）：46-54.

⑤ 曾子明，孙守强．基于用户画像的智慧图书馆个性化移动视觉搜索研究［J］．图书与情报，2020（4）：84-91.

⑥ 饶权．面向智能化时代的图书馆事业转型发展［N］．新华书目报，2020-12-25（22）.

益的经验借鉴，也奠定了良好的软硬件基础。依托于国内已有数字图书馆基础设施、资源及服务网络建设成果，以及国家图书馆与全国各级公共图书馆之间已有的较为成熟的行业协同网络，国家图书馆在当前阶段提出了建设“全国智慧图书馆体系”。根据规划，“全国智慧图书馆体系”将联合打造面向未来的下一代图书馆智慧服务体系和自有知识产权的智慧图书馆管理系统。其总体架构可归纳为“1+3+N”，“1”指一个“云上智慧图书馆”，“3”指搭载其上的全网知识内容集成仓储、全国智慧图书馆管理系统和全域智慧化知识服务运营环境，“N”则指在全国各级图书馆及其基层服务点普遍建立线下智慧服务空间①。此外，为确保全国智慧图书馆体系的科学持续发展，还将建设3个支撑保障体系，即智慧图书馆评价体系，智慧图书馆标准规范体系，智慧图书馆研究及人才培养体系。这一体系的建设将实现全国图书馆空间、资源、服务、管理等的全面智慧化升级。除全国智慧图书馆体系外，我国多个省市也正在规划或已启动了本区域内的智慧图书馆体系建设。如深圳图书馆将2021年的年度主题定为“智慧体验年”，并将体系管理智慧化确立为年度3个重点建设领域之一，深圳“图书馆之城”“十四五”规划总体目标也提出，到2025年，建成国内领先的智慧型城市公共图书馆体系。目前，深圳市正以其第二图书馆为契机建设全城智慧化中心，且深圳多个区也已开展智慧空间建设，并形成一定规模，如深圳盐田区在2020年已有10家智慧书房先后建成投入使用，切实为深圳市建设“智慧图书馆之城”添砖加瓦。

① 饶权.全国智慧图书馆体系：开启图书馆智慧化转型新篇章[J].中国图书馆学报，2021，47（251）：4-14.

第四部分　智慧图书馆案例研究

首都图书馆：大兴机场分馆智慧图书馆

一、建设背景

近年来，随着信息技术的发展，图书馆行业的发展也逐渐走到了转型期，现有的图书馆模式已经不能完全适应现代图书馆的需求。在这样的背景下，首都图书馆一直在寻找图书馆未来的发展方向和可持续性发展的道路。在现代信息技术飞速发展的条件下，将大数据、云计算、人工智能、5G 技术等尖端技术运用到图书馆的管理、运营、服务中，为图书馆搭建起技术支撑平台，让馆员和读者完全沉浸在图书馆的服务中，各种服务随手可得却无须知道和了解这个智慧平台的存在，让图书馆的服务变得透明、智能、人性化，这是首都图书馆智慧化转型一直追寻的目标。

智慧图书馆道路的探索不是一蹴而就的，首都图书馆着眼于当下，从图书馆的实际情况出发一步一步向着目标努力。为了将智慧图书馆的理念真正地落到实处，首都图书馆利用一切机会来实践智慧服务理念。2020 年 10 月，为落实好北京市委书记蔡奇同志“在大兴国际机场引入博物馆和图书馆及文创产品等”的批示精神，进一步推动全民阅读推广服务模式创新，扎实履行公共图书馆在文旅融合发展中的职责使命，在北京市文化旅游局的支持下，首都图书馆与大兴国际机场联合启动首都图书馆大兴国际机场分馆（以下简称“大兴机场分馆”）项目。在北京市财政的资金支持下，大兴机场分馆项目于 2020 年 11 月正式开始建设。尽管项目时间紧任务重，首都图书馆仍然希望在此次的项目中将大兴机场分馆作为智慧图书馆的试点图书馆，将智慧管理、智慧服务、智慧运营的理念落实到实际的工作中，并形成一套可以推广、可以复制的智慧图书馆建设模式。

二、建设内容

大兴机场分馆（图 3–1）作为北京市第一家文旅体验馆，同时作为大型交通枢纽领域里第一家图书馆，在资源、技术、服务等各个方面，都紧紧围绕“文化与旅游”这个关键词进行建设，依托丰富的文献资源和先进设备，让读者不仅能够阅读文化历史、秀美山川，更能通过各项智慧图书馆的服务触摸北京、体验中国、感受世界。

图 3–1　大兴机场分馆

1. 资源建设

首都图书馆大兴机场分馆开放服务的两个区域面积近 500 平方米，可借阅图书达万余册，电子图书 20 余万册，有声图书 58 万集，音乐作品 150 万余首，同时读者可免费阅览“北京记忆”“典藏北京”等 18 个数据库。

（1）纸本文献资源

为凸显“文化与旅游”特征，大兴机场分馆以文化与旅游、外文文献和少儿图书等纸质文献为主，并根据读者需求增添了一些文学方面的畅销书。一层区域设有北京地方文献、旅游、历史、人物传记、艺术、外文、少儿、文学等专架，二层区域在设置文旅题材文献的基础上，设有获奖文学、儿童绘本、经济管理和期刊专架。纸本文献资源总量共一万余册，并根据读者需求数据、文献活跃度数据等进行定期更新。

（2）数字资源

大兴机场分馆围绕实现智慧型服务的目标开展数字资源建设。智慧型服务的特点之一是可以对数字资源的使用情况进行统计分析，对所提供内容进行优化，为读者推荐其感兴趣的内容，从而更好地满足读者需求。一层二层都设有视听专区，开放 18 个数据库，读者可以享受海量电子图书、电子报刊和视频资源。特别是利用首都图书馆自建的北京记忆数据库，开发了听北京、读北京、看北京 3 个专题数字资源，带着读者浏览北京文化、北京旅游、北京故事。同时，一层设有 12 块高低不同的 LED 滚动屏，读者无须进馆即可扫码带走电子书。二层设有触摸屏读报刊系统，读者可以点读 300 种报纸、200 种顶级的数字期刊、3000 册精品图书，同时可以用手机扫描二维码进行数字书刊借阅。有声听书系统提供 10 万余小时的有声图书，涵盖文学、历史、政治、军事、医学等 50 多个类目，另有精品广播剧 300 余部，读者可以用手机扫码现场听书，也可以扫码带走听。

2. 服务建设

利用移动互联网、物联网、5G、人工智能等信息技术为大兴机场提供移动借阅、智能推送、智能导引等服务，让用户体验到智慧服务的便利、快捷和乐趣。

（1）智能导引服务

通过智能机器人、智能虚拟主播屏的应用，实现信息咨询、服务引导的智能化。“小图”是首都图书馆大兴机场分馆的虚拟馆员代表，读者只需呼唤“小图你好”并与之对话，它就会提供天气、航班、航站楼地点导航、图书馆使用等信息（图 3–2）。

（2）馆藏智能管理

智能书架是在架图书实时管理系统，利用高频技术实现在架图书识别，可完成馆藏图书监控、清点，图书查询定位，错架统计等功能。智能书架系统具有检测速度快、定位准确等特点，用户可以实时知晓文献的状态，获取文献活跃度数据。将智能书架和机器人搭配使用，实现了馆藏的智能定位和机器人引导取书。读者在机器人平台搜索到文献后，机器人会自动将读者引导到智能书架中文献的具体位置。

图 3-2　智能导引服务

（3）移动借阅

在大兴机场分馆开放的服务空间中，读者使用手机移动应用扫描书籍的馆藏条形码即可完成文献借阅。移动借阅服务可将文献流通工作站拓展到多个，避免人群聚集，符合当下防疫需求。同时，将纸质文献流通服务拓展到移动端，积累丰富的移动端服务数据，为文献流通的智慧化服务开拓了空间。

三、运行情况及效果

首都图书馆大兴机场分馆经过近 8 个月的筹备和建设于 2021 年 6 月 28 日至 7 月 27 日开放试运营，试运营期间，开馆时间为每天的 8：00—18：00，试运营期间累计办理读者卡 254 张，接待到馆读者 21621 人次，平均日到馆人次约为 721，日到馆人次见图 3-3。

试运营期间，读者日均借阅图书 893 册次，还书 572 册次，其中通过手机移动端借阅 47 册次，机器人服务累计 199 次。从 2021 年 6 月 28 日至 2021 年 9 月 12 日（共计 77 天），期间累计接待到馆读者 33138 人次，借阅图书 1896 册次，办理读者卡 415 张。

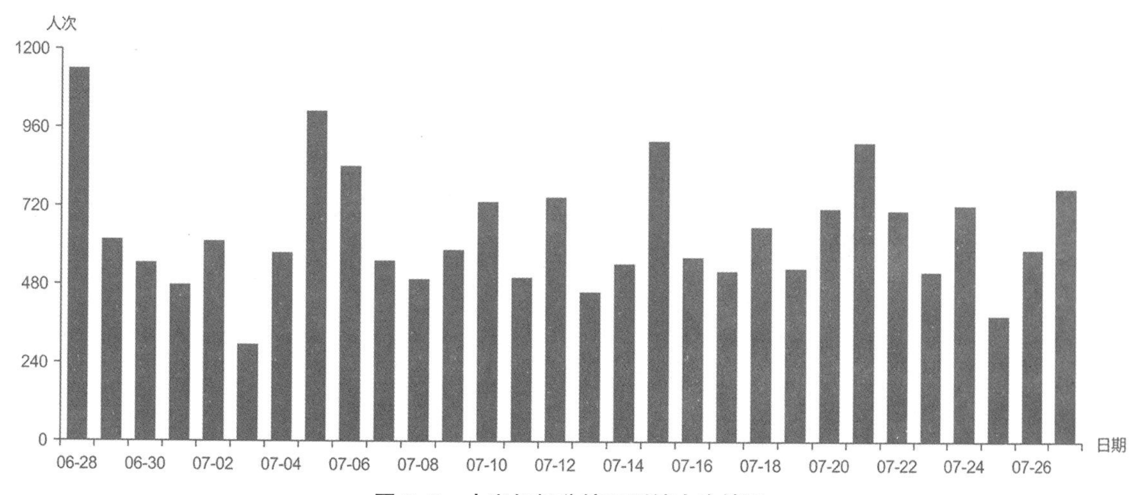

图 3-3　大兴机场分馆日到馆人次情况

大兴机场分馆从 2021 年 6 月 28 日至 2021 年 9 月 12 日，运营情况经人民网、《中国日报》、中央广播电视总台、《北京日报》、《北京晚报》、北京广播电视台等多家媒体多渠道报道共计 69 篇次，其中电视频道报道 4 次，App 客户端报道 19 次，纸质媒体出版报道 5 次，微博平台报道 13 次，微信平台报道 5 次，网站报道 20 次，抖音平台报道 3 次。机场分馆投入使用吸引到多家媒体深度报道，中央广播电视总台于 2021 年 9 月 1 日在 CCTV-1 综合频道进行 4 分钟时长的报道，北京广播电视台记者进行探馆拍摄报道，《北京日报》2021 年 7 月 13 日在头版进行报道，《北京晚报》在新闻纪录版面进行整版报道，《中国旅游报》在第 8 版专题版面进行整版报道，学习强国 App 客户端转载 6 次。2021 年 7 月 28 日大兴机场分馆正式开馆当天，《北京日报》开展直播报道。

后续大兴机场分馆将逐步开放图书预约功能，设立冬奥会阅读专架，开展新书分享会、亲子故事会、市民音乐厅、特色展览等丰富活动。随着大兴机场分馆知名度的提升，越来越多的读者愿意来到这里，随着各项服务的展开，丰富多彩的文化服务让更多的旅客了解公共图书馆、走进图书馆。

（首都图书馆　李念祖　谢鹏　徐冰）

广东省立中山图书馆：
采编图灵·图书采分编智能作业系统

一、项目建设背景

目前，RFID技术、物流技术、工业机器人技术等在国内外图书馆领域都有一定的探索应用，主要集中在图书馆读者服务前端的应用，分别应用于自助借还、馆藏立体仓库自动存取和机器人自动架位信息盘点等三类。但在图书馆业务管理后端，关于如何将物联网技术、工业机器人技术等应用于图书采分编环节，由自动化作业方式取代传统一系列繁杂的人工作业方式，目前无相关的研究和实用化案例。

在图书馆业务管理后端，所有图书及报刊在提供给读者借阅之前，必须经过书刊采购验收、分类编目、典藏加工等繁杂的人工作业环节（以下简称“图书采分编”），而图书采分编工作需要大量的人力和时间，因此，广东省立中山图书馆结合机器视觉、工业机器人等技术应用，研究并首创图书馆采编图灵——图书采分编作业的自动化和智能化技术，它可极大地提高图书馆尤其是大中型图书馆图书采分编效率，减少重复的人力劳动，产生“智能化编目”新业态，为未来图书馆业务优化提供创新方案。

相较于国内外已有的服务前端型应用，采编图灵涉及RFID、红外感应器、激光扫描器等物联网技术、图像识别、工业自动化处理、自动分拣等多种技术的综合应用和协作运行，也将为相关新技术在图书馆领域的应用提供一种新的思路和方案。

二、项目研究建设内容

采编图灵·图书采分编智能作业系统总体上分为图书验收及编目前加工模块、图书分类编目模块、图书典藏加工及分拣模块3个部分，智能作业流程的总体框架如图3-4所示，整体系统研发计划分三期实施。

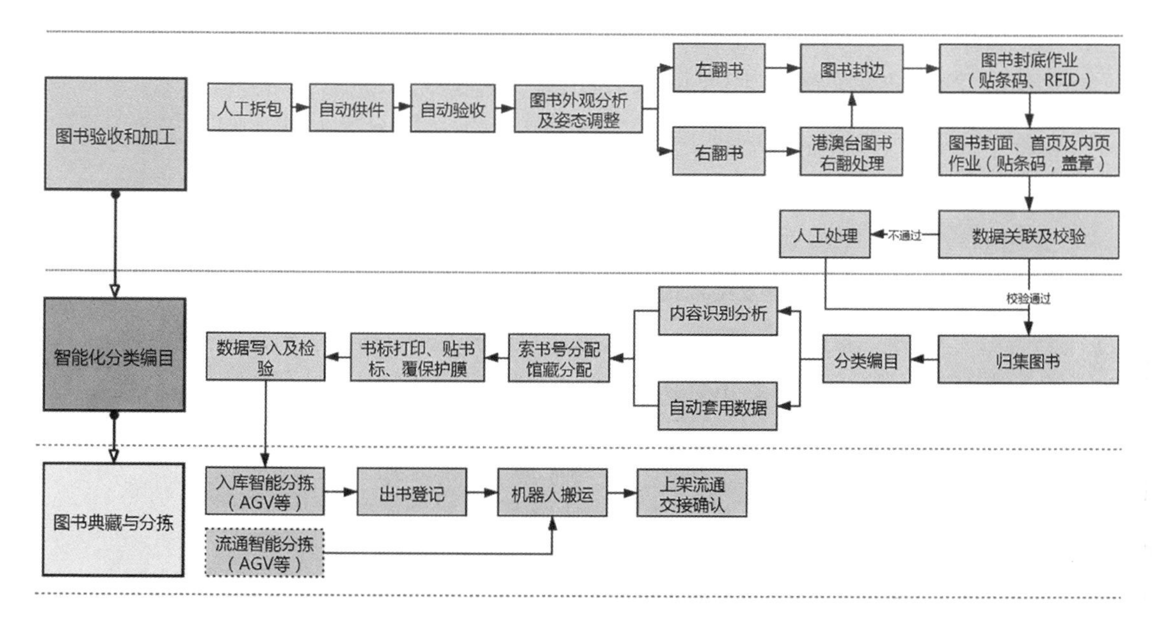

图3-4　图书采分编智能作业系统流程

1. 重构与全流程智能作业系统相适应的图书采分编加工流程

传统的图书采分编加工流程繁多，通常包括拆包验收、系统收单、馆藏分配、图书封边、盖馆藏印章及贴条形码、编目及校验、索书号分配、书标打印、出书登记、贴书标、覆保护膜、加装RFID标签、RFID标签数据写入、图书分拣及配送等。图书采分编智能作业系统初步分为图书自动分离供件、自动采购验收、自动贴标加工、智能化分类编目系统和图书集散及分拣等5个部分。若要进行全流程智能作业的设计，一方面需要对整体的业务流程进行拆分和逻辑归类，确认各个作业环节的可行性，并根据拆分出来的各环节业务特点匹配相关的自动化方案；另一方面需要重点对现有图书采分编加工流程进行再造，从能否实现原有加工要求、能否满足效率以及能否适应各类型图书的通用性等方面调整，以适应未来全智能化作业的模式。

2. 利用机器视觉和工业机器人技术实现图书采购验收、典藏加工的自动化作业

传统的图书采分编加工流程全部由人工完成，除图书馆分类编目外，其余作业基本为烦琐重复的机械式劳动操作，包含图书 ISBN 号码扫描及信息识别（包含书名、价格、出版社、作者等信息）、图书标签的打印粘贴、RFID 电子标签的粘贴、图书翻页及盖章、图书 RFID 标签数据读写、图书分拣等。采编图灵研发的重点是利用机器视觉和工业机器人技术对图书的特征码、特征标识进行精准的识别，同时通过机器人自动控制技术对图书进行规范化的物理加工，替代人工操作，提高图书加工的效率和准确率。

3. 初创智能化图书分类编目新模式，实现全流程作业自动化和智能化

图书分类编目是图书采分编流程中复杂度最高的一个环节，本质上是要针对文献的内容主题进行分类和标引并生成书目数据，以实现文献信息化的检索利用。本项目研究在智能作业系统中，通过对每一种图书的特征码识别、图书关键内容的扫描存档等一系列的图像处理，开发专用的分类编目软件处理模块，与图书馆业务集成系统（LIS）对接。一是实现对联机编目数据的自动下载、自动编目，录入馆藏管理系统；二是实现编目员对无联机编目数据的图书进行无纸化线上编目，初创一种新的图书馆分类编目模式，提高图书分编效率。

4. 解决的关键问题

总体上，本项目将采用机器视觉、工业机器人等技术，辅以人工智能图像识别及相应定制软件，结合实际需求，对各个子系统技术节点的实现方式进行探讨和考察，确认各技术节点落地的可行性并评估风险，关键问题包括：

（1）基于机器视觉的图书外部特征识别

对图书外部物理特征的识别基于机器视觉技术，用于让智能作业系统“看到”图书，包括图书的大小、位置、方向、正反等，这是后续一系列自动化操作的先决条件。

（2）基于工业机器人自动控制的图书姿态调整

采用直角坐标型数控工业机器人技术来完成作业过程中图书的姿态调整，即让智能作业系统“拿起和翻动”图书，包括单本图书分离、调整图书的左右和前后位置、翻转图书的前后方向、翻转图书的正反面、图书翻页等多种姿态处理动作，需根据图书的不同类型及各个动作的复杂程度采用不同形态的机械手设计非标自动化设备。

（3）实现图书无纸化自动编目

需利用人工智能图像采集和识别技术完成对图书的精准识别、主要内容的文本扫描等，并与图书馆联机编目系统、业务集成管理系统做系统整合以实现智能化编目，此为本项目复杂度最高的部分。

（4）全流程智能作业系统框架设计和调试

采编图灵所涉技术种类多、设备装置多，需充分考虑系统运行复杂度、运行效率、系统拓展等因素。

三、项目目前进展、运行情况及效果

目前，采编图灵·图书采分编智能作业系统（一期）即图书验收及编目前加工模块，已经于 2021 年 5 月正式上线并投入使用（图 3-5）。一期项目系统主要包括：图书自动供件、图书信息采集及姿态调整（图 3-6）、图书封底和封面物理加工共 3 个子系统，合计 12 个功能模块。

图 3-5　图书采分编智能作业系统（一期）工作现场

图 3-6　图书采分编智能作业系统（一期）图书姿态调整装置

1. 图书自动供件

在工作人员批量将图书摆放至设备供件台后，设备自动对图书进行逐本分离，采用提升机加负压机械手抓取方式，抓取图书的书脊，光电感应系统自动检测当前图书堆的状态，保证分离后的图书无破损、无重叠、无堆积。分离系统预设人机交互设备和软件接口，实时显示基础数据，便于馆员回溯系统历史信息和数据统计分析。

2. 图书信息采集及姿态调整

对已分离单本图书进行自动采样识别，通过对封面、书脊等位置的图像扫描存档、文本 OCR 识别等，获取包括题名、作者、出版社等基本信息，为实现自动验收保留基础数据，推进机器学习和训练，为实现“无纸化编目”和人工智能文献自动标引做准备。在此过程中通过对图书进行姿态调整，使图书达到符合系统处理标准的状态。

3. 图书封底和封面物理加工

利用机器视觉和工业机器人技术对图书的特征码、特征标识进行精准的识别，实现图书 ISBN 号码扫描及书名、价格、出版社、作者等信息识别，图书条形码打印粘贴，RFID 标签粘贴，图书翻页及盖章，RFID 标签数据读写。然后采用图像识别技术，通过算法滤波，实现图像检测，根据“采样—识别—判断—再采样”的模式，辅以机械手进行图书翻页，按照图书物理加工规范，精准定位图书的封面、题名页、封底等位置，进行条形码打印、粘贴、盖馆藏章、贴 RFID 标签、覆保护膜等一系列全自动化操作。

本项目正式上线的系统，涵盖了新书入馆后图书相关信息图片采集、ISBN 号码扫码及信息识别、条形码打印粘贴、覆保护膜、RFID 标签粘贴（图 3-7）、翻页及盖馆藏章、RFID 标签数据读写等 10 余项批量操作以及图书 ISBN 号与图书条形码、RFID 标签信息的绑定和校验，做到了图书加工全流程可追溯。目前处理加工的运行效率达 200 册 / 小时，以加工 10 万册图书为例，仅计算图书搬运一项，使用该系统就可以比传统加工作业节省约 100 万册次的重复搬运劳动，不仅实现编目前加工作业的自动化和规范化，还能显著提高采分编作业的综合效率。

系统一期项目已申请 4 项发明专利和 32 项实用新型专利，其中 4 项发明专利已通过初审进入公示阶段，19 项实用新型专利已获授权。

图 3-7　图书采分编智能作业系统（一期）RFID 标签的自动粘贴装置

（广东省立中山图书馆　王惠君　吴昊　潘咏怡）

南京图书馆：数据驱动　共建智慧

一、建设背景

当前，信息化正在开启以数据深度挖掘和融合应用为主要特征的智能化阶段，大数据、云计算、移动互联网、物联网、人工智能等新一代信息技术的广泛应用推动着社会向智慧化发展，也深刻影响着图书馆智慧化发展方向。继2015年国务院《促进大数据发展行动纲要》颁布以来，大数据在公共文化行业中的研究和应用逐步得到推进。2017年，公共文化服务大数据应用文化部重点实验室在北京成立。2019年，科技部等六部门印发《关于促进文化和科技深度融合的指导意见》的通知，对文化大数据体系建设提出了明确要求，指出公共文化机构应建设"物理分散、逻辑集中、政企互通、事企互联、数据共享、安全可信的文化大数据体系"。为贯彻国家大数据战略，2015年江苏省颁布了《江苏省大数据发展行动计划》，江苏省文旅厅在"十三五"规划中明确提出"加强公共文化大数据采集、存储和分析处理，提高公共文化服务的针对性和有效性"，要求加强文化大数据体系建设，推进包含公共图书馆大数据服务平台在内的文化各领域大数据平台建设。这些规划和政策文件为全面推进图书馆大数据建设提供了政策保障和方向指导。

近几年来，我国许多图书馆都在建立"大数据"系统，这些系统基本上是在单馆若干应用系统基础上的数据统计和数据可视化展示系统。从大数据的定义、技术特点和价值意义来看，这些都不能算是真正意义上的大数据和大数据分析。

众所周知，大数据以规模性（Volume）、高速性（Velocity）、多样性（Variety）、价值性（Value）为基本特点。图书馆大数据也应该遵循大数据基本规律，具备这些基本特点。图书馆大数据在数据规模上应该是多应用系统、多个馆、全区域甚至是跨区域、跨行业的全量数据；在技术层面上应该具备面向大数据处理的数据层、算法层、应用开发层的大数据技术特点，需要涉及数据采集、数据存储、数据分析、数据处理、数据治理、系统实现、系统运维等各个功能系统；在应用价值方面，大数据应该针对不同的人群（行业管理层、图书馆决策层、业务建设层、读者服务层）和智慧功能系统提供有针对性的精准化数据服务，应该能以新的角度和新的手段全方位、全视角展现图书馆运行和服务的演化历史、当前状态，全局态势和细微差别，能归纳图书馆要素发展和要素相互作用的客观规律，预判图书馆发展趋势和未来状态。在 2018 年之前这种真正意义上的图书馆大数据平台系统在国内还是空白，为此，有必要开展图书馆大数据建设，建设目的是为智慧图书馆体系建设提供强有力的数据驱动，为图书馆事业高质量发展提供全面有效的数字服务。

全面的计算机管理、网络化应用和数字化服务是大数据发展的客观基础和现实条件。近 10 年来，随着社会经济的快速发展，江苏省公共图书馆事业也同步快速发展，信息化数字化水平普遍提升。2017 年全国第六次公共图书馆评估定级中，全省 109 家参评馆中的 100 家被评定为一级馆，总数和比例均名列全国行政省份第一，全省 109 家公共图书馆均实现了图书馆业务管理系统，并普遍建立了数字图书馆。南京图书馆作为江苏省省馆、全省公共图书馆的中心馆，在省文旅厅的指导和支持下秉持“统筹统建、共建共享”的理念，在全省新技术应用、平台搭建、资源服务等方面积极作为、勇于创新，先后创建了“江苏省公共图书馆联合参考咨询网”“江苏省少儿数字图书馆”“江苏图书馆云服务”“百馆荐书全省共读”等一批具有全国影响力的省级公共数字文化服务平台，建立起“省厅指导、省馆牵头、全省参与”的协作协调机制，形成了全省聚力合作、共同发展、全省一盘棋的良好氛围。这些为全省公共图书馆大数据建设打下了坚实的现实基础。

二、发展历程

从 2015 年开展图书馆大数据应用基础研究到现在，江苏省公共图书馆大数据建设经历了 3 个发展阶段。

第一阶段为前期基础研究和探索阶段（2015—2017 年）。2015—2016 年南京图书馆承担并完成了全国文化信息资源共享工程“十三五”发展规划重点方向课题“公共文化服务大数据的采集与分析研究”，该课题以公共图书馆等公共文化服务机构为主要研究对象，对大数据的来源和构成、采集与处理、分析与应用进行了初步的研究，形成了“公共文化服务大数据的来源、采集与分析研究”报告，相关论文发表在《图书馆建设》2015 年第 11 期上，课题研究成果为开展大数据服务平台建设提供了理论基础。2017 年，南京图书馆被列入“公共文化服务大数据应用文化部重点实验室实践基地”，开始调研并起草“江苏省公共图书馆大数据采集与分析系统建设方案”。

第二阶段为基础平台开发和数据中心初建阶段（2018—2020 年）。2018 年 2 月“江苏省公共图书馆大数据采集及分析系统建设项目”方案论证会召开。方案提出了“拟采集全省公共图书馆业务数据、数字资源服务数据、馆情指标数据、公共数字文化工程数据，初步建立全省公共图书馆大数据中心，并在此基础上实现数据统计分析、数据查询展现等数据应用功能”。来自北京、上海、江苏的专家在对方案内容基本肯定的同时，指出江苏省大数据建设是国内首个省级规模的公共文化大数据项目，是一个复杂的、庞大的、长期的系统工程，需要分期建设，第一期项目宜实现部分数据的采集处理和统计展示，工程名称可定为“江苏省公共图书馆系统公共服务大数据应用示范工程”，经过与文旅厅进一步研究协商，最终将工程名称定为“江苏省公共图书馆大数据服务平台”。2018 年 6 月，项目一期“江苏省公共图书馆大数据采集、存储及提供系统”全面启动，2019 年 11 月底完成了业务管理系统、数据采集管理系统、馆情数据填报系统、数据统计展示系统的软件开发和全省 75% 的公共图书馆数据采集工作。2020 年 11 月，在一期项目的基础上开始建设全省关键指标排名发布系统、多维度统计数据服务系统、馆情数据查询系统、读者活动数据采集系统、读者流量数据采集系统，数据采集规模进一步扩大和完善，全省大数据中心初步建成。

第三阶段为全面建设和深化服务阶段（2021 年至今）。2020 年底，在大数据服务平台和数据中心建设取得初步成效的基础上，“图书馆大数据应用江苏省文化和旅游重点实验室”（以下简称“重点实验室”）获得江苏省文化和旅游厅首批重点实验室认定。2011 年 4 月 28 日，南京图书馆举行了“图书馆大数据应用与智慧服务研讨会暨重点实验室揭牌仪式”，开启了江苏省图书馆大数据全面建设的新阶段。重点实验室承担着图书馆大数据建设的研究、开发、管理和服务等各项工作，其成立为图书馆大数据建设提供了更有利的发展条件和更好的发展前景，特别是在智慧图书馆体系建设中将能更好地发挥大数据驱动作用。

重点实验室由江苏省文化和旅游厅主管，以南京图书馆为依托单位、南京大学信息管理学院为共建单位，设主任一名主持实验室工作，成立学术委员会对实验室进行学术指导，下设综合管理组、应用研究组、数据管理组和实践基地负责开展具体工作。组织架构如图 3–8 所示。

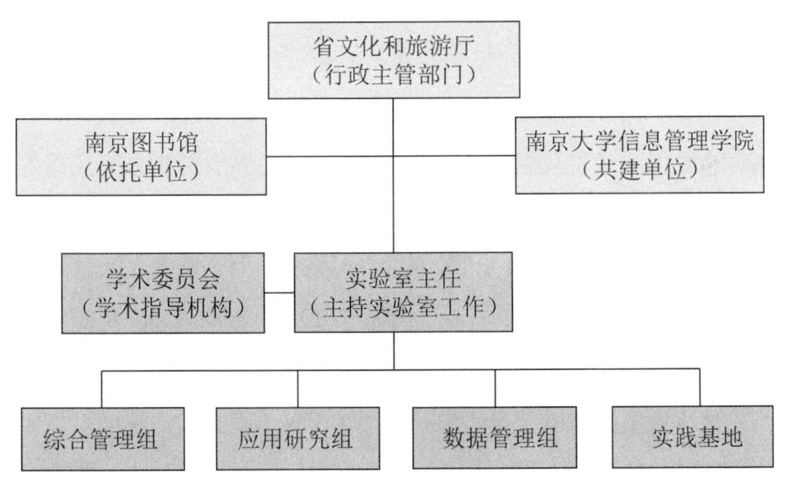

图 3–8　图书馆大数据应用江苏省文化和旅游重点实验室组织架构图

三、建设内容

江苏省公共图书馆大数据建设具有全方位、综合化和长期性等特点，根据三年来的实践，建设内容可概括为：策划组织协调、应用基础研究、软件体系搭建、数据中心建设、数据应用服务、业务人才培养等 6 个方面。

1. 策划组织协调

江苏省公共图书馆大数据建设是一项全省性的工程，需要得到各级文化主管部门的重视和支持，需要省、市、县各级图书馆的全面参与和乡镇、村基层综合文化服务中心的积极配合，宣传发动和组织协调工作十分重要。江苏省文化和旅游厅高度重视这项工作，2018 年 11 月向全省下发《关于开展江苏省公共图书馆大数据服务平台建设的通知》，提出了建设江苏省公共图书馆大数据服务平台、建立大数据中心的目标任务，明确了“大数据服务平台是一个全省参与、共享成果的重大公共文化建设项目。项目由省文化和旅游厅主导建设，南京图书馆具体负责平台搭建和运行维护。全省各地文化主管部门组织本地区各级图书馆对接南京图书馆，开展大数据服务平台建设和共享服务”。从 2017 年起，每年两次的全省公共图书馆公共数字文化培训班都把大数据建设作为重点培训内容，对大数据建设的意义、平台功能、服务项目进行宣传，对各个图书馆的工作提出具体要求。

全省组织协调的重点和难点是各馆馆情数据填报和业务系统数据采集工作，各个图书馆十分关注读者数据隐私、各类数据安全、统计分析结果用途等核心问题。为使各图书馆能够放心提供数据，省文旅厅在通知中明确了“大数据分析结果仅用于本省各级文化主管部门和图书馆掌握馆情、科学决策、改进工作、提升服务的目的，不作为评比考核、评估定级的依据。大数据中心采集的源数据、清洗后的标准数据仅用于本平台服务，不支持其他任何目的和用途的数据复制、下载和调用。数据采集、传输、存储和利用等各个环节均采取严格的数据安全保护措施”。同时南京图书馆还与全省所有公共图书馆签订《江苏省公共图书馆大数据共建共享协议书》，就大数据的提供、管理、使用和服务达成协议，明确了双方的责任和义务，保证了双方的权益。通过一系列措施使得全省数据采集工作得以顺利进行，到目前为止，全省 117 家图书馆除少数图书馆因技术原因暂时提供不了数据外，所有的图书馆都能正常提供数据。

2. 应用基础研究

江苏省图书馆大数据建设是一项开创性的工作，为保证图书馆大数据建设的科学性、先进性和实用性，需要对数据源、数据采集和清洗、数据分析和服务等各方面进行全面而系统的研究。如果说2016年完成的全国文化信息资源共享工程“十三五”发展规划重点方向课题“公共文化服务大数据的采集与分析研究”是对图书馆大数据的初步的研究，那么依托重点实验室开展的研究将是全面而系统的研究。重点实验室一方面积极组织申报与国家大数据相关的科研课题，如2021年承担了省文旅厅立项的“数字资源服务大数据采集与分析研究”课题；另一方面，自主设立开放课题，并以江苏省图书馆学会和南京图书馆的名义联合向社会公开招标。自主设立的课题以图书馆大数据建设实际需求和难点难题为导向，以应用于大数据软件体系和数据中心建设、数据统计分析服务、智慧图书馆体系建设等为目的，具有很强的应用价值和现实意义，2021年度设立了如下两大类16个课题。

第一类应用基础研究类课题重点研究图书馆大数据建设和治理、大数据统计分析、大数据融合应用等方面的方法、标准和技术问题，具体设立了图书馆保障条件大数据采集指标体系研究、图书馆活动系统数据采集指标研究、图书馆读者流量和热点数据采集指标研究、图书馆外部环境影响因素及数据源研究、数据统计分析方法在图书馆大数据统计分析中的应用研究、数据智能分析方法在图书馆大数据统计分析中的应用研究、数据可视化技术在图书馆大数据统计分析中的应用研究等7个课题。此类课题拟采用面向全省发布和专家评审的方式确定符合条件的课题承担人。

第二类数据分析研究类课题侧重于大数据统计数据的深度挖掘和灵活运用，将全省公共图书馆大数据的5亿条数据开放出来，组织发动图书馆行业从业人员和研究人员基于大数据开展图书馆业务研究，具体设立了公共图书馆读者结构及阅读行为分析、公共图书馆读者活动分析、公共图书馆馆藏结构及文献利用分析、公共图书馆保障条件分析、公共图书馆服务效能分析、公共图书馆文献供需平衡与文献采访规则分析、公共图书馆服务体系分析、公共图书馆少儿服务工作分析、图书馆发展综合性调研报告等9个课题。此类课题拟直接委托省内具备条件的公共图书馆或科研单位承担。

应用基础研究的全面开展将促进大数据项目建设的质量，同时也活跃了全省公共图书馆科研氛围，提升了图书馆工作人员的科研能力。

3. 软件体系搭建

开发和完善图书馆大数据应用软件体系是大数据建设的核心任务，软件体系必须包含各种数据源的数据采集、存储、清洗、展示、统计、分析、接口服务等一系列功能系统，江苏省公共图书馆大数据软件体系建设采用总体规划分步实施的方针，计划用 4—5 年的时间分阶段进行功能开发和迭代完善。2019 年底完成第一期软件项目，2021 年 7 月完成第二期软件项目，2021 年 9 月开始第三期软件项目开发。

（1）主要技术路线

软件体系采用市场占有率和认知度最高的 Hadoop 分布式系统基础技术架构，以 HDFS 和 MapReduce 为核心的一整套数据存储和计算处理工具，很好地解决了图书馆大数据项目实施的技术问题。采集的数据以 HDFS 分布式文件系统为基础，存储于 HBase 高性能、面向列分布式数据库中；利用 Hive 对抽取的各系统数据内容进行计算，通过 Impala 提高大数据的计算效率；采用 Spark 进行内存级的数据批量处理；应用 Spark Steaming 与相关业务系统进行衔接，保证大规模流式数据处理系统的高效能力。对存储的大数据根据业务主题进行多维度的数据分析与挖掘，对资源、读者、行为以及馆情指标数据进行关联分析、个性分析和多维数据分析。第一、二期软件系统技术路线示意图和软件系统结构示意图如图 3-9、图 3-10。

（2）数据采集和清洗

数据采集和清洗工作由一组针对各种不同数据源开发的数据采集系统完成，第一、二期项目的数据源包括图书馆业务管理系统数据、馆情填报数据、图书馆活动数据、读者流量数据等四类（图 3-11）。

业务数据采集系统承担着采集全省 117 家图书馆的不同系统和版本的业务管理系统数据的任务，这些系统包括但不限于力博、图创、汇文、图星、ALEPH 等，采集系统可选择多种采集方式（全库采集、批量采集、增量采集）和灵活的采集策略（数据对象、间隔时长、起止时间等）进行采集。采集系统采用数据库连接、ETL数据抽取方式获取数据，先将采集到的数据存储在Hive数据仓库中的镜像库中，镜像库中的数据结构与源数据完全相同，且能实现数据同步；再从镜像库中通过SQL查询提取所需要的数据存入HBase的一个临时文件中（TMPA）等待清洗；清洗的过程是一个将来自不同图书馆不同系统的数据实现规范统一的过程，如馆藏复本与标准书目元数据的比对挂接、读者属性数据的规范统一、识别和建立同一人不同记录的关联、读者借阅信息的规范统一等；清洗后的数据暂存在各个图书馆的汇总中间库中，最后将所有图书馆中间库数据汇总到大数据总库。数据总库拥有能够包含和兼容所有系统数据的数据结构，保证各系统数据的无损转换和汇总。采集系统为满足更多维度和更复杂的大数据统计分析需求，提供更精准、更全面的数据服务。

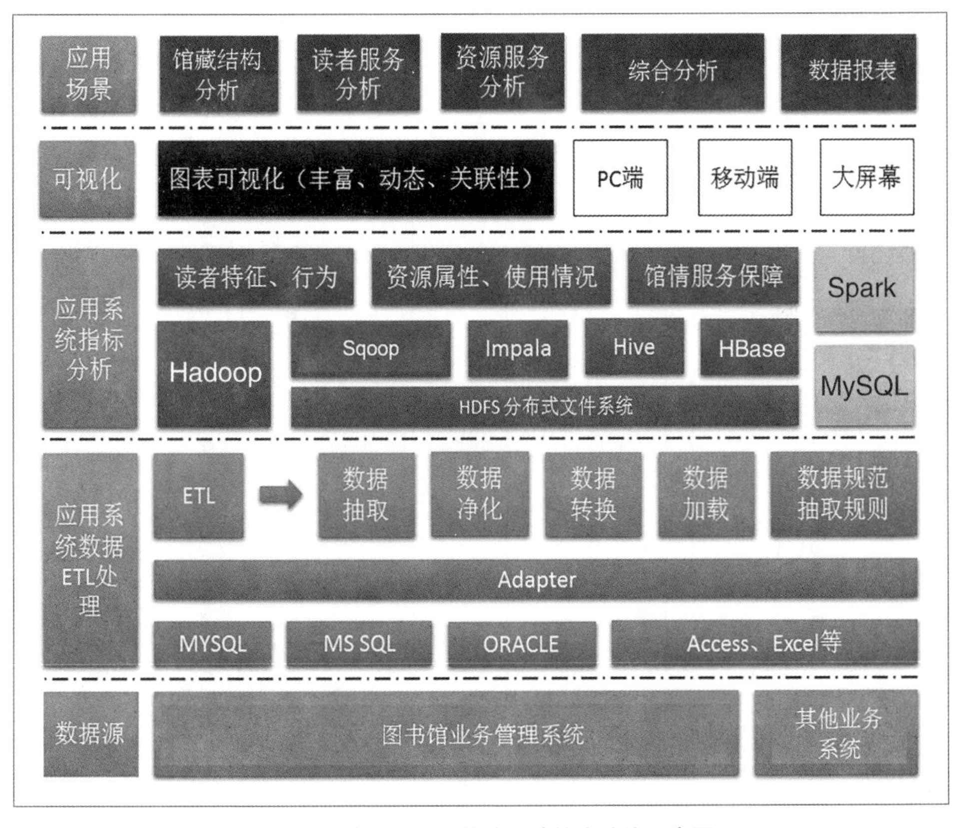

图3-9　第一、二期软件系统技术路线示意图

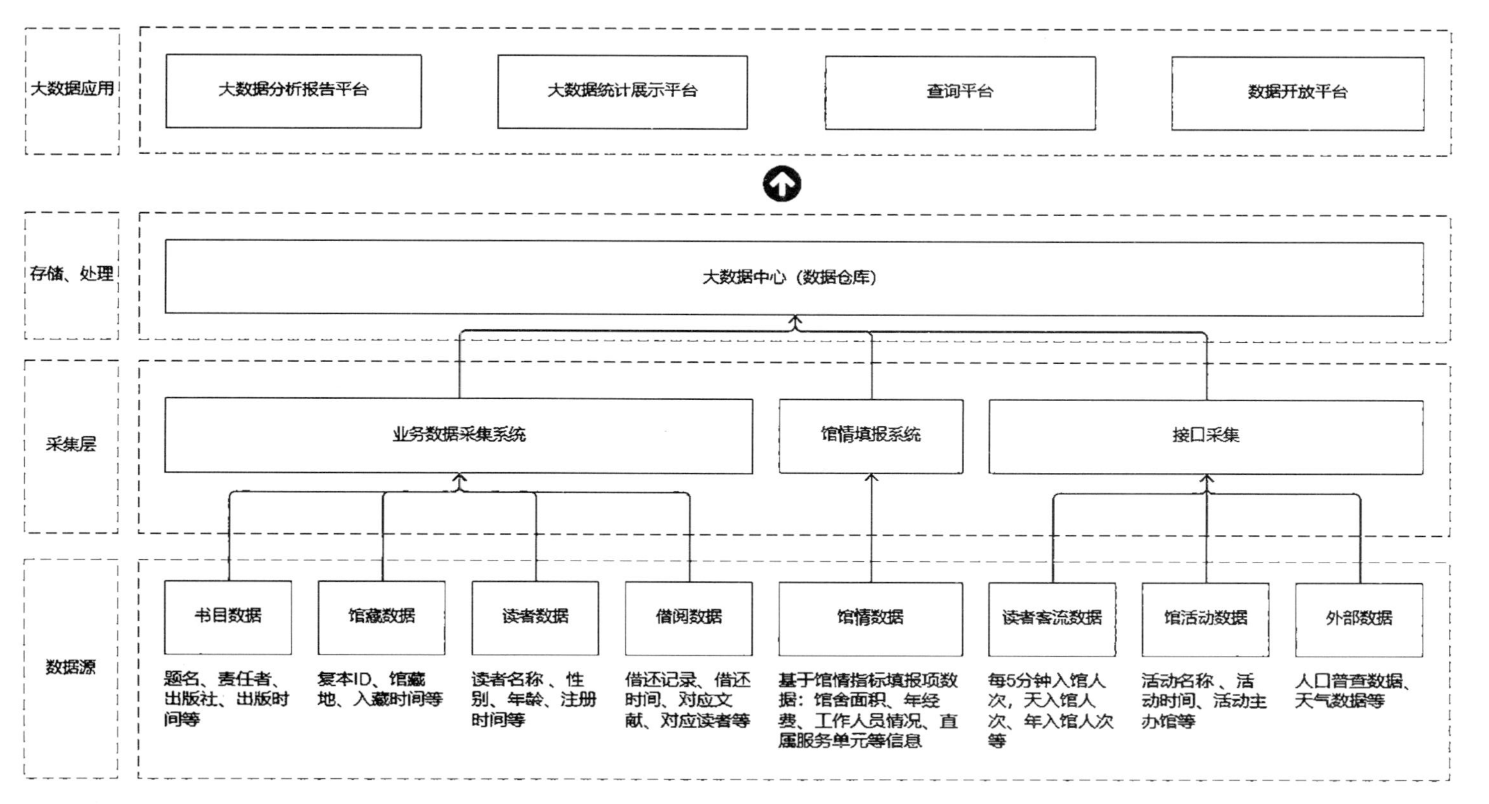

图 3-10 第一、二期软件系统结构示意图

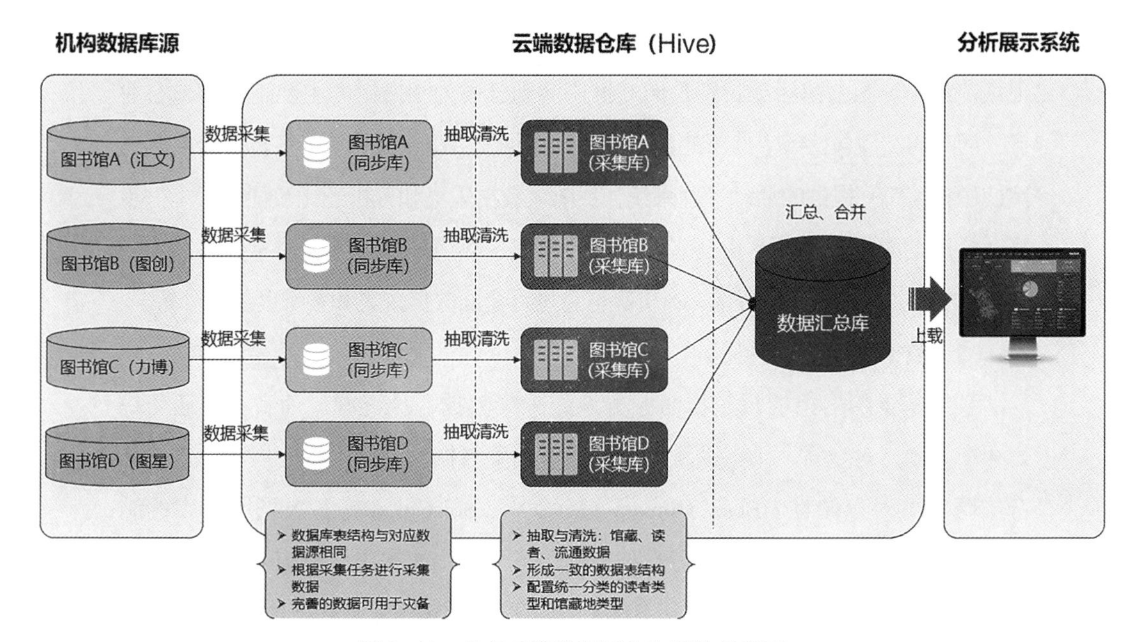

图 3–11　业务系统数据采集和清洗示意图

馆情填报系统一共设置了综合信息、详细信息、直属服务单元信息、乡镇街道基层图书馆、村级社区图书室、合作分馆和流通点等六大类 392 个填报指标项，是一种全层次全方位摸家底式的情况调研，每年 3 月份前发动组织一次由 117 家省、市、县（区）公共图书馆，1200 多家乡镇（街道）图书馆参与的全省填报工作，15000 多个村级社区图书室的数据填报在县级图书馆指导协助下由乡镇图书馆完成。系统包含用户管理、角色管理、部门管理、菜单管理、定时任务、参数管理、字典管理、文件上传、系统日志等功能。系统基于主流开源的 Spring Boot 来搭建开发环境，系统提供的业务功能服务统一以异步请求接口方式实现，便于实现多终端界面的展现和适配，同时支持提供灵活的权限控制，可控制到页面或按钮，满足绝大部分的权限控制需求，安全层面提供完善的 XSS 防范及脚本过滤，杜绝 XSS 攻击。

客流量数据采集系统从多种客流量系统中实时采集读者流量数据，对数据进行清洗，实现规范统一。客流量系统的数据结构相对比较简单，但数据采集的实时性要求比较高，采集频率以秒为单位。江苏省公共图书馆主要使用了两种客流量系统，每个系统都以云服务模式部署在省馆大数据中心，数据采集和清洗简单而便捷。

活动数据采集系统从多种读者活动系统中采集活动数据，对数据进行清洗，实现规范统一。图书馆活动特别是阅读推广活动已成为图书馆的主要工作和核心业务，活动的类型包括线上线下的阅读推广、培训、讲座、展览等。江苏省公共图书馆使用省馆统一提供的活动管理系统，目前大数据采集和分析还比较简单，下一步将对活动的类型、主题、责任者、方式、地点、环境条件、参与对象、时间（时长）、内容资源、规模、效果、评价等信息进行全面数据采集和多维度统计分析。

（3）数据统计展示系统

系统基于图书馆填报数据与业务系统采集数据，从资源、读者、流通与综合 4 个方面，对全省、地市以及单馆进行多维度数据统计和可视化展示。系统结合实际业务对存储在 HBase、Impala、MySQL、SolrCloud 等各数据服务中的结构和关系进行定义，以满足业务数据模型层各个应用的需求。系统通过数据接口从大数据总库中提取数据存储到 HBase 中，再使用 Spark 将数据传输到 Impala、SolrCloud，Impala 提供平台的数据分析任务，SolrCloud 提供系统的全文检索任务，MySQL 数据库用于用户和权限管理。地市主管部门和各区县级以上图书馆均可使用独立账号进行访问（图 3–12）。

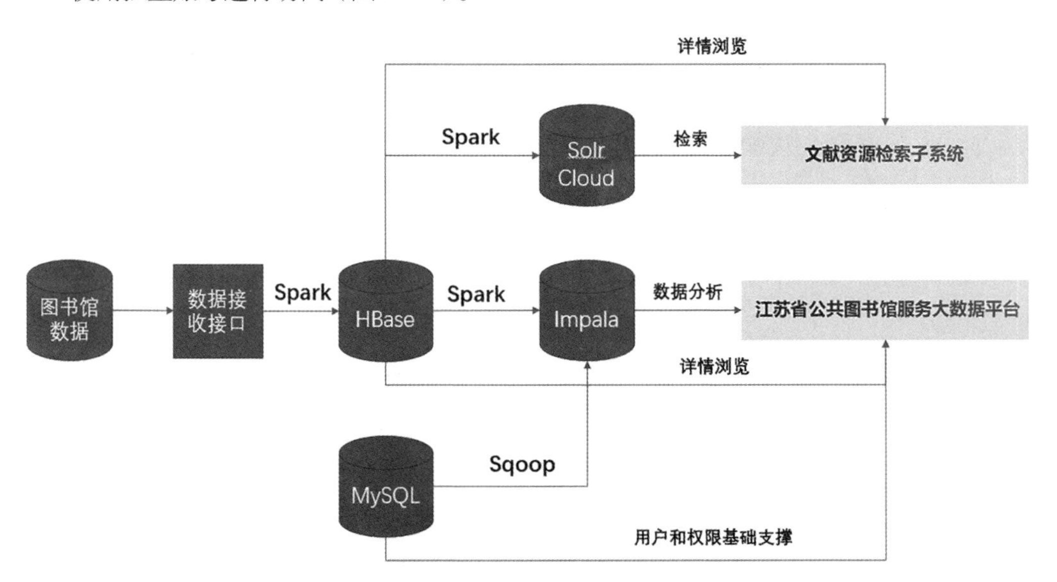

图 3–12　数据统计展示系统技术路线示意图

系统可通过省、市、县、区、乡镇 / 街道、村 / 社区六级行政区划查询分析图书馆发展状况、保障条件及服务效能情况。对于图书馆用户，可选择本馆、合作分馆、基层分馆作为研究对象，进行详细业务数据分析。分析粒度向下可钻取到各级分馆、馆内服务单元、流动服务单元，也可细化到各馆藏地。针对图书馆业务，平台重点进行了读者分析、资源分析、流通分析、综合分析、特征画像，并提供标签化设计及管理。

资源分析包括各图书馆资源发展、资源结构、资源标签的分析，并在资源特征分析的基础上，进行资源个体画像和群体画像。结合读者对资源的访问行为以及借阅行为进行历史分析，提供以资源的访问量、借阅量、借阅率、热点资源为代表的资源访问汇总分析结果，为资源采购、资源服务布局和资源优化调整提供一定的数据依据。系统对个体读者数据进行了属性信息、行为信息、活跃程度、读者价值分析，从读者的性别、年龄、籍贯等自然属性，读者类别、读者状态等图书馆属性特征，以及资源阅读特征、阅读偏好、检索行为、借阅行为等行为信息数据进行分析挖掘，进行了个体用户画像和群体用户画像。系统采用数据推荐与挖掘算法，根据用户类型判断相关文献资源的吸引力、关注度。根据读者行为找到其他相似行为的读者群体开展分析，并根据业务主题范畴对资源、业务进行多维度的分析。

此外，分析系统设计了标签化体系，可对读者、资源通过数据分析形成的结果，进行自定义标签管理。系统还支持精细化标签处理，即基于读者属性标签与资源属性标签进行关联分析后，工作人员总结出更为精细化的标签加入隶属于某个标签的下级体系中，以进一步发现读者和资源的需求和特征。

访问地址：http://47.110.141.197：8080/site/login。

（4）大数据统计报告服务系统

统计报告是我们了解、掌握图书馆当前状况和发展变化的主要依据，是分析、研究图书馆业务规律、发现图书馆存在问题和解决方案、进行科学决策的重要参考。统计报告的主题内容十分丰富，如综合性的事业发展报告、读者阅读行为报告、少儿读者的服务报告、馆藏及利用报告等。为满足全省公共图书馆业务统计的多样性需求，大数据二期软件项目建立了一个多维度数据统计报告服务系统。系统支持按照图书馆机构维度（全省、地市、多馆、单馆）、时间维度（月、季、年或任意月份时间范围）、内容主题维度（馆藏数据、读者数据、流通数据等主题）进行总量统计、趋势统计、分类统计和对比排名统计，并以月效能排名报表、年度事业发展报告等定期发布方式和根据全省各级行政主管部门、各图书馆个性化需求按需定制的方式为全省提供统计报告服务。

统计报告主要是由若干主题的统计报表组成的，图书馆大数据统计所涉及的统计项较多，生成一个完整的全省性统计报表往往需要耗费较大的系统资源和较长的时间，为了快速而准确地形成所需的统计报告，系统在分析了图书馆业务统计实际需求的基础上，预先设计定义了近 200 个统计表，形成了一个庞大的统计表池，每个统计表有相应的统计说明、展示方式（文字、表格、图形），支持多种机构对象、时间区间和统计类型选择，支持对基本统计单位数据进行预统计和缓存处理。系统根据具体工作目的和主题需求从统计表池中选择所需的统计表、设置多个统计表的排列顺序，定义报告名称、报告头和内容概述，从而建立一个统计报告模板，将统计模板与需要统计的图书馆对象以及时间维度进行组配，从而形成一份完整的统计报告。系统支持以 html 页面格式、文本格式在线阅读或下载输出所需的统计报告（图 3–13）。

数据处理流程包括前期数据整理和后期数据处理，前期数据整理是将各项数据源数据进行清洗去噪后汇总至数据中心 Hive 库中，对各项数据（包括业务数据、填报数据、读者流量数据、读者活动数据）按统计要求进行结构调整和关联合并。后期数据处理是数据计算平台基于 Hive 清洗之后的数据，同步传输至高效查询的 ClickHouse 列式数据库中，在 ClickHouse 中计算相关指标并进行数据分析，并将结果性数据缓存至 MySQL 中用于后续其他查询使用或页面展示。ClickHouse 能够在大规模数据下实现亚秒级数据查询统计，保证快速提供统计结果。

（5）馆情查询服务系统

系统基于馆情填报数据和业务管理系统采集数据，提供全省公共图书馆详尽的馆情信息和基本服务数据的查询服务（图 3–14），同时可以选择馆藏、面积、读者量、外借量等主要指标值接近的图书馆进行对比（图 3–15）。系统将各图书馆指标体系以及业务数据进行规整，提炼出查询类型条件，用户可快速选择地区、馆舍面积、读者数、藏书量等查询范围条件得到查询结果。

访问地址：http://47.110.94.2：10063/lib/index。

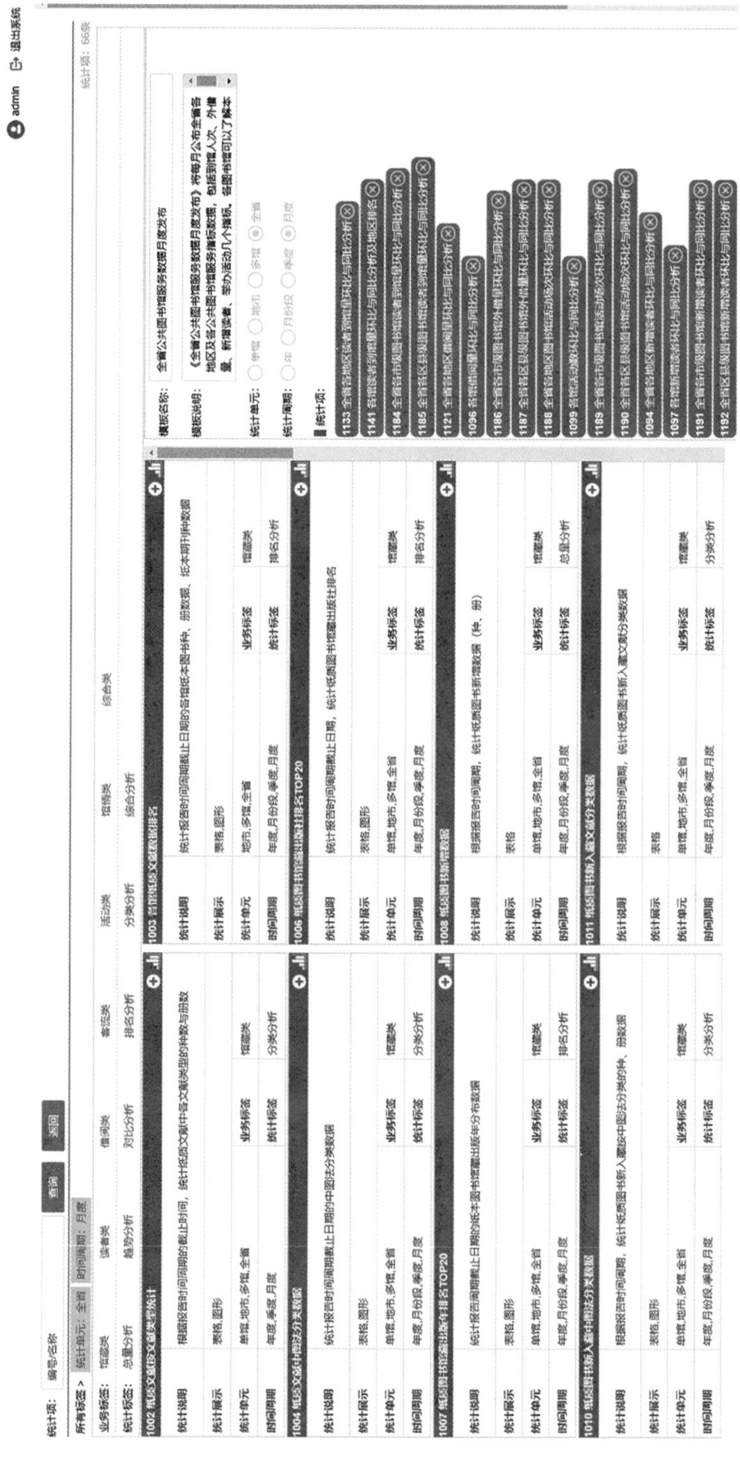

admin　退出系统

统计项：编号/名称　查询　返回

所有标签 >　统计单元：全省　时间周期：月度　　统计项：66条

业务标签：馆藏类　读者类　借阅类　客流类　活动类　馆情类　综合类

统计标签：总量分析　趋势分析　对比分析　排名分析　分类分析　综合分析

1002 纸质文献按文献类型统计			
统计说明	根据报告时间周期的截止时间，统计纸质文献中各文献类型的种数与册数		
统计展示	表格,图形		
统计单元	单馆,地市,多馆,全省	业务标签	馆藏类
时间周期	年度,季度,月度	统计标签	分类分析

1003 各馆纸质文献数据排名			
统计说明	统计报告时间周期截止日期的各馆纸本图书种、册数据、纸本期刊种数据		
统计展示	表格,图形		
统计单元	地市,多馆,全省	业务标签	馆藏类
时间周期	年度,月份段,季度,月度	统计标签	排名分析

1004 纸质文献中图法分类数据			
统计说明	统计报告时间周期截止日期的中图法分类数据		
统计展示	表格,图形		
统计单元	单馆,地市,多馆,全省	业务标签	馆藏类
时间周期	年度,月份段,季度,月度	统计标签	分类分析

1006 纸质图书馆藏出版社排名TOP20			
统计说明	统计报告时间周期截止日期，统计纸质图书馆藏出版社排名		
统计展示	表格,图形		
统计单元	单馆,地市,多馆,全省	业务标签	馆藏类
时间周期	年度,月份段,季度,月度	统计标签	排名分析

1007 纸质图书馆藏出版年排名TOP20			
统计说明	统计报告周期截止日期的纸本图书馆藏出版年分布数据		
统计展示	表格,图形		
统计单元	单馆,地市,多馆,全省	业务标签	馆藏类
时间周期	年度,月份段,季度,月度	统计标签	排名分析

1008 纸质图书新增数据			
统计说明	根据报告时间周期，统计纸质图书新增数据（种、册）		
统计展示	表格		
统计单元	单馆,地市,多馆,全省	业务标签	馆藏类
时间周期	年度,月份段,季度,月度	统计标签	总量分析

1010 纸质图书新入藏中图法分类数据			
统计说明	根据报告时间周期，统计纸质图书新入藏按中图法分类的种、册数据		
统计展示	表格,图形		
统计单元	单馆,地市,多馆,全省	业务标签	馆藏类
时间周期	年度,月份段,季度,月度	统计标签	分类分析

1011 纸质图书新入藏文献分类数据			
统计说明	根据报告时间周期，统计纸质图书新入藏文献分类数据		
统计展示	表格		
统计单元	单馆,地市,多馆,全省	业务标签	馆藏类
时间周期	年度,月份段,季度,月度	统计标签	分类分析

模板名称：全省公共图书馆服务数据月度发布

模板说明：《全省公共图书馆服务数据月度发布》将每月公布全省各地区及各公共图书馆服务指标数据，包括到馆人次、外借量、新增读者、举办活动几个指标。各图书馆可以了解本

统计单元：单馆　地市　多馆　全省

统计周期：年　月份段　季度　月度

统计项：

1133 全省各地区读者到馆量环比与同比分析
1141 各馆读者到馆量环比与同比分析及地区排名
1184 全省各市级图书馆读者到馆量环比与同比分析
1185 全省各区县级图书馆读者到馆量环比与同比分析
1121 全省各地区借阅量环比与同比分析
1096 各馆借阅量环比与同比分析
1186 全省各市级图书馆外借量环比与同比分析
1187 全省各区县级图书馆外借量环比与同比分析
1188 全省各地区图书馆活动场次环比与同比分析
1099 各馆活动数环比与同比分析
1189 全省各市级图书馆活动场次环比与同比分析
1190 全省各区县级图书馆活动场次环比与同比分析
1094 全省各地区新增读者环比与同比分析
1097 各馆新增读者环比与同比分析
1191 全省各市级图书馆新增读者环比与同比分析
1192 全省区县级图书馆新增读者环比与同比分析

图 3-13　统计报告模板定义样例

图 3–14　南通市图书馆馆情查询

图书馆 2020	扬州市图书馆	南通市图书馆	盐城市图书馆
图书馆类型	市馆	市馆	市馆
评估定级	一级馆	一级馆	一级馆
地址	扬州市文昌西路466号	崇川区崇文路2号	府西路6号
建筑面积	21719 平方米	28000 平方米	40080 平方米
馆藏总量（册）	1459831	1507129	1545708
注册读者总数（人）	184311	231674	122392
年外借量（册次）	304682	642622	400482
年读者流量（人次）	—	—	—
年活动次数	163	238	175
官方网站	www.yzlib.cn	www.ntclib.org.cn	www.yctsg.cn

图 3–15　馆藏量相近的扬州市、南通市、盐城市图书馆比较

4. 数据中心建设

（1）基础设施建设

江苏省公共图书馆大数据中心建设对服务器、存储、网络、信息安全等具有较高的要求，针对大数据数据量大且不断增长、实时性强、面向全省服务的特点，需要一个可靠性强、响应速度快、存储容量大、安全性能高、可扩展性强的信息化基础设施支持的运行环境。租用云服务是最好的选择，经过比较研究，我们选择了性价比相对较高的阿里云基础设施服务，年租用费约60万元。基础设施情况如表3-1所示：

表3-1　江苏省公共图书馆大数据中心基础设施

序号	名称	数量
1	服务器类型1（服务分析及展示服务器） 实例规格：32 vCPU 128 GB（通用型g5，ecs.g5.8xlarge） 系统盘：200GB SSD云盘 固定带宽：5 M	4台
2	服务器类型2（数据整合及清洗服务器） 实例规格：16 vCPU 64 GB（通用型g5，ecs.g5.2xlarge） 系统盘：200GB高效云盘 固定带宽：20M	3台
3	ECS-Web应用服务器 实例规格：8 vCPU 16 GB（计算网络增强型sn1ne，ecs.sn1ne.2xlarge） 系统盘：100GB高效云盘 数据盘：500GB，高效云盘。	9台
4	弹性扩展存储OSS （服务器类型1和类型2需另外接存储保存数据）	1批
5	安骑士	16套
6	Web应用防火墙	1
7	数据库审计	专业版
8	堡垒机	16台
9	网络安全等级保护等级评定为三级	

（2）数据建设情况

采集汇聚全域范围图书馆的各类数据是大数据建设最基础的也是最关键的工作，图书馆大数据的数据源可以包括图书馆所有相关要素的状态数据、属性数据、描述性元数据、工作数据、运行数据等。具体有：

①文献资源类数据：各种普通资源、数字资源的馆藏或者馆用信息；文献资源的元数据，如书目数据、电子资源元数据。这些通过数据采集和元数据建设获得。文献资源内容数据或对象数据不是大数据的采集对象。

②服务对象数据：图书馆读者和用户信息，包括传统的办证读者、网上注册读者、临时访问读者、服务体系内读者、全部市民卡读者（全民读者）。其中有的有详细的用户信息（如自然属性、社会属性和图书馆属性），有的只有非常简单的信息；有的有读者类型，有的没有读者类型。服务对象数据主要通过数据采集获得。

③服务运行数据：主要有图书馆要素相互作用实时交互而产生的图书馆运转运行、业务工作、开放服务等动态数据，也包含图书馆运行规则参数等数据，如普通文献读者借阅数据、数字资源读者访问数据、读者到馆流量数据、读者馆内空间流量数据、读者活动数据等。运行数据主要从运行管理系统的数据库中采集获得。其特点是时效性强、数据量大。

④保障条件数据：主要有图书馆建筑馆舍、功能空间、设备设施等数据，图书馆全体人员信息，图书馆经费信息，等等。这些数据通过填报生成。

⑤外部环境数据：图书馆的发展变化与外部环境密不可分，外部环境数据包括但不限于出版、文化、教育、气象、地理环境、人口、经济、历史等图书馆影响因素的数据。

三年多来，江苏省大数据建设不断向全面、完整、有效、及时地采集汇聚全省数据的目标努力，中心数据日积月累不断增长丰富，逐步形成了类型较全、范围接近全覆盖、数据价值较高的中心数据库。到 2021 年 7 月底数据规模达到 5 亿条，平均每天新增 10.8 万余条，年增约 4000 万条。其中保障条件数据已经汇集了 2018 年、2019 年、2020 年江苏省的省、市、县（区）、乡镇（街道）、村（社区）15000 多个单位填报的 300 多万条馆情数据；普通文献资源数据、服务对象数据、图书借阅数据等已对接全省 117 家公共图书馆中的 101 家的业务管理系统，实现了实时数据采集，已汇聚馆藏信息 1 亿余条、读者数据 2000 余万条、借阅信息 3.4 亿条；读者流量数据已对接全省 33 家图书馆的读者到馆流量统计系统，实现了实时数据采集；读者活动数据已对接了全省 72 家图书馆的读者活动管理系统，实现了实时数据采集。

但是，数据建设工作是一项长期而艰巨的任务，目前，江苏省大数据中心数据的类型和范围还需要不断完善。

2021 年，将全面实现全省 117 家图书馆业务管理系统对接和数据采集任务；继续完成全省少部分未填报的乡镇、村级图书馆的馆情填报工作，完成全省填报数据的正确性和完备性检查工作；进一步更新完善标准书目元数据数据库，完善制定藏书地点、流通类型等对象的元数据标准，发动全省图书馆对各自业务系统中的藏书地点和流通类型进行深度的标引，完成标准书目元数据库的建设工作。

2022 年，计划全面完成全省 117 家图书馆的活动系统使用和对接工作，并完善细化活动信息采集指标；统一实现全省各级图书馆全面使用读者到馆量数据采集统计系统。

2023 年，力争实现国内主流数字资源服务数据的采集处理和元数据建设工作。逐步实现出版、文化、教育、气象、地理环境、人口、经济、历史等图书馆影响因素数据的采集工作。

（3）数据管理工作

对大数据中心的运行环境进行监控维护、对数据进行质量管理和安全管理是数据管理的主要任务。为此，重点实验室下设数据管理组，专门负责协调解决全省公共图书馆大数据采集对接技术问题；检查修正全省填报采集数据，确保保障条件数据的正确性和完备性；检查验证统计结果与业务管理系统数据的一致性，确保结果的合理性和可用性；监控大数据中心系统运行状态，及时调整优化运行环境；负责大数据中心的网络信息安全相关工作，确保信息数据安全和系统正常运行。

5. 数据应用服务

为图书馆提供大数据应用服务，以数据驱动事业发展，是大数据建设的初心和使命。重点实验室通过实际应用检验研究成果，获得新的应用需求，为深入研究提供正确方向和新的动力。

根据大数据利用方式、分析处理深度的不同，大数据应用服务可以分为三类。一是原生数据利用服务，如在各馆镜像数据库的基础上提供异地数据库容灾服务，将采集到的各馆数据进行整合和重构，形成大规模应用数据中心，在此基础上开发建立全域图书馆读者统一认证服务、文献统一检索服务、异构系统之间的通借通还系统等；二是统计数据服务，在对全域数据进行清洗汇聚和标签化的基础上，基于数据统计实现实时数据发布和统计数据服务，也包括对数据的初步的定性分析；三是数据深度挖掘和融合应用服务，这是对大数据进行深度挖掘和智能分析，得到重要的业务规律和对象画像，基于分析结果宏观上制订工作改进和发展方案，微观上以数据应用接口或微服务方式融合应用到图书馆业务管理系统和各种服务系统中。

（1）原生数据利用服务

①全省读者用户统一认证服务

在采集到的全省图书馆读者数据的基础上，建立全省统一的读者用户中心数据库，开发和提供各种读者统一认证服务接口，满足全省各馆之间资源共享或一体化服务所需的用户认证需求，满足全省图书馆统一与国家文献资源服务系统对接所需的用户认证需求。目前已经实现了与原国家图书馆推广工程统一用户管理系统的对接，全面完成原国家数字图书馆推广工程市级馆大数据采集项目的工作任务。

②全省书目统一检索服务

在采集到的全省图书馆馆藏数据的基础上，建立了全省图书馆书目统一检索服务。但这个系统目前仅实现书目检索功能，还需要结合流通服务和数字资源服务拓展新的读者服务功能。

③数据容灾备份服务

为各个图书馆的业务管理系统提供数据备份服务，一旦某个图书馆发生数据损坏且不可恢复，大数据中心可提供数据恢复所需要的数据。近两年已经为省内两个县级图书馆提供了此项服务，避免了数据丢失而造成的重大损失。

④异构多业务系统读者一体化服务

目前，在一个地区使用不同业务管理系统的图书馆之间实现通借通还是一件非常困难的事情，基于大数据建立的全域图书馆的读者和馆藏信息中心，将有可能实现跨地区异构系统的通借、通还、网借等读者流通服务功能。

⑤评估定级数据服务

大数据中心包含了图书馆几乎全部的保障条件、服务效能数据，在图书馆许可的情况下，可以实现与评估定级系统的对接，为评估定级系统提供相关的指标数据。

（2）统计数据服务

①实时数据发布

实时提供全省公共图书馆运行服务数据，供各级主管部门、图书馆在大屏、移动终端、门户上进行大数据发布，如客流量、外借量、活动情况等数据。

- 为江苏省文化和旅游厅的江苏智慧文旅平台行业监管指挥中心提供图书馆数据发布服务。
- 全省读者到馆量实时发布（图 3-16）。
- 全省普通文献外借量实时发布（图 3-17）。
- 全省活动数据实时发布（图 3-18）。

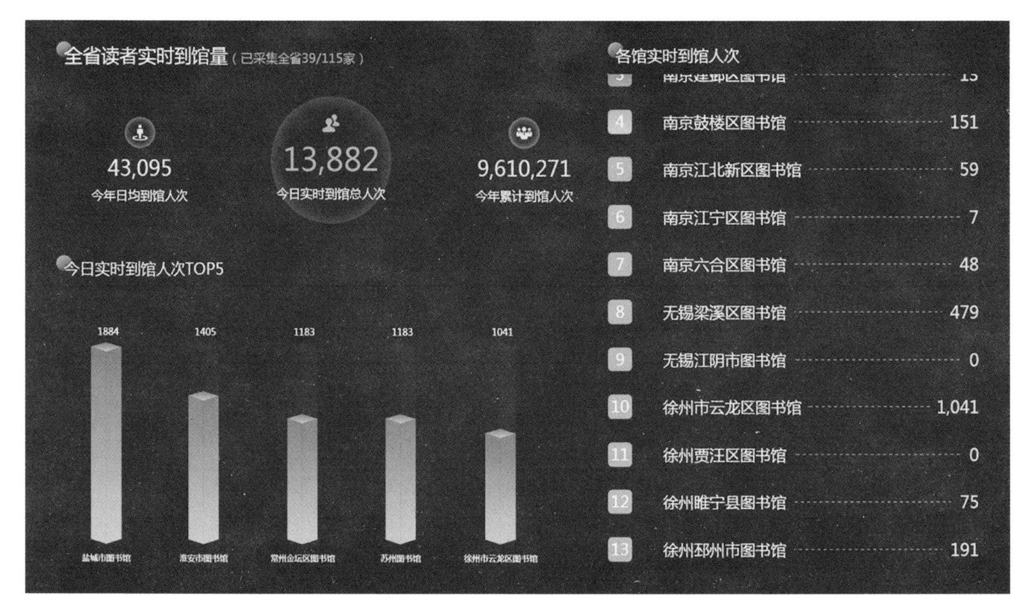

图 3-16　全省读者到馆量实时发布

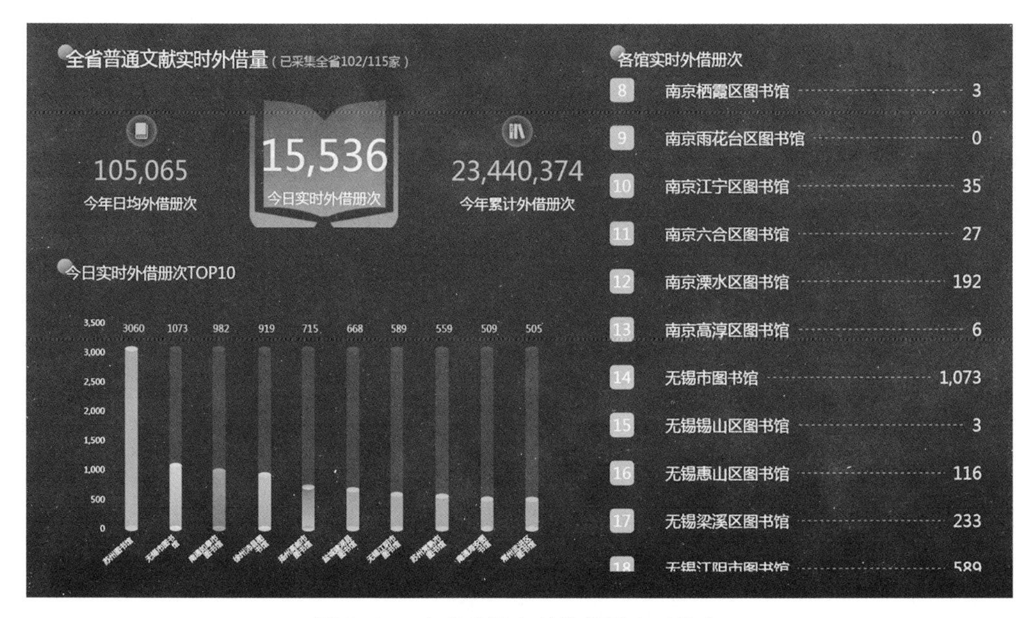

图 3-17　全省普通文献外借量实时发布

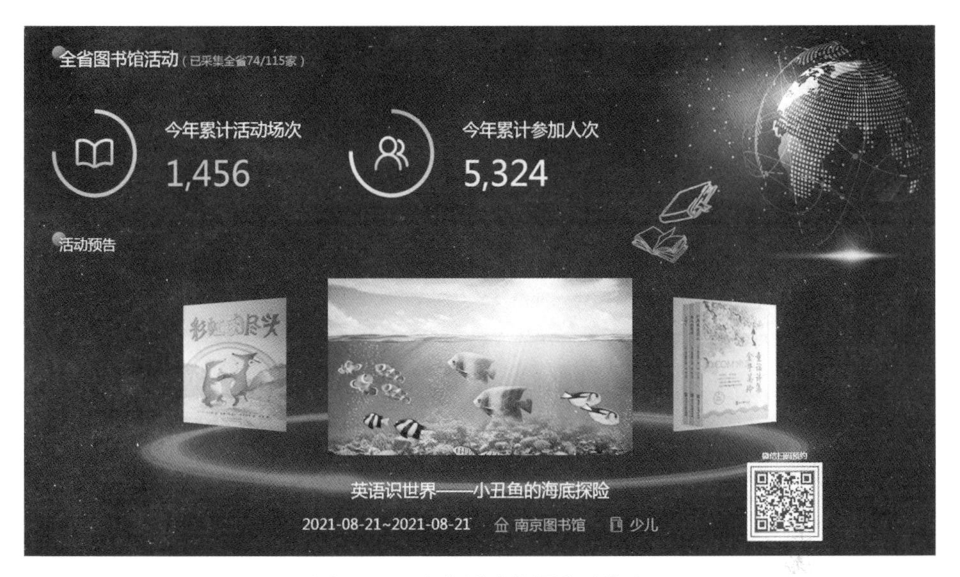

图 3-18　全省活动数据实时发布

②统计数据服务

• 全省每月服务数据统计。每个月在江苏图书馆云服务平台上发布上个月全省服务数据月统计报告。统计指标主要包括到馆人次、外借量、新增读者、读者活动等几个图书馆服务效能指标，按照全省各地区、各馆、地级市馆、区县级馆的月指标总量、日平均值、月环比和月同比进行统计报表和统计图展示，用户可查看和下载“江苏省公共图书馆服务数据月统计报告（2021 年 7 月）”（图 3-19）。

江苏省公共图书馆服务数据月统计报告(2021年7月)

报告以公共图书馆的各项服务数据为基础，对数据进行抽取和处理，进行全面立体的阐述与分析，基本客观的反映公共图书馆相关数据情况，具有重要的参考分析价值。
报告中所涉及的数据来源：业务系统数据来源 102家（点击查看名单）；客流数据来源 38家（点击查看名单）；活动数据来源 73家（点击查看名单）；
报告目的：
《全省公共图书馆服务数据月统计报告》将每月公布全省各地区及各公共图书馆服务指标数据，包括到馆人次、外借量、新增读者、举办活动几个指标。各图书馆可以了解本馆同比、环比的服务情况对比以及在全省中的排名。
更多其他馆情、业务数据情况可关注年度报告，也可登陆大数据平台进行查询。平台地址：http://47.110.141.197:8080/site/login。

数据说明：
1、数据来源于江苏省公共图书馆大数据服务平台。
2、存在部分图书馆数据未接入或数据源获取异常等问题。
3、存在部分图书馆统计结果环比或同比波动异常，请与省中心进一步进行数据确认与对接。
4、活动数据来源于活动管理系统。
5、数据异常问题请联系江苏智慧文旅平台图书馆接入群（群号913350954）的南图杨老师。其它问题反馈可致电025-84356029。
6、本报告数据仅供参考。

全省各地区读者到馆量环比与同比分析（2021-07月度）

2021-07月全省公共图书馆读者到馆量 2332244人次，日均到馆量 75233.68人次。环比上个月 增加了51.65%，同比去年当月 增加了3552.69%。

排名	地区	2021-07月读者到馆量（人次）	平均每日读者到馆量（人次）	环比2021-06月	同比2020-07月
1	常州	317119	10229.65	↑68.04%	0%
2	南京	306872	9899.1	↑13.96%	↑380.61%
3	淮安	272986	8806	↑28.55%	0%
4	南通	251485	8112.42	↑44.48%	0%
5	徐州	203098	6551.55	↑37.9%	0%
6	盐城	189142	6101.35	↑46.86%	0%
7	苏州	179459	5789	↑90.05%	0%
8	扬州	174490	5628.71	↑55.92%	0%
9	镇江	116030	3742.9	↑165.64%	0%
10	泰州	109016	3516.65	↑130.04%	0%
11	无锡	77910	2513.23	↑412.16%	0%
12	连云港	23491	757.77	↑64.31%	0%
13	宿迁	0	0	0%	0%
	省馆	111146	3585.35	↑22.78%	0%
合计	全省	2332244	75233.68	↑51.65%	↑3552.69%

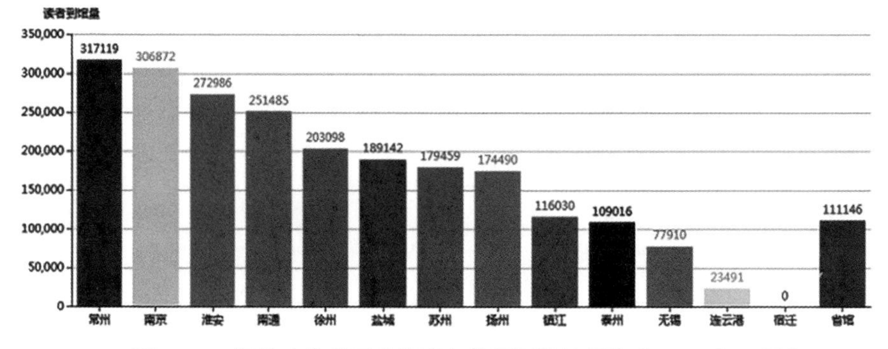

图 3-19　江苏省公共图书馆服务数据月统计报告（2021 年 7 月）

● 全省事业发展年度统计报告。每年 3 月前正式发布前一年度的《江苏省公共图书馆事业发展统计报告》，报告以数据为基础，采用统计分析方法多维度展现全省公共图书馆发展状况和发展趋势。内容有全省综合统计、按地区汇总统计、按各地区分别统计、按图书馆类型统计（分为省馆、市级馆、县区级馆、少儿馆）、专项统计（阅读报告、少儿工作）。

● 按需提供各类统计数据服务。大数据重点实验室服务于全省各级文化主管部门、各级图书馆的管理人员、研究人员和工作人员，为他们提供管理决策、业务工作、学术研究所需的各种专题统计数据和分析报告。各类人员向省重点实验室提出申请，重点实验室工作人员分析用户需求，如果存在现成的统计报告数据就直接提供给用户，否则根据需求制订专门的统计报告方案，并与用户进行交流讨论，形成用户接受的方案，基于方案进行数据统计，把统计结果交给用户进行检查审核，如果用户对统计报告结果不满意，则要修改完善方案再进行统计形成新的结果，这个过程可能要反复多次，直到用户完全满意为止。

图 3-20 中这份在 2021 年 6 月江苏省公共图书馆工作年会上的“江苏省公共图书馆少儿服务统计分析”PPT 报告，就是完全基于重点实验室提供的统计数据而形成的。

（3）数据分析和融合应用服务

目前，图书馆大数据应用基本上还停留在原生数据利用和统计数据服务阶段，随着大数据分析技术的发展和智慧图书馆体系建设的提出，以数据深度挖掘为主的数据分析和融合应用的研究和实施已迫在眉睫。“十四五”期间，结合国家图书馆智慧图书馆体系建设发展目标，大数据的智慧化应用将是江苏省大数据建设的主要工作和发展方向。下面是我们的一些设想和展望。

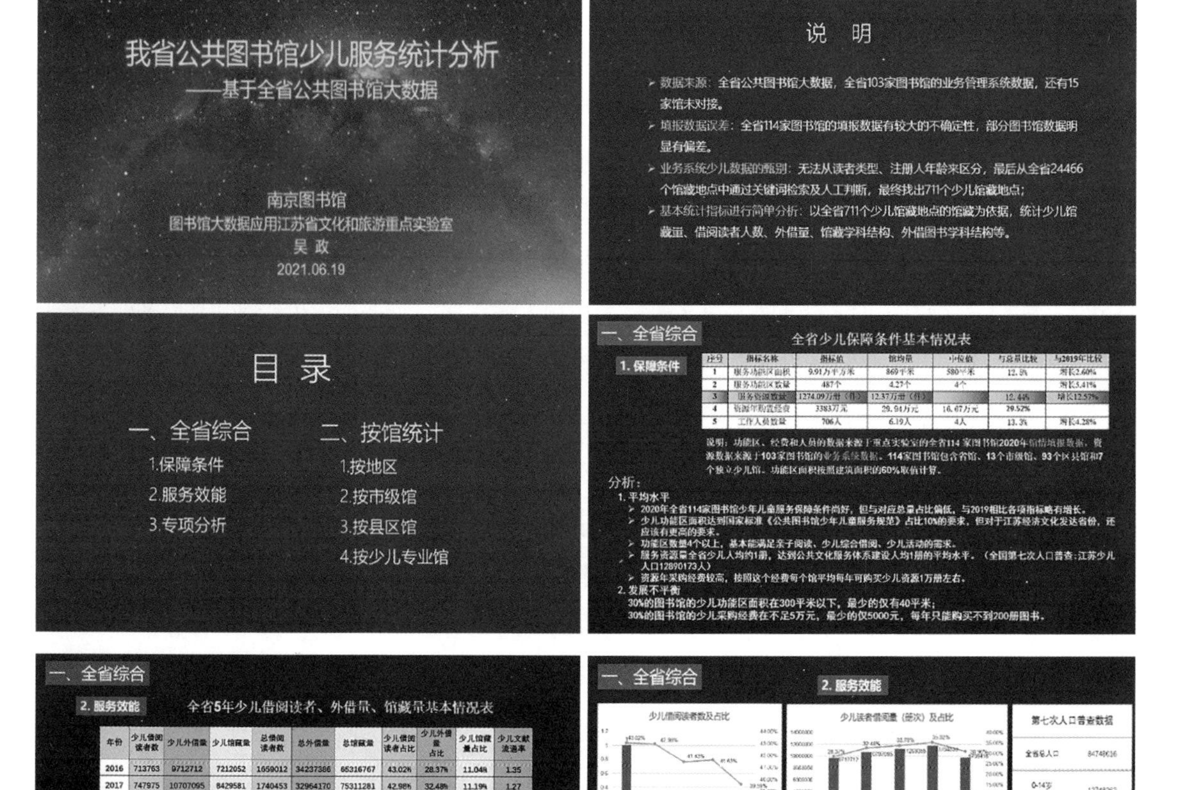

图 3–20　江苏省公共图书馆少儿服务统计分析

①数据分析服务

数据分析就是从大数据中找出规律的过程，图书馆大数据分析方法可概括为基于唯物辩证法的逻辑思维分析方法和基于现代信息技术的数据智能分析方法。逻辑思维分析方法也是当前图书馆行业最常用的方法，是在统计数据的基础上进行归纳与演绎、分析与综合、抽象与概括等逻辑思维处理，而得出一定的结论和规律；数据智能分析方法包括基于机器学习和数据关系分析的一般数据建模技术和正在迅速发展的基于神经网络的深度学习算法的高级数据建模技术。

逻辑思维分析方法对分析人员的要求较高，一方面需要有全面的图书情报专业知识和丰富的图书馆工作经验，另一方面需要有很强的逻辑思维能力，就像医生面对检查数据要给出病情诊断并提供治疗方案一样，图书馆大数据分析人员也需要从统计数据中发现规律、找出问题，并给出解决问题的建议和方案。这些工作可能包括：依据评估定级标准、现代公共文化服务体系建设标准等，帮助具体图书馆进行指标分析，寻找差距，并制订相应整改方案；帮助具体图书馆进行馆藏结构和读者需求分析，为完善馆藏结构和文献采购提供具体方案，包括各类图书的合理的种、册数量比例，复本数建议方案等；帮助具体图书馆进行服务效能分析，寻找影响服务效能的主要因素，并提出改进方法和措施。基于逻辑思维分析方法的图书馆大数据分析人员可以是专职人员，也可以是聘用人员或兼职人员，大数据应用重点实验室每年设立“数据分析研究类”课题，委托或招标确定行业专家和研究人员参加分析研究工作。

数据智能分析方法比较常用的是数量关系建模分析，如关联分析、回归分析、聚类分析等，最常用的工具是以 SPSS 等为代表的统计分析工具，这些基础的数据建模技术和工具应该在图书馆大数据分析中得到广泛应用。重点实验室将对基于神经网络的机器深度学习的高级数据建模技术在图书馆大数据分析中的应用进行研究，以期获得应用进展。

数据智能分析方法的结果是具体的图书馆业务规律和对象画像，对象画像包含读者画像、资源画像和图书馆画像。读者画像包括读者全体、各类读者群体和读者个体的文献需求、阅读行为等情况，资源画像包含图书馆全体资源、各类资源和个体资源的馆藏和利用情况，图书馆画像是全体图书馆、各类图书馆群、个体图书馆在保障条件、业务工作和服务效能等方面的综合情况。

②融合应用

融合应用是指大数据分析成果在智慧系统中的融合应用，通过深度挖掘和智能分析得到图书馆业务规律和对象画像等分析成果，基于分析成果以数据应用接口或微服务方式融合应用到图书馆业务管理系统和各种服务系统中，赋予这些系统以智慧的能力。具体支持的智慧功能可以包括：文献智慧采访、文献智慧分配和调度、文献资源智慧推送、智慧参考咨询服务、智慧服务机器人、智慧图书馆评价、服务功能空间智慧管理、工作人员岗位和值班智慧分配和调度等。

6. 业务人才培养

（1）目标与途径

大数据建设人才是关键，人才培养必须有目标、有计划、有措施，江苏省大数据建设通过跟班工作、兼职服务、课题研究和培训交流等途径为全省图书馆培养了一批具有数字思维和数据分析能力、能够从事大数据建设和应用的人才，为实现大数据在全省公共图书馆高质量发展和智慧化应用的建设目标提供人才保障。

业务人才培养的具体途径有：

①短期工作培训。从全省图书馆和合作共建单位中遴选人员到重点实验室跟班参与课题研究、数据分析等实验室工作，每年培养人数不少于 100 人，提升骨干人员的综合业务水平和研究能力。

②兼职工作实践。设立数据检查员、数据分析师等兼职岗位，从全省图书馆和合作共建单位中招聘符合条件的人员协助重点实验室开展数据审核验证、数据分析服务等工作。提升兼职人员的大数据分析能力。

③参与课题研究。一是邀请全省图书馆和合作共建单位参加或联合申报各级相关课题；二是鼓励全省图书馆和合作共建单位参与或承担实验室自主设立的开放研究课题，提升参与人员的研究能力和学术水平。

④开展培训活动。举办大数据应用培训班，采用 30 人左右小班培训学习加实践操作方式，培养学员的业务数据处理和基本应用能力。

（2）2021 年培训工作

2021 年 5—7 月开展了一次全省覆盖的短期工作培训。完成了全省 117 家公共图书馆大数据业务骨干培训任务，培训分为 5 期，每期时长 5 天，参与者达 150 人次。第 1 期为地级市图书馆人员培训，共培训人员 15 名，目的是为后面 4 期区县人员培训班培养助教师资力量。第 2 期至第 5 期为区县图书馆人员培训，每期 30 人以内，由地级市师资人员带队到省馆集中培训。

短期工作培训的内容包括：了解图书馆大数据应用基本理论和方法、重点实验室的主要工作内容和应用成果、各图书馆的工作内容和本地化应用；熟悉江苏省公共图书馆大数据服务平台相关系统的操作；开展馆藏地点、读者类型大数据规范属性标引工作；对照检查本图书馆业务系统统计与大数据统计的数据一致性，填写业务统计数据一致性情况表；检查馆情填报系统数据的准确性，填写填报数据准确性情况表；核查本地区填报单位的完整性，填写本地区未填报单位情况表；检查本图书馆活动系统的利用情况，填写活动系统信息、活动上线情况、与省中心对接情况；核查本图书馆读者流量数据采集统计系统情况，填写读者流量系统信息、与省中心对接情况。

同时完成了南京图书馆与全省公共图书馆签订《江苏省公共图书馆大数据共建共享协议书》的签约工作，并建立了全省智慧图书馆 QQ 工作群。

7. 主要经验总结

图书馆大数据建设是一个复杂的、庞大的、长期的系统工程，需要文化和旅游行政主管部门在政策、经费、组织等方面的大力支持；工程承担单位或部门（一般是省级图书馆）要有强大的牵头组织协调能力和相关工程技术管理人员；全域公共图书馆要有一定的信息化建设基础，至少要基本实现业务自动化管理，要对大数据建设的作用和意义有充分的、正确的认识。

真正意义上的图书馆大数据应用在我国还处于起步阶段，相关的应用研究还不够全面和深入，对照智慧图书馆体系建设的融合应用要求还存在一定的差距，因此要加强加快图书馆大数据应用的研究和实践探索。

大数据应用软件体系建设十分重要，作为创新事物没有标准和参考对照，软件需求在不断变化，因而需要不断地实践并推进需求研究，不断进行迭代开发和完善，一支稳定的、长期的需求研究分析和开发团队十分必要。

数据中心建设是核心和关键，数量众多的图书馆和机构、多个系统数据源、异构的系统和不同版本，特别是个别图书馆的保护主义，使得全面、完整、及时地进行数据采集比较困难，只有通过各种方法和措施、坚持不懈开展协调工作才能保证数据采集工作顺利进行。

大数据建设的初心和宗旨是为各级主管部门、各个图书馆提供全面周到和高质量的服务，数据取之于各馆就必须服务于各馆，只有为各级行政主管部门、各图书馆提供更多的有价值的服务，才能真正获得各方持久、稳定、有力的支持。

智慧图书馆建设离不开大数据的支撑和驱动，因此需要全面加强和推进大数据与智慧图书馆应用系统的融合应用研究和实践，需要围绕国家图书馆智慧图书馆体系建设的总体目标和工作部署做好配合和支持工作。

最后，从大数据的本质和规模价值来看，江苏省大数据建设所取得的初步成就和体现出来的价值还不是真正意义上的公共图书馆大数据，只有当全国所有的公共图书馆机构都成为数据源，建立起全国的大数据中心，那才能真正体现出大数据的价值意义。

（南京图书馆　吴政　耿健　袁勇）

安徽省图书馆：少儿阅读服务机器人研究及应用

一、建设背景

儿童阅读能力的培养关系祖国的未来。2011 年我国发布的《中国儿童发展纲要（2011—2020 年）》坚持了“儿童优先”的指导思想和基本原则，提出“国家在制定法律法规、政策规划和配置公共资源等方面需优先考虑儿童的利益和需求”。

少儿阅读服务是公共图书馆的重要功能之一，传统的服务方式是图书馆员为少儿提供面对面的服务。国内外图书馆行业人工智能技术应用方向主要有虚拟参考咨询机器人、资源智能分类、智能空间、智能学习中心、图书盘点机器人、自助图书馆、咨询机器人、3D 打印等，这些应用无法完全做到根据年龄分段特点对少儿开展精细化阅读推广服务，在满足少儿个性化阅读需求和节省人力成本方面有相当的局限。目前，我国的少儿阅读推广已进入全面快速发展时期，但应用人工智能技术开展少儿阅读服务智能化的图书馆很少。

2018 年 9 月，安徽省地方财政投入 800 万元，建设 800 平方米的省少儿亲子阅读体验中心，面向 1—16 岁的少儿开展形式多样和内容丰富的少儿读者服务。利用部分建设资金，安徽省图书馆启动基于少儿精准阅读的人工智能服务平台应用探索，开发“安徽省图书馆少儿阅读服务机器人”，目的在于创新图书馆少儿传统服务模式，以“人工智能 + 少儿阅读”服务和阅读场景体验，激发儿童早期阅读兴趣，培养读书习惯，开发儿童想象力和创造力，提升公共文化服务效能。

安徽省图书馆已建有业务自动化系统、业务大数据分析系统、读者流量控制系统、读者无线网络系统等多个业务系统，其中业务自动化系统有馆藏书目数据、读者数据（含图片）、图书流通数据等信息，读者流量控制系统保存有读者进馆和各个阅览室的人流服务数据，读者无线系统后台记录图书馆读者访问图书馆各类馆藏资源的信息。业务大数据分析系统建立在云计算应用的基础上，对业务数据进行多维度分析，联合其他平台数据对读者行为进行分析，进行读者聚类，挖掘读者历史借阅数据并向读者推荐图书，建立相似读者群组等。

基于少儿精准阅读的人工智能服务平台研究及应用具有必要性和可能性。安徽省图书馆利用人脸识别、语音交互、机器学习和自然语言处理等技术以及现有各系统数据对阅读行为数据进行挖掘，极大地提高了图书馆少儿阅读服务图书的精准性和科学性，创新产生“少儿阅读”服务的新业态。希望为人工智能技术在服务图书馆不同人群的应用研究方面提供可借鉴的实际案例。该系统于 2019 年成功登记了软件著作权。

二、项目研究建设内容

本项目主要建设内容是在“基于少儿精准阅读的人工智能服务平台”的基础上构建少儿阅读模型，研发少儿阅读服务机器人（小安）。机器人通过语音输入，让咨询化繁为简，即说即解；一个管理中心，统管多个后台终端，能帮助读者更加便捷地咨询馆内的活动和信息，拓宽读者了解馆内动态的渠道，同时形成图书馆阅读服务知识库，提升安徽省图书馆少儿馆藏资源科学性和少儿读者服务精准性；依托语音合成技术，机器人支持多语种、多方言、多角色朗读，定制化复刻家长声音，构建陪伴式亲子阅读场景；利用人工智能平台对少儿读者使用情况的分析与测算、反馈，提升用户的阅读效果，并提供诸如机器答疑、智能提醒、成长定制、内容推送、读后效果测算等服务，让图书馆的少儿读者在人工智能陪伴下进行阅读与学习。少儿精准阅读服务模式，重塑少儿阅读服务场景，营造科技化、智能化的阅读体验场景，丰富少儿读者对阅读内容的理解，实现智能交互式阅读服务和主动导航式阅读服务。

1.“基于少儿精准阅读的人工智能服务平台”系统总体框架设计

系统部署在安徽省图书馆内服务器中，以私有云服务的方式为应用终端提供语音服务，通过集成标准的SDK控件/API，为用户提供语音识别、语音合成、自然语言理解等功能和服务。系统总体框架包括基础设施层、数据资源层、技术处理层、服务应用层。其系统架构图、机器人技术调用架构图和知识库原理图分别见图3-21、图3-22和图3-23。

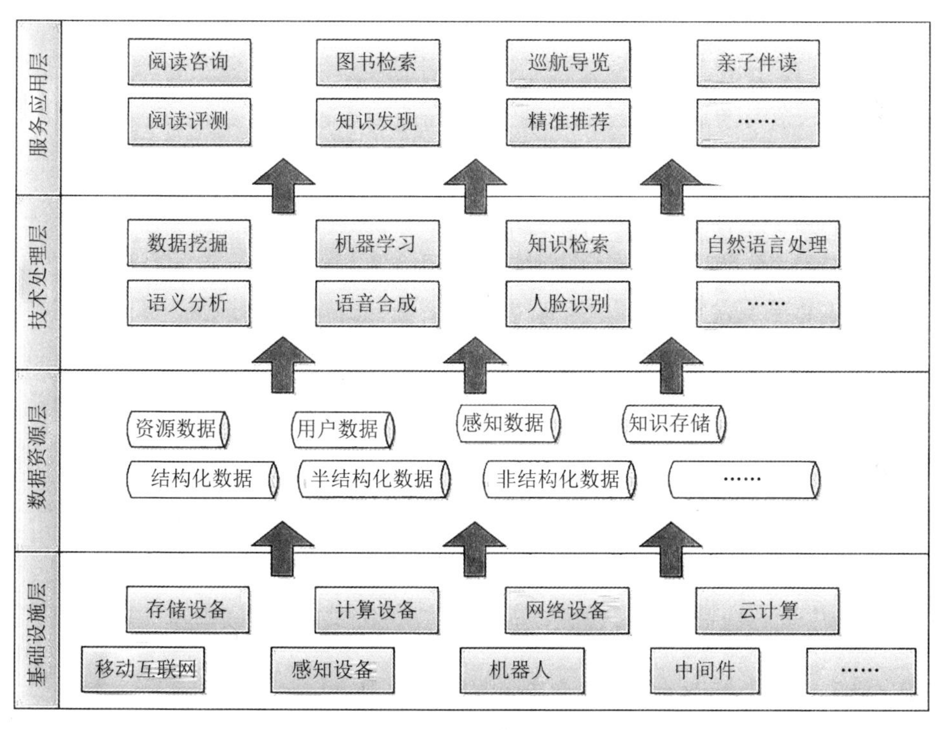

图3-21 系统架构图

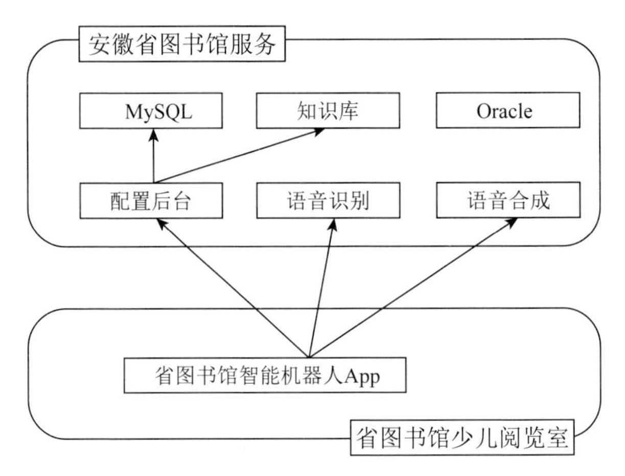

图 3-22 机器人技术调用架构图

图 3-23 知识库原理图

①基础设施层：指软硬件基础，既包括了传统的计算机操作系统、存储设备、计算设备，也包括了移动互联网、感知设备（如传感器设备、监控设备、RFID 设备等）、机器人、中间件等。

②数据资源层：主要包括资源数据、用户数据、感知数据等。

③技术处理层：人工智能技术服务的核心层，通过综合运用统计分析、数据挖掘、机器学习、自然语言处理等方式对数据进行深入分析，研究用户行为特征、发现用户服务需求、预测用户服务满意度等。

④服务应用层：整个人工智能精准化服务的终端体现，本项目构建了少儿阅读服务模型，挖掘并精确了解用户的服务需求，帮助用户获取、利用、分享数据资源，实现为用户提供人工智能服务的目的。

2. 少儿阅读服务机器人主要功能

作为“基于少儿精准阅读的人工智能服务平台”的前端和具体应用，安徽省图书馆少儿阅读服务机器人小安（图 3–24、图 3–25）在少儿亲子体验中心实现人脸识别、交互式语音咨询服务、智能化交互书目检索、阅读个性化推荐、图书馆知识库构建、智能化活动推送、亲子伴读、阅读能力测评等智能化服务功能。

图 3–24　少儿阅读服务机器人小安

图 3-25　读者使用少儿阅读服务机器人小安

（1）主页面

进入该页面（图 3-26），机器人开始收音，使用者可以点击按钮或者说出按钮名称，进行具体的操作。

图 3-26　基于少儿精准阅读的人工智能服务平台主页

①图书查询

点击书名查询或者类别查询，进入查询页面（图 3-27），使用者可以使用语音或输入框输入书名进行查询，查询出的图书会以列表的形式展现在屏幕上。

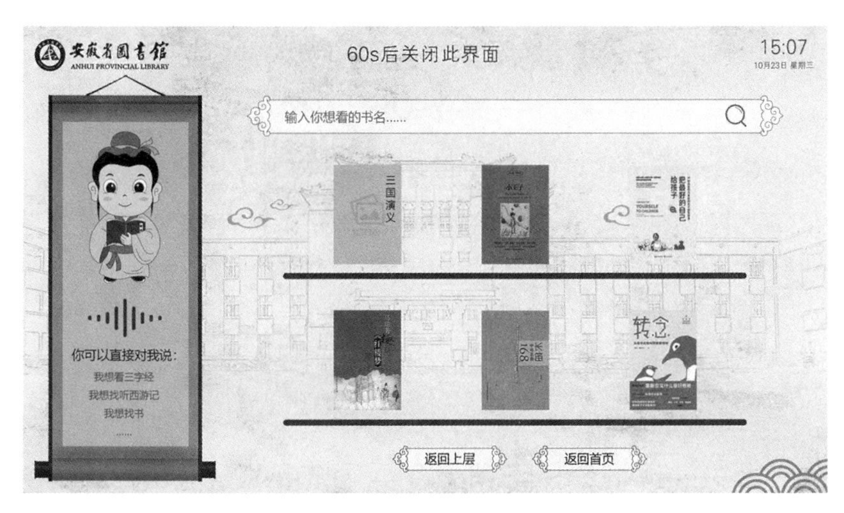

图 3-27　查询页面

点击具体书目，屏幕会展现该书所在的位置，同时机器人导航至图书位置或播报图书位置（图 3-28）。

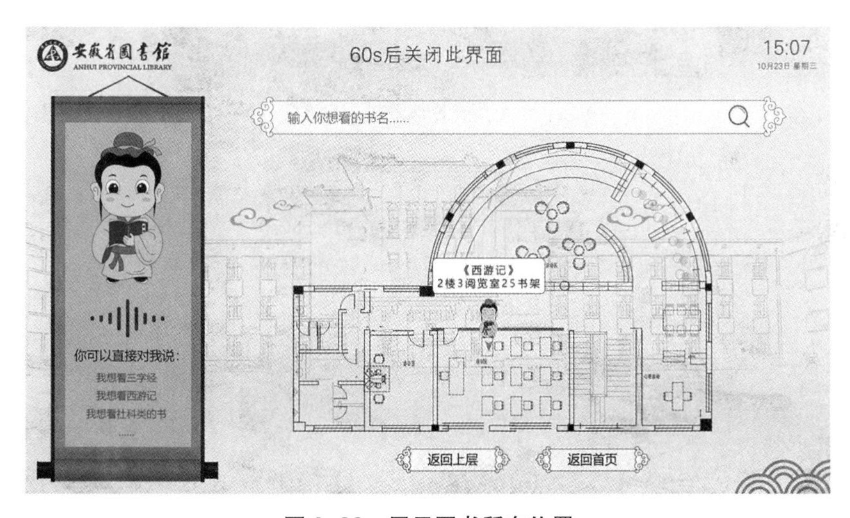

图 3-28　展示图书所在位置

②阅读评测

在点击阅读评测后进入阅读评测功能（图 3-29），用户可以点击按钮进行答题，系统会统计答题成绩，评估用户对该书的理解。在答完题后，机器人会给出此次答题的分数，用户可以选择是继续答题还是回到主页面。

图 3-29　阅读测评

③智能推荐

进入智能推荐后，系统首先会要求使用者登录自己的账户。使用者可以语音请求“人脸识别”指令，进入人脸识别页面（图 3-30）。在此页面上机器人会对使用者进行人脸识别，如果识别失败，屏幕会展现失败页面，使用者可通过扫描二维码进行现场注册（图 3-31）。

图 3-30　智能推荐

图 3-31　二维码登录注册

④亲子伴读

使用者点击立即体验按钮可以打开亲子伴读 App，使用体验亲子伴读功能，扫描二维码可以下载讯飞有声 App，点击查看按钮可以查看相应的帮助指南（图 3-32）。

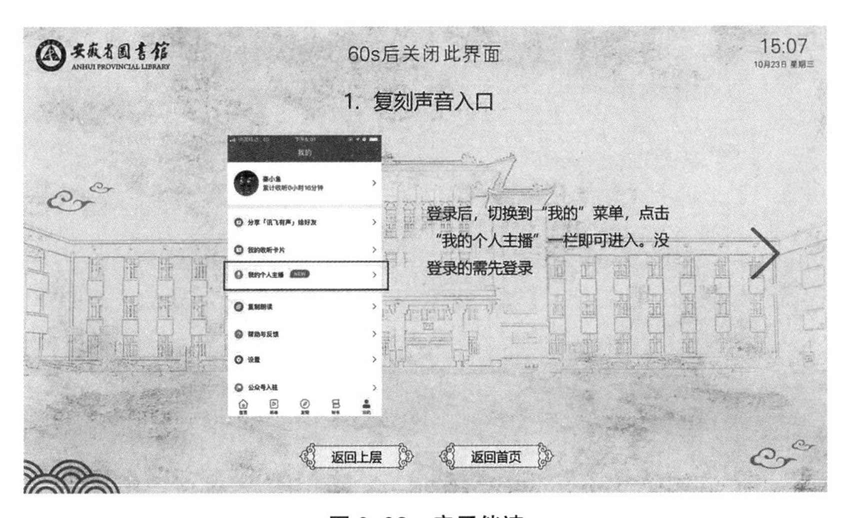

图 3-32　亲子伴读

三、项目创新点、实施运行情况及体会

1. 项目创新点

研究和实践表明，虽然机器人在应用过程中暴露相关技术的成熟度不高等问题，但其在一定程度上提高了图书馆管理和服务的智能化或智慧化程度，从而提高读者服务满意度，增强读者的黏性。主要创新点如下：

（1）拓展服务内容：从大数据与人工智能双驱动的视角，以少儿群体为研究对象，通过人机交互进行少儿阅读效果测评，构建少儿阅读模型，开展精准图书推送及服务，提升服务水平。

（2）构建阅读场景：通过语音合成技术，定制化复刻家长声音，构建陪伴式智能亲子阅读系统场景，弥补家长在时间以及精力上的不足，加深亲子之间的感情，提高儿童对图书的阅读兴趣。

（3）提升阅读效率：为用户提供个性化的阅读内容、阅读进度与阅读方式，提高用户的阅读效率和改进学习效果。

（4）产生科普效果：引导家长、少儿体验人机服务、了解智能语音技术奥妙，普及人工智能知识，提升少儿科学素养。

2. 运行情况及效果

少儿阅读服务机器人已于 2020 年 1 月 1 日正式上线并投入使用。本项目上线的系统，包括自动巡航、语音问答、人脸识别、图书导航、亲子伴读、阅读测评，做到了少儿阅读服务全流程可应用。系统给读者带来了全新的阅读体验，特别是机器人馆员的自动巡航、图书导航、亲子伴读等功能深受小读者们的喜爱。2020 年，安徽省图书馆接待读者达 193377 人次，比 2019 年增长 65.4%；全年举办少儿活动 118 场，比 2019 年增长 18%，少儿证持证读者达 67288 名，比 2019 年增长 2.67 %。

目前，安徽省图书馆阅读服务机器人系统 V1.0 版已获得安徽省图书馆自主版权的计算机软件著作权登记证书。由于无专业语料库、图书馆各现场应用场景复杂等原因，真正能成熟使用机器人的图书馆尚少，大部分图书馆的相关服务仍在测试和探索应用阶段。

中华人民共和国国家版权局

计算机软件著作权登记证书

证书号：软著登字第5153796号

软件名称：安徽省图书馆阅读服务机器人系统 V1.0

著作权人：安徽省图书馆

开发完成日期：2019年12月12日

首次发表日期：未发表

权利取得方式：原始取得

权利范围：全部权利

登记号：2020SR0275100

根据《计算机软件保护条例》和《计算机软件著作权登记办法》的规定，经中国版权保护中心审核，对以上事项予以登记。

中华人民共和国国家版权局 计算机软件著作权登记专用章

2020年03月19日

No. 05475696

图 3–33　安徽省图书馆阅读服务机器人系统 V1.0 软件著作权证书

3. 项目体会

（1）加强知识库的建设，让少儿阅读服务机器人脑量充足

图书馆智能机器人和读者之间进行语音交互，依赖一个完整的图书馆行业语料知识库，语料知识库的建设和完善需要靠图书馆员日常的积累和随时更新，这需要一个长期的过程。目前少儿阅读服务机器人不够智慧渊博，无法像馆员一样为读者提供周到服务，特别是面对专业性的咨询问答，无法按需满足读者的咨询要求。安徽省图书馆少儿阅读服务机器人采用把问题和答案一对一写入知识库的方式，知识库的问题主要来自网站、微信、微博以及人工咨询记录，后期研究仍需把重点放置于知识库的更新方面，中文分词技术、自然语言处理等是研究难

点。提高图书馆机器人的咨询服务水平的关键，在于各馆的知识库的建设，要将知识库的自动更新能力作为程序设计的重点。

（2）真实场景地图构建难度大

机器人在图书阅览区域、书架之间巡航，承担找书工作任务，这基于机器人底盘的定位和导航系统，机器人移动过程中的路径规划、巡航精确定位都和真实场景地图有关，图书馆阅览环境是开放式的，读者的位置，桌椅的位置会随时因读者需求而变化，真实场景具有复杂多变的特性，场景地图往往变化很大，会导致导航系统无法完全识别。机器人的设计要增加基于环境地图的自主定位和导航功能，还要增加依靠视觉、激光等感知环境的传感器，进一步提高机器人移动过程中的地图识别能力。合理构建智慧化图书馆环境是图书馆移动机器人的研究应用的重点，只有改善机器人导航和定位的准确性，增强机器人对图书馆开放环境的感知能力，才能保证阅览室移动机器人的广泛应用。

（3）人工智能专业技术人员培养

人工智能是涉及多个学科领域的交叉性学科，一方面图书馆员要加强人工智能方面的相关知识学习，另一方面图书馆需引进人工智能相关的人才，提高智能化服务能力。

（4）客观理性看待机器人技术在图书馆领域的应用前景

机器人技术是一项高成本的技术，机器人通过自我学习和感知用户需求，能够帮助甚至替代图书馆员从事某些特定的工作，然而图书馆机器人的建设实施涉及图书馆现场环境、借阅规则、馆藏规划、技术和资金等方面，大多数图书馆对机器人技术在图书馆领域的应用投入精力过少，现有的机器人技术无法完全满足图书馆人对人工智能服务的期待，部分机器人技术应用的不成熟反而给馆员日常工作带来了大量不便，引起馆员在机器人应用方面的排斥，语料库更新不及时、机器人所答非所问等问题也会影响图书馆员、读者对于机器人的应用体验。

［项目组成员：林旭东、许松、高全红、鲍静、孙瑞华、张汉璋（科大讯飞工程师）、周铨、黄海涛、宁一丁。撰稿人：鲍静］

江西省图书馆：建设智慧图书馆　发挥省馆中心作用

一、建设背景

江西省图书馆创建于1920年，2018年被文旅部评为一级图书馆。江西省图书馆新馆于2020年底正式开放，总投资9.62亿，占地94.6亩，大楼建筑面积9.6万平方米，共7层，其中地下1层，地上6层，设计藏书量1000万册，阅览座位6000个，每日接待读者最多可达2万人次。作为全省规模最大、藏书最多的综合性公共图书馆，江西省图书馆以其珍贵古籍珍善本和丰富的地方文献等特色藏书闻名。目前，江西省图书馆藏有古籍37万余册，已整理的珍善本有4万余册，地方文献3500余部，地方志1200余部，《中华再造善本》1套。

作为江西省文献保障中心、公共图书馆数字资源及服务中心、地方文献数字化建设中心、纸质图书采编配送中心、公共图书馆业务培训教育中心、公共图书馆服务网络发展中心，江西省图书馆新馆与时俱进，基于5G、互联网、物联网、人工智能、大数据和云计算等前沿技术，打造智慧图书馆平台，构建图书馆智慧化服务场馆、数据资源平台及数据智能系统，充分发挥江西省图书馆六大中心的作用。

江西省图书馆智慧图书馆项目于2019年10月启动，截至目前，除智慧阅读空间区域业务系统项目外，基本完成各项系统的上线试运行工作。随着各项业务系统的试运行，江西省图书馆不断发现问题，并对各系统功能和体验进行迭代升级和优化完善。

二、建设内容

1. 人脸识别系统

人脸识别是一种通过分析和比较人脸视觉特征信息进行身份识别的技术，已在门禁安全、公安司法刑侦系统等领域成熟应用。江西省图书馆积极引进人脸识别系统，分别在进馆闸口、分馆入口、自助借阅处以及其他公共区域部署人脸识别终端，实现读者从进馆、信息查询、借阅、出馆全流程识别，提高服务的人性化和智能化。

人脸识别系统能够实现读者认证功能，从而实现通过人脸查询读者借阅信息，通过人脸借还图书和预约到馆认证的功能。图书馆能够以此记录读者在馆内的行动轨迹，同时统计各楼层功能区域的人群热力图，这些一方面是大数据智慧墙展示的数据来源，另一方面也是各功能区读者人流量大数据分析的数据来源。

2. 无感借还通道

无感借阅是 RFID 无线射频技术与人脸识别技术相结合的一种对读者透明化的智慧服务。其中，RFID 技术实现感知和定位图书，人脸识别技术实现读者身份的确认，将两者结合在一起即可完成读者与书籍的关联绑定。

无感借还通道（图 3-34）服务场景能够实现读者图书流通借阅的智慧化。（1）无感还书功能：读者进入图书馆，经过无感还书通道后，读者携带的图书被 RFID 自动识别，图书被自动归还。（2）无感借书功能：当读者携带需要借阅的书籍经过无感借阅通道时，携带的书籍自动被 RFID 无线射频识别，读者的人脸数据被 360° 摄像头扫描，确认身份无误，按照预先设定的借阅规则进行逻辑判定读者借阅的合规性。若判定合规，则从正门摆闸通过，借书完成；若判定不合规，则从侧门摆闸通过，提示借阅失败原因，返回进行二次处理。如此，即可完成整个借阅流程，真正实现读者无感借阅的体验。

图 3-34　江西省图书馆无感借书通道

3. AI 人工智能机器人

江西省图书馆引进了两台智能 AI 机器人（图 3-35）为场馆读者提供 AI 智能导引服务，分别命名为“图图”和“旺宝”。

图 3-35　江西省图书馆 AI 智能机器人

该机器人是一款接待型公共服务机器人，具备基本的主动迎宾、智能语音交互、人脸识别以及其他读者业务咨询导读功能。同时，它还具备海量场景化知识库和平台级人机交互能力，能够智能记录和分析读者的行为，进行 360° 人机对话，最大限度模拟人类交互语言。其最主要的特色是它能够根据读者的提问进行自主学习。馆员们在机器人首次入驻场馆后，为机器人配置了关于江西省图书馆场馆服务的常见问答，AI 机器人首次遇到不会回答的问题时，能够通过幽默诙谐的语料库巧妙应对，并征询读者的回答，进行自主学习，以后遇到类似的问题就能应答了。机器人自投入使用以来，服务效果明显，获得广大读者一致好评。

4. 5G 通信技术

5G 是新一代移动通信技术发展的主要方向，是未来新一代信息基础设施的重要组成部分。5G 与 4G 相比，具有“超高速率、超低时延、超大连接”的技术特点，不仅将进一步提升用户的网络体验，为移动终端带来更快的传输速度同时还将满足未来万物互联的应用需求，赋予万物在线连接的能力。

随着 5G 时代的到来，江西省图书馆通过搭建一套 5G 数字化室内信号分布设备，并在电子阅览室、创客空间、视听体验区、5D 影院等区域配备信号发射点，给读者带来更为极速和便捷的网络阅读服务体验。同时，通过 5G 网络赋能触摸设备的指尖体验，如江西省图书馆新馆四层视听空间智慧阅读区的瀑布流电子书、AI 光影阅读（图 3-36）、朗读亭等，读者只需拨动指尖，即可使想要的文献资源跃入眼帘。

图 3-36 江西省图书馆 5G-AI 光影阅读

5. 大数据智慧墙系统

智慧墙系统是指将大数据平台中的数据经过数据过滤、算法分析和分布计算，形成可视化数据，并实时展示在大屏幕上，这些数据可以反映图书馆服务读者的基本情况，有利于图书馆决策领导快速对图书馆发展作出新的决策规划。

数据可视化大屏将图书馆的读者和图书信息数据通过可视化的方式展示在江西省图书馆 LED 大屏上（图 3-37），结合大数据基础平台和可视化技术，为管理者提供决策参考分析，为读者实现图书个性化精准导读服务。

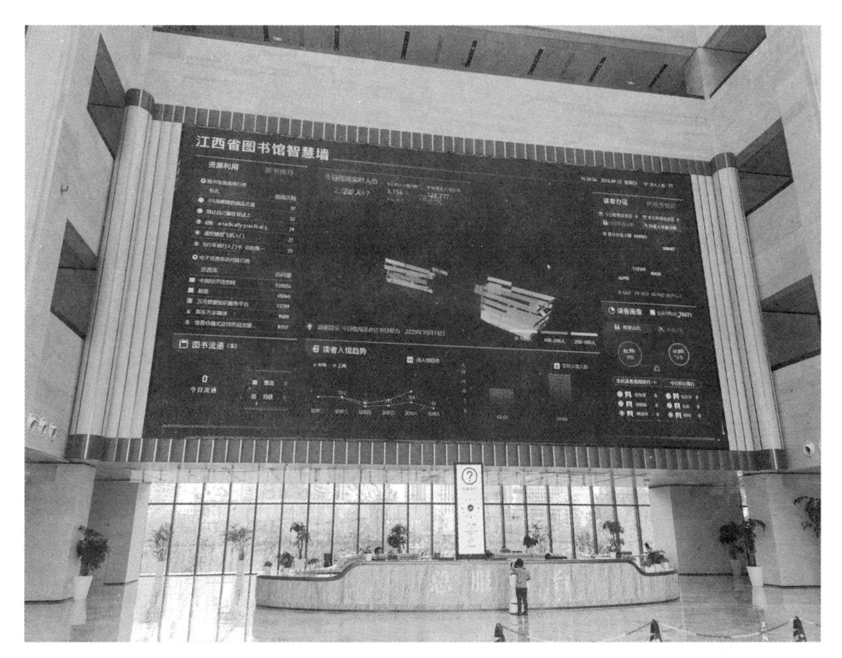

图 3-37　江西省图书馆大数据智慧墙

三、运行情况

江西省图书馆打造“智慧图书馆”整体解决方案，一方面通过图书馆大数据平台的数据分析与挖掘获取读者服务数据，另一方面通过物联网技术实现图书馆各类物联网设备的接入，完成物联网设备的连接，实现其智能化管理和控制。目前，江西省图书馆新馆智慧化系统试运行已初步实现五项重点成效指标改善。

1. 无感借还通道

借还书效率提升十倍以上。原有的借书流程是读者选好想借阅的书籍后，在自助借还设备上进行操作借还图书，之后再经过防盗安全门离馆，期间如果有书未借出，安全门报警，有工作人员在出口进行人工处理。如果多人一起借书出门则无法判断哪一位读者携带有未借阅的书籍，需要逐个排查，容易引起纠纷，影响借阅体验。通过无感借还通道系统取代现有RFID借还书方案，可实现5秒内完成人脸识别和图书借还，较自助借还机提升十倍以上的借还书效率，并带给读者无感式借还书智能体验，在高峰期间借还读者的排队时间人均可缩短90%以上（由原来的人均5分钟缩短到30秒内）。

2. 分区客流统计

分楼层、分区域进行实时人数统计，整体客流统计精准度提升30%以上，填补对区域客流统计的空白。

江西省图书馆新馆已在各读者公共空间区域部署了客流监控摄像点，实现无盲点实时客流量统计，使图书馆管理人员可实时统计监测各个区域的吸引率和繁忙度，从而对图书馆的功能区域和图书采购进行合理分布。相较旧馆（洪都大道馆）仅通过大门的安检门光幕计数，缺乏区域化、精准化数据的统计方式，该方法统计精准度提升30%。同时图书馆通过每天的客流变化规律的统计，可以更好地安排工作时间，从而提升服务读者的能力。此外，还可以根据当前客流状态和变化趋势，对流量较大的区域采取预防突发事件的措施，并可实时观察图书馆当前的停留人数，从而对电力、维护人员及安防人员等进行合理调整，大大提升图书馆的管理效能，做到降本增效。

3. 智慧阅读体验

江西省图书馆四层北区的视听空间设定了智慧阅读体验区，为读者提供智慧阅读服务场景。读者可通过线上场馆预约系统对智慧座席预约，并在规定预约时间到达智慧空间门口通过人脸识别来实现签到认证。认证成功后，读者即可在AI机器人的引导下入座，享受基于语音交互式的智慧阅读服务。同时，智慧阅读空间区域还增设了“5G+AI”光影阅读，为读者提供集期刊、报纸、图书、音频资源为一体的资源集合，读者通过语音交互即可轻松获取资源，读者由此享受基于科技赋能的高质量服务。鉴于该区域的阅读App还在调试升级，故暂未对外开放。

4. 可视化大屏

数据可视化大屏将图书馆的各种数据通过各种可视化方式展现在管理者、读者面前。这一套为江西省图书馆量身打造的快速、高效、安全的“智慧图书馆”整体服务及解决方案体系，以云计算技术将馆内日常工作引至云上管理，动态配置资源，降低建维成本。同时，基于阿里人脸识别技术及语音分析能力提供智能客服，结合 AI 及大数据，为管理提供决策分析，实现图书个性化精准导读。

江西省图书馆将逐步建成高度自主定制化、高扩展性、高可复用性、可 AI 决策的“智慧图书馆”平台，全方位推动着馆舍现代化、智能化和多样化。下一步江西联通与阿里云还将共同为江西省图书馆打造行业标杆项目，双方以此项目为基础实现优势互补，从而形成行业标准产品，拓展江西省图书馆行业市场。

5. 馆内基站建设情况

为保障江西省图书馆新馆内 5G 网络覆盖，新馆大楼内建有一套 5G 数字化室内信号分布设备，其中在二楼和四楼共 5 个信号发射点，采用“IPRAN + PRRU”设备部署，CPE 覆盖区域主要有电子阅览室（图 3-38）、5D 影院、智慧阅读空间。

图 3-38　江西省图书馆电子阅览室 5G CPE 覆盖

（江西省图书馆　吴玉灵）

深圳图书馆："图书馆之城"的体系化智慧化发展之路

人们通常认为"网络化信息化科技以解决社交与受尊重需求（马斯洛中级层次需求）为目标，以共性可复制需求为增长点，以商业流量模式为驱动，而智能型智慧化科技以解决自我实现的需求（马斯洛高级层次需求）为目标，以个性专业化需求为增长点，以互通互感互知的大数据中心为实现路径"。随着统一服务全面推进、RFID 技术全面应用、总分馆建设深入开展，深圳"图书馆之城"步入了智慧图书馆建设时代。深圳在向智慧图书馆迈进的道路上，以共建、共享、共知的全城一体化理念为指导，充分吸收智慧城市建设的时代红利，构建基于RFID、物联网、位置服务、虚拟现实、自然语言处理、计算机视觉、全息影像等技术的"沉浸式""互动式"服务，在全市统筹协调、标准规范先行、平台保障与引领、市区协同、创新覆盖率和应用技术多元等方面体现出明显的"深圳模式"。

一、RFID 技术全面应用开启图书馆智能化进程

1. RFID 文献智能管理系统全城化设计

智慧的基础是互联、互通、互感、互知，而图书馆最基本的就是读者、文献、设备等对象标识的唯一互认。深圳图书馆是全国首家全面应用 RFID 技术实现文献资源智能管理的图书馆，其应用从一开始就是按照全城化设计的。

首先统一 RFID 技术应用标准，规定工作频段为 HF 频段（13.56MHz），空中接口协议遵循 ISO/IEC 18000-3 和 ISO 15693 标准，数据模型与编码遵照 WH/T

43—2012 与 WH/T 44—2012，安防方式采用 EAS 方式。同时对全市读者及文献位置进行了唯一的编码设计，由馆代码、馆藏地点、架位号标记文献位置，其中规定架位号采用“楼层层数 + 分区号 + 巷道号 + 书架的排号 + 方位标志 + 书架层数”编码体系。针对 RFID 技术相关系统的引进建设还提出了一系列具体要求，在保障互联互通的同时，让读者体验更为友好、通畅和安全。如对自助借还书系统，要求“提供借书、还书、借还一体的功能设定”；对 24 小时还书系统要求“防止文献抽换和异物放入”。

深圳图书馆的 RFID 技术应用也是全方位的，为全市 RFID 应用奠定了坚实的基础，除全自助借还之外，也在文献采编、典藏清点等相关业务环节全面应用，提升了文献排架、整架、上新的效率，实现了文献架位精确管理，研制出智能书车，使读者在 OPAC 查询时不仅能够获取文献的流通状态，也能够确定文献具体位置。

2. 市、区图书馆全面应用 RFID 技术

2009 年起，随着“图书馆之城”统一服务的推进，市、区图书馆全面应用 RFID 技术，遵循统一的标准规范，采用统一的交互模式，为读者带来了全新的服务体验。读者到任何一个图书馆都能享受几乎一致化的自助办证、自助借还服务。很多图书馆实现精密排架后，读者不仅可在 OPAC 上直接看到文献的位置，还可根据导航图指引获取文献。目前，市、区图书馆自助借还占比超过 90%。

二、城市街区自助图书馆建设成为智能互联先锋

1. 城市街区自助图书馆率先城市组网

城市街区自助图书馆系统是深圳图书馆与企业合作，以 RFID 技术为基础自主研发，集成各种高新技术，具有自主知识产权的创新产品。城市街区自助图书馆将智能化的图书馆服务“送”到城市街区，并成为全市统一服务的重要组成部分。目前全市共部署城市街区自助图书馆 235 台，采取全自助的服务模式和网络化的运营管理模式。光明区图书馆也建设了 67 个“24 小时书香亭”，加入统一服务，并与城市街区自助图书馆联网运行，互配资源。

2020年2月，深圳标准促进会发布《24小时自助图书馆通用服务要求》，对全市自助图书馆的建设、运营、服务做了明确规范要求，涉及设备型和馆舍型自助图书馆，标志着自助图书馆建设步入更加规范的轨道。

2. 推进设备、资源、服务、管理智能化

城市街区自助图书馆系统建设为图书馆带来新技术应用理念上的飞跃。如果说自助借还实现了读者与文献的智能互联，那么对于自助图书馆项目，则需要考虑众多子系统和模块的无缝联动、众多自助图书馆的无间断联网运行、所有设备在无人值守且在室外情况下的高效服务组织和运营管理。

突破传统的概念，自助图书馆系统被细分为更小的单元，如书架系统（取书）、还书箱系统（分拣）、借还书口、发卡系统、收钞系统、查询机等，每个自助图书馆的各个部分均需要远程监控，并关联书架上的文献和还书箱的文献，以及对物流补书、设备巡检等日常运营管理的全面监控。通过智能化的运营管理和服务管理，自助图书馆、读者、文献在全城范围内被串联起来。

深圳的自助图书馆建设一直没有停止其智能化的进程，边建设边提升。2020年，为自助图书馆增设电源远程控制开关，在深圳气象台发布台风“海高斯”黄色预警之时，快速完成室外自助图书馆电源断电工作。同年，将位置服务技术应用于自助图书馆（志愿）馆长及馆员管理，在志愿者“抵达”自助图书馆后自动签到，精确统计服务时长，并将服务状态信息集成在自助图书馆监控系统中。

3. 全天候不间断服务彰显智慧服务效能

2016年，“发现自助图书馆”在移动平台上上线，丰富了“图书馆之城”地图，同时还能“发现自助图书馆上的文献”，深受市民欢迎。

2016—2020年，全市各类自助图书馆年均借还文献235.8万册次。其中，年均借出文献95.29万册次，年均还回文献140.5万册次，呈稳步上升态势。2016—2020年，全市各类自助图书馆年均异地还回（借书与还书在不同的物理位置）文献71.18万册次，凸显自助图书馆在统一服务体系下的效能。

三、“图书馆之城”全面信息化锻造智慧大脑

1. 统一服务业务延伸推进全面平台化

深圳“图书馆之城”统一服务依托统一技术平台，其核心为“图书馆之城”中心管理系统（简称 ULAS）。智慧化需要更广泛、更深入的信息化支撑，因此 ULAS 一直在持续升级、拓展和深化。

2012 年，ULAS 采编系统全面升级为联合采编系统，支持全市开展书目数据质量控制工作，为智慧采访、智能存储、智慧调配奠定基础；2015 年，构建大数据挖掘机制，为基于数据统计分析的管理与服务创新提供数据支撑；2017 年，推进移动服务平台全面建设，加强网站平台与移动平台的协同；2019 年，基于全城思维启动读者活动管理系统研发，将读者活动全面纳入信息化管理，进一步拓展智慧互联领域。

为支持全市创新和智慧化发展，2015 年启动 ULAS 开放接口（API）平台建设工作。上线当年，其调用量即超过 330 万次，其后每年同比增幅均在 100% 以上，2020 年开放接口总调用量超过 4 亿次（见图 3-39）。

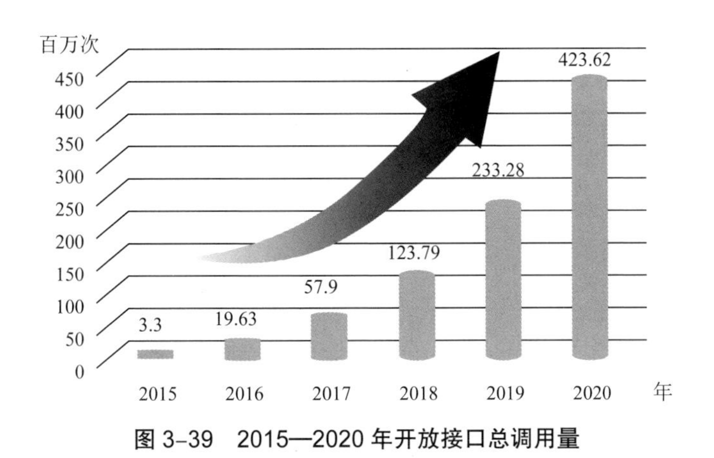

图 3-39　2015—2020 年开放接口总调用量

2019 年，深圳图书馆以第二图书馆建设为契机，启动研发基于微服务架构、面向全场景的平台式图书馆系统（简称 ULAS V）。同时，以 ULAS V 为核心建设“1+2+3+N”的复合型智慧图书馆城市中心平台。1 是作为基础与心脏的第五

代 ULAS 系统；2 是作为骨骼支撑的业务与服务两大基本后台，分别专注于正向稳健的资源建设、共知共识的服务创新；3+N 是依靠 ULAS 数据中台、开放接口中台、复合型 AI 中台实现左联资源、右接服务、下管设备、上合场景的“全域互联”式智慧图书馆。

2. 统一服务横向拓展驱动全面移动化

智慧图书馆的发展与智慧城市一样离不开手机终端。微信、支付宝已成为使用最为普遍的公众平台，公共图书馆应充分利用其优势，发展自身的移动服务平台，推进智慧服务移动化。2016 年 5 月，深圳图书馆移动服务在支付宝—城市服务栏目上线；同年，“深圳图书馆 | 图书馆之城”微信公众服务号上线。移动服务平台先后推出文献转借、移动支付、二维码读者证、扫码登录等多项服务。2020 年，移动服务平台访问量超过 690 万人次，年均增长超过 200%。

虚拟读者证申办（移动端线上实名注册）功能于 2018 年 11 月上线，并逐步拓展至各馆的移动服务平台，读者享受图书馆服务再无门槛。2020 年新冠疫情出现后，各馆根据防控要求采取预约入馆、凭证入馆方式，虚拟读者证得到广泛应用。2020 年，全年新办虚拟读者证 20.31 万个，同比增长 570%，占统一服务全年办证量的 52.36%。

3. 统一服务高度积淀催生全面数据化

2012 年，全市统一服务基本完成，数据积累快速增长，2019 年主要服务事务数据超过 5700 万条。各馆数据统计分析需求与日俱增，图书馆自动化系统常规的统计功能远远无法满足需要。在全国范围内，很多图书馆都在底层数据库系统单独开展统计分析。随着统一服务的不断拓展和深化，深圳图书馆一方面从 ULAS 的角度不断补充关联数据，另一方面则主动作为，通过数据挖掘技术构建数据中台。

2015 年，与 ULAS 相对独立的数据中台（简称 EasyLod）建设启动，通过数据挖掘模型面向 ULAS 各子系统及其他系统定时挖掘数据，并通过 ULAS 统计分析系统呈现数据。EasyLod 初步建成之后即开始提供动态数据服务，如盐田区图书馆的智慧墙（图 3-40）中就包括了通过 EasyLod 获取的统一服务数据。

图 3-40　盐田区图书馆智慧墙

四、市、区协同创新，推进图书馆全域智慧服务

1. 通过“科技提升计划”全面规划智慧提升

文化部高度重视公共图书馆领域的现代科技应用，在 2010 年首批提升计划中就将《公共图书馆现代科技应用研究》列为三个设定课题之一，并下达给深圳图书馆。

科技提升计划研究工作使深圳地区图书馆的科技应用骨干能够沉心总结梳理图书馆科技应用发展历程，剖析主要应用系统的构成，分析影响科技应用的主要因素，预测未来图书馆的基本形态。研究结果表明，未来图书馆科技应用需要更完善的标准规范体系，未来图书馆应用系统会走向平台化，核心业务系统依然处于主导地位，大数据分析、可视化分析、监控和远程控制将成为图书馆科技应用的重要组成部分。

科技提升计划研究成果成为深圳地区推进科技应用的前瞻性规划和指导。此后，项目成果中的规范文本多数成为市级标准。项目成果中的典型系统——“云”监控被全面应用于自助图书馆、自助服务设备、主要应用服务器的管理，又陆续应用到总分管网点管理；项目成果中的典型系统——“云”可视化统计分析系统成为 ULAS EasyLod 的雏形；项目成果中的未来图书馆视频体现的理念已融入深圳的智慧化实践之中。

2. 依托政务平台推进跨界和跨域系统互联

在智慧城市、智慧社会发展背景下，智慧图书馆必然不能独立存在，不仅需要串联起各个图书馆，也要从文化服务的角度融入城市和社会智慧化平台建设。

深圳市、区图书馆在主要政务平台上推进用户互通互认、主要功能布局和图书馆导引，彰显图书馆的社会价值。2020 年 7 月，深圳图书馆与深圳市政务数据局及平安集团合作，与“i 深圳”App 实现用户互认，市民从“i 深圳”App 一键授权即可注册为“图书馆之城”读者，利用“虚拟读者证”可直接到访各个图书馆或访问各馆数字资源。

2021 年 4 月，实施“广东省公共图书馆联盟”合作共建项目——“粤读通”，依托“粤省事”平台对接“粤读通”系统，实现广东省“9+1”地市馆统一办证，为逐步实现“粤港澳”大湾区公共图书馆读者互认及资源互通奠定基础。“粤读通”证成为深圳“图书馆之城”读者证的一种形式。

3. 升级数据中台及系统服务全城智慧化建设

2020 年 9 月，基于深圳图书馆牵头研究制定的《公共图书馆统一服务业务统计数据规范》，结合新时期大数据分析、数据监控，以及开展专门化服务的需要，对 EasyLod 进行了全面升级（升级后称为 EasyLod II）。EasyLod II 在优化 ULAS 数据结构的基础上，升级挖掘技术，全面优化、大幅增加数据挖掘模型，构建面向全城和市、区图书馆的全套数据分析功能（图 3-41）。EasyLod II 还运用深度挖掘技术，提供跨馆服务、多平台服务、排行榜、活跃读者等多种扩展分析模型，方便各馆开展业务深度分析和研究。

基于数据中台，研发“图书馆之城”统一服务驾驶舱，汇集包括天气情况、进馆人数、网站访问量、各馆当日借还量、在馆文献量、外馆文献量、近一年借还量、馆际流动量，以及“图书馆之城”VPN 专网实时流量等数据，深度体现“图书馆之城”各馆文献与服务的一体化和协同性，进一步提升智慧化、集约化管理能力。

基于数据中台，升级“城市街区自助图书馆”驾驶舱，整体展现遍布全市的自助图书馆位置、设备状态、服务状况、资源配置、物流组织等情况。监控特殊情况下“远程断电”及“重新启动”的实况，呈现“志愿馆长”的“签到”情况。

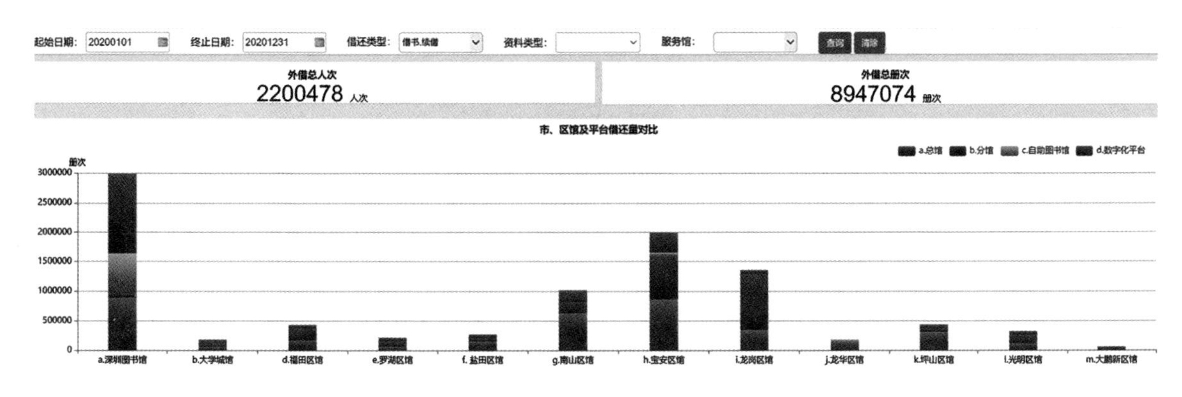

图 3–41　市、区馆及平台借还量对比

4. 以第二图书馆为契机建设全城智慧化中心

深圳市第二图书馆为“智慧图书馆之城”建设带来契机，在构建全市智慧图书馆服务体系中举足轻重。

第二图书馆是“图书馆之城”网络数据中心，依托与深圳图书馆的协同基础设施进行信息化布局和建设，采用 VPN 专线与其他市、区图书馆互联。在 VPN 网络上部署 ULAS V 系统，两馆采用数据主备方式。第二图书馆也是“图书馆之城”文献保障和调配中心，设计 800 万册藏量。其中，350 万册藏量采用智能立体书库技术，高效响应全城预借、自助图书馆配送等业务；60 个目的地的大型自动分拣系统则面向所有图书馆及其重要馆藏地点实施分拣作业。此外，不少于 6 个站点的文献调阅系统会用智能小车将读者需要的文献送达各个楼层；可处理 90 个订单的播种墙系统会满足“快递到家”服务的常规并单需求。

5. 市、区图书馆打造多形态新型智慧空间

智慧空间建设是当今智慧图书馆发展的重要分支。深圳的智慧空间建设在多个区开展，且已形成一定的规模。

2018 年，盐田区图书馆智慧书房项目（图 3–42）作为创建国家公共文化服务体系示范项目的创新举措，以“观书览景、文旅融合”为建设思路，以“一书房一主题一特色”为建设理念，在区域布局和外观设计上下功夫，打造集阅读、休闲、旅游、运动的复合性公共空间。2020 年，10 家智慧书房先后建成投入使用。智慧书房采用人脸识别进馆、体温自动检测、自助服务、智能传感等技术，

实现统一的智慧管理和高效的智慧服务。

图 3-42　盐田区图书馆智慧书房——灯塔图书馆

2020 年，南山区图书馆推出“南山书房”项目（图 3-43），致力于开创南山区文化新地标、全民阅读新阵地，以“名家书房”形式邀请各行业名家参与书房建设，定位为沉浸式阅读空间、数字化学习空间、智慧化管理空间和差异化服务空间。首个南山书房被命名为“平原轩”，配备智能寄存柜、自助打印机、自助轻饮售卖机等设备。

图 3-43　南山区图书馆“南山书房”

6. 总分馆建设驱动体系管理与服务智慧化

近年来，宝安区、龙岗区、罗湖区、盐田区、坪山区等在构建以区图书馆为总馆的垂直总分馆体系中成效显著，市、区图书馆优质资源不断向基层延伸，服务效能显著提升，成为区级总分馆的范例。

各馆在推进垂直管理同时，充分引入智慧技术，强化垂直管理。如宝安图书馆服务大数据平台展示了开放的成员馆及其主要服务数据（如图 3–44）。

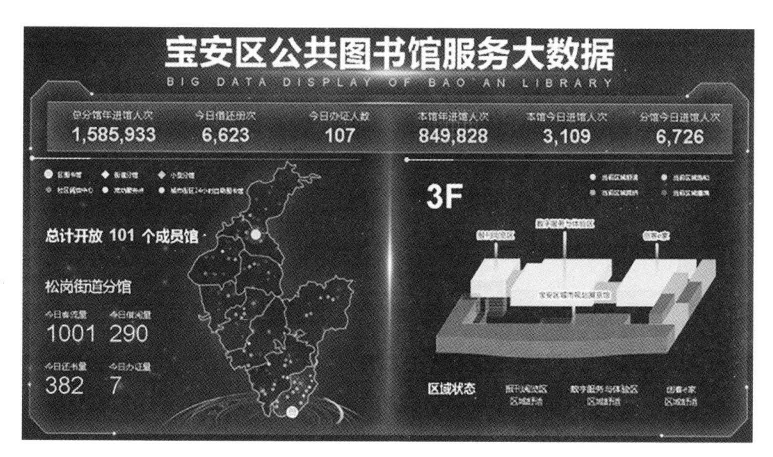

图 3–44　宝安图书馆服务大数据

EasyLod II 也针对区级总分馆体系的管理需求精心设计，支持各馆将其分馆按多个维度进行分组。在保证数据可统计、可对比、可分析的前提下，体现全市总分馆体系的建设成就，体现地区差异性和发展的阶段性，为“图书馆之城”各馆的垂直总分馆管理决策提供依据（图 3–45）。

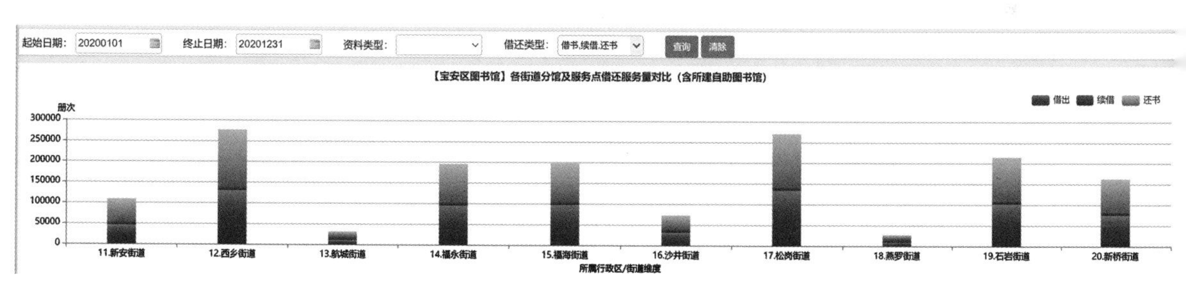

图 3–45　宝安区图书馆各街道分馆及服务点借还服务量对比（含所建自助图书馆）

各区图书馆还围绕总分馆建设，引入大型文献智能管理系统，提升本地区文献管理与服务的智能化水平。宝安区图书馆 2019 年建成“智能机器人”图书分拣平台，28 个分拣机器人、4 个搬运机器人协同工作，实现 7×24 小时还书、分拣不间断，可处理 30 个分拣目的地，并将书搬运到指定区域。南山区图书馆 2020

年建成智能立体书库，采用穿梭车、AGV 机器人智能仓储技术实现图书的高密度存储和高效率拣选，成为“图书馆之城”预借服务体系文献提供的新军。

五、全面构建“图书馆之城”智慧化发展生态

1. 以共建、共享、共知理念为指导

深圳“图书馆之城”“十四五”规划总体目标确定为：到 2025 年，建成国内领先的智慧型城市公共图书馆体系，服务水平跻身国际城市图书馆一流行列，助力深圳加快建设区域文化中心城市和彰显国家文化软实力的现代文明之城。

深圳的智慧图书馆建设与统一服务相伴而行，与中心馆—区级垂直总分馆建设体系建设相互促进，不断推进服务一体化、资源联合建设与统一发现，市、区共同推进智慧图书馆体系建设。

依托统一技术平台，区级垂直总分馆建设可以获得全面的技术支撑，获取本区和全市的业务数据，推进业务创新及推广创新成果；依托区级垂直总分馆建设，中心图书馆可获取基层图书馆网点的馆舍动态，呈现全城的综合数据，全面展现“图书馆之城”建设成果。

2. 以标准、规范、管理机制为保障

深圳“图书馆之城”建设是建立在标准、规范基础上的，要继续迈向“全面智慧化”这个终极目标，必须坚守初心，坚持标准定方法，规范定细节，管理机制保实施和成效。

目前，深圳已制定《公共图书馆 RFID 技术应用业务规范》《公共图书馆统一服务技术平台应用规范》《公共图书馆统一服务书目质量控制规范》《公共图书馆统一服务业务统计数据规范》《无人值守智慧书房设计及服务规范》《公共图书馆智慧技术应用与服务要求》等市级标准，以及《24 小时自助图书馆通用服务要求》这一团体标准。同时，结合智慧图书馆的发展，也以发布规范的方式推进和指导市、区图书馆智慧化建设，如《OPAC 架位导航系统应用技术规范》《智能书架系统应用技术规范》等，或者以提出意见的方式，指出应注意的问题，如《关于人脸识别技术应用的若干意见》。

根据实践情况对标准、规范予以修订，如2021年，在层架标系统中，针对“巷道号”左右方向会给读者造成混淆的问题，将其结构修订为“楼层号+区号+排号+A/B面+列号+层号”。当标准、规范在执行中出现问题时，会发出通知予以强调并采取必要的限制措施。

3. 以研究、交流、协同共建为路径

深圳市、区图书馆在智慧图书馆建设的过程中，注重研究、交流，在规划和实施中，注重协同共建。如对每个制定的标准都会组织宣贯工作，而且有配套的项目同步推进，在学习、交流中形成针对性的工作方案。如针对《公共图书馆统一服务业务统计数据规范》标准，配套推出EasyLod II，强调全域数据思维，共同探讨大数据环境下图书馆的智慧化发展路径。在“图书馆之城”统一服务体系中，除馆长联席会议外，各专项工作群也都发挥着重要作用，发布标准、规范、通知，分享ULAS更新升级和各馆创新项目。

深圳的智慧图书馆建设在全市一体化理念指导下，市、区图书馆合力共建，在推进全面信息化、平台化的同时，协同探索智慧领域，构建全城智慧体系，营造协同创新生态，致力于实现人书互知、人馆互感乃至万物互联，引导更多的读者从百味杂陈的“互联网生活”步入更加精致的“图书馆生活”。

（深圳图书馆　王林　蔡晖）

南京大学图书馆：智能图书盘点机器人

一、建设背景

近现代的工业革命、信息革命，使得人类前进的速度大大加快，各个行业都身在其中。而近20年相对以前来说，由于网络和计算机技术的全面普及，我们面临的环境更为复杂，科技发展更快。图书馆在利用电脑信息技术管理自己的资源后，图书馆事业也进入了快速发展阶段。数字图书馆方兴未艾，智慧图书馆的概念和建设扑面而来。最近几年，国内的智慧图书馆理论研究一直是个热点话题，2019年智慧图书馆成为中国图情档学界十大学术热点。每次图情界的学术会议上的话题总少不了智慧图书馆方面的理论与实践，在学术期刊上的论文、各级的科研项目、学生的毕业论文中，智慧图书馆总是研究的重点。

21世纪初，有关大型图书馆智能化管理方面的理论研究已经处于高速发展之中，如何实现对如此巨量图书和大型书库的有效管理，让读者能够快速、准确地查找到所需图书，让馆员能实现图书快速上架、整理和盘点，已经成为各大型图书馆面临的首要议题。

射频识别（Radio Frequency Identification，RFID）技术是该领域研究的一个重要方向。目前，传统图书管理系统多采用“条形码＋磁条”相结合的技术，以安全磁条作为图书的安全保证，以条形码作为图书的身份标识。然而条形码技术固有的缺陷使得图书管理不方便且容易出错。为防止条形码的损毁，条形码一般都被粘贴在图书的内部，并且每个条形码都需要单独扫描。因此，在图书的盘点、定位、排架及借还时，必须打开每本书来进行扫描条形码的工作，这样就使得图书管理变得烦琐从而大大降低了工作效率。除此以外，对于大型图书馆来说，大批量地引进条形码和磁条，大大增加了图书入库之前的粘贴工作量，对于资金也是一种巨大的浪费。经过对 RFID 技术的长期研究，尤其是对超高频 RFID 技术在智能图书馆应用领域的深入探索，笔者的团队现已设计并实现了一套完整的智能图书馆管理系统，主要实现了图书自助借还、图书智能上架、图书智能盘点、图书信息管理等功能。其中智能图书盘点机器人是拳头产品。

南京大学图书馆从 2012 年开始着力研究和实践智慧图书馆，积累了一定的技术和经验；南京大学计算机科学与技术系陈力军教授团队一直致力于基于 RFID 物联网的研究。在此基础上，两家单位强强联合，进行了基于超高频 RFID 芯片的智能图书盘点机器人研发（图 3–46）。

图 3–46　智能图书盘点机器人

在项目启动时，依托于江苏省科技厅重点研发项目的支持，此项技术和设备的研究正式展开。项目于 2014 年启动，2015 年，第一代机器人研发成功，随后，2016 年第二代、2017 年第三代、2018 年第四代、2020 年第五代相继研制成功，在实际应用中取得了成功。目前，应用智能图书盘点机器人来管理图书的图书馆已经超过了 20 家。

二、建设内容

1. 图书盘点定位存在的问题

国内很多图书馆已经采用了 RFID 技术来增强图书馆的服务，但是 RFID 在某些方面反而加重了馆员的工作量，比如图书盘点和整架时，手持点检仪和盘点车误读率比较高，几乎每本书都要近距离去扫描，大大降低了效率且增加了馆员的工作量。

笔者通过对国内图书馆基于 RFID 智慧图书馆应用的调查，发现国内很少有图书馆实现利用机器人管理图书的做法。目前大多数图书馆使用的机器人有如下几种：图书馆自助服务辅助系统、机器人与立式仓库的结合、无人搬运车、全自主智能图书存取机器人系统和智能参考咨询机器人。这些机器人在实际工作中的应用比较少。国内图书馆应用 RFID 技术比较多，基于 RFID 的各种智能化服务探索和实践比较多，在图书盘点这个难点上能够有所突破是当务之急。

2. RFID 基本特点

RFID 技术是一种非接触式自动识别技术，这种技术可以通过无线电讯号识别特定目标并读写相关数据。一个标准的 RFID 系统主要由三大组件构成，分别是标签、阅读器以及天线。其中天线是链接标签和阅读器的主要纽带，标签和阅读器之间的相互协作是一系列复杂的操作的保证。超高频 RFID 具有一次可读取多个标签、穿透性强、多次读写、记忆容量大、成本低、体积小、使用方便、可靠性和寿命高等特点。

RFID 技术的基本工作原理：标签进入磁场后，接收天线发出的射频信号，凭借感应电流所获得的能量发送出存储在芯片中的产品信息，或者由标签主动发送某一频率的信号，阅读器读取信息并解码后，送至中央信息系统进行有关数据处理。

3. 图书馆应用超高频 RFID 优势

与传统的磁卡、IC 卡相比，RFID 技术最大的优点就在于非接触，完成识别工作时无须人工干预，适合于实现系统的自动化管理，而且不易损坏，并且它读取的范围很大、识别速度很快，数据安全性也很高。总结起来，其优势有如下几项。

①非视距阅读。RFID 信号可以穿透大多数非金属的物质，因而在不翻开书的情况下，RFID 阅读器也能够读取到藏在书中的标签，这样就避免了像条形码扫描需要翻开书而带来的额外工作。②识别速度快。RFID 阅读器可以同时识别多个标签，大大提高了书本识别的效率，该优点在借还书籍、典藏等活动中表现尤为突出。③识别距离远。采用超高频 RFID 标签，书和 RFID 阅读器之间的识别距离可达 3 米以上。④数据安全。除了可以对标签进行密码保护，数据部分也能通过 DES、RSA 等算法实现安全管理，阻止非法访问或篡改等攻击行为。⑤使用寿命长。RFID标签的体积很小，封装在各种各样的外包装里面，可以达到防水、防油污、抗酸碱等效果。⑥数据动态修改。在图书馆应用中可以利用修改标签信息来指示图书状态的改变。RFID 技术的发展将图书管理从相对“笨重”的条形码技术中解救了出来，超高频 RFID 技术在图书馆领域的应用，给图书馆管理系统带来了革命性的变化。

4. 图书馆智能盘点机器人的实现

机器人自动盘点系统基于超高频 RFID 技术，利用机器人对整个图书馆藏书进行盘点，检查是否出现错架图书、是否有藏书丢失，同时能对需要上架的图书进行自动识别，并规划出上架最短路径，在需要上架的图书位置能自动停止，直到有人将需上架图书拿走，机器人再自动抵达下一个需要上架的位置。

（1）核心技术

图书精准定位、多模态自主导航、基于视觉的智能避障、基于视觉的书脊信息识别。

（2）主要功能

图书盘点机器人实现了三维导航功能，它采用三维模型场景，可以实时地显示机器人在图书馆中的位置，只要将上架的图书放置在机器人的智能书架上，它就可以自动快速地识别图书的信息及图书所在书架的位置信息，并根据图书所在书架的位置信息自动规划出一条上架路径，当机器人到达上架点时自动停止，同时提示需要上架的图书，其过程不需要耗费人力对图书进行识别判断，降低了人工判断错误的发生概率，减少了人力劳动，减轻了图书管理员人员上架的负担。

RFID 标签片上资源有限，容易遭遇攻击。为确保系统安全性，首先设计轻量级安全加密算法，防止标签信息被篡改；然后利用手机等干扰器，识别并干扰非法阅读器，从而实现反跟踪的目标。

针对书籍盘点时的漏读现象，我们通过实验，发掘天线射频功率、盘点车移动速度与漏读率之间的对应关系，然后运用数据挖掘技术理论建模，求解出三者间的关系方程，从而指导发射功率与盘点车速度的动态调整，以此获得最大读取率。从两方面解决物理因素引起的漏读问题：使用多个阅读器天线消除不确定标签方向的影响（至少有一个天线能够以较好的角度读取标签）；动态调节阅读器天线射频功率，从而削弱甚至消除距离、多径效率以及材质的影响。

（3）盘点机器人优势

①双激光雷达，无死角覆盖

传统单激光雷达存在盲区等问题。盘点机器人搭载双激光雷达，保障 360 度无死角自主导航，并且可在书架间双向行走，进退自如。

②自适应 SLAM 导航

机器人配备自适应导航算法，能够根据图书馆现场环境建图，适用于各类图书馆场景，无须对现有图书馆基础设施进行任何改造。目前采取的定位方式最适合图书馆，完全自适应的地图构建和导航虽然技术先进但是不适合图书馆书架。

③高效盘点，精准定位

机器人融合 RFID 感知、大数据处理、人工智能等技术，采用国际先进的定位算法（拥有 10 余项国内、国际专利），实现高精度图书定位。图书定位精度高达 98%，图书漏读率低于 1%，图书盘点效率高达 20000 册 / 小时，各项性能指标处于国际领先水平。

④一键操作，定时盘点

采用一键式盘点操作，能够根据馆方需求，自由设置盘点区域、盘点时间等。例如，某馆晚间10点闭馆，馆员可以在下班时设置盘点开始时间为下午10 : 00。机器人会准时在闭馆后对全馆进行自动盘点。

⑤超长待机，自动充电

机器人采用最高安全等级的电池，容量高达50AH，能够保障10小时以上的不间断盘点时间。此外，配备自动充电功能，当电池电量过低时，机器人会自主导航到充电桩进行充电。充电结束后，可继续完成上一次未完成的任务。

⑥双升降盘点扫描装置

采用拥有自主知识产权的双升降盘点装置，能够对扫描装置进行毫米级升降调整，适用于不同高度、不同层高的各类书架，保障盘点性能最优。

⑦ OPAC 无缝对接，图形化直观展示

可与现有图书管理系统 OPAC 实现无缝对接，通过图形化界面为读者直观展示图书的位置信息，方便读者快速查找感兴趣的书籍。

⑧多模态智能感知凸出图书

集成多模态智能传感设备，能够实时检测书架上的凸出图书（图书尺寸过大或图书不规则摆放导致），保障自动盘点系统的高可靠性。

⑨大数据分析，自动发送报表

基于云平台对盘点数据进行大数据分析、汇总，可提供丢失图书报表、错架图书报表、标签绑定失效图书报表等信息，并且能够通过邮件自动发送给图书管理员。

⑩自主知识产权，荣获国际大奖

研发团队经历十余年研发积累，拥有完全自主知识产权，已有14项发明专利，4项国际专利被授权。2015年第一代机器人正式发布，成为全球首台智能图书盘点机器人，各项性能指标国际领先，荣获第46届日内瓦国际发明展最高奖项：特别金奖。

三、运行情况及效果

1. 第三代机器人实测数据

研究者设计了两个实验，结合数据报表分析，评估机器人的实施效果。实验一的目的是评估自动盘点机器人的盘点效率和定位准确率。具体实验方案为：随机选择两个书架，在闭馆前进行实验，确保期间书籍没有被移动。为了准确地获取这两个书架上所放置的每一本图书的列表，我们首先使用条码阅读器先后两次逐层、逐本扫描图书条形码，并记录其所在书架的层架编号以及在同一层架的左右排序号。获取到的图书条形码列表（共计 567 本图书）经核对后，将被作为实验后继步骤的基准数据。然后由两名馆员使用 RFID 盘点车进行定位扫描，分别记录所花费的时间。闭馆后，机器人开始自动盘点，次日上午分别从 RFID 盘点车和机器人报表中导出数据，与基准数据比对计算出盘点效率和定位准确率。实验二的目的是评估提供馆藏定位信息对读者查找图书效率的影响。具体实验方案为：邀请 20 位志愿者参与，实验分为两轮，每轮每位志愿者需要按照给定的清单查找 50 本图书。第一轮提供的清单只包含条形码、索书号和书名，第二轮提供的清单增加了所在架位的定位信息。为了避免志愿者对图书位置的记忆影响实验结果，在两轮实验中保证同一个志愿者拿到的清单中没有重复，记录各位志愿者完成图书查找所用时间。

效果分析：①机器人盘点效率分析。在实验一中，机器人盘点开始和结束的时间分别为当天的 22：15 和次日的 08：04，共盘点图书 192997 册，折算为自动盘点每千册图书平均用时为 183 秒。馆员通过 RFID 盘点车为 567 本样本图书进行了盘点，平均用时为 573 秒，折算为人工盘点每千册图书平均用时约 1010 秒。机器人与人工盘点效率的对比为 1010/183。因此，机器人自动盘点效率约为人工盘点的 5.5 倍。机器人自动盘点效率高、无须人工干预的优势，为图书馆定期实施馆藏盘点提供了可能。②机器人定位准确性分析。在实验一中，机器人可以准确地将 567 本书中的 549 本定位到同层书架，定位准确率约为 96.83%。而两名馆员可以分别准确地将 535 本和 542 本定位到同层书架，平均定位准确率约为 94.97%。因此，在同层书架的定位准确性上，熟悉盘点操作的馆员与机器人不相上下。对机器人定位到正确书架层格的549本图书，可以进一步分析其左右排序的准确性。经计算，机器人对单册图书左右排序的准确率约为95%，基于此可在同一层书架内，较为精准地实现单册图书的左右排序。如将其应用在虚拟书架层面的可视化显示上，可为读者提供图书左右排序的虚拟导航。人工盘点目前还无法实现这一点，因此机器人自动盘点具有不可替代的优势。

定位信息对读者找书效率影响分析：对实验二的结果进行分析发现，在得到图书定位信息后，所有志愿者的找书效率均有提升，平均达到了32.2%，其中35%的志愿者找书效率提升超过40%，最高达到50%。本实验可以验证提供图书定位信息将显著提高读者的找书效率。

馆藏数据报表分析：以2018年12月20日的盘点数据报表为例，机器人当天共盘点637465册图书。其中，共有705册图书馆藏地错误，约占馆藏总量的0.11%；207册为借出状态的图书，约占0.03%；412册为状态异常图书，约占0.06%。所有异常图书均标明了条形码、索书号、书名，以及当前所在的列号、排号、架号等信息。从馆藏数据报表可以发现，常见的馆藏管理问题有：上架错误、图书流通错误和图书状态错误等。上架错误包括图书架位或馆藏地错误，机器人盘点时根据该书索书号及图书馆集成系统中存储的原始馆藏地判断；图书流通错误包括被错误上架的已预约图书、读者已还回但操作失败的图书、通借通还中间流程错误的图书；图书状态错误指在架上出现被设定为屏蔽、剔除、丢失等状态的图书。这些问题仅通过人工盘点模式难以被发现。馆员根据馆藏数据报表可以每天对非正常状态的图书进行纠错，一方面有助于提高馆藏管理效率，形成馆藏维护的良性循环，使得馆藏在架正确率越来越高，另一方面有利于提升读者对馆藏资源的利用率和对图书馆服务的满意度。

2. 第五代机器人运行效果参数

工作频率：13.56MHz（高频）；860—960MHz（超高频）

图书盘点漏读率：超高频低于3%；高频低于5%

图书排序精度：误差 ±5cm

定位粒度：厘米级

图书层定位精度：高于98%

图书盘点效率：20000 册 / 小时

电池工作时间：连续运行时间不小于 10 小时

运行噪声：小于 35 分贝（距离机器人 1 米处）

（南京大学图书馆　邵波　沈奎林）

武汉大学图书馆：软硬结合见智慧

一、智慧图书馆建设背景

智慧图书馆是智慧城市的基础文化设施，是增强城市活力的重要组成部分。它所提供的信息服务可以满足城市广泛的社会、文化、科技和经济需求，为城市的研究人员、行业专才和管理者提供信息支撑，为智慧人群提供重要信息来源和设备设施支持。武汉大学智慧图书馆建设由基础设备设施和空间升级改造、多样化系统平台建设两部分构成。前者以射频识别技术RFID为基础，通过物联网、人工智能、大数据等新兴技术的全面应用，融合传统服务与新型服务优势，逐步搭建起结构完善、功能多样、服务效率提升的设备设施体系和创新空间；后者以面向资源、服务的多功能系统部署为起点，通过引入功能更完备的新系统、升级老系统，逐步将移动服务、智慧服务覆盖至图书馆各业务流程，提高读者服务质量和馆员工作效率。

RFID是智慧图书馆基础设备设施升级改造的核心技术，该技术通过无线射频方式进行非接触双向数据通信，利用无线射频方式对记录媒体（电子标签或射频卡）进行读写，达到识别目标和数据交换的目的，主要用于图书借还和盘点。基于RFID的智慧图书馆项目于2017年3月启动，经前期详细调研，武汉大学图书馆选择了超高频RFID标签+磁条的双模管理方式。2017年9月完成对总馆及3个分馆近300万册流通图书的标签安装及转换，引入RFID自助借还书机、图书防盗监测仪、智能盘点书车等设备，并对原设备进行升级改造。同时，为解决传统人工图书盘点的不足，人工智能也在武汉大学图书馆落地应用。2017 年，武汉大学图书馆引入了 3 台图书智能盘点机器人，实现了无须人工参与的自动盘点。2021 年 7 月，第五代盘点机器人在武汉大学图书馆投入测试。

同时，为不断提升读者服务的智慧化、实现更优用户体验、优化图书馆业务流程，武汉大学图书馆不断引入并完善系统平台建设。2016—2017 年，座位预约管理系统在武汉大学图书馆全面部署，解决了长期以来困扰图书馆及其读者的占座矛盾；2018 年，部署资源发现系统，实现纸电资源的一站式检索；2020 年，成功引入电子资源管理平台和学位论文管理系统，实现了电子资源生命周期的全流程管理、全校学位论文的有效组织和揭示；2021 年，图书馆门户网站改版上线，搭建起图书馆资源中心、应用中心和服务中心；同年，座位预约系统嵌入武汉大学智慧珞珈 App，扩大系统覆盖用户范围和影响力。其他在建、待建系统，如查新系统、人文数字资源门户、电子资源管理平台（二期）等，将进一步实现图书馆资源、服务、智慧的有机融合。

二、智慧图书馆运行情况及效果

1. RFID 技术应用情况

（1）自助借还设备简化借还书流程，提高流通效率

2017 年，武汉大学图书馆引入了 20 台 RFID 自助借还设备（图 3-47），并对原有 10 台借还书机进行了改造，目前，全馆图书自助借还均通过 RFID 设备及系统平台完成。

RFID 技术对图书借还流程影响显著。传统的条码借还书流程需要人工翻开图书扉页并找到条码位置后才能扫描，一次只能完成 1 册图书借还；RFID 设备可一次完成 6 册图书借还，无须翻页，极大提高了图书借还效率，且不易因频繁翻页造成图书磨损。据数据统计，目前读者每月自助借还图书达 6 万余册，占借还总量的 80% 以上。

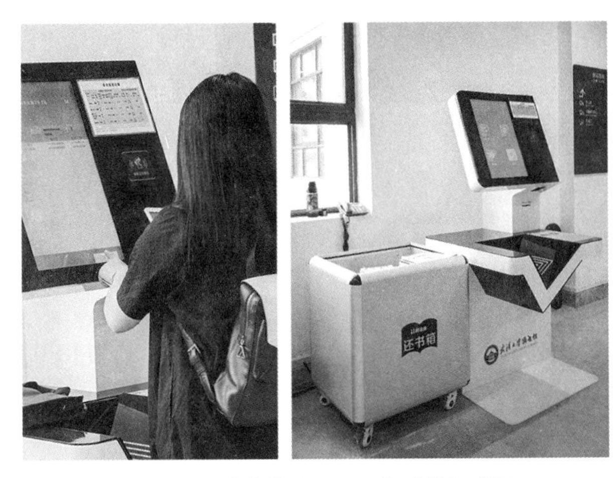

图 3-47　读者使用 RFID 自助借还书机

（2）智能盘点书车精确定位图书，深入挖掘读者需求

2017 年，武汉大学图书馆通过智慧图书馆项目引入 RFID 智能盘点书车（图 3-48），部署在各楼层的借阅区和阅览区。该书车无须逐册定位，采用首尾定位的方法，通过根据本馆的索书号排序规则编写的索书号排序程序，实现两个索书号之间的图书全部与层架标关联。实际操作中，用本层的第一册和下一层的第一册与层架标关联，保证本层在定位时即使最后一本不在架上也能准确定位，新书上架或架位变化后亦无须重新定位，使用智能书车上架可自动定位。

图 3-48　盘点书车

同时，智能书车解决了读者取阅图书数据难以统计的问题。以往，针对读者在阅览室随手取下翻阅后放到桌上的图书，多数需要手工统计或逐册扫描，人工工作量较大，且易导致数据不准。智能书车则可以批量扫描图书、一次性统计全部数据及图书信息，在提高数据准确性的同时，亦可方便工作人员根据读者取阅图书信息，更有效获取其阅读偏好，帮助调整图书采购、排架等策略。

（3）创新设计智能书架，助力“三全育人”

智能书架是一套高性能的在架图书实时管理系统，利用 RFID 技术实现对在架图书的识别，可完成馆藏图书动态监控、图书位置实时盘点、图书查询定位、阅读记录统计、错架统计等功能。

2020—2021 年，由武汉大学图书馆代管的国家网络安全学院图书馆将智能书架系统（图 3-49、图 3-50）部署于图书馆二层，智能书架设备共计 111 节，每三节为一架，共 37 架，具备以下功能：

①馆藏揭示：每个书架侧面配有一个显示屏，可显示当前在架的所有图书、本架的推荐图书、近期被借阅的图书等信息；②便捷手机操作：系统有配套的微信小程序，读者可通过小程序实现扫码借书、电子借阅证登录设备、线上续借图书等功能，借阅、续借不必再去自助借还机刷卡操作，直接用手机扫描图书条码即可完成；③领任务得积分：结合智能书架能够实时反映图书的变化，快速更新错架信息等特点，系统可将错架图书归位工作形成任务，读者通过小程序领取任务，将任务中的图书归位即可得到一定的积分，积分可以用于馆内自助打印复印。

智能书架系统具有检测速度快、定位准确等特点，使读者找书变得更加便捷，馆员不需要进行人工盘点即可获得错架图书信息，轻松进行架位调整。上书整架工作形成任务制和奖励机制，领任务复位图书赚取积分的形式为国内首创，使图书馆不再仅仅是借书自习的场所，读者与图书馆的关联性上升到一个新的层次，书、书架、人三者有机地结合起来，兼具任务系统和信用系统的功能，实现了劳动力众筹，既节约了图书管理的人力成本，读者又可以凭借自己的劳动获得免费打印的权利，是一种双赢的模式。智能书架的使用及功能创新，让图书馆服务全程融入“三全育人”体系，利用技术减少管理投入，全面实现环境育人、服务育人、技术育人。

图 3-49 国家网络安全学院图书馆智能书架

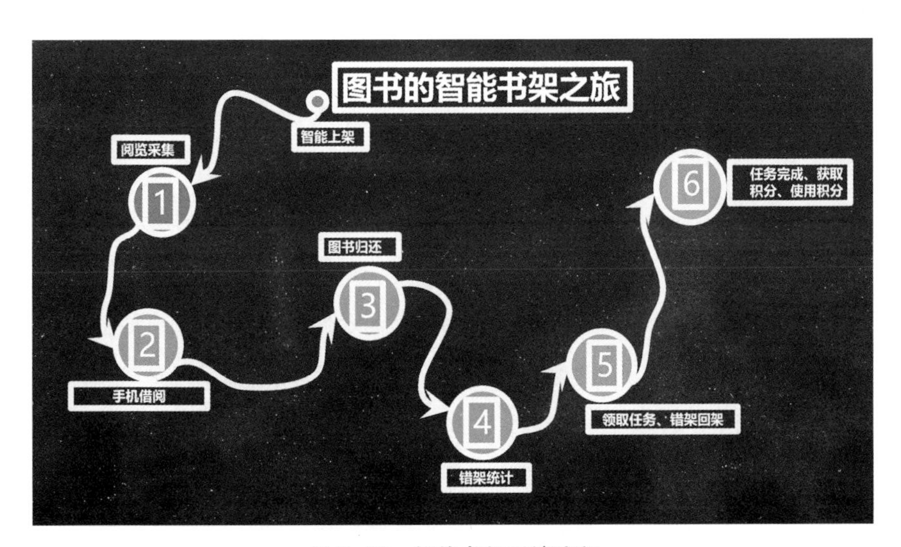

图 3-50 智能书架系统流程

2. 智能盘点机器人的大规模应用

对图书全面系统地盘点是图书馆工作的重要部分，是发现图书放错书架、丢失但未被工作人员察觉等情况的唯一方法。但该项工作耗费大量人力、时间，一直依赖于人工干预，不仅需要消耗额外的人力，而且其误检率和漏检率均有待改善，后期甚至要投入更多人力进行结果复查和校正。由于图书馆无法及时、准确地对馆藏图书进行盘点，读者检索到的定位信息往往不准确或已过时，影响了读者对图书馆馆藏文献的有效利用。为解决该问题，武汉大学图书馆于 2017 年引入了基于超高频 RFID 的智能图书盘点机器人，利用机器人对整个图书馆藏书进行自动化盘点，检查是否出现错架图书、是否有藏书丢失，以提高读者找书成功率及图书馆的管理能力和服务水平，实现了 RFID 与人工智能的融合创新。

武汉大学图书馆为国内首家大规模应用智能盘点机器人的图书馆。该设备融合了 RFID 感知、计算机视觉与智能机器人等技术应用，实现了在无人干预的情况下，采用先进的扫描与定位算法，对全库图书进行全自动盘点、定位。机器人在移动中利用激光雷达探测障碍物和书架位置，可以自主定位和导航，无须对地面进行轨道铺设等改造。此外，机器人通过机械手臂读取含有 RFID 标签的图书信息，每次扫描两层书架，分 3 次升降盘点机器手臂，完成全部 6 层的书架盘点。若机器人在书架间遇到无法逾越的障碍物，将跳过障碍物两侧书架的盘点，重新寻址以盘点其他书架。

智能盘点机器人的使用有效解决了以往人工盘点、手持盘点设备的不足。目前，武汉大学图书馆流通书库部署的 3 台盘点机器人，设置为每天闭馆后自动运行，盘点机器人每小时可扫描逾 10000 册图书，图书漏读率控制在 1% 以内，图书定位精度高达 98% 以上，能够有效地帮助读者找到错架图书，全程不需人工干预，不会对读者造成影响，且无须对现有图书馆以及书架进行任何改造，易于部署、可扩展性强。同时，通过数据同步程序，系统实现了第二馆藏地揭示功能，通过 RFID 应用平台数据库与图书馆集成系统 Aleph 500 馆藏数据库的定时同步，将盘点定位数据写入 RFID 应用平台数据库，并定制修改图书馆 OPAC 检索结果页面，揭示图书应在位置、当前位置和查找路径，极大地减少了读者查找书籍的时间。人工智能在图书馆的应用，极大地改变了图书盘点工作现状，突破图书馆服务方法的单一模式，实现了服务形式的多元化。

2021 年 7 月，第五代机器人（图 3-51）在武汉大学图书馆投入测试，相较武汉大学图书馆现在运行的第三代机器人（图 3-52），造型更现代化、质感更轻薄，在软件算法上进行了升级，进一步提升了路线规划能力及判断准确率。

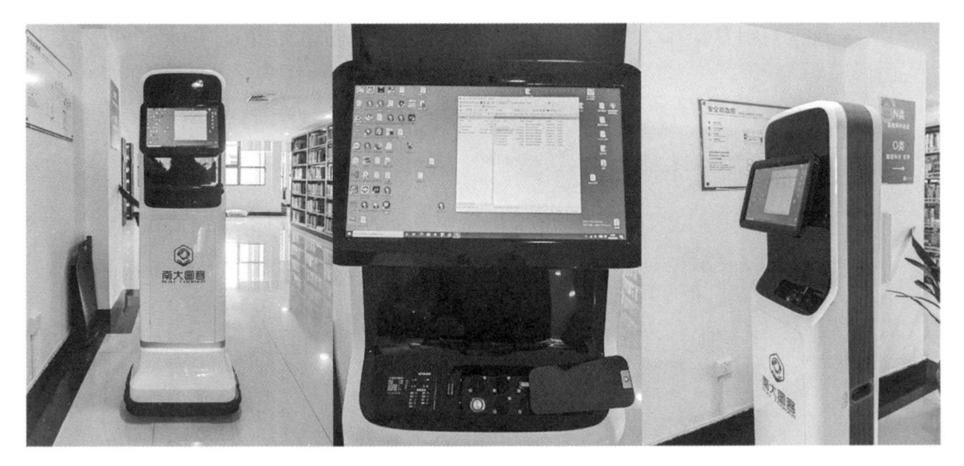

图 3–51　第五代机器人

图 3–52　现在使用的第三代机器人

3. 创客创新空间为读者提供新兴技术体验

为响应中央关于支持“大众创业，万众创新”的号召以及武汉大学“三创”教育理念，武汉大学图书馆建立了创客空间，配备多功能创客创新设备供读者体验。

工学分馆创客空间（图 3–53）是武汉大学图书馆首个创客空间，于 2016 年 3 月设立，是一个具有 loft 工业风情的创新空间，有 8 台需预约的双屏云桌面终端和新颖靓丽的组合桌椅，宽敞明亮，环境舒适，并多次举办创客心分享活动。

图 3-53　工学分馆创客空间

信息分馆创客空间以 IT 创造创新为中心，是新技术、新产品的体验与展示中心，设立于 2016 年 9 月，包括“3C 创客空间”“创意活动室”“创新学习讨论区”“创客俱乐部”。创客空间集创意交流、微视频学习、新技术体验、电子绘图、视频编辑和 3D 打印于一体，为计算机及其相关技术领域的创客活动提供场所与设施。创客空间包括以下设备：双屏电脑学习区提供 20 台联网计算机，可以直接访问大量的 IT 微视频在线课程；创新学习讨论区有苹果 MAC 电脑 12 台，可提供新的操作系统体验；VR 体验区（图 3-54）可以让人置身于虚拟的场景中，将视觉、听觉和动作及其感应完美地结合在一起；绘图板为动漫制作、广告设计和 PPT 个性化图案设计提供了极大的方便；非线性视频编辑设备与系统提供了专业级视频编辑工具；3D 打印机可以将三维模型变为实物，可用于展示或设计功能检验，一楼大厅还开辟了 3D 作品展示区，对历次 3D 打印大赛创作的优秀作品进行集中展示，以飨读者（图 3-55）。

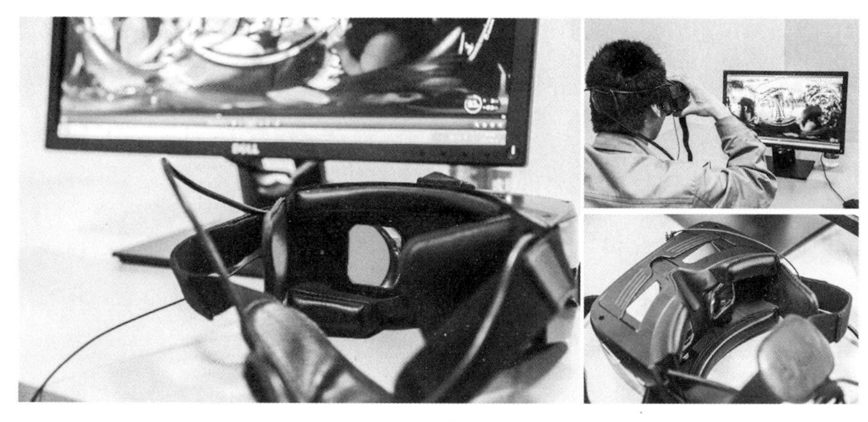

图 3-54　VR 虚拟现实体验

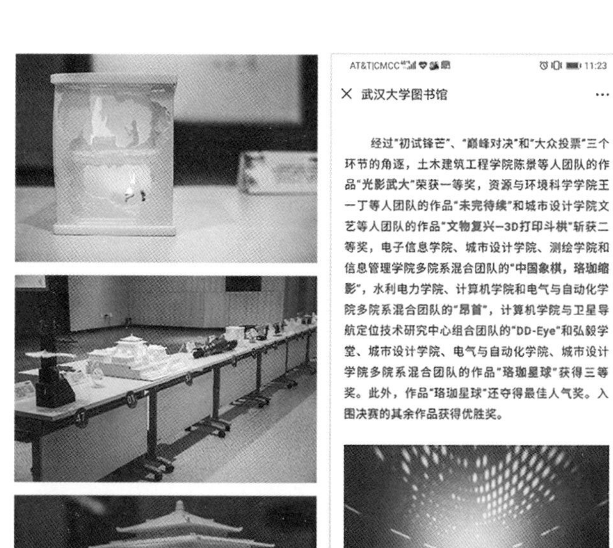

图 3-55　3D 打印大赛部分作品展示

4. 系统平台运行情况及效果

（1）座位预约管理系统

图书馆每天（包含寒暑假等各类假期）平均入馆人次超过 1.3 万，尤其在下半年临近考研、期末考试等重要考试的几个月，每天平均入馆人次超过 1.8 万，座位及空间利用压力较大。为了更好地配合学校的教学工作，完善读者服务，解决学生为了各类考试、学习而产生的占座问题，武汉大学图书馆引入国内领先的图书馆座位管理系统解决方案，全方位解决目前图书馆资源利用问题，减少图书馆的管理成本。

2016—2017 年，座位预约管理系统（图 3-56）经测试正式部署，覆盖全馆约 80% 的座位，借阅区、自习区、多功能区等区域均被纳入系统管理，读者可通过微信、座位系统 App、Web 网站和现场选座方式预约座位。同时，该系统具备闸机联动、状态查询、黑名单设置等功能，当读者进行座位预约之后，座位系统自动连接到闸机系统进行身份验证。读者刷卡入馆时自动签到，如果读者在预约时间还未到达图书馆，座位预约自动失效，并且系统会记录此违例事件。同时，该系统包含统计模块，可准确提取不同区域、不同时段、不同读者的使用数据，方便管理人员查看和分析。该系统上线后广受读者好评，并获得了央视两会特别节目报道。

2020 年，图书馆正式开馆后，武汉大学图书馆将包括沙发、板凳在内的全部座位都纳入系统管理，使其在解决原占座问题的基础上，发挥在必要时追踪读者行为轨迹，进一步提升安全性的作用。2021 年 6 月，在原系统基础上，将其功能向适合智慧珞珈 App（武汉大学向全校师生提供智慧珞珈 App，与学习、生活相关的各类应用与服务都已纳入其中）的标准进行转换，根据学校的需求做定制开发，以微服务的形式集成到智慧珞珈 App 中，以持续、更好地为全校师生服务。2021 年 7 月，为满足离校读者希望能继续在馆学习的需求，武汉大学图书馆规划出校友专区，提供专座供校友预约使用，并实现了校友信息系统与图书馆门禁访客系统的联动，进一步提升了读者服务质量和使用体验。

统计数据显示，目前武汉大学图书馆每月座位预约人数超过 5 万人、座位预约次数超过 30 万次，读者已形成了良好的座位预约习惯，该系统对缓解座位供需矛盾、促进图书馆空间资源有效利用起到了积极作用。

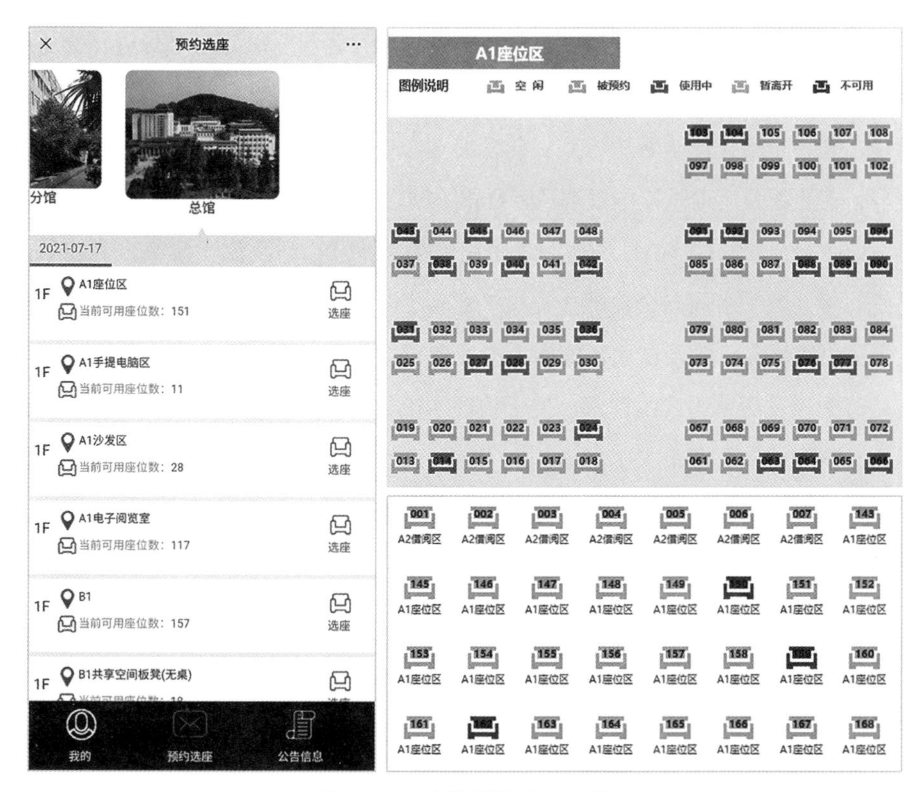

图 3–56　座位预约管理系统

（2）电子资源管理平台建设

2020 年前，武汉大学图书馆电子资源校外访问通过多个不同的代理方式实现，尽管能够保障读者在校外无障碍使用电子资源，但缺乏统一的业务流程工具、有效的数据揭示和个性化服务。尤其在资源访问统计方面，各访问通道没有独立的统计渠道，导致无法区分和评估读者利用差异。由于不同数据服务商的统计标准和计量方法不同，各个电子资源提供的统计数据无法相互比较。同时，虽然为读者提供了多种选择，但是不同方式的认证接口和操作方法不同，易造成读者使用困扰。

2020 年 12 月，武汉大学图书馆启动电子资源管理平台（一期）建设，该平台通过搭建规范完备的电子资源管理系统，对电子资源生命周期（包含：资源发现、资源试用、试用报告生成、资源查找及访问、读者使用统计分析等环节）进行全流程管理。平台采用混合部署模式，在学校内部署了系统核心的文献网关服务，用于支持读者的校外访问及其在访问过程中行为日志的记录与保存；为了给读者提供不间断的服务，读者前端导航及工作人员的编目功能目前部署于阿里云环境，采用自动化部署解决方案，包含前端服务器、后端微服务集群、数据库集群等，在更新及运维过程中根据读者反馈不断迭代。

该平台于 2021 年 6 月正式上线使用（图 3-57），与武汉大学统一身份认证系统对接。该平台面向全校师生提供 7×24 小时电子资源相关服务，实现了武汉大学图书馆所有已购及试用数据库、电子期刊、电子书等电子资源的导航及访问；支持订购包及清单的自由管理，便于梳理本馆数字资产；建立了用户个性化资源中心，帮助读者收藏个人感兴趣的电子资源，查看访问记录；管理人员可完成数据库标引及状态监测，实时查看数据库服务状态，及时发现并解决异常情况；具备基本的统计分析功能，帮助馆员了解不同数据库、读者、资源的使用情况，可将访问统计具体到个人、院系、不同时段等多个维度，辅助资源使用分析、读者偏好分析和采购策略制定；同时，该平台对移动端具有适配性，可通过进一步开发嵌入微信公众号。

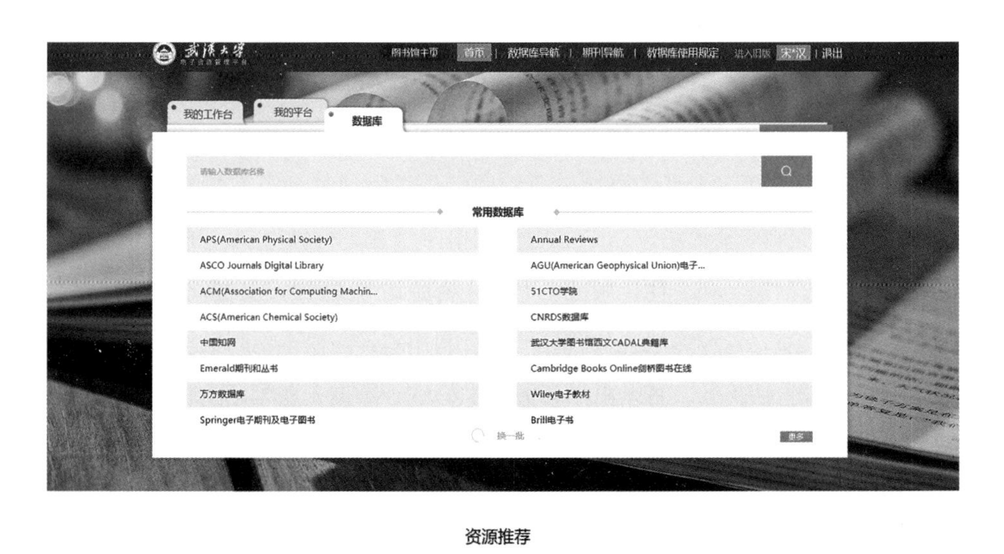

图 3-57　电子资源管理平台

（3）学位论文管理系统建设

学位论文的保存和管理，有助于师生了解和掌握各学科的最新动态以及学校学术发展的水平和历史沿革，推动教学和科研工作的发展。同时，建立全校的学位论文管理系统，能体现本校的整体教学成果，也方便后续的读者进行数据查询和访问。2020 年前，武汉大学学位论文从提交到发布需经过 3 个系统，导致管理流程繁杂，造成重复性操作，且老旧系统稳定性差，功能不全，高峰时期经常卡死，读者使用起来困难重重。近年来，武汉大学年平均有 8000 余位博硕士毕业，且提交学位论文时间相当集中，需采用稳定性强、功能全面、与其他系统数据兼容（机构知识库）的学位论文管理与发布平台。

2020 年 12 月，武汉大学图书馆启动学位论文管理系统建设。该系统选择成熟、稳定的数据库、网络协议、中间件等，采用高可用性技术，保证系统具备长期稳定工作的能力；同时，系统以用户需求为导向，使用及管理以简便、易于操作、方便实用为准则，保证系统具有高度管理性，降低系统管理和维护成本。在功能上，其设置了论文提交检索、论文审核编目、系统后台管理、全文发布控制、回溯制作、版权保护 6 个功能模块，涵盖论文提交至发布的全部流程。

该系统于 2021 年 6 月正式上线使用（图 3–58），与武汉大学统一身份认证系统对接，为全校师生提供论文检索、浏览及开放论文全文下载功能；与武汉大学离校系统对接，为离校读者提供论文提交通道，帮助其自助办理图书馆离校手续；为工作人员提供论文审核、编目、字段修改、参数配置、用户管理等后台管理功能；同时，提供可定制的论文提交、访问等不同数据的统计分析及可视化；在 2021 年毕业生毕业离校期间，武汉大学图书馆通过该系统完成了 6762 篇论文收取。

图 3–58　学位论文管理系统

（4）发现系统

整合信息资源是图书馆努力追求的目标之一，图书馆经历了馆藏目录、期刊导航、跨库检索等整合模式，但始终未能找到能较好满足用户检索需求的资源整合模式，直至资源发现系统的出现，其致力于从出版商、大学及网站搜集元数据，可为用户提供快速、简单、易用、有效的一站式整合检索服务。

2012 年，武汉大学图书馆组成了跨部门发现系统项目组，从元数据、资源覆盖、检索与界面等多方面对国内应用最广的系统进行评估及调研，发现系统建设正式起步；2013 年，采用 EBSCO 的 Find+ 之珞珈学术搜索投入试用，并于 2014 年正式上线；2018 年，改为珞珈学术搜索之 EDS（EBSCO Discovery Service，图 3–59），该系统为读者提供一站式查找图书馆 / 机构内所订购的电子资源与纸本馆藏的入口，通过内容丰富的预先索引的元数据仓，可统一发现图书馆的纸本物理馆藏、特色数字馆藏、图书馆订购的资源以及其他可访问的资源（如 Open Access 开放获取资源，以及 NSTL 和国家图书馆免费开放资源等），一方面针对浏览型读者提供电子文献导航服务，另一方面给予检索型读者一个简单易用、功能强大且容易定制化的整合平台，通过统一检索界面，读者可使用简单检索、高级检索、原文 / 文摘获取、相关文献检索等多种功能。

目前，EDS 发现系统的元数据量涵盖约 20000 个期刊出版社以及 70000 个图书出版社的出版物。统计数据显示，近 1 年（2020 年 7 月 1 日至 2021 年 6 月 30 日），武汉大学图书馆发现系统检索总次数为 24 万次，全文获取需求 2 万余次，该系统实现了 OPAC 纸质资源检索与电子资源检索的有效整合，通过相关性排序汇编海量数据，帮助读者在最短时间内高效发现、获取文献资源。

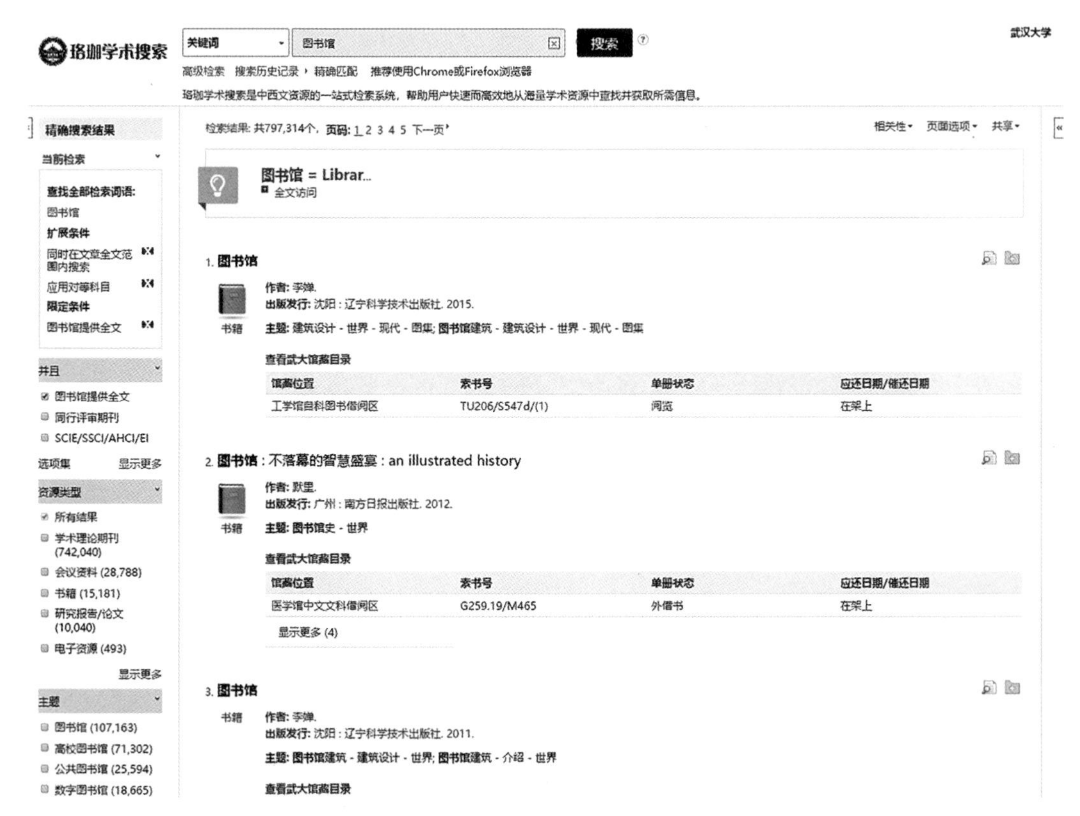

图 3-59　EDS 发现系统

（5）图书馆门户网站

武汉大学图书馆门户网站经改版，于 2021 年 5 月上线运行（图 3-60）。该网站是武汉大学图书馆的应用中心、资源中心、服务中心，清晰美观地列出武汉大学图书馆所有重要服务、常用系统的图示和链接，方便读者快速找到服务入口；新闻公告板块发布近期通知、新闻和活动，帮助读者了解图书馆动态；特色资源板块以图文形式，展示了武汉大学机构知识库、冯氏捐藏馆、古籍馆等武汉大学图书馆特色资源；读者个人中心通过 X-Service 接口对接图书馆自动化集成管理系统，读者登录后可查询其个人基本信息、借还信息、进出馆信息等，网站提供阅读兴趣分析模块，通过借阅历史对个人常用图书类别进行统计分析；“一框检索”聚合了发现系统、OPAC 馆藏目录检索系统、数据库检索等多个检索模块，读者可方便地在不同通道间进行切换。相较老版门户，新门户从界面设计到功能都有了较大提升和丰富，给全校师生带来更优质的使用体验。

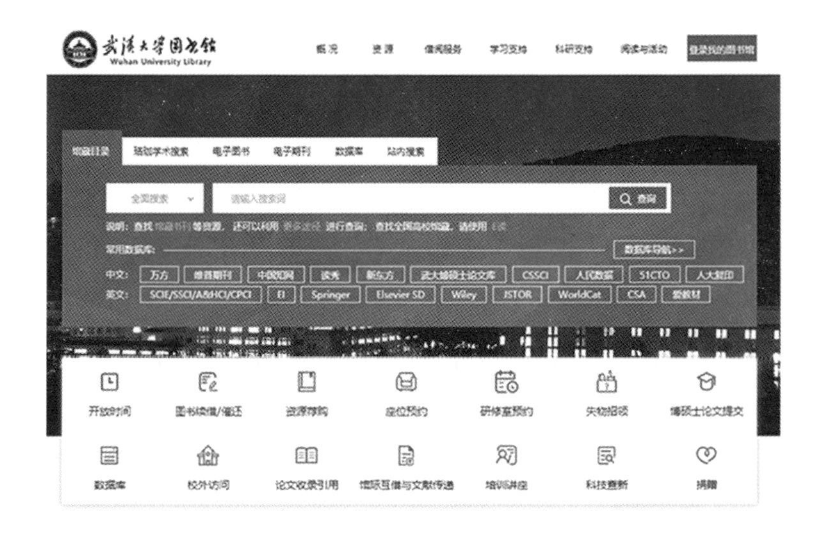

图 3-60-1　图书馆门户网站

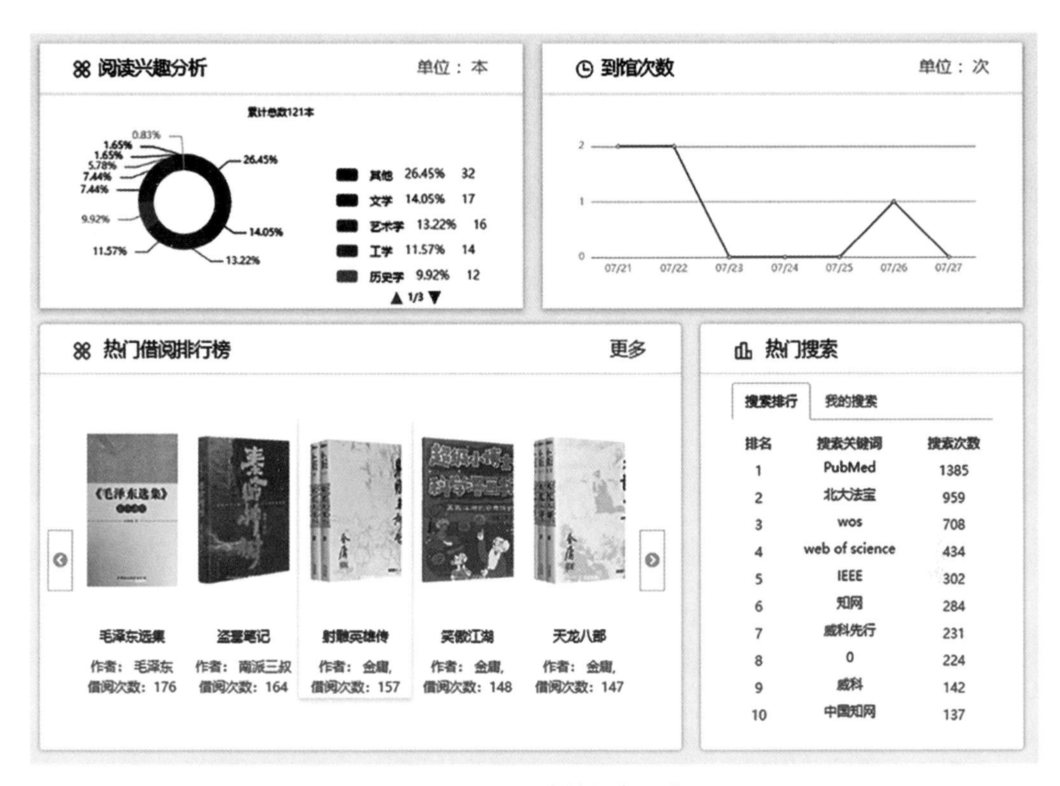

图 3-60-2　图书馆门户网站

（武汉大学图书馆　龙泉　黄勇凯）

杭州图书馆：聚焦用户服务　迭代升级优化

一、建设背景

2010年底，杭州图书馆开始探索建设数字图书馆，一个以“三网联合”为基础的数字图书馆——“文澜在线”正式上线，标志着由数字电视平台、智能移动终端平台与网站平台整合形成的杭州数字图书馆建成。考虑到智慧图书馆建设的复杂性，杭州图书馆在2010年数字图书馆建设的基础上，聚焦用户服务，逐步开展了图书馆智慧化发展的迭代优化。

二、发展历程

2010年以后，移动互联网用户迅速增长，微博、微信等移动端App兴起。据统计，2012年手机网民规模首次超过个人电脑用户。杭州图书馆充分认识到这一发展趋势对于图书馆数字服务的深刻影响，在不断丰富数字服务内容的同时，积极应对终端发展变化趋势，逐步从电脑端为主，向移动端、电脑端并重并以移动端为主的趋势发展，充实智慧化要素，积极探索利用触摸屏、移动客户端、二维码下载等形式为市民提供免费的数字文献服务。

2015年，由杭州市文化广电新闻出版局联合市教育局发起，杭州图书馆、杭州少年儿童图书馆具体实施的“青少年数字资源覆盖中小学校”项目，借助“互联网+”思维，充分利用网络，以数字传递的方式将公共图书馆数字资源送进学校，有效改善农村地区中小学文献资源匮乏的状况，成功覆盖全市774所城乡中小学，免费为近97万师生提供阅读、教辅等数字文献信息资源，年均访问量约350万次。

2016年，杭州图书馆在移动端微信公众号上完成基础业务整合。读者从手机端在杭图“微服务大厅”绑定读者证以后就可实现书目检索、借阅记录查询、续借预约等基础服务。随着活动报名、专题咨询、“微阅读”小程序、朗读小程序等功能的加入，杭州图书馆在移动端的智慧服务更加全面，读者足不出户就能享受到图书馆的各项服务。微信公众号平台集服务和宣传于一体，基于微信整合的图书馆数字化、智慧化服务统一了服务入口，减少了读者对新服务的学习成本，也实现了良好的宣传效果。

2018年起，杭州图书馆加大对移动端数字阅读的推动，在移动图书馆App和微信公众号、小程序上提供电子书、听书、期刊、报纸、视频学习等多种数字资源，方便读者随时随地享受图书馆服务。杭州图书馆微信公众号粉丝30余万，2020年度“微服务大厅”服务人次超30万，在疫情防控期间更是担负起主要的服务职责，搭建起了图书馆与读者的重要交流渠道。

2020年，浙江省开展公共图书馆服务大提升行动，积极推进公共图书馆服务便利化、智慧化、人性化、特色化、规范化，更好地满足人民精神文化需求。在杭州市委改革办和市文化广电旅游局的指导下，杭州图书馆启动“一键借阅·满城书香”公共图书馆服务大提升项目，通过一键借书、双免一降、数字扩容、悦读服务、省市互通五大举措，实现网上借书操作简化、快递送达时间缩短、在线借阅资源增大、图书相关费用减免、数字资源访问提升的五大转变，开创了“互联网+场景”的惠民服务新模式。

2021年，为进一步深化落实2021年浙江省公共图书馆服务大提升，促进长三角地区公共服务便利化，实现民众一卡享受长三角区域的公共图书馆借阅服务，5月底前，杭州地区13家公共图书馆（含1家市级、12家县级公共图书馆）已实现“长三角地区借阅服务一卡通”，读者凭社保卡即可开通并使用。7月，杭州图书馆一楼大厅新设的视障阅览室正式对外开放，陈列大字、盲文书刊1000余册，配有台式电子助视器、远近两用电子助视器、一键式智能阅读器、便携式盲人阅读器、盲文点显器等设备，向视障人士提供服务。同时开放的智慧听书区，拥有海量电子听书内容，分类众多，读者可选择扫码或者耳机，现场收听喜欢的内容或是收藏后回家收听。同时，围绕全市“数智杭州 宜居天堂”数字化改革的建设目标，通过技术升级和软件开发，整合全市公共图书馆的资源和服务，重新架构一体化的线上服务平台，实现“悦借”（线上借书）、“悦读”（书店借书）、数字阅读等模块的整合，实现纸本、数字资源的“一站式”线上服务，打造“一键借阅”杭州公共图书馆线上服务一体化平台。同时利用大数据分析、云计算、智能推荐等技术，为读者提供更便捷、更高效、更智慧的线上服务。

三、主要实践

为了更好地向读者提供服务，杭州图书馆一方面通过技术不断优化和提升图书馆的智慧化水平。例如服务模式方面，在数字化改革趋势下，完成从线下服务为主转向“线下 + 线上”齐头并进的服务模式改革；数字资源建设方面，应用推广自建古籍、家谱等地方特色数字资源库和购买数据库集成相结合的建设方式。另一方面又通过服务理念、措施的引领和协同，促进图书馆智慧服务效能的最大化，如取消逾期费、免除图书遗失赔偿翻倍等规则，为特殊人群打造全方位的阅读体验空间等。具体而言，以杭州图书馆微信公众号等平台为基础，2020 年杭图开展了“一键借阅・满城书香”公共图书馆服务大提升，通过将智慧化服务集成，让读者在移动端随时随地使用图书馆功能（图 3-61）。

图 3-61　杭州图书馆微信公众号

1. 一键借还，在线借阅更便捷

通过“杭州城市大脑”App 点击“一键借阅”或在杭州图书馆微信公众号或支付宝搜索“一键借阅”，即可在线借书、阅读，还书、续借（图 3-62）。图书由 EMS 配送到家或者上门取书代还，平均每册运费 1 元，一次可借 20 本，借期最长 55 天。这项服务大大降低了读者的时间及交通成本，深受欢迎，有读者评价“借书如买菜，还书小哥带，读书更愉快”。

图 3-62 “一键借阅”

2. 双免一降，全民阅读更乐惠

杭州图书馆联合全市各区、县（市）公共图书馆，在全国率先推出免押金、免逾期费服务，一改遗失外借图书加倍赔偿的传统，降为一律按原价赔偿，并免除文献加工成本费。

3. 数字扩容，智慧体验更丰富

市民可通过杭图网站、微信公众号、“杭图微阅读”微信小程序和“杭州城市大脑”App 等免费看书、听书、刷海量视频（图 3-63），还可线上浏览馆藏古籍、善本、普本和民国线装书等特色电子资源（图 3-64）。

杭州图书馆
搜索你感兴趣的内容
推荐
看书
听书
视频
奋斗百年路 启航新征程
每日快听
主题书单
活动
打卡
党建好书领读
更多
中国扶贫
革命者
扶贫笔记
首页
分类
书架
我的
听书排行榜
亲爱的安德烈
母子过招三十六回，不见兵刃，却戳人心
都市文学
共8集
目送
小编泪奔推荐，憋说话，快听！
都市文学
共10集
在难搞的日子笑出声来
都市文学
共9集
周恩来与张治中
周恩来与张治中一生的交往和友谊，是中国共产党人与党外人士真诚合作的典范…
红色经典
共47集
宋慈洗冤录--一天明月
古代历史
共46集
幸福将至
我的书架
编辑
本周阅读时长(周日24点清空时长)
1分钟
兑换书券
学习之星
全部
听书
看书
课程
音乐
原来你是这样的宋朝
已播 27%
已经加载完全部内容了
我的
办理电子借阅证
二维码
今日学习 1分钟
累计学习 19分钟
连续学习 4天
打卡
打卡赢书券
我的借阅证
我的勋章
书券兑好礼
推广大使
我的活动
我的消息
阅读记录

图 3–63　“杭图微阅读”

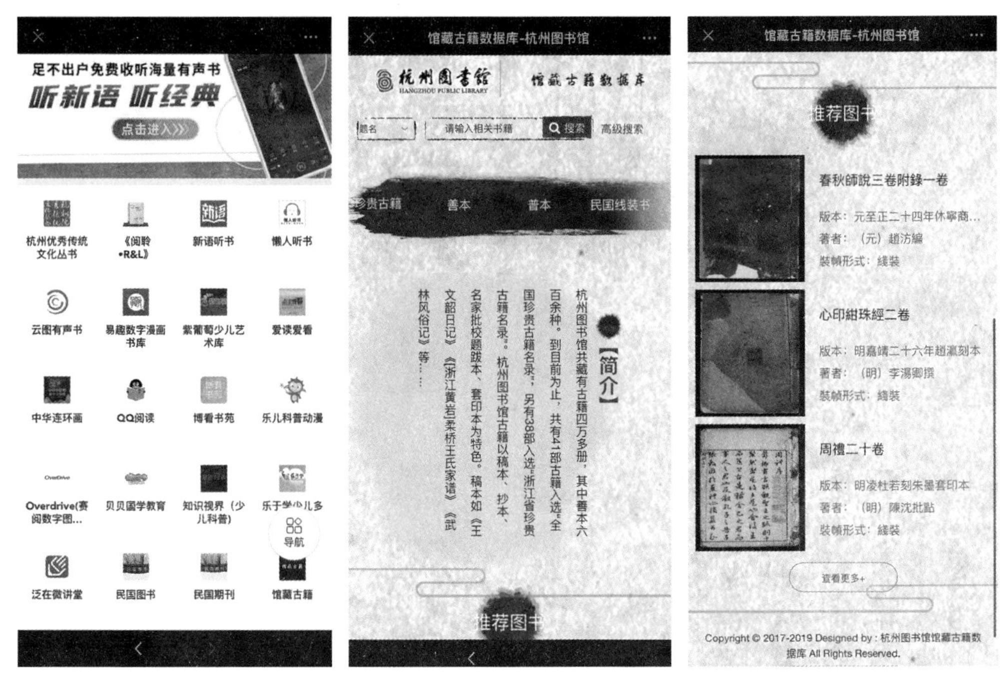

图 3–64 “数字资源”

4. 悦读服务，畅享新书更幸福

读者在杭州图书馆合作书店可直接选书，现场办理借书手续即可带新书回家，费用由杭州图书馆买单。杭州图书馆将此项服务延伸至街道、社区、企事业单位等，方便市民读者更便捷地借阅新书。

5. 省市互通，文献资源更海量

通过分步实施的方式，实现省市两级公共图书馆文献通借通还。2021 年 9 月底完成“通借通还”新平台搭建工作；2021 年 11 月实现杭州图书馆与浙江图书馆文献“通借通还”；2021 年 12 月起此项服务覆盖至所有区、县（市）级以上公共图书馆。

四、运行成效

杭州图书馆“一键借阅 · 满城书香”公共图书馆服务大提升行动通过一系列

举措，实现了借阅服务再集成、阅读空间再拓展、便民服务再优化、移动服务更智慧，凸现公共图书馆服务的便利化、智慧化、人性化、特色化、规范化。

1. 线上借还服务体验感明显提升

进一步简化在线借阅图书的操作，将原先5个操作步骤缩减至1个，实现“一键借阅”；进一步缩短快递送达的时间，由3—7天缩短至1—3天，提高了运转效率；进一步增加线上借书的资源，由2万册增加10万册；进一步丰富图书种类，增加少儿、文学、文化休闲等深受市民和读者喜爱的类别。2020年新增用户3.2万人，用户使用“一键借阅”系统下单1.73万次，借还图书14.9万册次，下单量和借还量同比分别增长77.6%和162.5%。

2. 线下借书服务获得感明显提升

通过增设合作书店，增加文献品种数量，让读者享受图书馆文化惠民的福利。截至2020年12月，使用“悦读”服务在书店借书的读者达1.09万人次，共借出图书6.67万册，分别较上一年同期增长73.91%和175.65%。同时，此项服务还推广至10家区、县（市）级公共图书馆。

3. 数字阅读服务便利度明显提升

杭州图书馆现有数字资源总量超过140TB，资源类型涵盖书报刊、音视频、3D/4D互动资源等多种数字媒体形式，主题涵盖生活休闲、学习考试、教育研究、儿童阅读等读者需求的多个方面。这为开展智慧化服务奠定了坚实的基础。通过实施“一键借阅·满城书香”行动，数字资源利用率获得很大提升。2020年数字资源浏览量达3200万人次，同比增长74%。“杭图微阅读”小程序访问量达39万余次，实现了图书馆移动阅读无处不在。

4. 享受图书馆服务门槛明显降低

推行“双免一降”新规，进一步减免图书借阅相关费用，给市民读者以实惠，充分体现“平等、免费、无障碍”的服务理念。

5. 文献资源利用便捷性明显提升

实现省市通借通还，开通仅1月多就完成文献传递1371册，为读者提供更便利的“家门口的图书馆”服务。

（杭州图书馆　李镜媛　黄林英　韩菁）

合肥市中心图书馆：人文引领　智慧赋能

合肥市中心图书馆于2017年7月立项，12月完成设计招标；2019年6月正式开工建设；2021年1月，项目主体结构封顶，计划2022年竣工。项目坚持以“人本、文化、智慧、绿色”的建设理念，着力打造有温度的高品质全民阅读文化智慧服务空间。

一、建设概况

合肥市中心图书馆项目为裙楼设计，占地56亩，建筑面积65790平方米，其中地上42972平方米，地下22818平方米，由主楼11层、附楼5层、下沉广场、室外广场等构成。项目按照公共图书馆服务功能需求，分设为阅读空间、智慧书库、童话半岛、展示中心、市民驿站、文旅走廊等六大服务功能板块56个多元文化阅读空间。项目建成后规划藏书总容量约450万册，阅览座席3000座，年均接待读者400万人次，年均文献外借、预约借书、网约借书、馆际互借文献量400万册次，年均组织开展阅读文化活动2000场次。（图3-65）。

项目主楼1—11层共34356平方米。其中，成人阅读空间21454平方米，少儿阅读空间3000平方米，智慧书库3886平方米，附属空间6016平方米（含不计容面积），包括三大板块（“阅读空间”、“童话半岛”、“智慧书库”）和50个阅读空间（包括阅读共享空间、数字体验馆、特色文献馆、知识研学堂、阅读文化沙龙、多媒体功能厅、智慧书库、童话半岛等）。

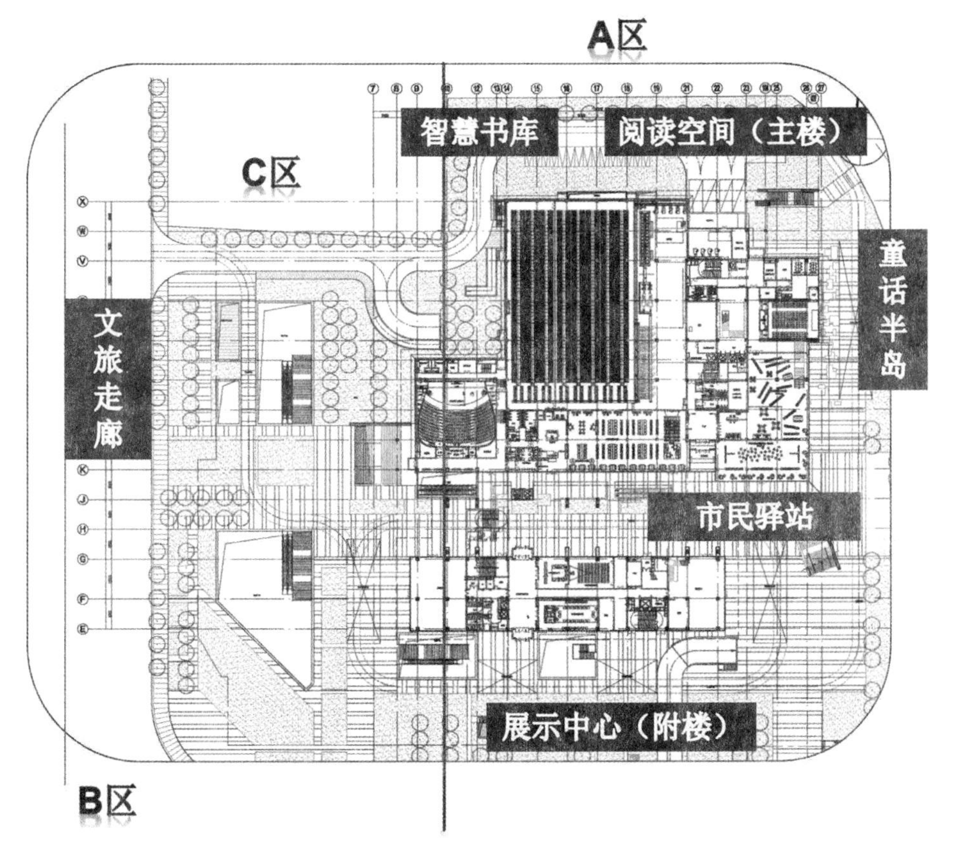

图 3-65　合肥市中心图书馆建设分区

项目附楼 5 层共 8616 平方米，为“展示中心”板块。其中，1—2 层 1316 平方米，分为合肥记忆馆、共享书店、轻食餐厅、DIY 生活馆、艺术沙龙、电影馆等；3—5 层 7300 平方米，为城市展示馆。

项目地下 1 层共 22818 平方米，分为下沉广场、车库、机房、人行通道等。其中，下沉广场 8300 平方米，为“文旅走廊”板块，以科技赋能的理念形成“科技 + 文化 + 旅游 + 文创”新格局。

项目室外广场约 4 万平方米。其中，红线外景观 1 万平方米，为“市民驿站”板块。项目自西向东串联地铁出入口和图书馆文化广场，且延伸至天鹅湖畔滨水平台的人文自然景观，构建一个融城市、阅读、文创、书店、轻食、艺术、展示、休闲、体验于一体的市民文化驿站。

二、目标宗旨

坚持人文与智慧的服务理念，努力打造以阅读为主导功能的有温度的多元文化智慧服务空间，在引领城市阅读中彰显合肥人文精神与城市气质。

理念：人本、文化、智慧、绿色。

目标：与城市俱进，与时代俱进，与世界俱进。

宗旨：积淀文化、传承知识、智慧赋能、融合共生。

愿景：集知识学习、信息共享、智慧管理、文化休闲于一体，建设以阅读为主导的有温度的多元文化智慧服务空间。

使命：建设融智慧管理、智慧服务、智慧体验、学习交流、知识共享、文化休闲于一体，充满知识社会灵感的知识课堂和城市居民知识约聚的城市会客厅。

功能：基于建筑空间、资源利用、智慧管理、服务体验的融合，构建知识学习空间、文化展示中心、智慧书库、市民驿站、童话半岛、文旅走廊等服务功能板块，为市民提供知识学习和文化共享服务，为智慧城市建设提供智力支持。

特色：基于阅读 + 互联网 + 物联网 + 大数据 +O2O+ 人工智能，形成微服务平台、智慧阅读链、5G 智慧体验、包公书院、历史文献典籍馆、合肥记忆馆等智慧服务平台和特色阅读服务空间。

三、建筑特征

根据阅读功能需求与建筑结构、系统、服务和管理的优化组合，为读者提供一个高效、舒适、便利、智慧的人性化建筑环境。

1. 注重开放性

坚持建筑与自然的融合，坚持开放与容纳、传统与现代、多层次空间设计，多个功能区块既区分功能又紧密相连，从不同层次、不同角度展示现代图书馆的自由开放性和兼容并包性。

2. 注重人的需求

强调知识、学习、交流、空间的多功能一体化设计布局。从传统的为藏书、设备及相应设施而设计，转向为人和城市的交流、学习、创新而设计，为大众创造平等获取信息资源、共享知识阅读、注重文化休闲的空间。

3. 注重资源、空间的融合

基于资源与空间融合和智慧阅读链的理念，建立学习空间、知识空间、交流空间和创新空间，实现知识资源、信息资源、人文资源、空间资源的充分融合。

4. 注重智慧图书馆建设

通过"图书馆＋互联网＋物联网＋智能设备＋大数据＋云计算"，建设智慧图书馆微服务架构管理平台和智慧阅读链服务体系。

四、智慧图书馆建设

坚持融智慧空间、智慧管理、智慧服务、智慧体验于一体的原则，建设基于大数据模块的微服务架构管理平台和智慧阅读链体系。

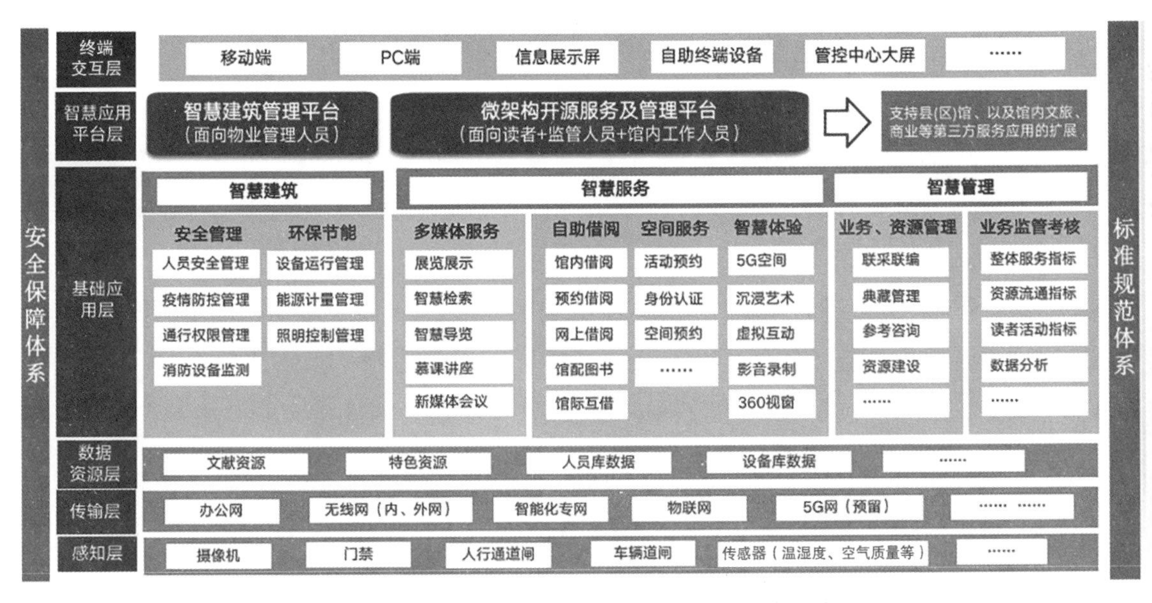

图 3-66　合肥市中心图书馆智慧图书馆平台架构

1. 智慧建筑

智慧建筑是指通过将建筑物的结构、系统、服务和管理根据用户的需求进行最优化组合，从而为用户提供一个高效、舒适、便利的人性化建筑环境。

项目智慧建筑设计建设重点：①智慧楼宇，通过计算机应用系统对大楼消防、安防、广播、报警、通讯、灯光等设施设备进行自动控制，实现楼宇智能化管理。②绿色生态，基于基础建筑 + 互联网 + 物联网 + 智能技术的理念，实现建筑室温智控，健康环境杀菌防霉和 PM 值智测，灯光夜景智能管控。③智慧传导，提供包括卫星电视接收、节目点播、音响控制、馆内导览等功能。④智慧广场，有光伏发电装置，提供艺术人文、市民驿站、文旅走廊等空间服务。⑤智慧综合管控平台，包括安全管理、综合布线、综合物业、疫情防控、车库管理等子平台。

2. 智慧管理

针对图书馆业务进行的管理，通过搭建微服务架构、大数据平台（业务数据和资源数据平台）和图书馆业务管理系统（采编典藏管理、参考咨询、馆务管理等），实现图书馆业务和服务的智慧管理。

3. 智慧服务

基于读者服务、阅读体验、空间预约、智能设备、智慧书库等服务功能，建立图书馆智慧阅读链服务体系。

4. 智慧体验

智慧体验是基于 5G、（增强）虚拟现实、人工智能等技术的用户体验应用场景。通过技术提升图书馆服务的智慧水平，并激活读者应用过程的用户智慧。

五、功能分区

按照服务功能设置，项目设置有阅读空间、展示中心、智慧书库、市民驿站、童话半岛、文旅走廊等六大功能板块 56 个阅读文化空间（图 3–67）。

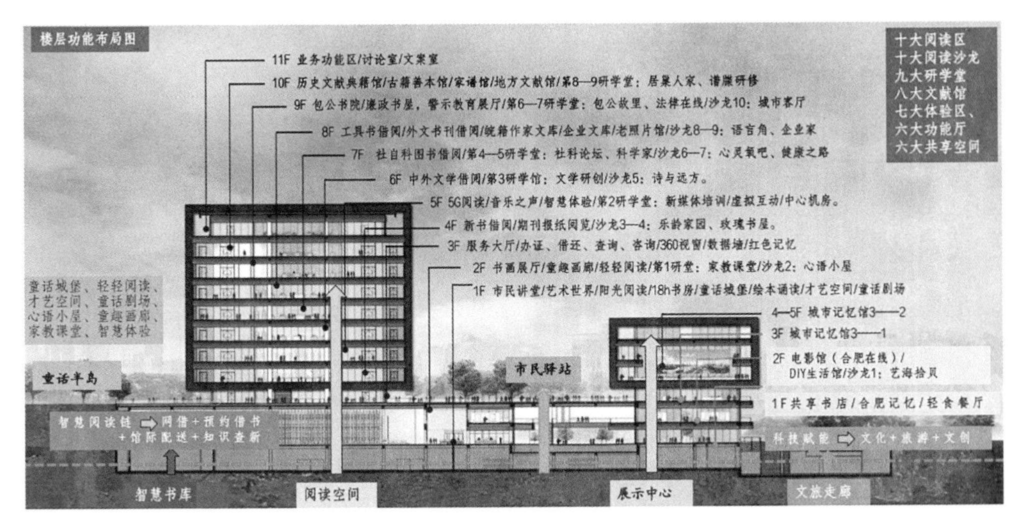

图 3-67　合肥市中心图书馆功能分区

1. 童话半岛

位于主楼东北角，总建筑面积约 3000 平方米。以 0 至 15 岁少年儿童为服务对象，设置童话城堡、轻轻阅读、绘本诵读、才艺空间、童话剧场、心语小屋、童趣画廊、家教课堂、智慧体验等，旨在引领少儿阅读，诵读中国最美童话故事，沉浸体验少儿科技，展示少儿艺术世界。

2. 智慧书库

智慧书库位于图书馆主楼 1—2 层，总建筑面积 4000 平方米，计划藏书 350 万册。通过智慧仓储、智慧传输、智能分拣、O2O 配送平台、联采联编等智能管控功能平台，建立读者馆内借阅、网约借书、馆际借书（配送）的图书馆智慧阅读链服务模式，充分体现现代公共图书馆藏阅一体、知识共享的服务理念（图 3-68）。

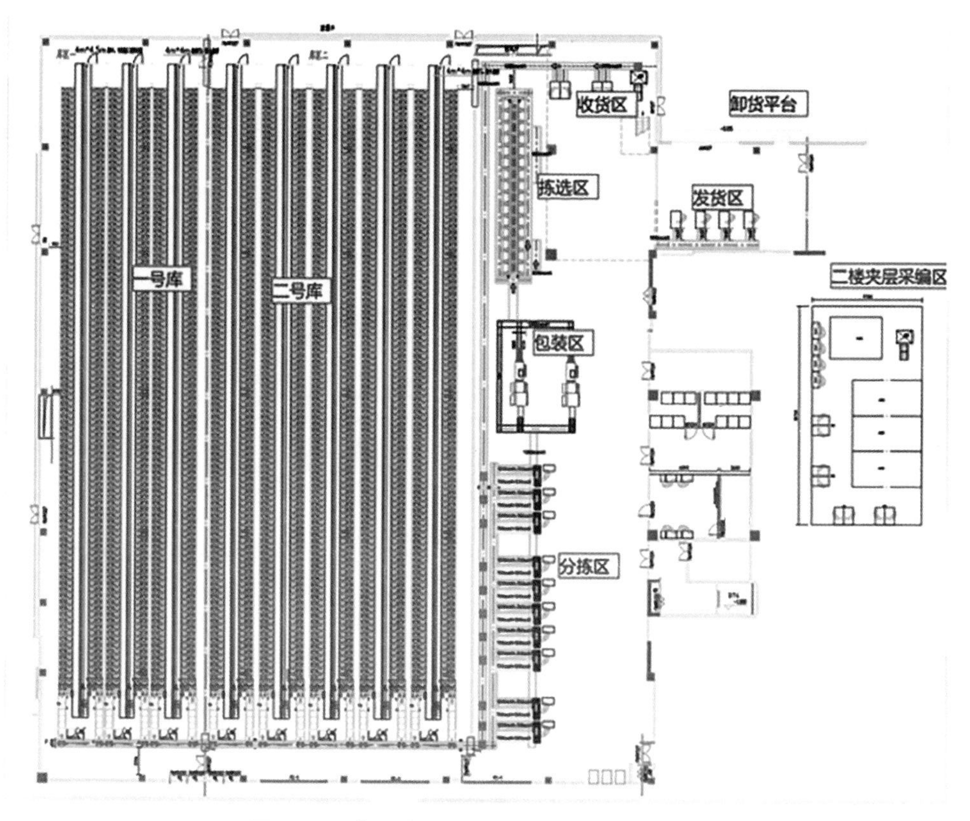

图 3-68 合肥市中心图书馆智慧书库示意图

3. 阅读空间

位于图书馆主楼 3—10 层，全开架图书 100 万册，阅览座席 2400 座。以 16 岁以上读者为服务对象，设置学习阅读中心、特色文献馆、知识研学堂、文化休闲沙龙、智慧数字体验等功能空间，充分融入智慧服务与体验，努力营造以阅读为主导的有温度的多元文化活动空间。

（1）学习阅读中心：位于主楼 1—8 层。坚持藏阅一体、共享服务、智慧体验的理念，设置阳光阅读、18H 书房、轻轻阅读、服务共享空间、新书借阅、报刊借阅、中外文学图书借阅、社自科图书借阅、工具书阅览、外文图书借阅等智慧借阅服务空间。

（2）特色文献馆：位于主楼 8—10 层。利用信息技术对历史文献典籍进行搜集、整理、再造，展示合肥的文化发展脉络。设置有历史文献典籍馆、古籍善本馆、包公书院、家谱馆、地方文献馆、老照片馆、皖籍作家文库、企业文库八个特色文献馆。

（3）知识研学堂：位于主楼 2—10 层。以知识交流、学术研究为主导，构建学术交流、信息咨询平台，设置有文学研创、社科论坛、新媒体课堂、科学家、包公故里、法律在线、居巢人家、谱牒研修、家教课堂（见童话半岛）等特色服务空间。

（4）文化休闲沙龙。位于主楼 1—9 层。立足于城市文化客厅的理念，建设富有个性化的阅读文化沙龙。设置有艺术沙龙、乐龄家园、玫瑰书屋、童趣画廊、健康之路、心灵氧吧、语言角、城市客厅、企业家、心语小屋（见童话半岛）等文化休闲空间。

（5）智慧数字体验区。位于主楼 3 层和 5 层。集同期录播、同声传译，融数字阅读、智慧体验于一体，满足学术报告、小型演出、主题培训、互动体验等需求。设置有 360 度视窗、市民讲堂、DIY 生活馆、合肥记忆、录影棚、才艺空间、电影馆、5G 阅读、音乐之声、虚拟互动等体验空间。

4. 展示中心

位于附楼 3—5 层，提供座席 600 个。立足城市的昨天、今天和未来的发展，形成记忆城市、现代城市、生态城市、智慧城市、科教城市、健康城市等六大篇章，展示合肥城市建设发展历程，诠释城市文化和精神内涵（图 3-69）。

图 3-69　合肥市中心图书馆展示中心设计图

5. 市民驿站

位于项目主楼与附楼1—3层连廊。充分利用市中心图书馆周边的自然景观和书香连廊，坚持泛阅读空间理念，将阅读、记忆、文创、书店、轻食、艺术、展示、休闲、体验融会贯通，营造以阅读为主导的有温度的市民阅读文化驿站。

6. 文旅走廊

位于项目下沉广场与地铁出入口衔接处。坚持科技赋能智慧文化、智慧旅游、智慧文创的理念，以合肥、安徽、长三角文化旅游资源、文创产业、科技展示为主题，依托5G、大数据、人工智能、O2O平台等信息技术支撑和物联网平台，实现科技+文化+旅游+文创的融合发展。

图书馆是家庭和工作之外的第三空间、是知识学习和交流的共享中心、是心灵放飞和栖息的温馨港湾。合肥市中心图书馆将坚持“滋养民族心灵，培育文化自信”的指导思想，以丰富市民精神乐园为己任，创新智慧文化服务方式，更好地满足人民群众对高质量文化的需求，努力为智慧城市建设提供智力支持。

苏州图书馆：智慧加持　融合共生

一、建设背景

苏州图书馆“十四五”规划把数字化转型与智慧图书馆建设作为发展主攻方向之一。“十四五”期间，苏州图书馆将建立健全组织实施机制，搭建智慧图书馆框架，打通数据应用瓶颈，激活应用场景开发，构建充满活力的数字文化生活服务生态，让读者享有更具品质、更加美好的数字文化生活新范式，加快打造具有国际影响力的智慧图书馆典范。

2019 年，苏州第二图书馆的建成开放标志着苏州图书馆智慧图书馆建设的开端。通过覆盖全馆的无线网络和智能化应用系统，科学有机地串联起遍布馆内的智能设备、国内首个大型智慧书库、读者随身携带的移动终端以及馆外 97 个分馆、126 个自助服务点，为读者提供了快速便捷的智能阅读服务和触手可及的数字资源，打造了一个人、馆、城在数字化条件下高度融合共生发展的智慧图书馆业态系统。

二、建设内容

智慧图书馆是在数字经济高速发展下图书馆发展的新模式。“智慧图书馆”（Smart Library）一词，最早于 2003 年由芬兰奥卢大学图书馆的 Aittola 等人提出，他们认为“Smart Library 是一个不受空间限制的、可被感知的移动图书馆服务，它可以帮助用户找到所需图书和相关资料”。苏州图书馆则注重于从智慧图书馆构成要素的角度出发，锚定智慧图书馆三个基本面，即智慧空间、智慧平台、智慧服务来开展相关建设工作。

1. 体系架构

苏州图书馆智慧图书馆体系架构包括：基础层、业务层、服务层、应用层和终端层，以及相关的标准规范建设和系统安全保障（图 3-70）。

首先是基础层，包括传感器、摄像头、智能芯片、机器人等智能设备和多种技术（数据存储技术、各种分析和处理技术等）。业务层包括苏州图书馆的业务系统、物联网平台（管理智能设备）、互联网资源等。基于这些业务系统、物联网系统和资源池，打造了苏州图书馆自建的数据中台，基于数据中台给微服务层提供数据 API。微服务层是针对图书馆业务管理的各种应用和针对读者的各种服务。这些应用和服务也不是孤立的，由业务门户、数据门户或 App 平台的形式提供给图书馆工作人员和读者。

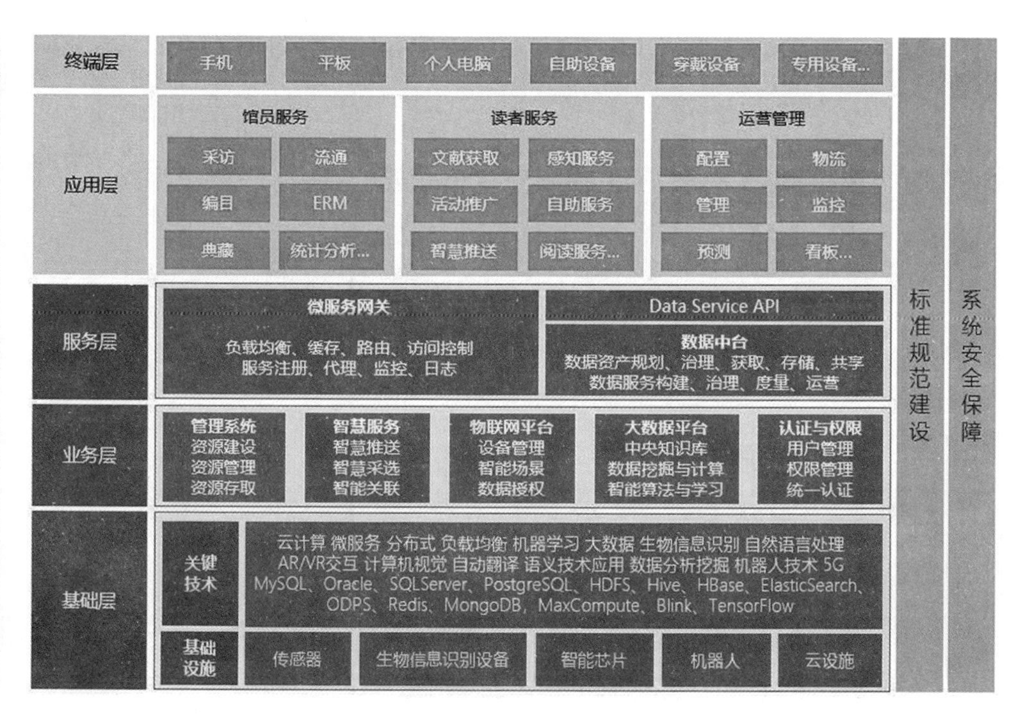

图 3-70　苏州图书馆智慧图书馆体系架构

2. 具体呈现

（1）智慧空间。苏州图书馆通过对读者需求的自动感知、自动化立体仓库结合 O2O 模式、RFID、人脸识别、大数据分析等人工智能技术，融合物理空间与虚拟空间，实现图书馆空间智慧化再造，促使图书馆向多元化智慧空间服务模式转变。相关智慧空间分为数字图书馆、智慧书库、自助服务空间、智慧服务空间、智能体验感知空间五大部分。

①数字图书馆。数字图书馆是现代信息技术与图书馆业务高度融合的技术支撑中心，是一个超大型的数字资源数据中心，是全市图书馆互联互通的网络中心，是侧重于资源整合与关联揭示的资源建设中心、同城异地灾备中心。能够通过对读者需求的自动感知而通过各类服务平台为读者提供精准的、高质量的服务。

②智慧书库。苏州图书馆利用智能化高密度存储设备，在苏州第二图书馆建设了一个占地 3000 平方米，设计藏书总量为 700 万册的智慧书库。项目包含后端的自动化立体书库（立体货架、堆垛机、穿梭车、拣选台、分拣系统、WMS 系统等）、前端的读者服务系统（现场借阅系统、网上借阅系统），以及连接前后端的输送线系统和物流系统。其中，项目后端自动化立体书库（图 3-71）包含 4 个库区，配备了 11 个拣选工作台和带 56 个分拣口的快速分拣系统，支持每天 2 万册图书的出入库。

苏州第二图书馆智慧书库项目是国内首个将 ASRS 成功应用于图书馆领域，与图书馆业务流程相结合，成功发挥出其文献储存、文献采编、数字图书馆建设、图书外借、文献典藏功能，且服务于公共图书馆日常业务的创新模式，其突破性实践应用在国内图书馆领域具有更广泛的借鉴意义。特别是智慧书库的 WMS 系统（图 3-72），高度匹配了图书馆领域所有业务模式，并可支持和开发新功能的扩展应用。WMS 系统的核心功能包括：实时监控库区内自动化设备状态、实时调度库区内所有自动化设备、实时管理书箱输送路径、实时监控输送线上书箱情况、记录书箱输送路径、提供相关信息查询、权限管理、操作日志及报表、关键点流量统计、设备运行时间统计、实现与上下游软硬件系统（如：图书馆业务管理系统、拣选台应用软件、O2O 网上借阅系统等）的集成对接等。此外，WMS 系统还可根据图书馆未来发展的需求，不断拓展和研发出新的功能。

图 3–71　立体货架

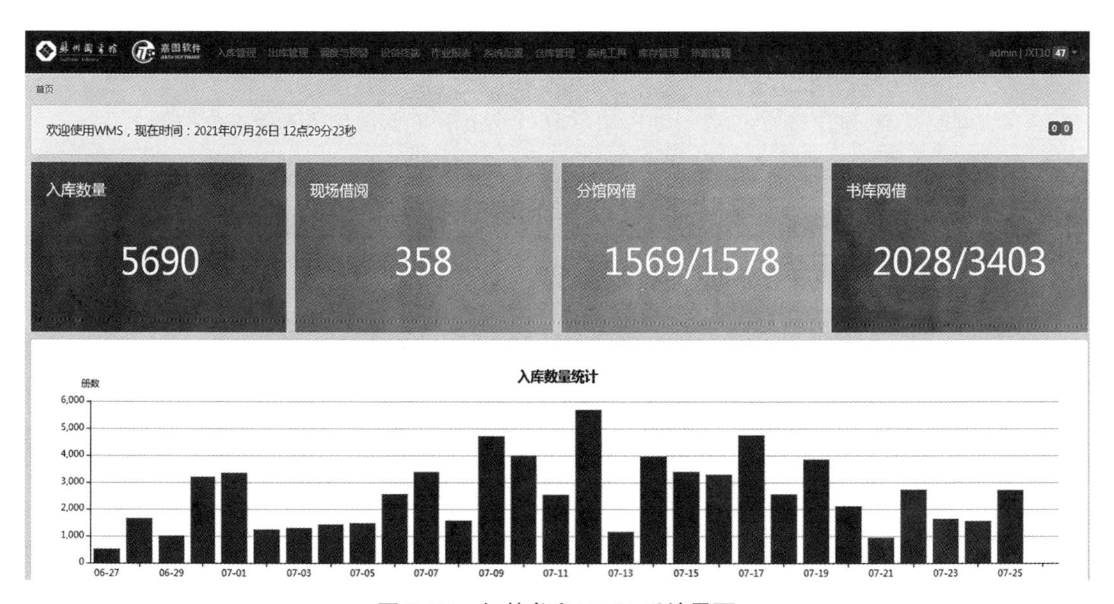

图 3–72　智慧书库 WMS 系统界面

③自助服务空间。苏州图书馆对人脸识别技术、无线射频识别（RFID）技术、移动微服务技术的广泛应用，使得在智慧空间开展全方位的自助服务成为可

能，图书馆的传统服务也逐渐走向智慧化。利用 RFID 技术通过盘点机器人实现了图书定位，方便读者获取图书；通过人脸识别功能，读者可自助借还图书以及进出 24 小时图书馆；读者可通过微信服务认证自助打印，苏州第二图书馆还提供了 3D 打印服务；通过活动预约微信小程序，读者可预约活动并选定座位等。

④智慧服务空间。苏州图书馆顺应新形势下能动型智慧学习方式的需求，在苏州第二图书馆设置了多处学习研讨空间；非常重视用户的信息素养教育，开展各式各样的线上或线下的读者教育培训；读者通过遍布馆内的云桌面系统及大屏导览系统，浏览苏州图书馆数据库平台，并通过一站式搜索快速找到自己所需资源，避免了数据库使用中冗余而复杂的难题；读者利用“书香苏州”App 智能图书推荐及分布在苏州第二图书馆的智能借阅柜（图 3–73）高效地获取智慧书库所藏图书。

图 3–73　智能借阅柜

⑤智能体验感知空间。馆内 385 平方米的数字技术体验区以图书信息为本，通过高科技多媒体率先对图书资源的整合、应用虚拟现实学习系统和体验作出前沿性尝试，突破传统图书的静态被动阅读模式，对知识进行动态化、可视化制作，内容获取方式上呈现出主动性、趣味性、智能化等特征，对阅读习惯进行多

样性的变革实验。体验区内包括：VR 心理体验中心（心理关爱自助系统、VR 心理体验系统、智能音乐放松系统）、综合体验区（ZSpace 虚拟现实学习体验、体感 AR 拍照体验、二馆布局全息屏展示区、3D 互动立体书体验、裸眼 3D 体验、虚拟书法体验、5G 体验区、瀑布流图书借阅屏）、VR 自由体验区（VR 一体机、VR 虚拟头盔、VR 全向行动平台）（图 3-74）。

图 3-74　苏州第二图书馆数字技术体验区

（2）智慧平台。苏州图书馆通过搭建多维度、全方位的智慧平台，整合苏州图书馆内、馆际以及各厂商、外部应用开发商的数据，打通各个主体之间数据的壁垒，形成各方数据深度联动格局，从而可以提供更加智慧的整体化解决方案（图 3-75）。

①资源共享平台。作为“苏州市总分馆体系建设和运营”的基础设施，智慧书库项目能够对苏州大市[①]范围内总分馆的文献进行集中调剂和调配，构建了总

① 苏州大市除苏州下辖的5个市辖区（姑苏、虎丘、吴中、相城、吴江）及苏州工业园区处，还包括其代管的四个县级市（常熟、张家港、昆山、太仓）。

分馆之间的物流中枢，提高了图书的流转效率，让我们看到了公共图书馆市域一体化发展的可能性。2020 年底，苏州图书馆启动实施“苏州市公共图书馆资源共享平台暨苏州市‘城市阅读一卡通’基石工程”（以下简称“共享平台”）。该平台旨在打造覆盖苏州大市的资源共享平台大流通网络，让所有人可以平等、无差别地享有公共文化服务，包括：连接苏州大市公共图书馆资源共享平台，集纸电音视多种资源类型的一站式服务体系，集中式资源管理建设平台，覆盖全市区、县的一、二级物流系统等。“共享平台”将逐步整合共享 831 个分馆、116 个 24 小时图书馆、203 个投递服务点构成的公共图书馆总分馆服务体系，这一举措将直接拉动全市域图书借还量至少增长 30% 以上，同时重复书目复本数至少减少 25%，助推有“苏州模式”美誉的总分馆体系再次华丽升级。

图 3-75　苏州图书馆智慧平台

②智慧服务平台。开发“书香苏州”App，内含数百万丰富的图书馆馆藏，包含文学、小说、社会科学等多种类型。为读者推荐优质好书的同时，提供便捷的在线借阅、预约借书、送书到点等服务。全力打造“苏州·书仓”平台，通过构建大

平台模式，盘活苏州市公共图书馆现有书目和馆藏资源，打破时间和空间的局限，提升图书馆藏利用率及共享性，让苏州市域范围内公共图书馆在多区域间的网上借阅从理想变成现实。读者可凭市民卡或读者证，通过“苏州·书仓”微信小程序，直接在线借阅所需书籍；还可通过“社区投递”服务免费取到预订的图书。

③开放平台。随着各个厂商和外部应用开发商的接入，围绕图书馆业务的接口日益增多，目前 Interlib 提供的 ACS 和 Openlib 接口已经远远无法满足当下的诉求，且现有业务系统的接口提供的功能并不全面，甚至存在问题。苏州图书馆积极介入下一代图书馆服务平台 FOLIO 系统的开发工作，对接上海图书馆数字化平台，促进“沪苏同城”公共图书馆资源共建共享。

（3）智慧服务。苏州图书馆围绕服务数字化、业态数字化等，强化系统集成，注重开放迭代，打造了一批具有引领性的应用场景，以重要领域的率先突破带动智慧图书馆转型的整体提升，为群众提供更聪明、更智慧、更优质的数字化服务。

①网上借阅、社区投递。该项服务是数字新技术在新型图书馆的一种服务方式，以苏州图书馆为依托，以 RFID 技术为基础并集成各种高科技技术手段，在全市范围内选择社区投递点，将市民需要的图书送到其身边，在方便市民借阅图书的同时，也能提高文献资源的使用效率。它包括投递点子系统、后台管理系统、物流配送系统、用户终端系统四部分。读者通过电脑或手机、平板电脑等移动智能终端访问苏州图书馆网上借阅平台（如“书香苏州”App、“苏周到”App、苏州图书馆网站）提出借阅请求，图书馆找到图书后，通过物流系统在 2 至 3 个工作日内将其配送到指定取书点，实现“借书就像下楼取牛奶一样方便”。

②现场借阅。苏州图书馆智慧书库采用计算机控制的机电一体化作业方式，可实现图书出入库及库内储存作业自动化。同时依托 RFID 技术，实现对图书存放的精准定位。并基于系统提供的强大的数据管理与分析功能，根据借阅频次分析出图书的“冷热度”，并在库区规划出最佳存储区域和存取路径，促进文献的高效流转。苏州图书馆将智慧书库与现场借阅系统融合，在自动化存取系统、自动分拣系统的支持下，读者可通过扫脸、扫码，自助完成办证、找书、借还等操作。从读者发出借阅需求，到图书馆将库内的图书送到读者指定楼层的指定取书

点只需要5—10分钟，比起人工操作，效率提高了4至5倍，较好地提升了图书馆的服务水平。

③全力融入“苏周到”App。“苏周到”是苏州市人民政府正式发布的城市生活服务总入口App，苏州图书馆以智慧图书馆建设为载体，全力融入“苏周到”服务体系。在“苏周到”开通“书香借阅”功能，接入智慧书库370万册图书，方便了市民读者高效便捷的借阅馆藏图书馆，是数字环境下传统图书馆服务模式创新优化的生动体现。苏州图书馆还继续发挥市域中心馆的资源和线上线下的服务优势，推进苏州市公共图书馆资源共享平台“苏州·书仓”与“苏周到”的技术对接，打造覆盖苏州大市的图书资源共享平台大流通网络，让更多苏州市民通过“苏周到”享受到线上借阅、线下取书的智慧图书馆服务。

④用户画像。苏州图书馆针对服务对象的需求侧重点，结合现有业务体系和“数据字典”规约实体和标签之间的关联关系，对提取出的用户标签进行分析和利用，针对读者进行个性化推荐，精准服务，高效满足读者需求，提高图书馆管理效率，推进智慧图书馆的建设。主要做了两个方面的工作：一是用户画像产品化，主要包括标签视图、读者标签查询、读者分群、透视分析等。二是构建用户画像应用场景，包括读者特征分析，短信、邮件、各读者服务平台信息的精准推送，针对读者的不同需求，定制推送图书信息、活动信息、数字资源信息。

三、运行情况及效果

苏州图书馆在智慧图书馆的建设和运行中始终坚持“人民至上”，让市民读者在普惠均等的基础上，打破时空的界限，快速便捷获取优质的公共文化资源，项目取得了良好的运营效果。

1. 智慧空间方面

截至2021年7月15日，苏州图书馆智慧书库累计存储了2360686册图书，为全市各个分馆调配了369709册图书，借出图书1271405册。“苏州第二图书馆智慧书库”入选2020年全省文化和旅游装备技术提升优秀案例；入选省文旅厅和省信息化领导小组办公室联合推选的2020年度江苏省智慧文旅示范和培育项目。

开馆以来，截至 2021 年 7 月，数字技术体验区共计接待读者 40728 人次（2020 年 2 月—2020 年 6 月因疫情不对外开放）。

2. 智慧平台方面

目前，苏州市公共图书馆资源共享平台建设已进行至二期，共覆盖苏州图书馆、吴中区图书馆、工业园区图书馆、吴江区图书馆四家单位，其中吴中区图书馆于 2020 年 12 月 21 日接入，工业园区图书馆、吴江区图书馆于 2021 年 4 月 23 日接入。平台二期新增“苏周到”App 一码通读者入口，业务形态从一期的共享借阅服务拓展到了协同采访、协同编目业务。截至 7 月 6 日，共享平台借书总量 64994 册，读者总量 45916 人，单日借阅最高量 1443 册（2021 年 6 月 30 日），人均借阅量 6.5 册，跨馆借阅图书 30354 册（占全部借阅量的 46%），跨馆读者量 6829 人，每人平均跨馆借阅 4.4 册。预计在 2022 年实现全市公共图书馆之间纸质资源、电子资源、数字资源、场地资源、活动积分等的共享，实现全市公共图书馆之间协同采访，大幅增加市域内公共图书馆馆藏文献的种类，全面实现苏州全市“城市阅读一卡通”的基础功能。

3. 智慧服务方面

苏州图书馆目前形成了由 2 个中心馆、97 家分馆、2 个 24 小时图书馆、126 个网投服务点、2 辆未成年人流动图书大篷车组成的服务体系。2021 年 1 月 1 日至 2021 年 6 月 30 日，通过“网上借阅 社区投递”服务共借出图书 782591 余册，投递包裹 421483 个。开馆以来，通过“现场借阅”借出图书 105505 册次。上线一周，就有 1.2 万余人次使用“苏周到”App 借阅 2.8 万余册图书。有读者留言说：“为了让全民阅读丰富人民精神世界，苏州政府提供了无微不至的服务，辛苦了，感谢一个让人有温暖的城市——苏州！”还有读者写道：“来苏州工作十年，每天都在为生存而努力，只有图书馆让我感到自己还在苏州生活！感恩有这么好的公共资源让一个外乡人有归属感。”

（苏州图书馆　曹俊）

嘉兴市图书馆：场馆型自助图书馆智慧化提升

一、建设背景

2015 年，嘉兴市已经建成基本覆盖市、县（市）、乡镇（街道）、村（社区）的公共图书馆服务体系，实现了文献资源的通借通还。2016 年，开始在城市社区和乡镇探索建设场馆型自助微型图书馆。2016 年底，嘉兴市在社区试点建设第一家智慧书房；2017 年，嘉兴市图书馆总馆建设智慧书房；2018 年 1 月，秀洲区洪合镇凤桥村试点农村版智慧书房，开始村级智慧书房建设探索；2018 年 4 月，高照街道智慧书房作为街道智慧书房的试点，成为嘉兴首个和街道分馆在场馆上融为一体的智慧书房。截至 2020 年底，嘉兴已建成智慧书房（含礼堂书屋）273 家，市一级智慧书房（含礼堂书屋）57 家，实现以市（县、区）公共图书馆总分馆服务体系为依托的城乡一体智慧书房建设体系。

二、建设内容

智慧书房是利用信息化和智能物联，实现无人值守和读者自我管理服务的全开放、高品位的自助实体图书馆，通过统一采购、统一编目、统一配送，在服务体系内实现文献资源“一卡通行”“通借通还”和数字资源共建共享，是集智慧空间、智慧平台与智慧服务于一体的村（社区）居民的知识中心、学习中心、交流中心、信息中心、展示中心和体验中心。智慧书房致力于成为公共图书馆服务体系的节点和支撑，传统阅读阵地的现代延伸和有益补充，为群众带来更健康的阅读环境和更愉悦的阅读享受，解决最后一公里的公共文化服务瓶颈问题，进一步完善城乡一体公共图书馆服务体系（图 3-76、图 3-77）。

图 3-76　城南街道运河智慧书房

图 3-77　洪合镇凤桥村智慧书房

1. 智慧空间

智能物联技术是智慧书房的灵魂。通过接入人脸识别的智能门禁系统，实时获取用户的通行记录，对数据进行大数据分析；通过接入书房环境监测与净化系统，实时监测书房内温度湿度、PM2.5、甲醛含量数据，并根据实际空气质量自动开启空气净化功能；通过接入智能照明系统，实时监测书房内光照变化，智能切换照明模式，平衡环境照明与重点照明，满足健康光体验与绿色节能的要求；通过接入智能紫外消杀系统，智能设置消杀时间，并与门禁系统相结合，为公共区域提供具有多重安全防护措施的紫外线消杀方案；通过接入噪声监测与广播系统，智能监测室内噪声，预设警戒分贝值，自动播报语音提醒，支持远程广播；建设智能数字显示屏系统，显示智慧书房实时监测信息和书房内的智能设备运行状态。

2. 智慧平台

目前已建成三个软件平台进行无人化、智能化、人性化管理，即智能物联系统，市、区 / 县、镇 / 街道、村 / 社区四级管理维度的系统管理平台和书房管理员移动端三个软件管理平台，构建统一远程管理，可随时智能管控、统一考核，实现所有数据与图书馆现有管理系统互联互通，形成可分析、可溯源的智能化大数据服务平台。

（1）打造智能化的智慧书房物联系统

为智慧书房智能硬件设备提供设备管理和智能监管服务，硬件设备系统包括已认证的人脸识别智能门禁系统、环境监测与净化系统、智能照明系统、智能紫外消杀系统、噪声监测系统、异常情况监控及报警系统、智能数字显示屏系统、智能 AI 监控系统等，实现实时监控与管理。

（2）建设系统的智慧书房四级管理平台

市、区 / 县、镇 / 街道、村 / 社区四级管理维度的系统管理平台实现三级监控，可以查看所辖智慧书房的实时监测信息并进行后台管理。实现各级信息发布、共享，设备管理及设备报修，智慧书房巡检管理、整改消息推送，异常情况预警，公共阅读数据和公共阅读服务监管。

（3）建立便捷的智慧书房应用管理小程序

开发管理员移动端小程序，为书房管理员提供可移动的系统管理，包括工作台、实时监测数据查看、巡检管理、设备报修、消息接收等。借助物联网，实时监测图书馆设备和场地使用及人员访问情况，通过后台读者借书、还书、办证等大数据收集、分析，实现对借阅量、到馆人次统计等社会效益统计分析，实现最大限度的科学管理。

智慧书房工作人员可以通过手机或者电脑，登录系统管理平台随时随地了解本地场馆的环境情况、用户反馈、设备情况等，很好地实现了智慧管理，节约了基层小型图书馆的人力。总馆服务和技术管理部门的工作人员通过管理平台，可以查看所有智慧书房的运行情况，实现集中管理，统一调配。

3. 智慧服务

嘉兴市图书馆为智慧书房建设了专门的微信小程序平台，读者通过小程序可以方便地获得线上电子资源和线下馆藏资源的个性化推荐等便捷化的一站式智慧服务（图 3-78）。

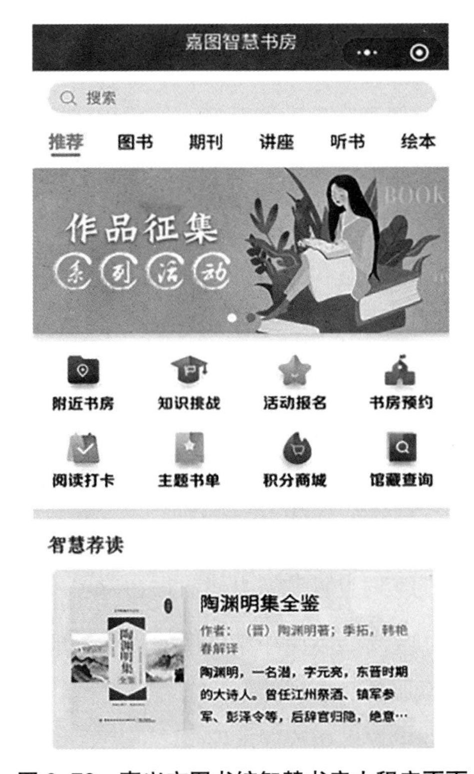

图 3-78　嘉兴市图书馆智慧书房小程序页面

（1）自助智能阅读服务

读者进入智慧书房可直接“刷脸”或凭身份证、市民卡、借阅证等有效证件刷卡入内，享受自助办证、自助图书借还、阅览、自习、数字阅读体验、“云”

艺术体验、无线上网和阅读推广等一站式自助体验服务。例如读者可以在阅览区使用墨水屏阅读本进行阅读；通过数字图书借阅终端设备，可以通过扫描二维码将电子书下载到手机上，随时阅读；也可欣赏精美的数字主题展览等，实现可听、可视、可享的多重阅读体验。

（2）智慧书房阅读小程序

针对用户个人阅读需求，开发智慧书房阅读小程序，实现智慧服务。

①地图导航。读者在小程序中可以查找附近的智慧书房，查找馆藏图书，提前了解智慧书房的馆藏、地址和人流情况，使书房资源得到合理的利用。

②阅读推荐。通过总分馆一体化的智慧阅读平台的数据分析，为读者提供个性图书推荐、附近智慧书房馆藏主题书目推荐、阅读能力测评等各类信息和阅读服务，可根据读者阅读能力、阅读喜好，实现电子图书与附近馆藏图书定制推送，提升读者阅读能力。

③分享交流。利用小程序平台，读者可以随时随地进行读书打卡、阅读笔记、图书推荐、分享交流等。

④活动预约。微信小程序向读者提供书房活动预约渠道，读者可以根据自身需求在平台上预约活动。

三、运行效果

场馆型自助图书馆的智慧化提升，增加了读者进馆的热情，提高了书房图书的流通率，居民对书房的知晓率也大幅提升。读者对图书馆的认知也发生了质的改变，图书馆不再仅仅是藏书的地方，而是环境舒适、资源丰富、服务贴心、管理自助的社区休闲和学习中心。越来越多的家长带着孩子进入智慧书房，阅读逐渐成为他们日常的休闲选择之一。经过多方媒体的报道和读者朋友圈的刷屏，嘉兴智慧书房逐渐为大众熟知，网红图书馆的标签使其成为越来越多的文艺青年热衷的打卡地。截至 2020 年底，嘉兴智慧书房总到馆人次 220 余万，图书借阅量约 77 万册次，举办阅读活动近 2000 场。

四、创新经验

1. 构建智慧阅读生态，探索节约高效建设模式

嘉兴智慧书房融合“空间、人、资源”三大核心要素，构建包括智慧空间、智慧管理、智慧服务在内的智慧阅读生态系统。采用无人值守与管理平台相配合的方式，管理人员退居“幕后”实现“隐形”监督和管理，节约了人力成本，解决了人员配置不足、服务效能不高的难题。智慧书房以总分馆制为依托，并将之纳入服务体系末端建设的重要一环，集结了一个从城市到乡村，横向到底、纵向到边的智慧书房服务网络，解决了乡村公共文化服务供给薄弱的难题。

2. 融合实体和虚拟空间，打造智慧生活共享空间

智慧书房在建设过程中不仅充分实现智能化运用，更利用黑科技打造成虚实结合，融分享和展示于一体的大阅读共享空间，实现人物、人人相连，成为富于感知、互联互通的智慧阅读、智慧生活的共享空间。智慧书房突破实体空间的限制，实现了实体与虚拟空间的深度融合，“智慧大脑”通过物联网系统和小程序实现服务大升级，打造了一个真正开放式的可听、可看、可享的大阅读共享空间，使读者在任何场所、任何时间段都能够享受图书馆服务，实现阅读服务触手可及。

3. 加持颜值、内涵，提升服务效能

智慧书房不仅在空间打造上做文章，以特色主题空间建设加持书房颜值，更注重附加型阅读增值服务，大力促进空间与服务的深度融合，从设计理念、功能布局、服务提供等方面注重个性化、人性化、智慧化、多元化的阅读体验，建构了一种新型阅读模式，提升了服务效能。

4. 跨界融合，创新公共文化服务供给

智慧书房在实践过程中，尝试与属地党群线、宣传各线、团委、妇联、工会、旅游等机关企事业单位进行深度融合，为推进全民阅读开辟新的路径。此举不仅提高了资源的利用率、扩大了服务半径、提升了影响力，也全面激活了社会阅读的积极性，展现了公共文化服务供给的新途径。

5. 数字化转型，创新基层社会治理

智慧书房的社会创新在于运用大数据分析手段和智能物联技术，使图书馆的资源和服务创造最大的社会价值与经济价值，实现了基层社会治理现代化。

（嘉兴市图书馆　沈红梅）

现实与未来的交汇：智慧图书馆概念馆

一、引言

伴随着物联网、大数据、云计算、人工智能、AR/VR 等智能数字技术的应用，智慧图书馆建设已成为当前图书馆发展的必然趋势。智慧图书馆（smart library）是继传统图书馆、复合图书馆在集成数字科技技术之后的一种图书馆的全新形态。智慧图书馆建设需要深刻洞悉和把握新技术环境下图书馆基础业务形态的变化，借鉴吸收数字图书馆时代的成果和经验，弥补其不足。通过纸电一体化管理，利用 RFID 技术实现人书互联，在泛资源服务基础上突出数据服务能力，积极推进机器人等智能设备的应用，跨界合作构建新生态等一系列举措，构建适应新时代的智慧图书馆服务体系。自工业 4.0 时代以来，各种智能技术层出迭现。其中物联网、大数据、云计算、人工智能、区块链等智能数字科技不断为智慧图书馆的创新发展赋能，图书馆的服务和管理正变得越来越智慧，将推动各级图书馆业务工作及服务活动的全流程智慧化管理，如：通过建设智能立体书库实现空间合理布局，资源快速高效分拣流通；通过完善图书馆业务管理系统，部署智能化工具，减轻人员工作量，激发读者阅读兴趣。

上海阿法迪近年来在物联网、大数据、云计算、人工智能、区块链等技术领域开展了深入的研究和实践，为图书馆提供云智能图书管理平台、智能化 RFID 系统、数字资源服务系统、图书馆运营服务等智慧图书馆解决方案，取得了比较好的效果。并与复旦大学创办“复旦－阿法迪共建智慧图书馆学研究中心”，与读者集团建立战略合作关系，进一步助推全民阅读和智慧阅读的发展。

二、智慧时代图书馆业务形态发展趋势

1. 技术架构：传统架构向超融合架构演进

现在大多数图书馆业务系统都是建立在传统技术架构之上的，传统机构模块之间耦合度高，牵一发往往会动全身，系统臃肿，扩展性和稳定性差，维护和升级困难。为克服传统技术架构的不足，出现了面向服务的架构（Service-Oriented Architecture，简称 SOA）组件模式，实现多产品服务的统一管理，支持多租户和订阅型服务，易部署、易管理、易维护，系统运维要求低，硬件存储成本和服务成本低。基于这样的技术架构的图书馆业务系统可以有效提升馆员工作效率，提高读者服务体验。后来又出现了超融合架构（Hyper-Convergence），这种架构以软件为中心，用可以灵活扩展的分布式集群替代传统架构。超融合基础架构是一种融合的、统一的 IT 基础架构，包含了传统数据中心常见的计算、存储、网络以及管理工具等元素。

2. 业务模式：传统模式向智能模式演进

智慧图书馆将充分运用物联网、大数据、人工智能、云计算、区块链等新的技术，通过识别和学习用户的行为特征进而准确辨别用户的需求进而提供个性化的服务，在这个过程中，用户和智慧图书馆之间的交互方式也发生了变化，以便提高交互的准确性、灵活性与响应速度。智慧图书馆能够基于大数据智能化精准分析，协助馆员精确选购，合理布局馆藏；可以通过智能数据分析和预测，协助馆务决策；知识仓储定期自动更新 MARC、DC 等元数据并同步到本馆，馆员可自动关联获取，无须人工干预；还可以提供个性化阅读推荐，提升读者服务质量。显然，智慧图书馆可以有效优化馆员工作流程，提升工作效率。

3. 服务范畴：资源服务向数据服务演进

随着图书馆的发展，其服务范围从早期的印本资源进一步拓展到数字资源，进而拓展到技术资源、空间资源和活动资源，为用户提供的资源范围越来越广。随着智慧图书馆建设的纵深发展，大数据、区块链等技术的深入应用，图书馆的服务范畴在资源服务的基础上逐步向数据服务演变，对数据的发现、利用、分

析、整合将成为智慧图书馆建设中非常重要的基础性工作，并在此基础上为用户提供精准的数据服务。因此，未来图书馆的服务核心是数据以及对数据的处理，发现数据之间的联系，借此提升用户的数字内容构建、交互、演示、共享知识的主动性与技能，推动用户参与各个专业领域数据的开发、利用与挖掘，为社会创造经济效益，成为社会进步的推动者。

4. 服务工具：传统工具向智能设备演进

随着技术发展，图书馆使用的工具也由传统的工具向智能设备逐步演进。发达国家较早就开展了人工智能和机器人技术的研究。在 20 世纪 70 年代，我国图书馆人员就已经从国外资料了解到发达国家将机器人技术应用于图书馆的日常工作，例如，那时日本就用机器人来为大学生取录像带、磁带等，学生只要坐在图书馆的电视室里，从显示屏中选好要看要听的磁带，按其数码穿孔后（当时计算机的存储设备主要是穿孔带），便可坐在位子上等候播放，堆置录音和录像带的地方就像一座多层的停车库。

从最初无形的聊天机器人，到现在类人类的咨询机器人、导购机器人、安保机器人及实时定位和盘点的智能书架技术，AI 技术发展很快。伴随着外观形态的变化，图书馆里机器人的功能越来越强大，所提供的服务也越来越多样，包括语音咨询、借还书指引、扫码找书、读者引路等服务，具备唱歌、跳舞、主持等才艺，扮演好引路人、导购员、说书人等角色，向用户提供智慧化、自动化、个性化和人性化的服务与管理，成为减轻馆员劳动负担、提高服务质量和水平、实现转型升级的有力帮手。

实际上，机器人知识图书馆诸多智能设备中的一个典型代表，阿法迪提供的基于智能数字科技的智能立体书库解决方案就集成了诸多智能设备。

5. 跨界合作：传统生态向新生态演进

传统图书馆有着自身的生态，而智慧图书馆时代正在通过跨界合作构建适应于自身发展的新生态。新生态的构建按照纵向和横向两个方向展开。纵深发展方向，从数字化到智慧化发展。在新需求的推动下，图书馆与出版社、书商、资源提供商、电商等进行更深入的整合，通过上下游整合建立起新的平台，从而实现业务对接、数据共建共享。新平台需要建立开放的生态系统，可扩展的开发者平台，连接上游（出版社、资源商）、中游（书商、第三方服务商），到最终用户（读者），以达到降低成本、提高效率、完善服务体系的目标。横向发展方面，将来自不同渠道的数据资源与服务有机融合并集成，整合出新的复合式信息数据服务。在当前倡导共建共享的社会氛围下，信息共享和便捷获取更是大势所趋，无论是最基本的信息检索，还是内容的开放获取和知识管理，建立在自身资源基础上的服务内容已经很难满足用户日趋快餐化、碎片化、动态化的信息需求。因此，探索图书馆与第三方信息服务组织、个人的资源共享与合作，成为未来图书馆适应服务发展必然趋势。

三、智慧图书馆概念馆

1. 智慧图书馆模型

随着“智能 +”开始逐步替代“互联网 +”登上信息文明新舞台，“大数据 + 智能机器”组成的大智能时代已经成为经济、社会发展的重点，物联网、大数据、云计算等智能数字技术也越来越频繁地出现在教育、文化、图书馆等领域。通过产学研合作机制，促进智慧图书馆的研究、实践、成果转化和跨学科人才的培养，图书馆的业务管理和读者服务正变得越来越智慧。作为承载社会精神文明建设的重要支撑，智慧图书馆是智慧城市生态的一部分，也是加速智慧图书馆建设、发展、创新的必然趋势，图书馆正在成为智慧流、信息流、数据流涌动的关键节点。

上海图书馆（上海科学技术情报研究所）副馆（所）长刘炜先生认为智慧图书馆是利用物联网、人工智能等一切可能的信息技术，保障人们在学习和研究一切知识获取与创造过程中能够最大限度地提供便捷、个性化和智能化的服务。

智慧图书馆充分利用终端计算能力，采集、清理、分析智能机器收集反馈的庞大数据量并实时上传至云计算后台，运用大数据思维挖掘高附加值的数据形成智慧决策，构建数据计算、交互识别、智能聚合、个性定制、泛在可视的信息流围绕实体图书馆有机涌动，实现智慧图书馆与用户的感知、记忆、学习、自适应及行为决策。

智慧图书馆通过对空间高效合理应用实现智慧空间，依托智慧业务打破图书馆的管理、服务及资源壁垒，数据分析挖掘则通过数据使用便捷性提高用户使用率、通过数据加工为用户提供个性服务；万物互联消除数据壁垒，全域数据互联互通，实现智慧数据；最终实现内容定制，形式多样、无所不在的服务智慧。智慧空间、智慧业务、数据分析挖掘、智慧数据的最终目的是实现服务智慧，服务智慧的需求催生其他四个方面，其他四个方面彼此有机融合，相互促进，协同发展。

2. 智慧图书馆模块及功能

（1）智慧空间

图书馆是一座城市的文化地标，是所有读者平等、共享的文化智慧空间，早已纳入智慧城市文明空间体系的一部分，承载着市民学习、交流、畅想、体验、欣赏等多样的精神生活需求，这要求图书馆打破传统空间分布，为市民创造更多精神文化体验的智慧空间；除此之外，数字技术的普及使得纸本图书的触及率和利用率大幅降低，传统的上架存取方式已不再适用于现代社会。智慧图书馆的建设需要考虑到馆藏图书实现合理存储，一方面，综合用户行为和馆藏图书的数据分析结果选择读者触及率高、重复借阅率高的图书作为上架借阅图书，另一方面，针对图书馆拥有庞大数量的、触及率低的及保存价值高的图书制订规划。

阿法迪智能立体书库系统（图 3-79）综合利用高效自动化系统、智能环境控制系统与仓储管理系统实现图书妥善保存、自动存取、流通分拣、出库入库。高度节省土地及人力资源，全自动化出入实现自动调度。可变库位概念和智能 IT 技术有助于优化存储，智能分拣和智能机器人的应用有助于维持系统的灵活稳定。

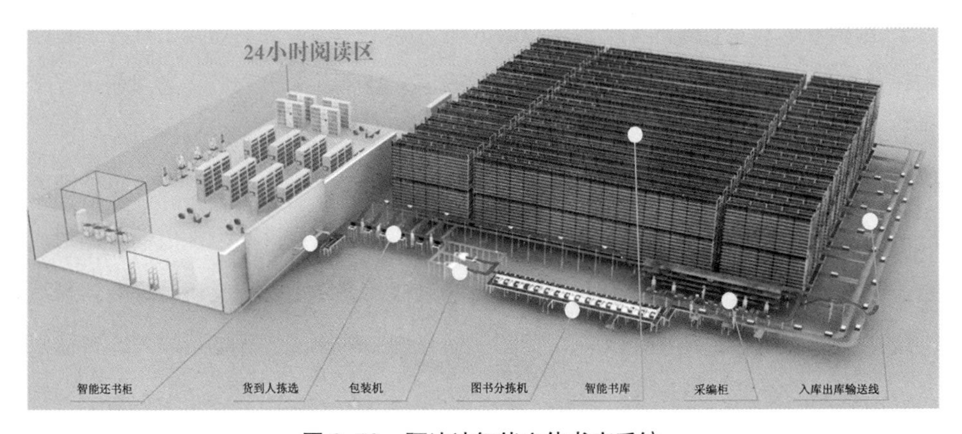

图 3-79　阿法迪智能立体书库系统

（2）智慧业务

在万物互联的信息文明新形态中，信息无所不在，信息流的每一端彼此深度互联互通。全面的互联互通实现了图书馆多维度、多层级、多级别的信息流动，虚拟空间与实体空间统一于图书馆信息服务平台实现全面感知。一方面，图书馆内不同部门、总分馆系统下的不同图书馆、不同行政地理区划的图书馆间彼此相互连接，打破空间界限，改变了不同图书馆间资源数量及质量分布不均等的局面；另一方面，不同领域的知识在交融中不断丰富内涵，创造自身新的生命力，图书馆也可以与其他领域的组织机构跨界、跨域协同创新，打破数据鸿沟，实现信息资源共享，共同推动信息文明的大繁荣。

（3）数据分析挖掘

在数字经济时代，信息与知识正日益成为引领经济发展的驱动力。内容上，信息知识服务提供商日益多样，知识服务产业链条不断拓宽延伸；形式上，数据资源的大规模集约交换，以及大数据深度挖掘与智能分析的趋势，要求图书馆以更加开放的心态加入知识服务的产业链中，加强资源数据化建设，把知识服务这块蛋糕持续做大，将各个领域的新型数据资源纳入自身馆藏建设范围中，建立多样、立体的独特馆藏资源库。同时依托自身优势实现知识资源的深度精加工，发挥好知识服务流通的中转作用。“AI+ 图书馆”模式精准抓取读者需求，避免资源浪费，提供精细化服务。智能物联网能够实现读者端与图书馆端的信息共享，依托云计算虚拟技术对智能终端反馈的海量数据进行集约化处理，运用 AI 智能算法分析描绘用户人物画像，支持用户基于问题场景便捷地获取高质、个性化知识服务。

（4）智慧数据

“智能 +”时代下，数据井喷式增加与流动，如何帮助用户在海量资源中抓取想要的信息是智慧图书馆检索平台建设的新命题。这一方面要求图书馆间彼此开放数据信息，实现资源库共通共享，用户身在上海，即可通过图书馆的检索系统检索到北京某图书馆馆藏信息。另一方面，图书馆还要应用大数据、云计算、人工智能手段构建容量大、反应速度快、可拓展、模块化、个性化、可兼容、可靠安全的大数据检索平台。在读者进行各项文献服务的时候，能够对检索结果进行筛选，并且可以运用数据挖掘等技术对最终结果进行相关度分析，向读者提供可视化分析结果。还可通过用户检索行为的数据分析实现智能推荐，帮助用户在检索过程中快速、便捷、高效地获取信息。

（5）服务智慧

智慧图书馆的服务持续泛在化。用户在哪里，图书馆的服务就在哪里，甚至用户还没意识到服务在哪里就已经体验到了图书馆的资源及服务。智慧图书馆的服务建设始终围绕用户关注的和将要关注的内容，不断革新自身硬件载体及软件支撑，丰富用户体验。科技发展丰富了人们的体验，全息影像、隔空输入、裸眼3D等虚拟现实交互产品为用户提供沉浸式的阅读体验氛围；前沿、科学、智慧的智能化管理与技术要不断应用于绿色生态、低碳环保、舒适人性的顶层设计理念之中，为读者提供融交流、学习、生态与体验于一体的智慧文化空间。

四、阿法迪的实践

作为国内领先的拥有核心技术研发能力和智慧图书馆全部自主知识产权的公司，17年来，上海阿法迪（图3-80）持续实现产品和解决方案的迭代升级，已为全国3000余家客户提供了专业的智慧系统解决方案，可以满足所有智慧图书馆、数字文化馆、数字博物馆馆内系统建设和馆外延伸系统服务建设，涵盖咨询、设计、研发、实施、图书馆运营及培训等全方位服务，能为图书馆提供云智能图书管理平台、智能化RFID系统、数字资源和图书馆运营服务等智慧图书馆解决方案，形成以物联网、云计算、大数据等技术为基础的业务格局。

阿法迪智慧图书馆解决方案应用智能技术，规划智慧空间，建设智慧场馆，创新智慧服务，推进智慧管理，通过构建智慧环境和智慧管理将更多馆员与专家读者们纳入智慧服务中。依托物联网、大数据、云计算、人工智能、区块链等技术背景，2017年应用于贵州省黔南州12区县总分馆平台建设的阿法迪云智能图书管理平台（eLibrary System），已在全国有近400位客户上线，包括公共图书馆、高校和中小学客户。该系统用于图书馆集群式总分馆建设，实现图书馆间区域集中式管理、多级统一管理，从智能终端设备监控反馈到后台系统数据分析，开放兼容的系统能够实现互联互通、信息共享的智慧图书馆建设。大数据时代，图书馆的竞争力在于提供个性化定制服务，阿法迪运用 AI 算法实现图书的智能推荐，通过对用户操作数据分析，精准把握用户偏好，定位用户需求，扩大服务范围。

阿法迪紧抓数字经济的时代脉搏，着力数字资源建设。一方面，顺应阅读移动化、资源数据化、纸电一体化、智能立体书库等智慧图书馆发展趋势，挖掘打造多源头、多渠道、多领域、多形式的数字资源体系，丰富图书馆内容供给；另一方面，随着图书馆逐渐成为大流通下更大数据网络的组成部分，应对数字资源种类及格式日益繁多的趋势，图书馆业务管理系统基于大数据、人工智能等新技术，不断实现自我革新、自我突破，积极应对数据井喷趋势，保证图书馆平稳运行。

把握绿色环保的核心思想，运用智慧科技合理规划空间部署。阿法迪智能立体书库系统运用运输设备、计算机系统和综合作业协调等技术手段，通过系统的整体规划及技术应用，充分节省图书存储空间，提升图书运输的速度和准确率。模块化可拓展设计灵活满足个性需求，用户还可通过 VR 体验图书出库入库全过程。响应全民阅读号召，阿法迪城市书房解决方案以打造具有独特地方风格、智慧环境控制的多功能文化体验空间，为市民终身学习提供复合载体，帮助图书馆优化合理优化空间布局，打造地方文化特色新标杆。从设计到规划，从建设到实施，阿法迪在参与温州城市书房以来已在全国建设近 2000 家城市书房。

图 3-80　上海阿法迪智能数字科技股份有限公司

1. 复旦 – 阿法迪共建智慧图书馆学研究中心

数字经济时代，上海阿法迪以图书馆需求为导向，持续创新服务。2020 年，与复旦大学创办“复旦 – 阿法迪共建智慧图书馆学研究中心”（图 3–81），实现图书馆领域校企产学研合作新的突破。研究中心以理论和应用研究为基础，以探究智慧图书馆的内涵体系、体系结构、标准规范、数据资源、平台与技术为主要内容，借鉴全球智慧图书馆建设成果和经验，研究中国智慧图书馆的建设和发展模式。通过建立高校与企业之间长期、稳固、紧密且注重实效的产学研用合作关系，产出一流学术成果。

图 3–81 复旦 – 阿法迪共建智慧图书馆学研究中心

2. 与文化出版企业战略合作

在此之外，上海阿法迪还与读者出版集团（图 3–82）开展战略合作，进一步推动图书及优质数字资源馆配业务，实现全民阅读工程向纵深发展。核心产品《读者》杂志已累计发行 20 亿册，被誉为“中国人的心灵读本”。“读者”品牌连续 17 年被世界品牌实验室评为“中国 500 最具价值品牌”。读者出版集团始终致力于贴近群众生活，为读者提供喜闻乐见的文化内容。新时代、新发展，读者集团围绕“读者”品牌价值、媒体融合和书香社会建设，创造性地提出“点 · 线 · 端 + 全民阅读”建设书香社会的“读者方案”，形成覆盖城乡、涵盖优质阅读产品生产、阅读服务网络建设和良好阅读风尚引领的书香社会建设新格局。

把握时代趋势，搭建新媒体矩阵平台，多渠道、多角度、全方位融入新媒体发展；将读者文化和阅读服务与大众生活紧密融合，打造读者小站、读者书房、读者阅读角、读者乡村文化驿站、读者书店创意空间等一系列新型创意温暖空间，创新和引领着一种新的生活方式和文化风尚；联合国内知名作家、学者共同推出了可持续、立体化、多层次的“读者·中国阅读行动”全民阅读推广工程，开展了读者大会、读者讲堂、读者诗文朗诵会等各类文化服务和阅读推广活动，设立读者读书会，倡导“阅读即生活”，定制推荐“读者荐书”，举办线下活动百余场。围绕品牌核心价值，开发了手工原创图书、藏书票、日知录、读者读历等不少有意味、有温度、有情怀的特色文创产品，在民间文化艺术、少数民族文化艺术、敦煌文化艺术三大板块不断开发优秀选题，深入挖掘可利用的出版资源，以手工制书的方式，激活传统与现代的情感链接，探索传承民族文化。

图 3-82　读者出版集团大楼

万方数据股份有限公司（图 3-83）是国内较早以信息服务为核心的股份制高新技术企业，是在互联网领域，集信息资源产品、信息增值服务和信息处理方案为一体的综合信息服务商。

图 3-83　数字资源企业——万方数据

五、结语

以用户为中心是图书馆生存与发展的基础，也是未来图书馆发展的核心战略，这要求智慧图书馆建设不能够仅仅局限于技术层面，还应该切实重视“人”的因素，真正做到把先进科学技术和人结合到一起，实现服务的泛在化和智慧化。用户在哪里，图书馆的服务就在哪里！阿法迪智慧图书馆建设方案充分融合智能技术和图书馆建设，以数字化、网络化和智能化为技术基础，以人物互联为核心，以实现知识服务向智慧服务的提升为精髓，以智慧图书管理系统为业务支撑，各部分相互融合反馈，实现图书馆、资源和读者三方联通，让图书馆在智慧化运营的过程中为更多的用户提供更加优质的智慧服务。

（复旦–阿法迪共建智慧图书馆学研究中心

读者出版传媒股份有限公司）

第五部分　智慧图书馆发展对话

李国新：推动公共文化服务高质量发展

［人物介绍］李国新，北京大学教授、博士研究生导师，北京大学国家现代公共文化研究中心主任，文化和旅游部国家文化和旅游公共服务研究（北京大学）基地主任。兼任文化和旅游部国家文化和旅游公共服务专家委员会首席专家、文化和旅游部“十四五”规划专家委员会委员、北京市“十四五”规划专家咨询委员会委员、文化和旅游部全国公共文化发展中心文化馆发展研究院院长。

采访时间：2020 年 11 月 18 日

初稿时间：2021 年 1 月 4 日

定稿时间：2021 年 1 月 17 日

采访地点：广州图书馆

2020 年是“十三五”规划实施的收官之年，也是“十四五”规划的擘画之年，为探讨“十四五”时期公共图书馆发展战略与对策，促进公共图书馆的高质量发展和公共图书馆事业的进一步繁荣，2020 年 11 月 17—19 日，由中国图书馆学会公共图书馆分会主办，广州图书馆、广州市图书馆学会、广东图书馆学会承办的公共图书馆“十四五”规划学术研讨会在广州图书馆举行。会后，e 线图情就“十四五”时期公共文化和公共图书馆高质量发展的相关问题采访了国家文化和旅游公共服务专家委员会首席专家、北京大学信息管理系李国新教授。

一、“十四五”时期公共文化事业的发展重心

e线图情：今天是2020年11月18日，非常感谢李教授接受我们的采访。您是国家文化和旅游公共服务专家委员会首席专家，这些年在国家公共文化事业发展方面提了很多建议。“十四五”是我国公共文化事业发展的又一重要时期，请您谈谈这一时期我国公共文化事业发展会有哪些主要的变化，发展重心会是什么?

李国新：如果要说“十四五”期间我国公共文化事业发展的主要变化或者是发展重心，我觉得大概主要是以下三个方面。

第一是高质量发展。中国经济社会已经进入高质量发展阶段，公共文化服务与经济社会发展相适应，自然也得推动高质量发展。我们现在需要研究的是，公共文化服务高质量发展重点推进什么，重点突破什么。党中央“十四五”规划建议提出的总要求是提升公共文化服务水平，这是高质量发展的方向。

第二是新发展格局。党中央“十四五”规划建议强调坚持新发展理念，构建新发展格局。以“创新、共享、开放、绿色”这些新发展理念指导公共文化服务体系建设，再联系高质量发展，满足人民群众美好生活对精神文化的新期待、新需求。公共文化服务的新发展格局，我觉得要更加强调政府主导的基本公共文化服务跟社会力量参与的多样化、特色化、个性化服务的有机结合，在逐步形成政府、市场、社会共同参与公共文化服务体系建设的格局上取得新突破。因为所谓高质量发展，就意味着我们的公共文化服务仅是“保基本、兜底线”已经不够了，还需要多样化、特色化、个性化，而多样化、特色化、个性化往往超出了“基本”“底线”的范畴，更多地需要社会力量的参与和社会资本的投入。所以，新发展格局和高质量发展相呼应，更明显地体现出政府、市场、社会共同推动的特点。

第三是城乡公共文化服务一体建设。这是提高公共文化服务水平的首要任务、核心任务。今天，我国的公共文化服务和其他许多领域一样，发展不平衡是普遍现象，这也是我们目前面临的最突出的问题、最大的短板。从全国来看，有

东中西部的不平衡，有城市农村的不平衡，还有不同人群的不平衡。让人民普遍享受到更加充实、更为丰富、更高质量的精神文化生活，必须缩小不平衡，必须走城乡公共文化服务体系一体建设的路。所以，从总体上说，推进城乡公共文化服务体系一体建设，是“十四五”时期提升公共文化服务水平的主攻方向。

在我看来，“十四五”时期我国公共文化事业发展的主要变化或者叫发展重心，宏观一点说，就是高质量发展、新发展格局、城乡一体建设。

e 线图情：您今天的演讲题目是“‘十四五’时期公共图书馆高质量发展的思考”，您觉得公共图书馆要实现高质量发展应该在哪些方面加强？或者说有哪些关键词？

李国新：对，我今天讲的主要内容就是“十四五”时期公共图书馆高质量发展，因为是我个人的一些看法，所以叫“思考”。基于我国公共图书馆在“十三五”期间取得的成就和存在的问题，“十四五”期间该重点推动什么？叫关键词也好，叫重点任务也好，我觉得主要有六个方面。

第一，通过全面落实基本公共文化服务标准制度来推动城乡一体发展。《中华人民共和国公共文化服务保障法》建立了一个重要制度，叫基本公共文化服务标准制度，要求从中央到省、市、县各级政府都要制定和公布本区域的基本公共文化服务标准或目录，明确基本公共文化服务的内容、种类、数量和水平，更进一步要求明确服务项目、支付类别、服务对象、质量标准、支出责任、牵头单位等，实际上是要求各级政府将基本公共文化服务的事权责任清单化、具体化、公开化。这个制度就是以标准化促进基本公共文化服务均等化、普惠化、便捷化的具体措施。全面落实这一制度，就可以做到在一个区域内不论城乡，基本公共文化服务是均等的、普惠的。

基本公共文化服务标准制度包括但不限于公共图书馆。对于公共图书馆来说，需要研究提炼促进本地区公共图书馆城乡一体发展的重点服务项目是什么，核心指标是什么，并推动将其纳入地方政府的基本公共文化服务标准或目录。一般地讲保障老百姓读书看报，这是难以核查、难以落地的事情，如果能具体化、细化到人均公共图书馆藏书量、人均年新增公共图书馆藏书量等具体项目和指标，保障读书看报才能落到实处。按照《中华人民共和国公共文化服务保障法》

的规定，政府对基本公共文化服务的经费保障，是依据事权责任确定支出责任，也正是在这个意义上，我们说基本公共文化服务标准制度对于整个基本公共文化服务保障具有奠基性、根本性、全局性。总之，推进公共文化服务城乡一体建设，是“十四五”提升公共文化服务水平的主攻方向，全面落实基本公共文化服务标准制度，就是解决公共文化服务城乡一体发展的基本路径。

第二，创新实施文化惠民工程。广播电视村村通、文化信息资源共享工程、农家书屋、农村电影放映“2131”工程等，就是我们长期实施的文化惠民工程。实践证明，文化惠民工程是我国解决公共文化服务突出矛盾、突出问题的一个特殊的、有效的方法，它体现了中国的制度优势、道路优势。面对突出短板、突出问题，集中力量，靶向突破，从中央到地方一竿子插到底，务求短期内见到成效，只有我们中国能干好这种事，放在美国，想干也干不成，对不对？

e 线图情：确实。

李国新：所以，这样一个有效的方法我们不能丢。但是，文化惠民工程在实施过程中也暴露了一些问题，所以在发展思路上、在实施方法上要有所创新。农家书屋也好，共享工程也好，农村电影放映也好，要完善机制、创新方式、与时俱进、巩固提高。同时，要谋划体现新发展理念、构建新发展格局、着眼于补短板强弱项助推高质量发展的新的文化惠民工程，比如由数字图书馆向智慧图书馆推进，国家公共文化云和地方文化云的对接融合，广场舞、乡村“村晚”、大家唱等群众广泛参与的文化活动的示范推广等。我理解，这就是“十四五”规划建议提出要创新实施文化惠民工程的意义所在。

第三，推动社会化发展，实现动力变革。刚才说了，高质量发展就是特色化、个性化、多样化的服务更多了，这些已经超出了基本服务的范畴，因而需要有更多的社会力量参与，有些服务还需要享受者个人支付一些优惠性的收费。

“十四五”期间推动公共文化服务社会化发展，我认为对于三个在实践中已经突出显现的问题必须寻求突破：一是非基本公共文化服务优惠收费；二是政府购买公共文化服务机制和方法的完善；三是进一步拓展与完善基层公共文化服务设施的社会化管理运营。这三个问题，后两个在公共图书馆领域已经有一些探索实践，“十四五”的任务是深化探索实践，积累经验，完善政策，推动进一步健康发展。第一个问题，也就是非基本公共文化服务优惠收费，公共图书馆和其他公共文化设施一样，到目前为止基本上还没有做起来。“十四五”期间需要寻找突破口，推动相关部门政策实现协调统一，找到合适的实现方式。因为我们有过“以文养文”的教训，所以人们对公共文化服务“收费”这事警惕性很高。但我觉得，中国的公共文化服务走到今天，免费开放的理念已经深入人心，再想走“以文养文”的路，难了。非基本公共文化服务优惠收费，不能简单地理解为是“以文养文”的复辟，它依然体现着公益性，同时也体现着公平正义，因为个性化、特色化、多样化的文化享有，不能完全由公共财政埋单，当然公共文化机构提供的非基本公共文化服务，也不能完全市场化，所以是优惠的低收费。总之，公共文化服务高质量发展需要增强发展动力，社会化发展就为公共文化服务注入了新的动力。

第四，扩大覆盖面、增强实效性。这是公共文化服务、公共图书馆服务永恒的主题。21 世纪以来，特别是最近十多年大力推进公共文化服务体系建设以来，我国公共图书馆事业快速发展，取得了举世瞩目的成就，涌现出了为数不少的世界一流的公共图书馆设施和服务。但是，我国的平均水平跟发达国家相比还有很大的差距，覆盖面还不够广，服务效能还不够高。比如，公共图书馆持证读者（也称“有效读者”）占总人口的比例，美国已经到了 55% 以上，我国只有 6% 出头；年人均公共图书馆借阅量，美国是 6.9 册，日本是 5.6 册，我国是 0.4 册；公共图书馆开展读者活动的数量，近年来在我国增加很快。2019 年全国开展的公共图书馆活动达到 20 万次以上，美国的公共图书馆是多少呢？一年 540 多万次。看一下这些体现平均水平的数据，可以真切地体会到中国确实还是一个发展中国家。公共文化服务、公共图书馆服务的目标是普遍均等、惠及全民，所以，我们公共图书馆服务的覆盖面、实效性一定得有大幅度的提升，要采取一些特殊的、积极的、有针对性的办法寻求突破。在我看来，公共图书馆取消押金、大幅度提高外借数量，就是两件可以立即做起来的事情。农民工吴桂春对东莞图书馆“万般不舍”，为什么？吴桂春说东莞图书馆能看书、有空调、还不要钱。押金钱数不多，但对像吴桂春这样的普通老百姓来说，就是一道门槛。目前我国人均公共图书馆借阅量还很低，看一下我们一般公共图书馆的可外借数量，一次两三本比较常见，十本八本就比较少了。再看一下发达国家的公共图书馆，二三十本、三四十本是常见的，五六十本甚至不限量想借多少借多少的也不少见。“足量外借”对提升人均外借量、提高资源利用率效果明显，国外公共图书馆的实践已经证明了这一点。扩大覆盖面、增强实效性需要有实实在在的举措，“十四五”期间需要进一步转变观念，进一步推动发展，让公共图书馆的服务效能跃上一个新台阶。

第五，创新与完善公共文化服务数字化，推动由数字化向智慧化发展。数字化在公共文化服务当中的重要性，通过这次疫情大家已经看得很清楚了，假如没有我们过去十多年的数字化建设积累，疫情防控期间我们能做到“线下关门、线上开花”吗？通过这次疫情，全社会对公共文化服务数字化的理解和认识都提高了，公共文化服务不仅是场馆服务，还得有线上服务，还得有沉浸式体验空间，还得线上线下相结合，还得逐步由数字化向智慧化推进。现在我国公共图书馆领域的智慧化服务已经有了许多尝试和探索，“十四五”要推动把公共文化服务的智慧化、公共图书馆的智慧化纳入智慧城市的总体规划中去，要在智慧空间、智慧服务、智慧阅读、智慧管理上取得看得见、摸得着、能真切体验到的实效。在数字服务、智慧服务方面，公共图书馆一直走在全国公共文化领域的前列，应该继续发挥引领示范作用。

第六，大力推动融合发展。公共文化服务融合发展是国际趋势，前不久在国内也广泛传播的芬兰赫尔辛基“颂歌图书馆”，它叫图书馆，但它提供的服务用我们的眼光看，除了图书馆服务以外，还有博物馆、文化馆、美术馆、科技馆、非遗馆、数字艺术馆、体育馆，乃至咖啡馆、轻食店，等等，举凡和公共文化相关的服务都具备，服务功能是高度融合的，这昭示了一种公共文化服务发展的普遍性趋势。我认为，推动我国公共文化服务融合发展，目前需要在三个层面发力。首先是公共文化机构之间的融合发展。图文博美、乡镇社区文化站之间不能“鸡犬之声相闻，老死不相往来”，要发挥各自优势，形成服务合力，以多样化的方式和手段共同推动全民阅读、全民艺术普及、优秀传统文化传承等。设想一下，如果图文博美联起手来、融合起来做全民阅读，那我想一定比图书馆自己做效果好；联起手来、融合起来做全民艺术普及，也一定会比文化馆单打独斗效果好。公共文化机构之间的融合发展，不是谁吃掉谁，而是功能融合、优势互补，通过服务方式和表现手段的整合、聚集、共现，形成多样化、立体化的服务业态和传播样式，以适应人们多样化的需求。其次是区域性的公共文化服务融合发展。我国在大力推进区域经济社会发展，与此相适应，需要把京津冀、长三角、粤港澳大湾区等区域性的公共文化服务融合起来。区域经济社会一体化，就包括区域公共文化服务一体化。广西北部湾经济区搞出了“高铁读书驿站”，公共阅读实现了跨城市的“上车借、下车还”。高铁有中国特色，旅途阅读有实际需求，“上车借下车还”方便公众，这就是公共图书馆服务区域融合发展的范例。最后是公共文化服务和旅游公共服务融合发展。应该看到，在文旅融合的大背景下，公共文化服务跟旅游服务的融合是大趋势，但这也是文旅融合当中的难点，比文化产业和旅游产业融合、文化市场和旅游市场融合难得多。难就难在公共文化服务的理念是普遍均等、惠及全民、人人享有，政府要发挥主导作用，而旅游是一个产业属性鲜明的市场行为，二者服务融合的交集点在“公共服务”上，不能泛化。公共文化服务与旅游公共服务融合，需要打造的是主客共享的空间、活动和服务，是主客共享，不是一部分人专享。有的地方把用公共资金建设的城市书房搬进了收费景区，变成了事实上的“游客专享”，这就有悖于公共文化服务的基本理念。公共文化服务和旅游公共服务的融合发展刚刚起步，各地的探索实践也是初步的，亟须更多的做法和经验。我觉得，从总体上说，推动公共文化服务和旅游公共服务融合发展应该秉持两个基本的理念：首先，文旅融合为公共文化服务拓展覆盖面、增强实效性、提升服务效能带来了新的契机和场域，所以要大力推动；其次，公共文化服务和旅游有不同的属性、不同的功能、不同的发展规律，要处理好创新与守正的关系，要找准融合发展的结合点，防止公共文化设施和服务“旅游化”。

二、地区差异背景下的公共图书馆发展

e线图情：刚才您提到了我们国家东中西部包括城乡之间发展的差异很大，在制定“十四五”规划的时候，您认为这些地区有哪些方面是可以共通的？哪些

方面是需要各自注重的?

李国新：我上面说的这六个方面，一般地讲可能都需要关注，但不同的地区、不同的经济社会发展水平，具体的关注重点、实现方式可能就不一样。比如，西部经济欠发达地区在“十四五”期间，基础设施建设、资源和服务总量的增加、农村基层人才队伍的建设，依然是重点，因为这些问题在经济欠发达地区并没有完全解决。我们最近刚做了一个调研，全国有800多个原贫困县，按照《“十三五”时期贫困地区公共文化服务体系建设规划纲要》的部署，到2020年底县级图书馆、文化馆的设施面积应达到国家最低标准，即不小于800平方米，但最新的调查结果显示，还有将近30%的原贫困县的县级图书馆、文化馆建筑面积没有达到这个最低标准。在经济发达地区，乡镇街道文化站、村社区文化室可能都不止800平方米了，这就是差距。所以，在中西部经济欠发达地区，公共文化基础设施建设还是“十四五”的重要任务。中西部经济欠发达地区公共文化服务另一个突出短板，是资源和服务总量不足，那首先就得增加总量。另外，伴随着城市化的推进，农村的青壮年都进城了，农村设施有了，资源有了，没人也不行，所以建设一支农村留得下、用得上、靠得住的本土文化人才队伍，是“十四五”的重点任务。习近平总书记在教育文化卫生体育领域专家代表座谈会上的讲话谈到缩小城乡公共文化服务差距时就强调，要优化城乡文化资源配置，完善农村文化基础设施网络，增加农村公共文化服务总量供给。中共中央、国务院印发的《乡村振兴战略规划（2018—2022年）》部署构建乡村公共文化服务体系，强调的是“四有”：有标准、有网络、有内容、有人才。这些都是经济欠发达地区、农村基层“十四五”补短板、强弱项的重点任务。

在经济发达地区，“十四五”期间公共文化服务体系建设应优先考虑的是提升空间品质、提高服务质量、创新引领示范一类问题。瞄准国际一流标准、创造国际一流水平，进一步增强我国公共文化服务的国际影响力、话语权，经济发达地区责无旁贷。所以，不同的地区，不同的发展基础，“十四五”关注和发力的重点不一样。

三、疫情对公共图书馆的影响及思考

e线图情：刚才您也提到新冠疫情对我国公共文化服务的影响，目前来看这一疫情还会较长时间存在。在“十四五”期间以及更长远的发展中，您认为公共图书馆包括其他图书馆如何应对疫情带来的变化？

李国新：疫情对于公共文化服务的影响主要是负面影响，因为公共文化服务发生在人流密集的公共场所，公共文化活动都是人群聚集性活动，疫情势必导致这种服务和活动减少、限流或停止。从长远看，疫情给公共文化服务带来了一些新的思考和服务方式改变。比如，公共文化服务中的卫生安全意识，这是我们通过此次疫情认识到需要强化的。人流密集的公共文化服务空间场所怎样运行管理才能更安全、更健康？面对突发的公共卫生危机，公共文化场馆限流有序开放怎么操作？图书馆的图书消毒，疫情前只在少数图书馆见到过，通过这次疫情，已成为各级各类图书馆的基本业务规范，图书馆图书消毒的设备研发、标准研制、服务规程被提上了日程。无接触借还书，今后会被更多的人采用，需要更多样化的实现方式。通过这次疫情我们积累了许多经验，也完善了许多业务规程、服务方式。疫情给公共文化服务带来的最大促进是线上服务。公共文化机构一定得具备阵地服务和线上服务两种能力，相应地应有两种资源、两种服务、两方面的保障，两条腿得一般粗，两手得一样硬。从长远看，常态化的公共文化服务也一定是线上线下相结合。通过这次疫情，不仅公共文化机构，全社会对这一问题的认识都提高了，党中央在“十四五”规划建议中就特别强调了要推动公共文化数字化建设。（刘锦秀）

吴建中：新时代　新业态　新未来

［人物介绍］吴建中，教授。澳门大学图书馆馆长。1982 年毕业于华东师范大学，获文学硕士学位。1988 年赴英留学，1992 年获英国威尔士大学哲学博士学位。2002—2016 年任上海图书馆馆长、上海科技情报研究所所长。2016—2017 年为上海市人民政府参事。2018 年起任澳门大学图书馆馆长。曾担任国际图联管委会委员（2001—2005 年），2010 年上海世博会主题演绎总策划师和顾问（2005—2010 年）。出版《21 世纪图书馆新论》《国际图书馆建筑大观》《世博会主题演绎》《转型与超越：无所不在的图书馆》《人的城市：世博会与城市发展》《知识是流动的》等著作 20 余部。

主要荣誉：2002 年获国务院专家特殊津贴。2010 年获中共中央、中央军委和国务院颁发上海世博会先进个人称号。2012 年获英国阿伯里斯特维斯大学 Fellow 称号。2019 年获中共中央、国务院、中央军委颁发庆祝中华人民共和国成立 70 周年纪念章。

采访时间：2021 年 7 月 11 日

初稿时间：2021 年 7 月 18 日

定稿时间：2021 年 7 月 21 日

采访地点：澳门大学图书馆

随着社会的发展变化，图书馆也与时俱进，处于不断演进变化过程中。为总结图书馆事业发展变化规律，同时也为图书馆事业发展提供相应的指导，出现了诸多关于图书馆发展阶段、发展模式的理论。澳门大学图书馆吴建中馆长提出的“三代图书馆”发展阶段论就是很有代表性的成果，对于指导我国图书馆发展实践起到了积极作用。最近几年，关于智慧图书馆的研究和实践日渐引起人们的重视，智慧图书馆与第三代图书馆之间有什么区别与联系，智慧图书馆对于图书馆事业发展有何影响？带着这些问题，e 线图情采访了吴建中馆长。

一、“图书馆是百科之源，一切文明进步与发展都与图书馆有关”——谈职业生涯与学术经历

刘锦山：吴馆长，您好。非常高兴您能接受我们的采访。首先请您向大家介绍一下您的职业生涯和学术经历。

吴建中：谢谢刘总，很荣幸与您再次交流。这个题目太大，在这里不便报流水账，那就从我的职业方向和研究兴趣谈起吧。

我的主业是图书馆学，但兴趣爱好不少。从研究的角度来看，世博研究、城市与文化发展等，我都很感兴趣。如果要归类的话，就算城市研究吧。我的很多研究、演讲和活动都与城市发展有关，可以说这一切都“始于世博会”。2002 年 12 月，当我国成功申办世博会以后，我就参与到办博队伍中了。图书馆与世博会结缘，跟信息有关。由于这是我国第一次举办世博会，大部分人对世博会缺乏了解，为了能参与世博，为办博做一些实质的贡献，上海图书馆领导班子讨论建立世博信息中心，将世博资源有效地收集和利用起来，下决心花一百万元购买相关信息资料。世博信息中心启动以后，我们又参照联合国哈马舍尔德图书馆的做法，争取获得国际展览局托存图书馆的地位。那时我正好在国际图联担任管委会委员，一年有三次出国开会的机会，2004 年 3 月我顺访了巴黎国际展览局总部，开始与洛塞泰斯秘书长有了密切的交往。得到国际展览局和上海世博局的支持，世博信息中心的收集、阅览、出版以及讲座等业务迅速开展起来，我也有幸被聘为四个主题演绎总策划师之一。其他三位都是院士或文化学者，大家对我的认可

主要是我对世博会整个体系比较熟悉，因此无论是巡回宣讲还是参展方主题报告的审核，都让我牵头参与。后来我又成为《上海宣言》和《上海手册》的主要撰稿者之一。

世博会是文明盛会，涉及领域相当广泛，而我对文化、建筑、生态等热门话题也很有兴趣，为此也写了不少书，如《人的城市》《和谐的进步》《世博文化解读》《世博会主题演绎》《世博启示录》以及《上海世博会看点》等都与这些研究有关。曾有领导问我，如果换岗的话希望到哪些岗位工作，也有领导提议我到作协，最终我还是决定留在图书馆。我觉得图书馆是百科之源，一切文明进步与发展都与图书馆有关。就这样，我选择扎根于图书馆，即使是从上海图书馆退休到澳门大学，从事的也是图书馆工作。可以说，这辈子从来没有对自己选择的职业后悔过，相反，我始终把它浪漫地看作是"图书馆员生涯"。

不过我的图书馆员生涯始于偶然。虽然大学毕业留校当教师很好，但总希望进一步深造。我先考的是北京大学日语专业硕士，这次考研失败后，我改报了华东师范大学的图书馆学专业，也许是这一专业比较冷门且报考者不多的关系，我的成绩在这次考试中位列第二，于是开始与图书馆结缘。我的长处是用功、敢闯、熟悉两门外语，有得天独厚的学习机会，再加上运气好，进上海图书馆第三年就担任了副馆长，然后经上海图书馆推荐、国家统一考试和文化部有关部门批准，获得中英友好奖学金，到英国威尔士大学深造，获得博士学位后，回到上海，继续担任副馆长，在上海图书馆与上海科技情报研究所合并七年后担任了馆长（所长），然后在正职任上干了十五年。我常开玩笑说，我是为图书馆而生的。

到这里我要打住，否则要冲淡今天对话的内容了。刘总，您继续提问吧。

二、"第三代图书馆的提出对数字时代是否还需要有实体空间做了回应，智慧图书馆对弥补数字图书馆的不足提供了有效的解决思路"——谈第三代图书馆与智慧图书馆

刘锦山：2016 年 11 月 21 日在广州市图书馆召开第七届信息技术与教育国际学术研讨会期间，我采访过您。那次采访中您系统阐述了"第三代图书馆"的概

念和内涵，并介绍了当时上海图书馆基于“第三代图书馆”理念开展的一些实践活动。我觉得“第三代图书馆”是一个包容性和韧性很强的概念，可以在较长时期内用来指导图书馆建设与发展实践。最近几年，关于智慧图书馆的探索与实践日益引起大家的重视，但是对于“智慧图书馆”这一概念的理解见仁见智。我想首先请您谈谈“第三代图书馆”与“智慧图书馆”这两个概念之间的关系，或者分别从“第三代图书馆”和“智慧图书馆”各自的视角出发谈谈如何看待彼此。

吴建中：首先，这一问题提得很好，第三代图书馆和智慧图书馆是从两个不同的角度提出并发展起来的，第三代图书馆突出的是空间再造，而智慧图书馆是数字图书馆的延伸，两者都不同程度地回应了长期以来图书馆发展中的疑惑和争议。第三代图书馆的提出对数字时代是否还需要有实体空间做了回应，智慧图书馆对弥补数字图书馆的不足提供了有效的解决思路。

第三代图书馆和智慧图书馆的理念都是在世纪之交开始形成的。这次我在国际图联2021年虚拟学术年会上将做一个发言，从图书馆建筑设计的角度讲世纪前后的差异。以前图书馆设计讲究规范和质量，如哈利·福克纳－布朗的“十诫”（弹性、紧凑、易接近、可扩展、组织性、舒适、可变性、稳定性、安全性、经济性）和安德鲁·麦克唐纳的“十质量”（功能性、可适应、可接近、可变性、互动性、激励性、环境友好、安全性、有效性、适应信息技术）在图书馆建筑界都很有名。但从21世纪开始，更加重视人在建筑中的位置。英国学者吉玛·琼斯在其《21世纪图书馆设计》的报告中强调图书馆要根据本地需求设计，没有“一体适用”的规则。她提出了新世纪图书馆设计的三个原则：一是可接近和包容，图书馆必须为任何使用它的读者考虑获取和利用资源的便利性；二是通透和连接，图书馆是人与人自由交流的空间，设计应考虑人流、书流、信息流的通畅性；三是弹性和可适应性，图书馆要与时俱进，适应需求的变化。在这次国际图联虚拟学术年会，我的观点也很鲜明：第一，图书馆设计要“以人为本”，“以人为本”不只是体现在空间设计中，而且将体现在图书馆的各个环节之中；第二，“以人为本”并不等于你想做什么就做什么，而是要在可持续发展的前提下尊重自然、重视安全；第三，图书馆是一个发展的有机体，而作为一个有机体，图书馆具有有机体的一切属性，也会有危机、有挑战、有不断出现的新问题，因此，图书馆要不断适应社会发展的变化和需求。

实际上，智慧图书馆也一样，它是一种理念，强调的是通过数字化、智能化手段提高图书馆工作的效能和个性化应用。但我们要避免它走数字图书馆的老路。从严格的意义上来讲，当时数字图书馆要解决的更多的是如何让馆藏资源数字化的问题，讲得更直接点，首先是要让纸质的馆藏资源都实现数字化，当时的努力也是很有成效的。但它的最大缺陷是对传统图书馆专业方式的迁就，就像当时很多人批评MARC目录一样，它没有发挥计算机对信息处理的长处，而是让它顺着图书馆传统的编目框架走。因此，刚刚兴起的智慧图书馆绝对不能成为数字图书馆的翻版，而要走出一条创新之路。

三、“谁抓住了数字化转型的机会，谁就掌握了下一轮发展的主导权”——谈智慧图书馆的演进

刘锦山：吴馆长，无论是“第三代图书馆”还是“智慧图书馆”，在概念提出之前，与其相关的实践活动已经有相当时期的历史演进过程，这个过程发展到一定程度，出现了相应的概念对其进行总结和提炼，将实践活动形成的一些思想和观点凝结在概念之中。“智慧图书馆”的发展亦如此。请您向大家梳理一下智慧图书馆实践的历史演进过程。

吴建中：到现在为止在学界或业界还没有形成对智慧图书馆一致公认的定义。这里讲的“智慧”，有的时候叫“智能”，英文是“smart”，它指的是有弹性、可适应、可延伸、可认知以及人性化的。从传统互联网到移动互联网转移的标志是“smart”，在移动互联网、云计算、大数据、人工智能、物联网、区块链等新一代信息通信技术的推动下，以“smart”技术为特征的智能手机、智慧银行、智慧校园、智慧城市等迅速发展起来，“smart”技术已渗透到人们的日常学习、工作和生活之中，由此智慧图书馆也应运而生。当然，这里需要说明一下，与第三代图书馆不同的是，智慧图书馆不是指机构，而是一种硬件和软件集合的技术模式，在这方面与数字图书馆有点差不多。按理说，数字图书馆与智慧图书馆不是两个相互对立或有严格边界概念的东西，但在国内，它们似乎是两个东西。在很

多人的概念中，数字图书馆是传统馆藏的数字化再现，虽然这样的说法不严谨，但实际上我们就是在这样的认知中走过来的。当我们意识到这样的数字图书馆已经走到尽头的时候，就对智慧图书馆抱有了更大的期望。

现在不是说图书馆要数字化，而是整个世界、整个国家、整个社会都在推进数字化转型，这是一个全球大趋势。现在各级行政部门、各行各业都在致力于数字化转型，扎实推进数字与实体融合发展，谁抓住了数字化转型的机会，谁就把握了下一轮发展的主导权。在图书馆领域，智慧图书馆就是回应数字化转型的最好体现。

四、“图书馆的真正魅力不在于提供最终答案，而是在形成答案过程中不同见解、不同情感之间的现场互动”——谈智慧图书馆与图书馆新业态

刘锦山：吴馆长，通过您的梳理，我们对于智慧图书馆的发展演变过程有了清晰的了解。概念作为对某一事物、事物的某一阶段、事物的某一方面发展运动特点的概括，往往会突出某些特殊性，这样才能区别于其他事物、阶段和方面。与其他概念相比，智慧图书馆无疑突出了“智慧”属性。但是我们知道，图书馆作为一个活的有机体，涉及要素颇多，因此，在智慧图书馆探索与实践过程中，我们应该如何处理“智慧”与人本、空间、服务等要素的关系？请您谈谈有关这方面的思考。

吴建中：您说到点子上了，智慧图书馆中的“smart”，与人有着密切的关系，“smart”最突出的特征是满足人的个性化需求，否则就不能叫“smart”了。智慧图书馆建设要“以人为本”，把满足人的需求放在第一位。在人、资源、空间三要素中，要以人为主导。资源也好，空间也好，都有实体与虚拟之分，即实体资源与虚拟资源、实体空间与虚拟空间，以前没有网络，它们之间只能处于各自独立和分散的状态，而“smart”技术的优势就是通过特有的网络“关联”将它们融合在一起。我们现在要创造的是一种新业态，这种业态是你中有我、我中有你，而不是两张不相干的皮。我们不能因为智慧图书馆是一种技术模式而忽略了人在

其中的位置，而要以智慧图书馆建设为契机，将线上线下、虚拟实体有机地融合起来，促进“亦虚亦实新空间”（我为《图书馆建设》2021 年第 4 期提交的文章也是用了同样的标题）的形成。

按现有的技术，我们完全有能力建设一个无人的智慧图书馆，但这不是我们所希望的图书馆。人际交流最大的乐趣在于享受面对面互动的过程，而这一点正是“图书馆作为空间”的最突出的价值和“亦虚亦实新空间”的最美妙之处。图书馆的真正魅力不在于提供最终的答案，而是在形成答案过程中不同见解、不同情感之间的现场互动。智慧图书馆是一种工具和手段，不是目的，因此我们希望未来的智慧图书馆，能为人们解决问题提供各种线索和方便，而不是代替人们解决问题。

刘锦山：吴馆长，您在担任澳门大学图书馆馆长之前，多年来一直担任上海图书馆馆长和上海科技情报所所长。公共图书馆与大学图书馆本质上都是图书馆，具有共性的地方，但也有各自的特殊性。在智慧图书馆建设过程中，是否也有各自不同的特点？

吴建中：从智慧图书馆的角度来看，公共图书馆与大学图书馆没有多大的不同，其目标都是让图书馆业务更智能化和个性化。澳门大学图书馆近年来做了不少尝试，首先是加大数字转型的力度，尽可能通过数字化让整个业务体系以及项目之间更为流畅、更加高效。如，在澳门大学图书馆做数字人文项目的时候，反复强调要做好数据平台的建设。资源导航一般企业也可以做，但图书馆的强项是做数据及其连接，这是智慧图书馆的基础建设。同时，拓展图书馆、学校及各院系之间的联系，如通过建立学者库等将图书馆工作与大学发展紧密地结合起来。现在，学者库已经涵盖全校所有的教研人员，并嵌入到学校整体的教学、科研及教员学术评价体系之中。今后，还要考虑研究数据的管理。也许有人认为这是图书馆的分外事，但图书馆要真正成为学校的信息中心，就要挖掘自己的长处与优势，将自己的工作与学校整体发展结合起来。

大学图书馆与公共图书馆最大的不同是与读者之间的距离。对于大学图书馆来说，其服务目标与对象比较明确，而且容易找到切入点。相对而言，公共图书馆，尤其是大中型公共图书馆与读者之间的关系没有大学那么直接，有时很难找准读者的需求。因此，公共图书馆要避免自娱自乐，要深入社会和社区，了解读者以及其他社会机构对信息的需求和期待。

五、“打造惠及全民的互联互通、开放共享的智慧图书馆体系”——谈智慧图书馆的未来发展

刘锦山：吴馆长，最后请您谈谈智慧图书馆的未来发展趋势。

吴建中：在我国，智慧图书馆虽处于起步阶段，但已经受到各级政府的关注和重视，相信下一步将会有一个快速的发展。我丝毫不怀疑图书馆人的热情，但我最担心的是一哄而上。因此，我想从否定句开头，提几点想法。

第一是不要仓促上马，想好了再干，要有一个清晰有效的全国性发展规划和路线图；第二是不要各自为政，千万不能再像过去一样，形成一个个数字图书馆孤岛，要充分发挥“smart”技术的优势，将全国图书馆信息资源有效地连接起来；第三是不要忽视“人”在智慧图书馆建设中的地位和作用，一切从人的需求出发，把解决和满足人对信息的需求放在突出的位置上。现在已经有不少图书馆在向这一目标迈进，并做了很多有益的尝试，但仍需要正确引导，树立全国一盘棋的观念，避免走老路和弯路。

总而言之，我对下一轮智慧图书馆的发展充满期待。新一代信息通信技术为智慧图书馆的建设提供了绝佳的技术条件，各级政府对文化事业的高度重视为智慧图书馆的发展奠定了重要的基础，相信全国广大图书馆工作者一定会不负众望，齐心协力，打造出一个惠及全民的互联互通、开放共享的智慧图书馆体系。

索传军：加强基础理论研究　推动智慧图书馆发展

［人物介绍］索传军，中国人民大学杰出学者、特聘教授，博士生导师，享受国务院政府特殊津贴专家，新世纪百千万人才工程国家级人选，教育部图书馆学教学指导委员会委员，中国图书馆学会教育委员会委员，图书馆学基础理论委员会委员，《图书情报工作》编委等。长期从事图书馆学理论研究与教学工作。研究方向有数字资源管理、语义知识组织和学术评价等。

采访时间：2021 年 7 月 12 日
初稿时间：2021 年 7 月 18 日
定稿时间：2021 年 7 月 21 日
采访地点：中国人民大学信息资源管理学院

近年来，智慧图书馆的研究和实践日益引起人们的重视。由于智慧图书馆的实践尚未充分展开，对于智慧图书馆的内涵和本质的认识仍然有待进一步厘清。而图书馆学基础理论的研究对于解决上述问题具有积极推动作用。中国人民大学信息资源管理学院索传军教授多年来一直致力于图书馆学基础理论研究，因此，e线图情就图书馆学基础理论与智慧图书馆发展这一主题采访了索传军教授。

一、关于学术生涯

刘锦山：索教授，您好。非常高兴您能接受我们的采访。首先请您向大家介绍一下您的职业生涯和学术经历。

索传军：感谢刘总提供这个交流与学习机会。我 1987 年参加工作，至今工作 34 年了。回顾我的职业生涯，有一半时间是在图书馆工作，一半时间是在从事图书馆学教育和研究。我本科是水利工程建筑专业，但第一份工作是图书馆情报中心。正是这份工作经历，让我踏进了图书馆学，并一直工作至今。客观地说，刚刚接触图书馆和图书馆学时，我与许多人一样，并不理解图书馆和图书馆学。当时，我被同学和朋友们问得最多的问题是，你在图书馆干什么？看到他们满脸的疑惑，我一时也难以解答。后来师从于武汉大学原图书情报学院（现信息管理学院）焦玉英教授，读了情报学硕士和博士以后，对图书馆学和情报学才有了点粗浅认识。

我的学术经历可以分四个阶段。第一阶段是在郑州大学和原郑州工学院图书馆。这一阶段的工作，使我获得了进入武汉大学的学习机会。第二阶段是在郑州大学原信息管理系（现信息管理学院）。2003 年 1 月—2007 年 6 月，我在信息管理系先后任系副主任和主任，对我国的图书馆学教育有了一些初步的了解，也开始了自己图书馆学研究的学术生涯。这段时间不长，但这段时间我产出的学术成果最多。第三阶段是在国家图书馆的四年工作经历。2007 年我被文化部作为数字资源建设与管理首席专家引进国家图书馆。在国家图书馆研究院工作期间，一方面与南京大学信息管理学院开展了博士生教育，与南开大学开展了博士后工作站的建设，并于 2009 年申请建立图书情报专业硕士培养点；另一方面筹建了全国图书馆标准化技术委员会和国家图书馆国际访问学者办公室，开展我国图书馆行业标准的制订和图书馆业务和学术研究的国际交流。这段经历加强了我对我国图书馆事业和图书馆学研究与现状的进一步了解。第四阶段是在中国人民大学的工作。我是 2011 年 9 月调入中国人民大学信息资源管理学院的，至今已经十年了。中国人民大学信息资源管理学院的图书馆、情报与档案管理是全国“双一流学科”，为我学术上的进步提供了保障。我目前主要从事数字资源管理、知识组织和学术评价方面的研究与教学。

二、关于智慧图书馆的内涵与本质

刘锦山：索教授，最近几年，关于智慧图书馆的应用研究和实践日益引起人们的广泛重视，在图书馆建设特别是新馆建设过程中，智慧图书馆成为重要的抓手。但是，对于智慧图书馆的认识有一个逐渐深化的过程，关于智慧图书馆的本质、内涵仍有待厘清。我们知道，基础理论对于应用研究和实践活动的开展具有奠基性和引领性作用，因此，智慧图书馆应用研究和实践突破仍然要从图书馆学理论研究寻找根据。您多年来一直致力于图书馆学基础理论的研究，请您从图书馆学视角出发谈谈智慧图书馆的内涵和本质。

索传军：您所说的智慧图书馆，现在的确是图书馆学界和业界关注的热点。我也十分关注图书馆的发展问题，如智能图书馆和智慧图书馆相关理论研究和实践研究等，也常阅读一些论文等，了解有关进展，从中也受到了不少启发。

我前两天在知网简单查询了一下，仅有关的期刊论文就有3728篇①，另外还有许多会议论文、学位论文和学术报告等。从有关文献资料的研究论题看，有关智慧图书馆研究的主题十分广泛。但存在一个较为普遍的问题，一方面将“智能”和“智慧”两个概念相混淆，在有些文献中“智能图书馆”和“智慧图书馆”混用的情况较常见；另一方面有相当一部分文献将“智能图书馆或智慧图书馆”作为一个研究预设或前提和基础，然后基于这个“虚假研究预设”展开讨论和论述。因而，您提的问题很有针对性。

您的提问，实际上包含两个重要问题：一是智慧图书馆的内涵是什么？或者说什么是智慧图书馆？这表面上看是给智慧图书馆下定义，实质上是我们如何认识智慧图书馆，它的内涵是什么；二是智慧图书馆的本质是什么？其实这个问题更难回答，但又是我们开展智慧图书馆研究和实践的理论基础。我认为，这是图书馆事业和图书馆学发展的基础理论问题。若我们不能科学地回答这些问题，将

① 知网，主题途径，检索词“智能图书馆或智慧图书馆”，检索时间，2021.7.10。

会影响未来智慧图书馆研究与实践的深入和发展。

首先，我想谈谈对智慧图书馆的认识。要想理解智慧图书馆，还需要从基本概念入手。关于智慧图书馆概念（或术语）的来历，从有关文献看，主要有两个：一是借鉴了智慧城市等概念；二是借鉴了国外相关文献。另外，在一些文献中，将智能图书馆和智慧图书馆的概念混用，或将二者等同较为常见。

上海社科院信息研究所的王世伟研究员和上海图书馆的刘炜研究馆员是较早开展智慧图书馆研究的学者，他们也有多篇相关的研究成果。其中，智慧图书馆概念内涵方面较有代表性的成果，是段美珍和初景利等最近网络首发在《图书情报工作》上的《智慧图书馆的内涵特点及其认知模型研究》一文。该论文通过内容分析法对 54 个有代表性的概念进行了分析，并将智慧图书馆界定为："智慧图书馆是以人机耦合方式致力于实现深层次、便捷服务的高级图书馆形态。"这个定义相较以前的一些定义，有了一些进步，提出了"人机耦合"，但也并没有准确界定智慧图书馆的本质和内涵是什么。

关于智慧图书馆内涵的认识，我们认为首先应该辨析"智慧"和"图书馆"的内涵。这里，我只想简单地辨析一下智慧图书馆中的"智慧"具体指什么。依据百度百科的解释，智慧是生命所具有的基于生理和心理器官的一种高级创造思维能力，包含对自然与人文的感知、记忆、理解、分析、判断、升华等所有能力。很显然，智慧是"生命体"的一种能力。这个解释比较符合我们的认知。我们通常说，某某很智慧。这是说，这个人利用知识和经验解决问题的能力很强。图书馆不是生命体，那么智慧图书馆的智慧来自哪里呢？我认为，智慧来自我们图书馆的馆员。但这并不是说，我们当代图书馆馆员比前辈更聪慧；也不是说，我们天生比他们处理问题能力更强或更会处理问题。问题在于，我们所处的时代不同。我们处于万物互联和数据智能时代，我们拥有比以往更多的"数据和算力"，可以借助"机器"扩展我们的感知能力，利用"软件 + 数据"或者"数据智能"等信息技术提高我们的认知能力，从而使得我们图书馆馆员更聪慧。正如美国亚利桑那州立大学工程学与伦理学教授布雷登 · R. 艾伦比所说，一种新的全球认知生态系统逐渐形成并向世界的各个方面渗透。人类认知不是唯一的认知形式。技术和设备能够扩展和提高我们的认知能力。从这个角度说，智慧图书馆的内涵可以理解为，在新信息技术环境下，图书馆馆员借助于“机器、软件和数据”等，不断拓展和提高对读者需求和图书馆业务环境的感知和认知能力，不断提高应对环境和解决问题的能力，为读者提供更加便捷优质的文献、信息和知识服务。

关于智慧图书馆的本质，其实我在想，无论什么图书馆都是图书馆的一种形态，都是社会发展到一定阶段的产物，是图书馆满足社会需要的一种存在方式。因而，从本质上说，智慧图书馆“传承文明，服务社会”的本质并没有变化。相较于以往的图书馆形态，其变的只是服务方式。所谓的“智慧”，我理解就是图书馆馆员在机器的协助下更懂得读者或用户的需求，能够更及时地为读者提供更有针对性和更有人文关怀的服务。智慧图书馆中智慧的主体既不是图书馆，也不是设备或机器，而是拥有图书馆学相关知识，并拥有一定处理问题经验的馆员。不同的是，在新的信息技术环境下（如数据智能等），图书馆馆员可以借助信息技术有效感知或预测到读者的需求，并基于掌握的数据、软件和机器，能够及时地、有针对性地为其提供适合其需要的服务。

三、关于智慧图书馆与数字图书馆

刘锦山：索教授，20 世纪 90 年代兴起的数字图书馆理论与实践一直持续到现在，按照历史发展顺序，智慧图书馆是在数字图书馆发展到一定阶段后出现的。同时，任何概念都不是孤立存在的，都是与其他概念相比较而建立起自己的特殊性的，从而确立起自己的存在。请您谈谈智慧图书馆与数字图书馆之间的联系和区别。

索传军：从有关文献资料看，有部分学者认为，智慧图书馆是图书馆发展的一种新形态或高级形态。如上海社会科学院信息研究所的王世伟研究员等；还有部分学者认为，智慧图书馆是网络数字化环境下图书馆发展的必然阶段或趋势。中国科学院大学的初景利教授也发文论述了从数字图书馆到智慧图书馆的发展历程。这些论述在一定程度上揭示或解释了我国图书馆事业发展演变的过程。因而，关于这个问题，多数学者具有比较相近或相似的认识，认为智慧图书馆是时代发展的产物，是数字图书馆发展的必然趋势，是图书馆发展的高级形态。从社会和图书馆事业发展的时间维度来看，这种观点比较好理解，也较为科学。

关于数字图书馆和智慧图书馆二者的联系与区别，今天，我想从图书馆宗旨、馆藏和服务等方面谈一些我个人的粗浅认识。

二者的联系。图书馆的主要职责是“传承文明，服务社会”，一方面对人类历史文献和生产知识（以文献为载体）收集、整理、保存和保护；另一方面为社会提供文献、信息和知识，促进社会实现信息和知识公平。这正是图书馆的价值所在。无论是什么形态的图书馆，其宗旨、职责和基本功能不会变，改变的只是服务的手段和方式，改变的只是对信息及知识获取的体验和效率。数字图书馆的概念也是伴随着互联网的出现而出现的。数字图书馆不仅改变了传统图书馆的馆藏资源构成，而且改变了人们获取馆藏的方法，使得人们（读者或用户）可以“随时随地”地获取自己所需的馆藏文献或信息（理论上，实际上由于技术和版权等限制，并未完全实现），极大地提升了人们获取馆藏的体验。智慧图书馆是近些年随着大数据和人工智能的发展、智慧城市等概念的提出而提出的。其核心是提升图书馆的服务质量，更好地满足用户对信息和知识获取的需要。智慧图书馆更侧重于满足图书馆服务的自动化、智能化、个性化等。二者的侧重点虽然有所不同，但从“服务社会”这个大的宗旨看，二者是密切联系的，是网络化和数字化发展不同阶段的产物。

二者的区别有两个方面。其一是馆藏构成形式不同。数字图书馆，顾名思义，馆藏由数字化形式的各种文献资源构成。智慧图书馆（其实，称为智能图书馆也许更恰当）作为数据智能时代图书馆的一种高级形式，馆藏以数字资源为基础，但表现形式上更加多元化。除了以数字形态存在的数字馆藏，还有各类数据馆藏，以及提升服务质量和用户满意度的软件资源。数据馆藏既包括对馆藏文献“碎化”后形成的以数据形式存在的各类知识元，还包括与用户相关的数据，如用户访问图书馆和使用数字资源的数据。另外，软件即服务，在未来，图书馆将处于一个活的生态之中。服务于图书馆管理和用户的各类软件资源，也是智慧图书馆馆藏的重要组成部分。正是这些软件资源，扩展和提高了馆员的认知能力，使得图书馆馆员更加聪慧。这也许是智慧图书馆与数字图书馆的重要区别之一。

其二是二者服务方式与程度或质量的区别。数字图书馆提升了用户对馆藏文献发现与获取的体验和效率。智慧图书馆将在此基础上，进一步改善用户的服务体验。数字图书馆改变了对馆藏获取的便利性，但对于用户来说，仍然停留在“千人一面的被动拉取”阶段，无法更好地满足用户个性化的需求。智慧图书馆将借助于“机器、软件和数据”，探求对用户需求的“感知或预测”，提供更有针对性或个性化的服务。智慧图书馆将拓展馆员的感知范围，提升馆员的认知能力，为用户提供更优质的服务。这也是二者最重要的区别。

四、关于知识元与智慧图书馆

刘锦山：索教授，您刚才谈到作为智慧图书馆数字馆藏形态之一的知识元，请您具体谈谈知识元思想及其对智慧图书馆意味着什么。

索传军：关于这个问题，我想就图书馆学的内涵谈谈自己的认识。长期以来，关于图书馆学的概念和研究对象问题，学界一直没有形成共识。一方面使得图书馆学研究（边界）过于泛化，缺乏核心主题和理论体系的研究；另一方面过于关注社会热点，“追新、追热”成为当前图书馆学等相关期刊和论文的主流。例如，智能图书馆和智慧图书馆的研究。

从全球看，图书馆学已经提出 200 多年了，在我国也有 100 年的发展历史了。但关于图书馆学的概念和研究对象，还没有形成较为统一的科学认识。这也许是图书馆学发展缓慢，其学科价值得不到社会大众认可的重要原因。以至于在我国图书馆事业发展蒸蒸日上的今天，图书馆学专业招生经常出现难堪的窘态。

当前，有许多人仍简单认为，图书馆学的研究对象就是图书馆。图书馆学就是关于图书馆的学说。我认为，这些认识比较狭隘，有一定的历史局限性。图书馆学诞生于图书馆，但并不能简单地认为，图书馆学就是关于图书馆的学说。应该从图书馆和社会价值的角度去思考图书馆学的本质。无论什么时代，也无论社会如何发展，人们对文献、信息和知识的需求不会变。改变的只是文献、信息和知识的载体形式和表现方式。图书馆的形态可以发展变化，但为人们提供文献、信息和知识服务的本质不能变。图书馆学的研究对象不是静止的、绝对的，而是发展的。图书馆曾经是图书馆学发展到一定时期的主要研究对象之一，例如20世纪30、40年代美国芝加哥学派的图书馆学理论，就是建立在图书馆这一研究对象之上的。图书馆学的研究对象和理论体系的建设，应超越机构说和要素说等有形的物质，应关注其本质“知识”。

我认为，图书馆的社会价值主要体现在为人们提供文献（知识的载体）、信息和知识服务，从而缩小其对事物认识的“信息势差或知识势差”。因而，图书馆学要解决这一问题，或者说，以此为轴心，构建理论体系和完善方法论。图书馆是图书馆学应用的重要场景之一，但不应该是唯一场景。因为，人们获取文献、信息和知识的渠道不止图书馆一个途径。图书馆学理论也不能仅满足于图书馆的文献、信息和知识服务。

智慧图书馆作为图书馆发展的一种高级形态，其本质是为用户提供更加便捷优质的服务。我认为，未来智慧图书馆服务的重心是知识服务。然而，我们当前图书馆的馆藏是各种载体的文献。文献内容记录着知识，如何管理馆藏文献中记录的知识是未来智慧图书馆建设的重点之一。知识元是文献的核心内容。我们可以认为，一篇文献是一组知识元的逻辑组合。对文献中包含的知识元的识别、挖掘、描述和管理，将成为智慧图书馆馆藏资源建设的重要内容。

还有一点，未来文献（或出版物）的形态是否会发生变化。我认为，在可以预见的将来，文献的边界也会被打破。文献将以一种新的形态呈现给读者。或者说，我们可以重新界定文献。未来，出版社的核心不再是“版（一种形式化的结构）”，不再是“千人一面”的版式，而是按需呈现和展示的能力。这都有赖于对文献内容的碎化——内容组件单元或知识元。我认为，在将来人们不仅可以获取文献，而且可以直接获取文献中的知识元。

总之，智慧图书馆的发展，无论在理论上，还是在实践中，都应该重视知识元的问题。

五、关于智慧图书馆未来发展

刘锦山：索教授，您对智慧图书馆今后发展有哪些思考？

索传军：关于智慧图书馆的发展，我认为，智慧图书馆作为图书馆发展的一种高级形态，提出这个概念是好的，一定程度上明确了图书馆事业发展的方向，有利于图书馆事业的发展。但是，若仅仅停留在概念创新，不从用户需要、图书馆本质和实际业务出发，去解决图书馆事业发展中的实际问题，那么智慧图书馆也许仅仅停留于相关文献之中，很难改变图书馆的实践，对图书馆事业的推动作用将非常有限。

其实，对于普通读者或用户来说，他们并不关心什么传统图书馆、数字图书馆、智能图书馆、智慧图书馆。他们关心的是，他们在图书馆的体验是否好，图书馆能否解决其问题，能否缩小信息或知识势差。

智慧图书馆是我们图书馆学界和业界为适应社会发展大环境而提出的新概念。尽管目前并没有统一的认识，也缺乏对其内涵和本质的认识。但是，概念的提出，一方面体现了我们图书馆学人对图书馆发展的预期，另一方面也反映了我们高度的事业心。不过，愿望尽管很美好，但重要的是付诸实践。无论关于智慧图书馆的设想多么完美，智慧都不会自然而然地产生，这需要我们图书馆学界和业界的通力合作，去研究解决智慧图书馆建设过程中的理论问题和实践问题。智慧图书馆的路还很远很远。我建议大家，阅读一下华中师范大学李玉海教授等的论文《我国智慧图书馆建设面临的五大问题》。当前，有关智慧图书馆问题，在该论文中多有论述，在此我不再多说。

关于智慧图书馆未来的发展，是一个大问题。我对智慧图书馆缺乏系统深入的研究。只能借此机会，粗浅地谈一点自己的看法。客观地说，初期我对智能图书馆或智慧图书馆这种称谓有一些抵触。我认为，随着互联网的兴起，数字图书馆的建设已经 20 多年了，其实除了馆藏资源构成、用户文献获取的便利性等的变化外，与传统图书馆相比，（数字图书馆的）服务水平没有太多改变。其实，一个机构叫什么不重要，重要的是你做什么。你能满足社会什么需要，你能解决用户什么问题。或者说，图书馆的价值，不是我们自己说的，而是取决于社会大众的感知和认识。当然，在当今全媒体时代，一个好的创意，既可以“吸粉”，又可以增加“流量”。也许通过这种概念上的创新，能够改变图书馆的现状。

我个人认为，未来图书馆学界应加强智慧图书馆相关理论研究。例如，如何利用信息技术拓展图书馆馆员对用户需求的感知；如何利用大数据等技术提升对馆员的认知能力，从而提高图书馆的服务能力和水平，更好地满足图书馆服务社会之宗旨；如何基于任务与场景对文献或知识进行组织；如何对馆藏文献进行数据化和语义化，等等。总之，图书馆界应加强基础业务建设，针对数据智能时代图书馆馆藏资源构成的变化，加强馆藏文献的数据化、语义化建设。同时，要加强馆员专业知识和业务素质的建设。智慧图书馆的智慧，不能依赖于“机器＋软件＋数据”，主要还是我们馆员的智慧。

刘锦山：索教授，我们知道，最近十多年来，您一直在主持《图书馆学科发展报告》的跟踪研究，请您结合这方面的情况谈谈图书馆学与智慧图书馆研究方面的情况。

索传军：自 2011 年至今，整整十年，在中国图书馆学会牵头下，我们组织中国人民大学、武汉大学、北京大学、南开大学、中山大学和国家图书馆等全国图书馆学界和业界的多家单位的专家开展了三期《图书馆学学科发展报告》的跟踪研究。在这里，我还是要首先感谢一下参与跟踪研究的专家，南开大学的柯平教授、北京大学的张久珍教授、中山大学的张靖教授、武汉大学的吴丹教授、南京大学的欧石燕教授、河北大学的金胜勇教授、中国人民大学的贾君枝教授、北京大学的张广钦副教授和中国人民大学的齐虹副教授，等等。总体上看，图书馆学的相关文献数量不少，但质量偏低。我时常听到一些“专家学者”讲两个问题，一是图书馆学理论研究与图书馆实践脱节；二是理论研究论文太多。其实，这两个问题，我们在跟踪研究中并没有看到。客观上，近些年图书馆学的理论研究并不活跃，也鲜有重要的理论研究成果。

“智慧图书馆”这一概念提出的时间不长，但国内相关文献已经有数千篇，可以说是近期的头号热点，各种期刊也是争相发表相关论文。我认为，学术上的探讨争鸣是好事。但是，我还是想建议，应该理性地看待智慧图书馆理论研究和实践发展等问题。我们在研究和开展建设时，多问几个为什么。特别是要跳出图书馆，站在全社会和用户的角度思考一下，社会和用户对我们有何期待？我们的研究要解决什么问题？这个问题的研究解决对于图书馆的建设和发展是否有帮助？我们图书馆的这项实践，改变了什么？对于馆藏管理和用户服务是否有提升？等等。避免一些“基于一个虚假预设，开展一些虚假的毫无意义的研究”。

另外，科学理性地认识相关技术对图书馆发展的推动作用。图书馆适应社会发展，需要转型。但技术的推动永远是第二位的，第一位的是我们图书馆员。智慧图书馆的智慧仍然有赖于图书馆员的聪明才智！

王志庚：智慧未来　馆员创造

［人物介绍］王志庚，研究馆员，首都图书馆馆长，中国古籍保护协会副会长。长期从事图书馆文献资源管理和全民阅读服务工作，研究领域为印刷出版与学术传播，图书馆信息化与数字资源管理，公共文化服务与图书馆建设，研究重点是元数据与数字资源长期保存。近年致力于儿童阅读研究与推广，兼职从事幼儿文学史和图画书版本研究，开展图画书翻译与评论，翻译出版图画书百余部。

采访时间：2021 年 7 月 12 日
初稿时间：2021 年 8 月 1 日
定稿时间：2021 年 8 月 3 日
采访地点：首都图书馆

智慧图书馆既是半个多世纪以来图书馆在新技术驱动下自然演化的结果，也是图书馆人潜心研究努力实践主动迎变、应变、求变的结果。在这一历史发展过程中，一些具备条件的图书馆根据本馆具体情况抓住机遇先行先试，或者从局部突破，或者从整体推进，带动整个图书馆行业逐步完成了从手工化向自动化、数字化的转型发展，并继续向着智慧化方向前进，为我国图书馆事业的整体发展作出了积极贡献，首都图书馆就是其中的典型代表。近年来，首都图书馆抓住北京城市副中心新馆建设的历史性机遇，积极推进图书馆智慧化转型发展，在智慧图书馆理论研究与实践发展中取得了很大进展。因此，e线图情采访了首都图书馆馆长王志庚。

一、关于职业生涯

刘锦山：王馆长，您好！非常高兴您能接受我们的采访。请您首先向大家谈谈您的职业生涯和学术生涯情况。

王志庚：谢谢刘总。我的职业生涯和学术生涯比较简单，都是围绕图书馆工作进行的。1996年大学毕业后，就应聘到国家图书馆（时称北京图书馆），一直工作了25年。先后在外文采编部、报刊资料部、数字资源部、典藏阅览部、社会教育部任职，几乎在图书馆所有业务岗位上历练过，从基础的采编阅藏，到数字资源建设与管理，再到图书馆拓展服务，我都从事过。

我在国家图书馆的第一个岗位是在外文采编部东方语文编目组做日文图书采访和编目。2000年通过岗位竞聘，先后在报刊资料部担任主任助理、副主任、主任，负责中外文连续出版物（包括报纸、期刊、音像资料、电子出版物等）的全流程业务。2008年，国家图书馆二期暨国家数字图书馆开馆，我牵头组建新设的数字资源部，负责国家图书馆数字资源建设、管理与服务。2011年，我轮岗到典藏阅览部（少年儿童馆），这是国家图书馆最大的业务部门，业务特点是“大典藏、人阅览”，负责中外文图书、报刊、学位论文、工具书、数字资源的典藏管理、读者服务、文献开发，同时也负责少年儿童馆的工作。2020年，我又调到社会教育部，这是个比较新的部门，承担讲座、展览、培训、口述史、阅读推广等社会教育职能，也负责文津图书奖评审的组织工作，以及中国记忆项目组织实施。2020年底，我到首都图书馆任馆长。

学术研究方面，2000年之前以业务学习为主，还谈不上研究。2000年以后逐步确立了研究方向，首先在连续出版物管理方面，比如外文期刊采访管理、电子期刊管理与服务、二次文献加工管理等。后来从事数字资源建设工作，又重点进行数字出版、元数据、数字资源长期保存方面的研究。到典藏阅览部门后，主要研究近代历史文献整理与开发，后来最主要的是围绕未成年人阅读开展研究。回顾来看，我的研究总体上可分为两个阶段，2011 年之前主要是数字图书馆方面的，2011 年以后以儿童阅读研究为主。除了图书馆基础业务研究，我还参与多项发展规划、管理制度、标准规范的文本起草与基金课题的研究工作，还翻译了一些阅读理论书和童书。

在首都图书馆，我给自己定了一个新的方向，就是公共图书馆的智慧化管理与服务。一方面，因为图书馆行业正面临巨大的社会环境变化，我们正快速迈进一个智能社会，5G、大数据、云计算、人工智能、区块链等新技术对图书馆业务管理的影响非常大，图书馆必须适应技术环境的变化，充分利用新技术提高智能化管理程度，降低管理成本，提高管理效率；另一方面，读者的信息需求和知识行为也在发生剧烈变化，图书馆要积极融入整个社会转型当中去，为读者提供更加智能与个性的创新服务。首都图书馆正面临北京城市副中心图书馆的建设契机，我们将建设一座全场景的智慧图书馆，所以接下来我会在图书馆智慧化转型方面加强研究和探索。

二、关于智慧图书馆的产生

刘锦山：王馆长，智慧图书馆概念的出现及其实践活动的产生是计算机技术、信息技术和互联网技术等在图书馆半个多世纪应用的结果。在这一历史发展过程中，图书馆先后经历过自动化、数字化等若干发展阶段。请您从历史发展的角度谈谈智慧图书馆产生的技术、人文背景和过程。

王志庚：图书馆作为人类文明的记忆机构，是社会文明发展的产物。图书馆的主要职能就是信息的收集整理、组织加工和传播服务，信息环境发生变化，图书馆必然要发生变化。图书馆受技术变革的影响很大。随着电子技术、通信技术，特别是计算机和互联网的发展普及，图书馆都是这些技术革新的采用者和受益者。阮冈纳赞说“图书馆是一个生长着的有机体”，这的确是一条经过历史验证的定律。从技术上来看，从传统手工操作的图书馆到自动化、信息化、数字化，再到现在的智能化，技术是图书馆事业发展的重要引擎。

智慧图书馆是近年来互联网数据产业高速发展的产物。当数据、算法和算力这三个要素都达到一定水平时，基于深度学习的人工智能就应运而生了。目前人工智能技术已在社会生产生活中得到广泛应用，并且越来越普及，正在成为现代社会的信息基础设施，比如语音识别、光学识别、智能标引、机器翻译、知识图谱、智能推荐等都已经相当成熟。很多行业都开始进行智慧化改造，而对于图书馆行业来讲，相对于智慧图书馆来说，我个人比较倾向于用图书馆数字化转型或图书馆智能化来表述。我觉得，这里有两个维度。一个是用好现在的智能化技术加强图书馆的管理和服务，提高决策的科学化水平，以更高效地达成目标。就像过去我们应用计算机和软件系统一样，把成熟的、通用的、标准化的人工智能产品，在图书馆里应用起来。很多图书馆在陆续开展有益的尝试，并且产生了不错的效果，比如将机器翻译、OCR（光学字符识别）、语音识别等应用于图书馆的公众讲座等。不过，图书馆作为一个行业，拥有自己的知识组织、管理的方法和工具，是对全社会进行知识赋能的行业，在智慧化转型中，图书馆也需要利用最新技术生产行业算法和智能应用，这就引出图书馆智能化发展的另一个维度，即把行业自身的一些能力进行智能化改造和输出，以智能化的方式对外赋能。比如图书馆的信息推送、联机检索、知识图谱、规范词表等，现在还都是静态的、非智能化的，实际上这些都可以作为图书馆的知识能力进行输出，通过深度学习和智能算法改造后对外赋能。图书馆对外提供基于大数据和推荐算法的阅读推荐服务，提供基于大数据的阅读能力评测与指导，对任意文本或信息单元提供智能标签，对自由元数据进行智能化的名称规范处理，等等，这些都是可预期的、可让全网获利的智能应用。

从整体上来说，我认为技术对图书馆的影响可以划分为三个阶段：第一个阶段是自动化，通过某种技术手段生成的装备代替人的工作、动作的过程和结果，其特点是无人干预、自动、高效、准确；第二个阶段是数字化，以数据为基础，通过IT、CT技术，承载物理世界的资源与技能，并演变成虚拟世界的过程和结果，其特点是数据、信息、网络等；第三个阶段也就是智能化，是对人以外的事物建设具备人类特质（智慧+能力）的过程和结果，其特点是智能、学习、感知等。

三、关于智慧图书馆的本质

刘锦山：王馆长，智慧图书馆从孕育到产生、发展、成熟需要一定的时间，因而智慧图书馆的本质也需要一个逐步显现的过程，我们对于智慧图书馆的认识也是一个逐步深化的过程。由于智慧图书馆实践刚刚展开，我们目前对于智慧图书馆内涵和本质的认识还有待进一步深化，但是这并不妨碍我们对于这个问题的探索。请您谈谈您在这方面的思考。

王志庚：关于智慧图书馆，我更愿意将其当成数字图书馆的一个高级阶段来看。当然，智慧图书馆的建设不是一蹴而就的，也不只是图书馆和图书馆员的事，涉及很多行业，特别是作家创作、学术研究、出版流通、个人阅读等整个生态链条。可以说，智慧图书馆是图书馆在智慧社会中的一种新的表现形态，是智能社会的一个知识和数据基础设施，是智慧城市的核心组件。

智慧图书馆建设包括很多要素，我这里说四个方面：一是楼宇智能化，也就是图书馆建筑本身的智能化，空间价值是图书馆的重要元素，需要从智能化角度进行设计和改造；二是图书馆的管理智能化，就是图书馆更科学地履行社会职责，用正确的方法做对的事，其中包括图书馆员的业务管理、政策制定、统计分析、数据报表等方方面面，这些都需要智能化技术加持；三是图书馆的服务智能化，包括图书馆面向人类和面向第三方机器履行服务，比如信息检索、文献借阅、知识发现、活动参与等都需要进行智能化升级；四是图书馆提供的以标准件存在的、可以被复用的应用，要升级成智能化的语义工具。我认为目前至少存在这四个方面，未来也许还有更多的维度，比如围绕图书馆员与读者的智能化互动，读者之间的社会化阅读和分享，等等，会不断有新现象和新模式出现。总之，智慧图书馆建设不是一蹴而就的，随着我们认知发展和实践探索，对智慧图书馆的内涵和本质的理解将进一步深化和拓展。

我还必须强调一点，那就是智慧图书馆并不排斥人类，不是说建设一个完全没有人的图书馆就是终极目标，而是一部分图书馆员的工作由机器通过算法和数据来完成，人类图书馆员完成人类擅长的任务，人和机器是合作的模式。也就是说，未来图书馆员要有智能素养，和智能应用软件一起完成工作，提高工作效率，改善服务效果。我想强调图书馆员的人文价值会越来越重要，图书馆员本身就是人文界面。在图书馆里，人与人之间的交往互动非常重要，特别是针对特殊人群的服务。图书馆智能化转型走得越远，图书馆员的价值就会越重要，转型过程中需要很多的思考，制定政策、制度、规范、伦理、法律、流程等方方面面都需要图书馆员的实践探索。

还有一点刚才也提到过，智慧图书馆不仅仅是图书馆行业的智能化发展，它是一个生态系统，它涉及读者、图书馆员、作者、出版社、书商、电商等，也涉及第三方的增值服务，这个生态系统超级庞大，有公益，有商业，也许还会有其他形式的利益相关方的共同参与，难以明确地界定智慧图书馆是一个什么样的存在。目前，围绕图书出版，图书馆上游的智能化转型已经启动了，也就是智慧出版，相关业态包括智慧选题、智慧印刷、智慧仓储、智慧电商、智慧物流等，围绕纸书的整个生产链条和一本书的全生命周期，都有智慧化新场景的打造，所以我觉得智慧图书馆对于未来图书馆的业态本身会带来非常大的影响。比如说，有关图书的物权、知识产权等现有机制都有可能发生变化。技术变革势必会带来业态革新，作为未来社会的基础设施，一种高效、低碳、绿色、可持续的图书馆业态或许会呈现出新的样貌。

对于智慧图书馆的未来发展，我们不能设定任何边界，图书馆员需要保持开放心态，利用最好技术与各领域进行跨界合作，共同探讨实践，联合价值再造。任何一个行业现在都面临价值再造的境遇，未来将会是社会集约化的合作机制，这就是目前我对于智慧图书馆的思考。

四、关于首都图书馆的实践

刘锦山：王馆长，首都图书馆在智慧图书馆建设方面做了不少工作，取得了相当的成果。请您向大家介绍一下首都图书馆智慧图书馆建设情况以及未来发展规划。

王志庚：首都图书馆的智慧化转型恰逢一个非常好的契机，那就是位于北京城市副中心的新馆建设。新馆建筑面积 7.5 万平方米，造型非常新颖，预计 2023

年向公众开放，目前我们正在进行业务规划，目标是把这座“森林书苑”建成第一家全场景智能图书馆。“智慧”是新馆设计的三个理念之一，另两个理念是“亲民”和“特色”。我们的整体思路就是根据北京“四个中心”定位，按照首都北京智慧城市发展规划和全国智慧图书馆体系建设指南，建设一个既能发挥图书馆传统价值和优势，又能有效应对新环境变化的智慧型图书馆云平台。

对首都图书馆来说，社会转型与新馆建设这两个背景都是很好的机遇，我们想借此机会把一些想法变成现实。我们将充分利用数字化与智能化技术手段，围绕全场景智能化的管理与服务，构建首都智慧图书馆服务体系，为首都北京提供全方位、多层次、全媒体、融合化的知识服务。具体的实施路径包括学习调研、业务分析、需求驱动、场景建模、虚拟抽象、形成框架、上路实施，目前正在按照这一路径开展具体的工作。

在学习调研层面，我们分别走访了国内互联网大厂、智能终端企业和图书馆上游企业，调研了通用 AI 技术能力在国民经济各领域的应用情况，以及相关行业的智慧化转型情况。在业务分析层面，我们把智慧平台划分为资源管理、信息处理分析、读者服务、决策支持、运营管理、考核评估、综合办公等七大板块。在场景打造层面，我们提出了实现智慧采访、智慧组织、智慧服务、智慧运营管理的总体目标，分别以管理者、馆员、到馆和线上读者等多种角色为第一视角来设计场景，大到某一方面的业务，小到一个工作环节，都进行场景分析和设计，比如智慧采编、智慧讲座、智慧参考咨询、智慧导览、智慧检索、智慧迎宾等。在场景实验层面，我们在 2021 年也小试牛刀，在新开馆的首都图书馆大兴机场分馆，实现了几个简单的智慧场景，比如迎宾机器人、智能问答、虚拟馆员等。

五、建设经验分享

刘锦山：王馆长，首都图书馆智慧图书馆建设实践有哪些经验可以向大家分享？

王志庚：目前智慧图书馆建设还处在探索的初级阶段，谈不上经验，但有两个观点想与大家分享。第一是态度方面，我觉得要保持一种开放的、合作的心态，不拒绝任何的可能性，面向未来保持发展的心态很重要，不断试错和小步快跑。第二是要重视图书馆员的作用，充分尊重和发挥图书馆员的价值。智慧社会是由人文引领和技术驱动的，智慧图书馆并不是一个非常宏大和遥远的未来，而是一个非常现实、很具体的现在，值得我们每一个图书馆和图书馆员关注、重视并参与进来。图书馆的未来由图书馆员创造。

陈超：把握趋势　引领未来

［人物介绍］陈超，现任上海图书馆（上海科学技术情报研究所）馆（所）长，研究员，兼任中国科技情报学会副理事长、中国图书馆学会常务理事、中国国家图书馆理事会理事、上海市图书馆行业协会会长，兼任复旦大学、中国科技信息研究所硕士生导师、上海大学博士生导师。长期从事图情研究与管理工作，专注前沿科技、新兴产业、城市文化等领域的战略情报研究，以及图书馆营销和战略管理研究。近年来主持完成多项上海市决策咨询、科技软科学研究课题，2012 年起负责主持上海市首批四大软科学研究基地之一“上海市前沿技术发展研究中心”的建设。2016 年荣获文化部优秀专家称号。

采访时间：2019 年 1 月 8 日

初稿时间：2019 年 4 月 20 日

定稿时间：2019 年 5 月 23 日

采访地点：上海图书馆

技术的不断进步对图书馆发展产生了深远的影响，图书馆的生存环境、构成要素、组织形态、业务范式正在发生着全面而深刻的变化。在这种情况下，图书馆应该怎样把握趋势，赢得转型发展的先机？带着这样的问题，e 线图情采访了上海图书馆馆长陈超。

一、关于职业生涯

刘锦山：陈馆长，您好！非常高兴您能接受 e 线图情的采访。首先请您向读者朋友谈谈您的学术经历和职业生涯情况。

陈超：谢谢刘总。这次交流您和我约了好久。我刚才听您介绍，发现我们也有相似的地方，都是跨界的。我的专业不是图书馆学，也不是情报学，我是学理工科的。我 1988 年考入上海工业大学，1992 年毕业。那时钱伟长担任上海工业大学校长，徐匡迪担任常务副校长，他当时还没有到市里做领导。后来，上海工业大学、上海科技大学、上海大学三所学校合并成立新的上海大学。我本科念的专业现在很时髦，当时叫工业机器人、机械自动化，现在叫人工智能。本科毕业以后直接分到上海科技情报所工作。情报所主要是运用情报学方法服务专业领域，因此，上海科技情报当时所招的大部分员工都有理工农医类专业背景，这样才可能服务好各行各业。我们当时做的工作其实类似于现在的大学图书馆学科馆员的工作，主要为科学和技术研发提供服务，就是科技查新、决策咨询研究等工作。

1995 年，上海图书馆新馆建成。上海市政府把图书馆和情报所合并了，这是国内省级图情机构中第一个吃螃蟹的，把图情机构合一了。我也就成为图书馆的一员，一直在合并以后的图情馆所内工作，还是从事图情研究和管理。2007 年担任副馆长，开始做馆级管理工作。2016 年 10 月接任上海图书馆馆长，接替即将退休的吴建中馆长。两次调任新岗位，当时我都不在岗上。2007 年升任副馆长时，我在美国学习，2008 年年初才正式任命上岗。2016 年我在中央党校中青年干部班学习，学习过程中调整岗位，组织上让我学完后才回来，2017 年正式上任。

我的职业经历其实很简单，我从来没有跳过槽，来到图书馆也是被合并过来的。图书馆学与情报学本身是姐妹学科，过去的科技情报所其实就是科技图书馆，主要服务专业和决策，情报所和图书馆的很多业务有相似甚至相同的地方。图情一体化以后，上海图书馆服务定位就是面向大众、面向专业、面向决策。

刘锦山：陈馆长，您工作以后，学术研究还是一直围绕情报学方面展开。请您谈谈这方面的情况。

陈超：因为毕业以后直接进入上海科技情报所，我就从科技情报所最基础的业务——科技查新做起，通过检索为大学、研究机构和企业提供科技情报服务，同时还做一些产业类研究。1996 年，我又开始做市场调研，在竞争情报理论指导下为产业和企业服务。2000 年，我又根据馆所的安排，领衔做面向决策的咨询服务，也就是现在的智库服务。我们创立了一个目前还是上海图书馆决策服务的品牌《上图专递》，这是一个系列的服务产品。《上图专递》有内参、简报和研究报告等产品，一直面向专业和决策咨询服务，在科技、产业、文化几大领域开展战略性前沿的情报研究。这些工作中，图书馆学和情报学就像外语一样，只是一种方法、工具，但是仅有图书馆学、情报学还是不够的，还需要其他工具，比如管理学、经济学，以及某些专业和产业的领域知识，这样才能做好面向专业、面向决策的知识服务。

我主要从事上述领域的工作。因为做馆所级管理岗位也十几年了，对图书馆管理特别是营销战略也有所关注。1999 年，我在复旦大学又念了 MBA，对图书馆情报所这样的非营利机构管理现代化比较关注。图书馆情报所是事业单位，其实就是公共管理，也就是非营利组织（NPO）。公共管理怎么现代化，我认为到今天依然是一个大课题。这也是为什么国家还在不断地推进事业单位改革的原因，现代事业制度的改革，是图书馆情报所必须面对的问题。

我个人的学术研究情况就是这些。这两年上海图书馆和中国科学技术信息研究所、北京大学、上海大学等机构合作，培养研究生和博士生。我讲一些图情管理、图书馆学情报学方面的课，还带些学生。2017 年，上海图书馆成为博士后流动站，我和刘炜副馆长各带一两个博士后，刚刚招了两届。刘炜副馆长带的博士后是数字图书馆领域数字人文方向，我还是情报研究方向。

二、关于图书馆转型

刘锦山：陈馆长，在经济、文化、社会和技术的驱动下，图书馆正面临着新的发展契机，转型发展也就成为大家讨论比较多的一个话题。但是如何转型，仁者见仁，智者见智。请您谈谈您在这方面的思考和探索。

陈超：图书馆转型与创新发展已经好几年了，其主要动力来自技术环境的变化，就是信息化。人类信息化进程，首先改变了我们的学科。图书馆学和情报学在 20 世纪已经由于信息化而做了极大改变。图书馆学已经变成 LIS，Library information science，不仅仅是图书馆学，最重要的就是信息化，情报学更是如此。进入新世纪以后，信息化进程还在加速。新一轮信息化有新特征，过去有些东西还只是量变，新一轮信息化可能会引起我们的学科、行业发生质变，不仅仅图书馆学如此，所有学科都如此。这一轮信息化最重要的特征，就是大数据、云计算、互联网、人工智能等新一代信息技术带来的深度信息化。进入新世纪以后，智能化、泛在化越来越明显。2002、2003 年谈泛在的时候，还只是一些专家的预言和预测。近 20 年过去了，我们现在已经可以体验到信息技术、互联网带来的信息无所不在。在我们生活、工作的各个场景、各个行业、各个时段中，信息都无所不在，所以叫"互联网+"。所谓"互联网+"就是信息化、网络化的泛在性，或者叫无所不在性。

无所不在还只是现象，更重要的是这两年又出现了智慧化。AI 即人工智能太热了，但是今天人工智能还刚刚开始。从技术上讲，这一轮的 AI 其实已经是第三轮了。AI 这个概念出现在 20 世纪 60 年代，它已经走过两轮低谷，第三次又起来了。我本科念的就是机器人，其实机电一体化和机器人专业就是在 AI 学科指引下的发展结果。机器学习、神经网络概念早就有了。2006 年，现在这一轮高潮中说的深度学习（Deep Learning）算法已经出现了，与神经元网络技术一脉相承。关于深度学习的论文是 2006 年左右出现的，但真正应用是在 2016 年的阿尔法狗（AlphaGo）。阿尔法狗的胜利其实就是深度学习人工智能算法加上大数据的结果。我个人认为主要还是大数据。因为计算能力、存储、传输这三个基本的信息化当量，发生了质变，所以目前我们看到的大部分 AI 才能够实现。这些东西在 20 世纪 70、80 年代想得到而做不到，但是到这一轮就可以做到。所以这样的信息化被叫作泛在化。

信息化、智能化以后，图书馆学、情报学怎么走？学科其实比实践走得早一点、快一点。图书馆行业或者具体的一个图书馆在这种情况下该怎么发展？这就是转型课题的由来。首先图书馆的工作对象发生了重大变化，慢慢地变了，数字和实体之间的关系发生变化了，这是转型第一个层面的含义。对图书馆而言最基本的东西是什么？是馆藏。馆藏结构几十年来随着信息化不断深入发生了很大变化，高校图书馆、公共图书馆都是如此，虽然变化的速率不一样，斜率不一样，但数字化大趋势是一致的。这么多的数字载体怎么管理？这是新课题。要考虑转型条件下的馆藏策略，不同图书馆要根据各自不同的定位重新定义自己的馆藏结构和馆藏策略，这是很大的问题。传统图书馆过去管理书，随着信息化发展，从过去手工管理发展到计算机集成管理，能够相对自动化。图书馆一开始叫自动化，还不叫信息化。但即使是自动化，管理的还是一本书的载体而已，没有管理内容。编目，建立书目数据，其实只是管了一本书的书名、作者等一些极小量的信息，大部分内容没有管到。深度信息化以后，加上诸如语义、本体等技术不断发展，图书馆未来应该可以管到知识、管到内容，不是光管书本了。这种变化产生以后，图书馆必然受到影响，这就是转型。馆藏的管理方式变了，馆藏的管理深度不一样了，图书馆的服务从形式到内容都得变化。因此，图书馆服务是转型第二个层面要研究的东西。

第三个层面更复杂，图书馆的业务和管理怎么改变？因为工作对象——馆藏已经变了，服务的内容、产品已经变了，提供这些东西的人怎么管理？业务是背后的东西，服务是读者能看到、能接触到的东西。背后的业务流程，或者总的图书馆管理也要转型了。智慧服务、智慧业务、智慧管理，至少三个方面都智慧了，图书馆才能称之为真正的智慧图书馆。读者能看到、用到的，是智慧技术提供的智慧服务。图书馆工作人员是广义上的，既有正式的工作人员，也有很多业务外包的工作人员，乃至产业链中一起合作的人员。这样的业务怎么智慧化？图书馆从战略管理到职能管理，怎么运用新的智慧技术、工具？前两年，我就看到“你的下一个老板可能是机器人”这样的标题，而且是很出名的管理学院的文章。图书馆转型按照刚才谈的三大课题一步步去走，基本方向还是清晰的，但在具体某个领域、某个具体图书馆怎样走未必明确，需要研究思考，结合本地区读者的需求和图书馆的定位，才能确定具体的转型目标和路径，才能确定需要怎么科学地开展工作。

三、关于上海图书馆东馆

刘锦山：陈馆长，上海图书馆东馆（以下简称：东馆）正在建设过程中，据我们所知，2020 年东馆将正式投入使用。请您结合您关于未来图书馆的发展理念谈谈东馆的建设情况。

陈超：上海图书馆东馆按照合同规定的交付时间是 2020 年 6 月底，如果一切顺利，2020 年 6 月底建成。但是内部展陈、服务准备等工作，一般至少半年以上才能完成，而且那么大，有 11.5 万平方米。我们目前的计划是 2021 年内开馆，希望作为建党一百周年的献礼工程。

现在我们压力很大，因为上海图书馆的一举一动都深受大家关注。东馆从谋划、选址到最后落地，从过去到现在以及未来一直被大家所关注。吴建中馆长交到我手里时东馆已经选定了设计方案，2017 年我回来接手正式开始建设。

东馆地下两层、地上七层，总建筑面积 11.5 万平方米，位于上海浦东比较核心的位置。东馆周围有上海科技馆、上海浦东新区政府、东方艺术中心、上海最大的城市公园——世纪公园，将来科技馆的另一侧还要建上海博物馆东馆。上海图书馆东馆、上海博物馆东馆建成以后，这个区域是上海新的 CCD，即中央文化区。为什么上海这么大手笔去建设这些文化设施？这是上海面向 2020 基本建成社会主义现代化国际文化大都市的重要工程之一。在这样的定位下，在大家和业界的关注下，我们的团队深感压力。东馆主体是公共图书馆功能，此外还有两块功能：上海地方志馆和上海社会科学联合会的学术交流空间，上海社会科学联合会很多学会、学术研究机构、学术组织的国际国内交流功能也将容纳在这个空间里。

图书馆实际使用面积有 8 万多平方米，和现在馆舍体量差不多。但是一个很重要的区别是东馆几乎没有书库，是完全开放的空间，藏借阅一体的设计理念。在信息化背景下，在图书馆转型背景下，我们初步思考把东馆定位为面向大众服务为主的公共图书馆。老馆是传统概念的图书馆，80 年代设计，90 年代建成，8 万多平方米，80% 是闭架书库。东馆建成后，老馆继续保留，继续履行面向专业服务为主的公共图书馆功能。按照这样差异化的定位，东馆建设目前进展顺利。2018 年 12 月底，建筑已经出正负零了，已经冒头了，结构封顶可能是在 2019 年 8 月左右。建筑方面还有很多工作要做，但好在有专业的项目管理公司和很多专业的合作伙伴帮助我们完成。

作为图书馆专业工作者，2017 年东馆开工以后，我们就一直根据面向公共服务的定位做功能细化调研。目前可以介绍的情况是，东馆将会有各种面向不同年龄层的公共服务区域，将会有大量主题化服务区域，提供各种主题化服务。除了面向少儿、老年人、残障人这些特殊人群服务以外，还会有特色馆藏如家谱、名人手稿服务区，有音乐、艺术、美术、法律、健康、表演艺术等主题图书馆服务区。这种藏借阅一体的主题化空间，我们称之为复合型图书馆，也就是吴建中馆长说的第三代图书馆。第三代图书馆是以交流为核心的图书馆。在深度信息化的时代，实体图书馆一定是复合型图书馆和智慧图书馆。复合是从两个层面理解，第一个层面是传统纸质阅读和各种新型数字阅读的复合，新馆要支持这种复合。随着技术发展，数字阅读可能会越来越多元化，有些可以想象，有些还没有办法想象，但是我们要有这种预见，要满足这些多元复合阅读的需求，阅读一定是图书馆的首位功能。当然，作为面向公众的图书馆，提供阅读服务和促进阅读、全民阅读推广也同等重要。第二个层面是在藏借阅一体的空间里提供以阅读为核心的多元文化复合服务体验。随便举个例子，现在展览、讲座已成为国内很多图书馆的常规业务，甚至是核心、重要的业务。未来的讲座、展览和阅读服务，在一个空间里可以得到和谐和统一，可以复合发生。再进一步，只要和阅读能够产生关联，只要能够促进阅读，任何文化业态、样式都可以在图书馆存在。上海图书馆在 2018 年 4 月 23 日办过“上图之夜”活动，其实就是在探索尝试。以阅读为核心，复合音乐、舞蹈、戏曲、影视等各种文化样式，和阅读发生关联，以此来促进阅读。这需要做很多设计调研，引入更多其他资源。这对图书馆员的要求就很高，需要进行跨界合作。

上海图书馆正以这种思维方式和目标做进一步的调研、设计、策划，可能有些大型活动，现在就要开始未雨绸缪。我们希望东馆提供给读者的是可选择的、多元的、丰富的体验。这种理念我称之为大阅读的体验。狭义的阅读是看文字，但是听书也是一种阅读，看展览、看表演何尝不是一种阅读呢？今天这个时代，如果AI再发展，还不知道会出现什么样式的阅读呢。

刘锦山：除了眼睛，人的其他感官也可以阅读，看书是阅读，听觉、触觉、味觉也可以进行广义的阅读。

陈超：植入一个芯片也是一种阅读，信息直接有选择地导入。

刘锦山：大阅读的概念很好。

陈超：大数据带来的是大阅读。对图书馆而言，这个"大"不仅仅是刚才谈到的复合，更是阅读方式和阅读载体改变带来的多元性。大数据还带来一个根本性变化，数字化和数据化的发展使原来人类无法阅读的内容变成可阅读的内容，这就是数据可视化。数据画成曲线后可视化了，更易阅读了，可阅读了。这只是最简单的可视化。更复杂的例子，我们两个人坐姿不一样，如果传感器足够丰富，就可以定义陈超的坐姿和刘总的坐姿是不一样的，甚至可以画出来。坐姿也可以可视化。过去搞图书馆学情报学经常画一条线，从现象、事实变成数据，数据加工以后有序化，变成信息，信息再提炼、上升变成知识，后面有的人说变情报了。数据化不仅把自然界和人类社会中的很多现象，这些本来只可意会的东西，变成可视化了。阅读的大势是不是也可以从这个角度去理解？人类可阅读的范围大大拓展了，当然要有相应的能力。通过X光片能够看身体状况，这是阅读吧？但只有放射科专家才能读X光片。现在最新的CT是三维的，我估计将来医生能力稍微差一点、空间想象力差一点也能看片子，因为是立体的。现在看CT的医生厉害。为什么？他是比一般人厉害，他能想象，看到的是平面，但脑子里是立体的。这个血管在变化，图上的这个点，到那边是那个点了，是动画。人工智能比人厉害，上海有企业已经在做了。人工智能读片的能力比人厉害，医生可能情绪不好，可能眼睛不舒服没看清楚，漏看了，人工智能永远不会漏，只要拍得对。还有更多的情况都可以被阅读。原来肉眼看不到的，只能体验的，是一种体感，对不对？现在温度被可视化了，画出来红的、绿的、蓝的。数据化是人类社会的一种极大变化。当然要能读，要有算法，要有规律，要把人脑搞清楚。最近市里领导要我们做脑科学进展咨询报告，美国和中国都在做一个新的大计划，原来是人类基因组计划，现在是人类脑计划，主要研究：人脑怎么思考的？人为什么高兴，为什么会笑？神经元怎么传递信号？

上海图书馆东馆既面临挑战又面临机遇。在数字化、信息化时代，为什么还需要一个实体馆？我们要回答这个问题。

四、关于对外交流

刘锦山：陈馆长，上海图书馆一直是我国图书馆界的翘楚，在中外图书馆界和文化交流过程中做了很多工作，取得了不小成绩。请您谈谈这方面的情况。

陈超：上海图书馆在国际化方面做了一些工作，离不开我们馆前辈们的努力，同时也离不开上海特殊的区位优势。200 年前开埠以后，上海一直是中国国际化的桥头堡。不仅是图书馆，其他机构也有这样的便利性。因此，上海图书馆一直比较注重与国际图书馆界的交流。进入新世纪以后，我们最重要的国际化举措有两个方面。一方面通过举办国际会议，构建国际国内图情交流的学术和专业平台。我们每两年举办一次上海国际图书馆论坛，简称 SILF。2018 年 10 月刚举办了第九届。情报所也每两年举办一次国际会议——上海竞争情报论坛，简称 SCIF。第一次竞争情报论坛是在 2003 年举办的，2011 年后开始比较规律地两年举办一次。2011、2013、2015、2017 年都办过，2019 年又要举办新的一届论坛。这样，上海图书馆情报所每年都会举办一次国际会议，一年是图书馆学的，一年是情报学的，轮流举办。这两个平台非常重要，尤其是 SILF，国内外公认其国际化程度非常高。以 2018 年第九届论坛为例，来自 20 多个国家和地区 300 位代表参会。最近几届论坛国际图联当选主席每次都来。这个平台不仅仅是上海图书馆的，更是全国图书馆界的。在这个平台上，每年讨论的都是业内很前沿的问题，而且是正规的学术会议，有学术论文的征集，每次都出会议录。国际社会通过这个平台可以及时了解中国图书馆界的发展情况。

另一方面的国际化实践是，自 2002 年起，我们从上海的友好城市开始，在全世界建了一个合作交流网络，叫“上海之窗”。通过捐赠图书和活动的方式，与其他国家、地区的图书馆建立起合作伙伴关系，既加强了图书馆之间的交流，也让中国文化走出去。到 2018 年，上海图书馆已经与全球 71 个国家和地区的 158

家图书馆或文化机构合作建立了“上海之窗”，效果很好。我们主动走出去，非常亲民和接地气，受到当地老百姓的欢迎，这对上海城市形象、中国文化、中国形象的传播有很强的助力。“上海之窗”项目已经做了十几年，既有纸质书又有电子书。在捐赠图书的基础上，每几年我们还办一次“相聚上海”的活动，请海外读者、上海的外国人一起参加，大家可以写一篇短文，表达对上海的了解，发布到“上海之窗”网站上。我们和媒体、上海友协、上海旅游局合作开展活动。我们还在“上海之窗”网络平台上，不定期做些图片或者摄影巡回展示活动，内容有些是我们的特色馆藏，有些是有特色的中国文化。最近几年，不仅上海图书馆，杭州图书馆、重庆图书馆等其他兄弟图书馆也在做类似工作，多方参与对“中国文化走出去”非常有利。我们的这一工作开展得十分扎实，我们对此感到十分自豪。

当然挑战也存在，“上海之窗”如何高质量发展，这是我们需要考虑的问题。150 多家怎么可持续、高质量的发展？经费、人力有限，怎么维护，怎么持续发展？我觉得可能要分层分级，通过和一些馆开展更深度的业务合作和交流，来促进图书馆事业发展。

刘锦山：陈馆长，国外图书馆有没有类似“上海之窗”的项目？

陈超：国外也有类似项目。例如，美国政府在做的 American corner，韩国做的 Korea corner。美国在全世界已经做了几百个了。American corner 就是美国角，也翻译成美国资料中心。我这两年出国，发现 20 世纪 90 年代之后，像罗马尼亚等东欧国家的国家图书馆都有 American corner。它比我们厉害，我们做“上海之窗”只是摆一排书架，只要图书馆提供一个专柜，我们放 500 本书竖一个牌子。American corner 要一片区域，重新装修。保加利亚索非亚市图书馆的 American corner 有一层分成不同区，就像一个主题图书馆一样。不仅可以看书，还可以上网、学外语，读者想到美国上大学，可以在这里查资料、查学校。American corner 是美国政府投资，美国友协在做。韩国也跟着美国学，但韩国刚开始做。

对外交流需要立体的、多层次的交流渠道，民间交流是对外交流的重要组成部分，图书馆可以在民间对外交流发挥重要的作用。

五、关于馆藏剔旧

刘锦山：陈馆长，有些图书馆馆藏剔旧后捐赠给其他图书馆，但馆藏是国有资产，处理起来比较麻烦。请您介绍一下这方面情况。

陈超：事业单位如何处置国有资产，国家和地方都有相关规定，但是这些条例、规定是大概念，不是针对图书馆馆藏剔旧的，而是针对所有国有资产。

通过研究相关规定，我们发现不仅仅是书而且包括其他资产，都允许做转移捐赠，但是要符合一定的流程，因此我们根据图书馆的实际情况并按照相关规定的要求，做了一次探索剔旧。我们和国有资产管理部门进行沟通，让他们理解图书馆馆藏剔旧的重要性、必要性和可行性，在国有资产管理部门充分理解的基础上，遵照国家的管理规定，设计出符合本地区、本馆的剔旧文献捐赠流程。本质上还是剔旧，图书馆要拿出专业标准，符合哪些条件可以剔旧，剔旧以后选择哪些东西捐赠，受赠方的需求是否真实都要了解清楚。要和需求方之间达成协议，剔旧的东西是对方认为需要的、必要的，用协议加以确认。

我们目前也只是个案。对方的机构，它的国有资产管理部门要接纳。因为理论上，转移到的图书馆是政府办的公共图书馆，对它来说是新的国有资产。流程要做好。具体细节上，我觉得每个馆都可以根据当地的管理要求，去尝试做，要做得严密。这些流程首先要消除政府管理部门的疑虑，不能有国有资产流失的风险，不能有不当处置的风险。只要做到这些，就可以把馆藏的利用价值最大化。

刘锦山：您这里以这个案例做基础，还要定一个条例吗？

陈超：条例本来就有，但是要修改，修改上海图书馆馆藏剔旧条例。每个大馆应该都有剔旧条例，否则管理就有漏洞了，我们这次正在按照这个方式修改形成新的版本，但是目前还只能试行，为什么？我们刚看到文化和旅游部已经按照《中华人民共和国公共图书馆法》制定馆藏处置的管理规定了。因此，未来我们要遵循国家的馆藏处置规定。

刘锦山：受赠方要和国有资产管理部门达成一致吗？

陈超：这里情况比较复杂。有些受赠方有国有资产管理机构，需要达成一致。如果受赠方是很基层的图书馆，甚至没有相应的国有资产管理机构，受赠方怎么接收呢？捐赠方怎么确认呢？这样的情况还是需要和我们的国有资产管理部门沟通。如果捐给一个村呢？一个扶贫点呢？一个集体所有制机构呢？甚至于一个民间图书馆呢？《中华人民共和国公共图书馆法》鼓励更多的社会资源参与图书馆建设，与民间图书馆相互之间怎样进行沟通，这些都是新的课题。没有管理不行，不能随便处置，不管大小馆，图书的生命周期管理必须是科学的、有序的，不能有风险。如果有漏洞，这个小洞就有可能变成大洞。这里有很多课题，也有很多具体问题，现在还没有碰到，只能循序渐进，不能太激进，也不能失控，慢慢地去做。方向大家都看到了，其实还是要把整个社会资源利用最大化。国外很多图书馆的书都可以卖，馆藏处理就是象征性地卖一块钱、五块钱，钱就放在馆里边。我理解，这不是钱多钱少的问题，而是把馆藏剔旧变成促进阅读的一项活动，国外做得很有趣，像一个集市。很多社区图书馆的保存功能没有那么强，只能放 5 万本书，书坏了过几年就得去掉，这样的书爱书的人就能拿回去，不管好的、破的，象征性地收点钱，既是慈善又是活动。但是像上海图书馆这样的大馆，不管怎么剔旧，一定要确保某本书还有一个版本在馆里，剔掉的只是很破了、不适合再流通服务的一个副本而已。像上海图书馆这样的馆，有典藏功能，要起到保障作用，大部分书都不止一个副本。

林旭东：以问题意识和目标导向推进智慧图书馆建设

［人物介绍］林旭东，安徽省图书馆党委书记、馆长，安徽省古籍保护中心主任，安徽省图书馆首届理事会副理事长，副研究馆员，“安徽省标准化高级专家库”成员。

采访时间：2021 年 7 月 20 日
初稿时间：2021 年 7 月 28 日
定稿时间：2021 年 7 月 31 日

智慧化转型是“十四五”期间我国图书馆事业发展的重要方向。在进行智慧化转型发展过程中，存在着关于标准、资源、人才、安全、建设路径等一系列问题需要解决。安徽省图书馆馆长林旭东对此有着深入的观察和思考。因此，e线图情采访了林旭东馆长。

一、关于职业生涯

刘锦山：林馆长，您好！非常高兴您能接受我们的采访。请您首先向大家谈谈您的职业生涯和学术生涯情况。

林旭东：谢谢刘总。我的职业生涯可谓“择一业终一生”了。自 1985 年 7 月至今，长期在安徽省图书馆工作。在采编、秘书、副馆长、馆长等岗位上收获了喜怒哀乐。特别是亲历首次公共图书馆评估、负责数字图书馆建设、参与“安徽省农民文化乐园”调研设计、推行ISO质量管理、开展全省古籍普查、组织服务品牌和文明单位创建、建言修订职称评定标准、融合业务抓党建等工作，自觉有成效、见收获。

学术研究上很惭愧，没有著书立说。但我信奉“我思故我在”，一个管理者不能没有理论思维，学术关注和实践思考伴随我成长进步。特别是走上管理岗位后，更要迫使自己静心研读苦思冥想。否则“领”不好业务拓展，更“导”不好办馆方向。我赞同将学术思考和职称论文写在岗位上，所谓的职称评聘实际体现应该是岗位称职……早期思考从工作实际上入题较多，现在更多关注顶层制度设计和先进技术在图书馆的利用。我于2013年参加“安徽省农民文化乐园建设试点工作专家组”；2015年受邀成为国家标准计划项目《视障人士图书馆文化服务规范》《图书馆聋人服务规范》起草组成员；2016年受聘中国图书馆学会阅读推广委员会图书评论分会副主任、“安徽省标准化高级专家库”成员；2016年担任中国残疾人联合会《盲人阅读推广与社会教育示范应用》安徽项目负责人；2018年11月被选为安徽省图书馆学会理事长；2019年1月被聘为中国图书馆学会第九届理事会公共图书馆分会委员兼图书馆社会化工作委员会主任。

2011年6月我的论文《明清徽州私人藏书的社会功效》入选合肥报业传媒集团主办、合肥晚报承办的“智游中国·江淮风韵”宣酒杯江淮文化精神论战会；《论公共图书馆阅览环境建设》获2012年全国媒体与阅读年会征文优秀征文；《公共图书馆服务残疾读者的实践与体会——以安徽省图书馆为例》2012年11月入选杭州图书馆与美国青树教育基金会共同举办的“公共图书馆作为社会教育中心国际学术研讨会”会议交流。《实施质量管理　提升服务绩效》在2013年参加安徽省质监局“金种子杯质量强省”征文获奖。2014年4月为上海馆“智慧图书馆与智慧图书馆员专题研讨班”学员讲授“ISO 9001质量体系在图书馆服务工作中的运用”；2014年10月，《以政府购买服务建管城市社区图书馆模式探析》参加“第十三届中国社区乡镇图书馆发展研讨会”获奖；2014年11月在中国图书馆学会年会第8分会场作《阅读扫除视障，文化点亮心灯》学术主题演讲；2017年应邀在图书馆报、上海图书馆联办的“2017智慧图书馆论坛”主讲《让智慧服务彰显图书馆智慧魅力》；2018年5月组织并主持中国图书馆学会年会“公共图书馆社会化管理与服务的机制和模式”分会场；2019年负责组织完成国家图书馆数字图书馆推广工程数字资源联合建设——统一用户认证（原大数据整合）项目（1200201709004）；2021年4月为安徽省文化和旅游厅2020年高级专业技术资格人员培训班讲授“智慧图书馆建设开启图书馆高质量发展新路径”；2021年7月参与调研制定《安徽省实施〈中华人民共和国图书馆法〉办法（草案）》。

二、对于智慧图书馆的思考和认识

刘锦山：林馆长，智慧图书馆是最近这些年出现的概念，关于智慧图书馆的实践活动也出现不久，对于智慧图书馆的认识我们还处于一个初步阶段，请您谈谈您对于智慧图书馆的思考和认识。

林旭东：“智慧”是个美好的词汇，人类正因为具有智慧才主宰了地球。“智慧”是人类基于历史经验和专业知识所作出的行为优化，既是解决问题的一种机制，也体现为更好地解决问题的能力和方式。相对传统图书馆，我认为“智慧图书馆”一定以人为本，让人体验到能高效解决管理的难题、优质提升服务的实效。“智慧图书馆”是时代的产物，也是图书馆人主动适变、创新创造的美好愿景。

当然，智慧图书馆的发展并非空穴来风，而是自有其技术、需求和社会背景的。

第一，新技术为智慧图书馆发展提供了可能性。人类进入新千年，开启了万物互联、万象更新的时代。现代物联网、云计算和大数据等新一代信息技术的兴起与发展，使得图书馆能够利用能力超强的计算机，实时地进行管理和控制，整合网络内的文献信息资源、人员、机器设备和基础设施，协同为读者提供多项服务。尤其是图书文献的数字化，减轻了信息传递和资源储存的成本，大大提高读者获取信息的效率和质量。

第二，新需求为智慧图书馆发展提供了驱动力。大众生活在“互联网+”时代，面向公众的各项智能化、信息化服务手段日趋丰富，人们获得信息的方式追求智能化、数字化、网络化。以前有问题可能到图书馆寻求答案，现在“百度”就是工具书。读者的服务体验越来越追求方便、快捷。“时时可读、处处可读、人人可读”成为读者常态诉求。智慧化成为时代潮流，各行各业都被“智慧”冠名，我们图书馆看来也要“智商”，仅有“情商”和“颜值”难以吸引读者。

第三，新时代为智慧图书馆发展提供了加速度。“智慧图书馆”概念于 2003 年由芬兰奥卢大学图书馆提出，比 IBM 公司 2008 年提出“智慧地球”还早。伴随着物联网、云计算、大数据及虚拟现实等技术的快速发展，后来在国内的新闻宣传以及媒体报道中多用“物联网”替代“智慧地球”。但“智慧图书馆”一词，国内业界一直情有独钟，有关研究自 2011 年开始热度不减。

自 2017 年以来，智慧图书馆建设加速引起业界重视。党的十九大提出，要不断推动互联网及人工智能等技术深度融合，实现建设智慧型社会的目标，向社会提供全新的增长点及发展动能；同时，教育部门也相继提出要在 2020 年末必须实现建设智慧校园的目标。显然，无论是智慧型社会抑或智慧校园，建设“智慧图书馆”都是锦上添花，是国家文化发展水平的标志，有利于涵养传承文明，增强文化自觉自信。2019 年“智慧图书馆”进入中国图情档学界十大学术热点。近两年图情界的学术会议，话题总少不了智慧图书馆方面的研究与实践，学术期刊上论述智慧图书馆的论文更是丰盛。

我发现对智慧图书馆的关注度，总体看高校图书馆比公共图书馆强，建新馆比守老馆强，IT 产商和资源供应商比图书馆强，单一馆建设比区域联建强……智慧图书馆建设究竟来源于论文诱惑还是实际刚需，究竟是厂商营销还是传统图书馆转型所迫，我曾经产生过困惑。令人欣慰的是，“十四五”开局，我国智慧图书馆的研究已从定义、特点、内容与功能等方面，转向针对实际建设的“顶层设计”，如建设目标、建设标准等方面，促进了智慧图书馆应运而生加速“落地”。

刘锦山：林馆长，您对智慧图书馆建设是怎么理解的？

林旭东：我觉得可以从单体的智慧图书馆和群体的智慧图书馆体系两个维度理解“智慧图书馆建设”。

单体智慧图书馆建设是馆长们最为关注的。主要架构一般包括智能感知层、泛在网络层、大数据分析层与智慧应用服务层。

①智能感知层，利用RFID读写器、移动终端、传感器、摄像头等感知设备，实现对图书馆环境、资源、设备、人员的全面感知。

②泛在网络层，通过有线和无线链路，将图书馆的建筑、设施、资源、智能穿戴设备等若干节点连接，形成信息传输、接收、共享的虚拟平台，把各个点、面、体的信息联系到一起，实现这些资源的互联共享。

③大数据分析层，针对采集的各种信息进行深度挖掘和智能分析，实现有意义的数据输出，指引管理和服务操作。

④智慧应用服务层，全方位体现管理与服务的高效、便捷，体现智慧化的能力和效益，满足读者和馆员智慧化的体验。

请注意我说的“智慧体验”，这应该成为判断是否真正建成了智慧图书馆，抑或考核智慧图书馆绩效的重要指标。

要哪些“智慧”体验呢？

①资源智慧化：整合了自建和商购的各种异构资源。具有资源统一分类导航、资源订阅、资源智能推送等功能。

②环境智慧化：对馆内外各种设施与场景的实行统一监管和操控，为读者营造舒适的阅读环境和积极的学习氛围，成为灵动的智慧空间。

③管理智慧化：一方面，通过在各设备上嵌入传感器，实现图书馆全境动态监控；另一方面，通过智能书架完成自动顺架与巡检盘点工作，促进书库管理工作便捷化与智慧化；通过楼宇管理系统实现消防、安全管理的智能化。

④服务智慧化：这是建设智慧图书馆的初心，也是终极目标。对读者的阅读历史、行为轨迹、浏览时长等有关数据进行深入挖掘和分析，形成“读者画像”，自动抓取摘要，为读者提供资源订阅与智能推送服务，实现空间导航和座席、活动预约。图书馆“为人找书　替书找人”的传统理念将得到完美体现，成为能“知你”“懂你”“听你”“爱你”的学习伴侣。

从智慧图书馆体系看，就是发端于一馆又兼顾区域、考虑总分馆，建设点、线、面交互共享的管理服务体系。国家图书馆已经率先筹谋。2020年10月饶权馆长带领国家图书馆“十四五”规划调研组来安徽，专程去科大讯飞探讨语音智能技术在智慧图书馆体系中的有效应用。“全国智慧图书馆体系”项目建设的

1+3+N 总体架构对外公布："1"是指一个"云上智慧图书馆"，"3"是指搭载其上的全网知识内容集成仓储、全国智慧图书馆管理系统和全域智慧化知识服务运营环境，"N"是指在全国各级图书馆及其基层服务点普遍建立线下智慧服务空间。本次"全国智慧图书馆体系"项目建设，开启图书馆智慧化转型新篇章，堪称是一次"国家级的顶层设计"，充分体现了新时代、新理念、新格局，体现了全局观念、系统架构、战略思维。破解了图书馆陈旧的封闭意识和单馆独建智慧图书馆的局限，减少重复建设和盲目建设，是一个"智慧的顶层设计"。

三、智慧图书馆建设应注意的问题

刘锦山：林馆长，在智慧图书馆的实践尚未充分展开的情况下，对于智慧图书馆的研究思考十分必要，有助于智慧图书馆的建设。请您谈谈在进行智慧图书馆建设过程中应该注意哪些问题。

林旭东：有效推进智慧图书馆建设，仅有热情是不够的。必须坚持问题意识和目标导向，科学设计、适宜建设、可持续运行。智慧图书馆建设肯定不能一蹴而就，而是一个长期的、动态的、不断发展的过程。从数字图书馆时代的网络化、数字化、移动化发展到智慧图书馆的智能化、可视化、泛在化，未来智慧图书馆建设将呈现更多的新业态。可以说，智慧图书馆的建设始终在路上，我既信心满满，又觉得难题不少。

问题一：标准体系不健全。要从图书馆核心资源建设、服务模式和技术应用三个维度入手，积极推动我国智慧图书馆的行业标准化。

比如，图书馆服务中如何应用人脸识别技术？2021 年 4 月 25 日《信息安全技术　人脸识别数据安全要求》国家标准面向社会公开征求意见。预示着人脸识别即将拥有明确的边界。

国标要求，收集人脸识别数据时应征得数据主体明示同意，不得利用人脸识别数据评估或预测数据主体的工作表现、经济状况、健康状况、偏好、兴趣等情况。针对人脸图像，要求应在完成验证或辨识后立即删除，如果开发商希望存储人脸图像，同样要经过数据主体单独书面授权同意。征求意见稿还明确：应提供人脸识别外的其他身份识别方式供用户选择，不应该因为用户不同意收集人脸识别数据而拒绝数据主体使用基本业务功能等。

问题二：多源异构知识库融合之路漫漫。馆藏文献信息资源构成图书馆的核心竞争力。智慧图书馆的建设，本质上要依靠信息资源的完善和共享，不断提升馆藏文献的采访质量和可供学科信息资源库的建设水平。在网络化、移动化、社交化背景下，要做到资源颗粒化存储，要对多元异构知识库进行融合。全面地搜集、组织和管理这些数据并非易事。特别是需要大量的人力对数据资源进行标记，好让机器可读并能够自动分析建构知识图谱。数字资源加工工作单调乏味考验耐心和细心，很少有人愿意干。

问题三：更多深层的技术应用场景亟待拓展。人工智能的前沿技术与图书馆之间还有不小的断代。人工智能技术看起来很“光鲜”，但缺乏匹配图书馆应用的普通场景。据报道，2020 年百度 AI 全景图显示 AI 在金融、工业互联网、医疗、营销、媒体、交通以及城市建设诸多领域都有应用落地，但在文化领域的应用仍呈散点零星状态。我发现很多图书馆用“感知”替代“服务”，用“迎宾机器人”替代“咨询服务馆员”，用一般的自助借阅替代人工借还……以为这就是“智慧图书馆”的全部。

问题四：智慧人才培养引进留用难。智慧图书馆对馆员素质提出更高要求。图书馆急需知识复合型、理念引领型、技术创新型的馆员，需要积极拥抱先进技术、敢于创新、敢于颠覆传统、把图书馆的命运把控在自己手中的进取型人才。然而，现实中不少馆员的职业理想在淡化，“新一代馆员”职业兴趣和荣誉感容易流失，尤其是计算机维护、数据管理、网络工程技术人员难招难留。

问题五：淡化人文精神传承和实体馆建设。智慧图书馆建设中存在重技术引进，轻馆员人文素养培育的倾向。图书馆过于依赖智能科技，片面重视信息技术所带来的形式改变，忽视了对图书馆传统人文精神的弘扬。先进设备的应用不但没有拉近与读者的距离，反而使读者和馆员之间有了隔阂，读者面对的不再是热情洋溢、彬彬有礼的馆员，而是冰冷的网络和闪眼的屏幕。这似乎偏离了技术投入的初心，我担心客观上会对图书馆智能建设造成偏差。

纵观图书馆发展史，图书馆的人文精神悠久传承。图书馆发展的每一个阶段都充满着人文因素。从近代图书馆的形成、公共图书馆运动、开架借阅直到目前的资源共建共享，以及“公益性、基本性、均等性、便利性”的服务原则，都体现着深厚的人文关怀。机器人不能取代人类，机器智慧服务也并不能完全替代馆员的人文服务。机器智慧服务与馆员的人文服务应该相辅相成、人机合一、互为因果。我们要在延续传统图书馆服务职能的基础上，利用人工智能等辅助设备，为读者提供更高效、更优质的服务。苹果公司CEO库克的一句话讲得很好：“我并不担心人工智能赋予计算机像人类一样思考问题的能力，我更担心人类像计算机那样思考问题——摒弃同情心和价值观并且不计后果。”我们不该片面地追求技术对服务的支持，而忽视人对服务的影响，特别是馆员和读者间要建立良好的互动、信任关系。

今天，培养和弘扬图书馆的人文精神，应该是智慧图书馆建设的重要内容和标志之一。优质的智慧服务离不开具有人文情怀的馆员！我提醒智慧图书馆建设的决策者，要充分认识到馆员人文素质的重要性，尤其是窗口工作人员既要具备一定的科学素养，又要具备一定的人文素养；而作为智慧馆员应该将人文精神落实到工作中。

目前，中国全面步入“流量社会”。在智慧图书馆服务中，线上空间大量应用，线下实体馆舍作为文化空间的功能出现萎缩。我发现借“数字图书馆”“智慧图书馆”建设，出现了减少新建实体图书馆和压缩实体图书馆服务空间的苗头。对此，业界要主动应对及时纠偏！没有人情味的、馆舍陈旧狭小的、线下阅读推广活动缺少的图书馆，是否有“智慧”形象？我表示怀疑。

问题六：重数据轻安全。我们进入大数据时代，智慧图书馆服务过程中会产生大量的数据，如知识产权、用户信息、行为数据等。图书馆的数据保护和安全意识还不强，数据传输过程中并未按照相关规定加密，也未对涉及用户隐私的数据进行脱敏处理，有很多行为数据甚至存放在数据资源商或者软件开发商处，对用户隐私造成极大的泄密风险。馆员需要增强数据保护意识，管理部门或者行业要在标准、技术、安全方面进行协调并制定安全规则，保证图书馆读者不被违法“算计”。

问题七：只重视一次性投入。智慧图书馆的建设很“烧钱”，采购智能化设备，进行技术研发和系统维护需要大量的资金投入。资金不足不宜仓促建设智慧图书馆，尤其不能奢望一次性建成。后续经费如果投入很少，将面临运行维护难题。

2021 年“两会”期间，文化和旅游部党组书记、部长胡和平在接受《中国旅游报》记者采访时，提出“十四五”时期建设智慧图书馆体系。同年 6 月，文化和旅游部印发关于《“十四五”公共文化服务体系建设规划》中专设“全国智慧图书馆体系建设项目”，进一步明确了目标任务：以全国智慧图书馆体系建设为核心，搭建一套支撑智慧图书馆运行的云基础设施，搭载全网知识内容集成仓储，运行下一代智慧图书馆管理系统，建立智慧化知识服务运营环境，在全国部分图书馆及其基层服务网点试点建立实体智慧服务空间，打造面向未来的图书馆智慧服务体系和自有知识产权的智慧图书馆管理系统，助力全国公共图书馆智慧化升级和服务效能提升。

尽管我对智慧图书馆、智慧图书馆体系建设忧思多多，但还是充满信心，前提是决策者和建设者应该有问题意识，坚持目标导向。

四、安徽省图书馆智慧图书馆建设实践

刘锦山：林馆长，安徽省图书馆在智慧图书馆建设方面做了哪些工作？

林旭东：安徽省图书馆始建于 1913 年，至今已有 108 年历史。截至 2020 年，总藏量 375 万册（件），数字资源 782.6TB，有效持证读者 24.9 万人。“十三五”期间，年均读者接待量突破 150 万人次；数字资源点击和下载量逐年增加，2020 年分别超过 2000 万次和 150 万篇次。我们坚持守正创新，充分发挥图书馆传统的文化服务功能，同时在智慧图书馆建设方面进行了一些探索。通过再造实体空间、拓展网站远程检索功能、完善手机微信移动服务等措施，努力让百年老馆换发新姿。

硬件建设方面，我们主要对芜湖路老馆的设施设备进行提档升级。采取增加带宽、扩容存储、升级核心交换机、落实安全等保，加强网络基础建设。馆内服务方面，利用 RFID 技术，实现了自助借还和自助办证服务。开通信用办证和居

民社保一卡通服务，安徽省内居民持已激活的社保卡至安徽省图书馆即可实现立刷立借；建立在线座位预约系统；利用网上书库平台实现读者足不出户享受图书快递到家服务。服务管理方面，通过读者服务大数据分析系统，实现了从业务自动化系统到自助终端的全方位数据统计和分析，依据大数据聚类算法分析进行热门图书推荐；智慧墙系统通过业务系统和摄像头采集数据，发布实时流量统计和图书借阅信息，方便读者了解馆内热门图书和阅览室人流分布情况；在数字阅读空间，为读者提供小型数字影院、Kindle 电子阅读、光影阅读屏、蛋壳视听椅、开放式 3D 打印机、人工智能激光切割机、机械臂机器人、音乐机器人、XY 绘图仪等多种数字阅读体验，实现数字科技与阅读的完美融合，提供沉浸式阅读体验。资源共享服务方面，通过国家数字图书馆推广工程基层图书馆互联互通项目，市县馆实现对安徽省馆和国家推广工程数字资源访问；上线“安徽省图书馆数字资源远程访问系统”满足异地读者文献检索需求。2019 年我们在建设“少儿亲子阅读体验中心”中，设立“基于少儿精准阅读的人工智能服务平台研究及应用”项目，探索人工智能技术在少儿阅读服务领域的深入应用。联手中标厂商，开发“安徽省图书馆少儿阅读服务机器人”于 2020 年 1 月在少儿阅览室上岗。采用目前最先进的语音识别技术和人脸识别技术，与 OPAC 检索系统、大数据分析平台等多个第三方应用对接，实现人脸识别、交互式语音咨询服务、智能化交互书目检索、阅读个性化推荐、图书馆知识库构建、智能化活动推送、亲子伴读、阅读能力测评等功能，重塑少儿阅读服务新场景，营造科技化、智慧化的阅读体验，提高了少儿阅读兴趣。即使受新冠肺炎疫情影响，2020 年少儿读者的办证量和服务接待人次均较 2019 年有所增长。安徽省图书馆阅读服务机器人系统 V1.0 版，获得安徽省图书馆自主版权的计算机软件著作权证书。为配合智慧图书馆建设，安徽省图书馆还新设立“数字资源部”负责数字资源建设；并加大了智慧图书馆建设人才引进储备，多途径开展馆员智慧图书馆技能培训。

五、未来发展规划

刘锦山：林馆长，“十四五”期间，贵馆对智慧图书馆建设有哪些规划？

林旭东：刚才谈到的只是安徽省智慧图书馆建设的起步和摸索阶段，真正的智慧图书馆将落实在未来的新馆建设中。“安徽省图书馆滨湖新馆”已列入《安徽省国民经济和社会发展第十四个五年规划和2035年远景目标纲要》。我们将以新馆建设为契机，充分运用现代信息技术，发挥合肥人工智能技术优势，一方面对接落实国家智慧图书馆体系建设；另一方面立足安徽人文科技特色，呼应沪、苏、浙智慧图书馆建设，将“安徽省图书馆滨湖新馆”建成智慧图书馆，共同推进长三角智慧阅读。

我们贯彻“馆藏丰富、管理科学、环境优美、服务优质、读者满意”的质量方针，规划通过建筑、设备、网络、资源、馆员、读者等元素的互通互联，形成图书馆物联网下的资源智慧化、环境智慧化、管理智慧化，努力在一个智能化、绿色节能型的馆舍空间和一个高速带宽的网络环境里，为读者智慧提供馆藏优化、服务优化的知识服务。

向前看，加强“智慧建设”应该是图书馆高质量生存、有活力发展的美好途径。

“十四五”时期，“我国将进入新发展阶段”是一个极为重要的战略判断。这一时期最重要的特征是“我国已进入高质量发展阶段”，这是对新发展阶段特征的一个重要概括。图书馆作为一个生长着的有机体，伴随社会经济科技文化的发展，必然面临如何高质量发展的问题。如果没有高质量的生存和发展，我们就将逐渐被边缘化。我们要贯彻落实“创新、协调、绿色、开放、共享”的发展理念，在保证图书馆服务公益性、基本性、均等性、便利性的基础上，实现品质化、高效能、可持续发展，满足社会公众获得感、幸福感和安全感。在安徽省文化和旅游厅组织的2020年度文化系列高级专业技术资格人员培训班上，我以“智慧图书馆建设开启图书馆高质量发展新路径”为题授课，提出新时代图书馆生存发展面临新挑战新机遇，只要我们以新理念构建新格局，积极建设智慧图书馆，图书馆的美好未来可期可待，图书馆因为能够提供智慧服务更加彰显“天堂”的魅力。

用2021年国际图联主题结束本次探讨吧：“让我们齐心协力，面向未来。”

李东来：智慧图书馆建设必须以增强图书馆能力为核心

［人物介绍］李东来，东莞图书馆馆长、研究馆员，中国图书馆学会阅读推广委员会主任、全国图书馆标准化技术委员会委员兼副秘书长、广东图书馆学会副理事长，曾获全国优秀科技工作者、国务院特殊津贴专家、文化部优秀专家、广东省宣传思想文化领军人才等荣誉。

采访时间：2021 年 7 月 12 日

初稿时间：2021 年 7 月 24 日

定稿时间：2021 年 7 月 27 日

采访地点：东莞图书馆

智慧图书馆的发展是建立在数字图书馆理论与实践基础上的一个逐步演进的历史过程，在过去 20 多年时间里，图书馆界在数字图书馆领域做了大量的探索和实践，积累了丰富的经验，成为我们今天建设智慧图书馆的宝贵财富。东莞图书馆在过去 20 年的发展过程中，多开风气之先，积极主动利用信息技术实施变革，不断提升图书馆能力，取得了卓越的成就，为推动我国图书馆事业发展作出了积极贡献。在智慧图书馆时代即将来临之际，东莞图书馆未雨绸缪，深入总结数字图书馆时代成功经验，潜心谋划智慧图书馆时代发展之路，为即将开展的智慧图书馆建设奠定坚实的思想基础。因此，e线图情采访了东莞图书馆李东来馆长。

一、关于数字图书馆

刘锦山：李馆长，现在智慧图书馆的研究和实践逐步兴起。从某种意义上来讲，过去20年数字图书馆理论与实践孕育了智慧图书馆。21世纪初，您领导东莞图书馆和相关机构合作研发图书馆业务集群管理系统，突破了单馆局限，开启了基于互联网的图书馆业务管理模式并在实践中成功运用，对于图书馆业务模式的变革、总分馆服务体系的建设起到积极推动作用。在此基础上，东莞图书馆依托信息技术发展取得了卓越的成就。首先请您向大家介绍一下贵馆近20年来信息技术建设发展情况。

李东来：是啊。回望20年图书馆应用信息技术发展道路，可以加深认识信息技术给图书馆事业带来的变化与进步，也可以为今日的智慧图书馆提供许多借鉴。21世纪之初，我们借新图书馆建设的良好契机，分析社会需求变化和图书馆的应变之策，加大信息技术在图书馆的应用。常听人说，技术是冰冷的。我们不认同这种说法，在我们看来正好相反，技术是亲切的、是温暖的、是图书馆的帮手。我想这就像看人一样，你把他看成朋友还是敌人，很大程度上在于你自己。想一想，技术比人不是单纯可爱得多吗？我们把采用新信息技术作为提高图书馆功能的重要方式和手段，加大图书馆服务范围和功能的分析与研究，并且与信息技术的开发与利用紧密结合，获得了良好的图书馆新业务功能的认知与实现。

我举三个例子，都是以信息技术为依托，拓展了图书馆服务领域、提升了图书馆服务功能、深化了图书馆业务根基。一个是你所说的合作研发的图书馆业务集群管理系统，契合了21世纪以来图书馆体系发展的趋势，成为图书馆群业务功能协同运行的技术平台和支撑，为图书馆体系化模式建设、总分馆服务机制起到了基础性保证作用。东莞图书馆通过总馆、分馆、服务站、图书流动车、24小时自助图书馆、城市阅读驿站、绘本馆等三级网络、多种形态的合理布局，在全市范围内建立起1个总馆、52个分馆、102个图书流动车服务站，468个村（社区）基层服务点，36个城市阅读驿站、25家绘本馆，实现全市33个镇（街、园区）

24 小时自助借阅服务全覆盖的服务体系。我们的“技术 + 管理”总分馆模式影响辐射全国，应用“Interlib 图书馆集群网络管理平台”的图书馆 3000 余家。第二个是 24 小时服务的自助图书馆，于 2005 年 9 月 28 日新馆开馆时推出，不仅拓展了图书馆的服务时间，增加了服务功能，同时也展现了图书馆新的服务理念和服务形象。2007 年又推出了国内首台图书自助借还机——图书馆 ATM 机。利用新的信息技术实现的无人值守全时段图书馆服务，之后为全国的图书馆同行纷纷采用，现在 24 小时服务大多成为新建图书馆的一个基本性功能。第三个是网络上图书馆教育职能的探索，拓展公共图书馆为市民终身学习服务的职能。2005 年 10 月 1 日，我们就推出了依托 E-learning 平台的东莞市民学习网，后来进行了两次平台的升级和转换，2010 年超星公司开始介入新平台开发，2011 年 6 月推出全新的东莞学习中心，为此东莞图书馆专门设立学习中心推进部，从平台、组织和数字资源协同加强业务功能的转型。

三个案例，分别对应着三个图书馆新的功能，那就是空间连接、时间拓展、功能转型与提升，通过技术拓展和提升了图书馆的业务能力，其影响在今天看来依然强劲，因为是涉及图书馆业务的基本性功能需求。

二、关于经验启示

刘锦山：李馆长，同任何事物一样，数字图书馆的发展过程就是一个逐步迭代进化的过程，正是在这种不断迭代进化的过程中孕育了智慧图书馆。在近 20 年的数字图书馆实践过程中，对当今智慧图书馆建设有哪些启示？

李东来：非常认同智慧图书馆来自信息技术，并不断演进、迭代进化的观点。

在我看来，智慧是和人相对应的，人对外部世界的感知、判断和决策行动是智慧的体现。在汉语语境中，对智慧的高度褒奖赞赏，使得我们对于加上智慧标签的人或事物具有了更多的期待。想一想，如果我对您说，刘总是很有智慧的人，我想在您愉悦之外，还会有一种更高的目标想象。因此智慧图书馆可以给图书馆行业带来新的动力，指明新的发展方向。同时智慧也常常是一种综合性能力的体现，需要我们更强化行业内的整合、行业间的合作。而以信息技术为底色的智慧图书馆，技术支撑的万物互联也必将成为智慧图书馆的基本特征。当前在图书馆广泛应用的各类技术，如24小时自助服务、自修空间智能管理、基于位置的读者活动信息推送、图书智能传送机器人、咨询信息服务机器人等，都有进一步提升感知、增加智慧的发展需要，也有整合融合、统一平台环境的技术要求。

但我想提醒注意的是，（智慧图书馆）作为一种现实中具体存在的工作或者是工程，或者是管理形态或机制，其建设现状和目标期许中间还是有一段较长的路要走，我们对于这个漫长的建设过程一定要有清醒的认识。何况智慧图书馆在当今现实的数字应用层面更是刚刚起步。

对照20多年前数字图书馆概念刚刚被引进，在实践中，建设之初的时候，可以给智慧图书馆的速度很多启示。比如：数字图书馆的研究和实践、组织与建设、技术与规范、数据与人才等，和智慧图书馆都可有一定的对应。时过境迁，两者的技术和内容可能已经完全不同了，但在人员组织和更广泛的资源激活等社会操作方面，还有很多可资参考和借鉴之处，尤其在数字图书馆不成功或失效的方面，更值得我们认真分析研究。简单判断，在数字图书馆20多年建设中，留下了什么？为社会提供了什么？对图书馆专业属性的知识贡献又有什么？对照25年前，即1996年在北京举办的IFLA及之前的数字图书馆大会，很容易作出基本的判断。

希望在智慧图书馆这个新的事业建设中，图书馆人能够也应该作出自己的专业知识贡献，而不是仅仅把其他行业的智慧拿过来。

三、关于智慧图书馆

刘锦山：李馆长，智慧图书馆这一概念虽然已经出现了若干年，但是这一概念的内涵和外延仍然有待进一步明确。请谈谈您对这个问题的思考。

李东来：在我看来，智慧图书馆是在新的时代、新的技术环境下进行信息技术整合，以提升激活图书馆资源的一种方式或者解决方案。第一，智慧图书馆是面向应用的、面向问题的，并且应该是解决问题的，不是简简单单的新技术的堆砌，是用现代信息技术，尤其是用新的AI技术等来提升图书馆的业务能力。也就是说，智慧图书馆归根结底还是图书馆，必须以增强图书馆能力为核心，提升服务功能、扩展服务范围、重塑服务形象。而解决现实问题最重要的就是打破新的信息孤岛间的壁垒。

第二，智慧图书馆的智慧与否，在于与之相关新技术的采用是否具有“智慧”，能否突破原有的图书馆信息技术应用程度和水平，增加现有图书馆人员和业务管理所难以达到的信息和知识的处理能力。智慧就在于适当超脱原有的业务管理和单纯以人力为主的应用管理，进入人机协作共生状态，激发出新的图书馆能量。这种智慧寄托着我们新的期盼。

第三，智慧图书馆既然是一种综合性的应用和解决方案，就应该充分利用现有的信息技术，增强其在图书馆的应用与发展。以往的图书馆信息技术是可以划分出几大组成领域或应用块的，这也和图书馆技术应用历史相关。基础的三大应用块是图书馆自动化、数字图书馆、再加上中间的图书馆体系管理。随着技术广泛应用于图书馆，又有两块具有蓬勃活力的技术领域纳入图书馆范围之中，一个是数字人文研究与应用，一个是众多的前端技术在图书馆应用，比如 VR、AR 技术。在上述五大块的图书馆信息技术应用中，现在出现的智慧图书馆，应该是统领的，解决原有各分块技术没有解决的问题。这是我们对智慧图书馆寄予的厚望。

第四，智慧图书馆也应该是由分层次和不同侧重的应用组成，包括范围差异与内容重点的不同。针对打破孤岛壁垒，则需要新的标准体系和技术平台。这是目前急需的，也是智慧图书馆顶层设计应该加以关注和解决的问题。智慧图书馆应该是向统一之路进发，再也不应该分而行之，独立建设。或者说智慧图书馆的整合建设与分散建设，应该都有一个上位的顶层设计，并在统一的框架下完成一体化，或者向着一体化进发。国家图书馆已经提出建设“全国智慧图书馆体系”，就是这样一种设计和统筹引领。

第五，智慧图书馆将突破原有图书馆行业内的建设格局，实现相关信息和知识内容的社会联合与协同共建。在智慧图书馆建设中，以智慧为主的 IT 技术被重新认识，加载整合进图书馆信息处理之中。而图书馆原有的知识信息积累和处理方式也应该为智慧图书馆作出新的贡献，在信息管理、资源组织、内容提炼等方面发挥出图书馆专业积累的优势和能力。在信息技术进入到人类知识的内容识读、理解和再生的阶段，大容量、大数据的信息知识管理提炼和再生应该有图书馆专业的学术贡献。同时现有的人类知识信息积累，目前依然大容量存在于图书馆之中，我们的责任是在其崭新的、更宏大知识视野的认识中重新组织信息知识内容，突破原有的知识单元，细化知识粒度。这是有形的、可为的，是目前在各相关信息行业大力推进的。而更重要的是知识颗粒或单元的关系重建，这是对智慧的考验和认识的基础。

四、关于未来发展

刘锦山：李馆长，请您谈谈东莞图书馆在智慧图书馆方面的探索实践以及未来的规划。

李东来：现阶段东莞图书馆在技术应用中依然是加大和强化图书馆功能与服务的智能化，学习借鉴采用行业内已经成熟的业务和技术，比如部分引入人脸识别、二维码读者证等智能化服务设备，提高读者的体验效果。因应智慧图书馆近年来概念与研究热潮的出现，东莞图书馆也做了及时跟进和参与，设想将在工作实践中积极开展新的探索。在图书馆管理平台方面，借鉴国内先进图书馆的经验，引进具备智慧图书馆功能的管理平台，实现智能数据分析、智能推荐、绩效分析等功能，为智慧图书馆搭建起良好的工作环境。在读者服务方面，引入读者分析推荐系统，根据读者阅读习惯，实现智能图书推荐服务，提高服务质量。在新设备方面，引进智能化的 AI 设备，提高读者的体验效果，从而优化和提高读者服务效能。

在我看来，新的时代图书馆追求智慧发展，自身的智慧认知同样应该跟上时代的要求。图书馆工作领域和当今工作重点的选择，同样考验图书馆的智慧水准。东莞图书馆也在了解学习和跟进当今智慧图书馆的发展。比如，我们成立了阅读实验小组，了解全网环境下多媒体形态的资源关联。又比如，我们在现有的工作环境和资源条件下，深化细化文献和读者的对应关联。以绘本文献和亲子阅读对象为两端建立服务关联，通过体系化的组织形式提高服务范围和服务效能。

我们也探索将人工智能设施与设备同阅读空间结合，将人工智能技术与手段和绘本内容融合，引入绘本文献的视频智能识别和翻页自动阅读，为低幼儿童提供自我绘本阅读的场景和环境，并运用通过“AI+ 数据”提供有效的阅读指导，以期推动技术赋能阅读。我们始终将绘本文献的建设作为核心工作，目前绘本馆收藏各国正版优秀绘本及相关数字资源藏量 20 万件以上，2018 年出版《绘本文献总览》16 册，2020 年出版《绘本文献总览（2017—2019）》12 册，并建立“绘本书目数据库”，绘本专题文献体系初步成型。编辑出版绘本导读系列《心灵成长图画书导读》《经典图画书导读》等。

进入智慧图书馆发展时期，前期依然是以大数据、云计算、人工智能等技术为基础。在目前数据量有限、信息壁垒重现的状况下，数据的关联性远没有得到基础性的展现。而人工智能、语义处理和深度学习等在算法上还没有达到图书馆普遍使用的程度。

想一想，以往人类对信息和数据的关联性做得最好的行业是哪个？就是我们图书馆行业，我们做到了什么样的程度呢？我们自身感觉到很理想了吗？我们知道数据关联的难度有多大。今天有更多的数据类型、数据维度和数据总量新生出来给了我们新的机会，也增加了关联的难度。做好新型数据的研究和认知是基础性的工作，需要图书馆重点关注。

刘炜：智慧图书馆建设方略

［人物介绍］刘炜，图书情报学硕士，计算机软件与理论博士，上海图书馆上海科学技术情报研究所副馆（所）长，研究员，上海大学、华东师范大学和复旦大学兼职教授，上海大学博士生导师，中国科技情报学会副理事长，上海市图书馆学会副理事长，全国公共文化发展中心研究院研究员，国际图联（IFLA）地方史与家谱委员会常委，开放图书馆基金会（OLF）理事会理事，DC 元数据管理委员会委员，《中国图书馆学报》等十余家专业期刊编委。先后从事图书情报理论研究、图书馆自动化系统开发维护、数字图书馆研究和建设等工作。作为骨干参与国内最早的国家级数字图书馆项目“中国国家试验性数字图书馆”项目的研发，参与创办国内最早的多媒体和光盘技术公司，并研制出版了国内第一张 CD-ROM 光盘。参与研发“上海图书馆新馆计算机管理系统”，负责子项目一项，参加两项，获上海市科技进步一等奖；参与研发“数字图书馆软件技术平台”获上海市科技进步二等奖。参与的其他课题项目曾获文化部创新奖、上海市新产品奖等奖项。被有关机构授予中宣部四个一批人才、上海市领军人才和上海市劳动模范称号，享受国务院特殊津贴。著有专著三部，发表论文近百篇。

采访时间：2021 年 7 月 19 日

初稿时间：2021 年 7 月 22 日

定稿时间：2021 年 7 月 27 日

采访地点：上海图书馆

作为技术演进的结果之一，智慧图书馆的实践成效不仅仅与技术有关，而且还与图书馆的办馆理念、组织形态、人才队伍等诸多因素有关。上海图书馆刘炜副馆长多年来专注于技术领域，对智慧图书馆及其技术和体系的演进变化以及影响智慧图书馆发展的非技术因素有着深入的研究和思考。因此，e 线图情就智慧图书馆这一主题采访了刘炜副馆长。

一、关于职业生涯

刘锦山：刘馆长，您好！非常高兴您能接受我们的采访。请您首先向大家谈谈您的职业生涯和学术生涯情况。

刘炜：谢谢 e 线图情的采访，我们是老朋友了。我本人一直在图书馆情报机构从事新技术应用工作，专业研究也从早年的理论与方法研究，到近年来专注于数字图书馆、数字人文、智慧图书馆等与信息技术相关的主题，可以说一直执着于以信息技术改变图书馆行业面貌，被一些同道称为“技术酒徒”（技术救图的谐音）。我并非不承认人文的重要性，只是因为我一直认为图书馆界并不缺乏人文大家，却极其缺乏对信息技术具有深刻理解的人士，因此技术应用才是图书馆界需要补上的短板。我愿意为此作出努力。

二、关于智慧图书馆的演进

刘锦山：刘馆长，您多年来一直致力于信息技术及其在图书馆中的应用研究，对于技术发展对图书馆的影响有着深刻的了解。从某种程度上讲，智慧图书馆也是技术多年来在图书馆运用所结的果实。因此，我想请您从技术演进的角度谈谈智慧图书馆产生的历史过程。

刘炜：智慧图书馆这个概念在国内很早就提出了，形成一个热点领域也已经有十多年历史。近年来开始有一些技术实现方面的系统探索，特别是今年国家图书馆提出国家智慧图书馆体系建设规划，让人们看到建设智慧图书馆已成为国家工程，必然会带来图书馆事业从整体上的赋能和升级。

的确，与数字图书馆一样，智慧图书馆说到底是一个技术进步的产物，我们认为它是数字图书馆发展到人工智能时代的一个结果。云计算已经产生近 20 年了，其巨大的算力促进了互联网发展到移动互联，进一步带来万物互联，产生了巨大的数据洪流，与算力同步发展的是算法的进步，这两者相加造成人工智能技术突破性的发展，可以说我们现在已进入人工智能时代，我们在交通、购物、家居、社会交往及工作学习等各方面无不享受其带来的便利和好处，图书馆行业也不例外，大数据技术的进步让我们现在已经有可能建设具有全面智能的智慧图书馆，从基于物理载体和实体空间的服务，到基于数字资源和虚拟空间的服务，都可以全方位应用人工智能技术带来的各项最新成果。

图书馆行业其实在人工智能技术大发展之前就开始尝试"智慧图书馆"的服务理念了。大家都知道无线射频技术（RFID）开始普及之时，就有无人图书馆的说法，当时也有人称之为智慧图书馆。当图书馆采购的每本图书都贴上了 RFID 标签，读者可以通过刷卡（或刷脸、手机等）进行无接触身份识别，图书的借还过程就可以变得非常简单，在一个相对封闭的空间中可以通过自助服务设备，让读者非常方便地自行完成图书的借还流通过程。这种无须图书馆员介入的设施可以提供 24 小时无休止服务，就成为最早的智慧图书馆。

为什么无人图书馆就可以被称为智慧图书馆？这与人工智能最早的评测方法有关。人工智能最早的提出者艾伦·麦席森·图灵在 1950 年发表的一篇开创性的论文《计算机器与智能》中提出一个思想实验，用以判别机器是否具有了人类才有的"智能"，这就是著名的"图灵测试"。图灵巧妙地利用了对结果进行判断而不是对方法过程进行评测的方式来判断智能，即当机器的行为让人无法区分是来自机器还是来自人时，就可以认为这台机器具有了人工智能。因此智慧图书馆也可以如此简单定义，即图书馆通过采用新技术，让很多服务可以由机器完成，而同样受到读者的欢迎，这样的服务就可以称之为智慧服务，这样的图书馆就具备了智慧图书馆的基本特征。

我在这里不想对智慧和智能这两个用词进行明确区分。一般而言很多人认为智能是主体自带的属性，而智慧是对象表现出来的特征。但是从技术上来说这两者区别不大，并非本质上的。至于有人说，一旦一项人的行为经由统计规律或其他算法让机器来实现，从而变得稀松平常，就像一个魔术被戳穿了，其实就不能再被称之为“智能”。这当然也涉及对智能的理解，反映了人们不满足于现有技术，而追求不断进步的好奇心。

随着技术的进步，智慧图书馆当然不满足于仅仅采用了 RFID 等相关技术、提供无人借阅这样一种形式，而向全方位、全流程、全覆盖方向发展，涉及空间、服务和业务等各个方面。例如，国内很早就提出了根据读者画像和资源画像进行精确推送服务，根据借阅情况和同类图书馆收藏情况确定采购政策等，还有更多体系化的需求甚至解决方案都在酝酿、探讨和开发中。

三、关于智慧图书馆的体系

刘锦山：刘馆长，从您前面介绍智慧图书馆产生的历史过程，我们可以得出这样一个结论，智慧图书馆一经产生，就是集范畴、体系、实践于一体的历史发展过程。由于智慧图书馆实践活动尚未充分展开，我们对于智慧图书馆范畴的清晰界定还需一定时日。因此，请谈谈您对智慧图书馆体系的研究和思考。

刘炜：智慧图书馆的确包含了很多东西，而且对不同的人来说是不同的东西。自从 2003 年有人随着智慧地球和智慧城市等概念的提出而提出“智慧图书馆”，图书馆界更多是从理论上，从对图书馆未来的影响上进行探讨。许多国内学者，例如王世伟，做了大量研究，有很多成果发表，对这一热点领域的形成可谓功不可没。直到近两年，智慧图书馆才发展成为一种实践，而且这种实践是伴随图书馆技术应用的更新换代开始的，可以说是技术引领的。所以相对于学界的理论探索来说，技术研发和应用实践其实是滞后的。

目前随着智慧图书馆体系建设的推进，以及在高校图书馆和研究型图书馆中普遍开始的下一代图书馆服务平台升级，智慧图书馆需求调研和功能开发是顺理成章的事。然而目前也存在不小的隐忧，主要是学界和业界对于智慧图书馆建设的艰巨性和复杂性认识不足，造成调查研究不充分、资源投入不足。智慧图书馆不像过去图书馆的技术进步，只需要集中一定的公共财力，在单点技术应用方面取得一定的突破，就可以普及开来，惠及整个行业，它是一个非常复杂的系统工程，我们对图书馆在未来社会中的职能和目标还没有一个相对靠谱的把握，对未来网络社会知识交流的规律和趋势缺乏透彻的理解，没有充分讨论、争鸣、合作、探索、试错，对互联网时代社会系统工程方法缺乏学习和认识，还想按照以前的经验推进智慧图书馆实践，成功的可能性是不大的。

当然我们绝不能把智慧图书馆仅仅看成是一种技术应用，它可以归结为由于生产力的发展而带来的上层建筑变化导致的新的制度设计，现代图书馆作为工业时代社会知识交流的一种制度，在教育的普及和知识的传承方面起到的作用是不可磨灭的。我们知道生产力决定生产关系，经济基础决定上层建筑，经济基础是一个社会主流生产关系的总和，包括上层建筑中的各项制度设计。

因此我们首先需要重新定义图书馆的“保存文化、开展教育、普及知识、促进交流”四大职能在数字时代的存在意义和保障方式，智慧图书馆首先也是要强化图书馆的基本职能，即使这个基本职能会发生一定的改变，例如我们不能再把图书馆仅仅局限于载体服务（即文献服务），而要定位于社会知识交流。从这个层面来说，智慧图书馆不仅仅是一种技术应用，更是一种观念更新，对于智慧图书馆的全方位研究有助于进一步阐释“图书馆是一个不断发展的有机体”，为图书馆学基础理论带来新的问题和新的假说，值得进一步探讨，把图书馆学基础理论引向深入。

刘锦山：刘馆长，智慧图书馆建设涉及的关联技术多种多样，其中最为关键和核心的技术有哪些？请您谈谈这方面的情况。

刘炜：从技术上讲，智慧图书馆的确涉及众多技术，是一个技术体系。我们很难判断所谓的“智慧”到底是从哪个环节、由什么技术产生的，虽然有一些技术，例如机器学习、定位技术、生物识别技术、传感器技术等起到比较关键的作用，但它们都不是单独起作用，必须与其他技术，例如数据处理与分析技术共同实现功能。以传统技术和人工智能为代表的“智慧技术”是无缝对接，没有界线的。

与学科分类不同，对技术的分类也是一件非常复杂的事情，我们一般可以从应用的角度命名技术，且很多技术并不是很单纯很独立的单项技术，而是众多技术的综合，所以这里也从应用的角度讨论智慧图书馆的技术需求，同样的技术应用可能背后采用完全不同的技术或技术组合，这里就不多做区分和解释了。

智慧图书馆技术应该置于智慧图书馆的体系结构中去理解，这样才能较为准确理解各类技术所起的作用和意义。我这里谈的是一种四层结构体系①，其中底层是智慧城市的基础设施，也就是包括传感器、智能芯片和云计算等人工智能通用设施。第二层是技术层，包含了RFID/Beacon传感、生物信息识别、自然语言处理、AR/VR交互、机器人、计算机视觉、自动翻译、语义、数据分析挖掘以及机器学习等各类相关技术，其中机器学习技术比较重要，因为它在当今的所有智慧系统中都是非常重要的技术。再往上第三层就是应用于智能楼宇的侦测与控制、应用于智慧空间的感知与处理、应用于智慧数据的获取与加工、应用于智慧业务的集成与融合等智慧图书馆的四类技术体系及其共同构成智慧图书馆的产品和服务。

智能楼宇将成为未来图书馆的标配。当前我国公共建筑的建设都有执行智能建筑标准的强制要求，即便是老的图书馆建筑，也可以在更新改造中升级成为带有自我感知功能的智能建筑。因此很多图书馆在老馆改造和新馆建设中，已经开始利用BIM（Building Information Modeling）技术进行图书馆建筑智能管理方面的探索，将它们应用在设备设施的消防、安保、监控、运营、预警、节能等方面，并能与图书馆空间管理的需求相结合，甚至与业务系统对接，对采光、电梯、空调、停车、门禁、人流物流、设备设施等进行自动控制。

智慧空间主要指面向用户提供与空间相关的服务功能，基础能力建立在BIM系统之上，但是需要BIM系统开放数据接口甚至控制接口。与此相关的主要有预约（座位、场馆、活动、图书等）、导航、信息发布、推荐、提醒等。

智慧数据是图书馆提供智慧服务的基础，也是智慧业务的主要目的。智慧数据是指具有语义描述、在系统环境中能够得到解释的或能够“行动”（actionable）的数据。图书馆与智慧数据有关的工作包括两方面：资源数据的智慧化（通过加工组织）和事务数据的分析挖掘。

智慧业务是图书馆为实现其机构目标而设立的工作项目，通常根据资源类型

---

① 参见本文附图4-1智慧图书馆体系。

和工作流程进行区分。社会上对传统图书馆“借借还还”的认知就是由传统图书馆业务所支撑的，当然严格地说借借还还本身是图书馆的服务，而为了实现图书馆服务的“采访”“编目”“典藏”等工作是图书馆业务，图书馆服务从20世纪80年代开始就突破了借借还还的范畴，而增加了“参考咨询”“会议展览”“讲座培训”等，到21世纪更是将共享空间、创客空间、阅读推广、数字阅读等作为新开展的服务方式，而为了管理这些服务，后台的业务流程和软件系统进行了极大的扩充，这就需要一个强大的“下一代图书馆服务平台”进行支撑，而平台中就必须有相应的数据中台和AI中台负责数据分析，提供图书馆业务的智慧化能力。

智慧图书馆首先需要实现图书馆基本职能，网络时代其职能的实现不能满足于对传统资源（图书期刊报纸）的收藏整理提供等服务，而要定位于知识交流，此时知识的形态可以是包括各类数字格式的任何形式，以及通过各种场合、设备、屏幕来提供，因此要充分利用各类信息技术，涉及知识创造和表达、知识传递与互动以及学习认知接受等知识交流全生命周期过程，而其中的核心技术应该是指与图书馆核心能力有关的技术，如知识获取、组织、提供、发布、分析、挖掘、交流等有关的技术，当然图书馆空间服务的相关技术也在其列，这类技术当前也正在全面对接机器学习和人工智能技术。

刘锦山：刘馆长，请您谈谈智慧图书馆现在以及未来可能出现的应用场景有哪些。

刘炜：智慧图书馆现在以及未来可能出现的应用场景有服务类、管理类和业务类三大类场景，其中服务类场景最多。

无感借阅是最常见的应用场景之一。持卡读者可以毫无障碍地在主要阅览室取书、阅览并直接带走，系统自动办理相关验证和借出手续，用户手机将自动弹出确认或帮助信息，必要时也可自助完成相关流程。无感借阅应用场景涉及的技术包括人脸识别、iBeacon、用户画像、精准推荐、mMTC、uRLLC等。无感借阅可以进一步划分到服务类中的基本服务和自助借阅，其场景类似于实现Amazon Go无人商店。

导览导航也是最常见的应用场景之一。读者进入图书馆后可利用手机App或图书馆提供的设备进行导览导航（虚拟人物 / 形象），包括服务介绍、资源 / 活动推介、座位 / 定位导航、语音导览以及参考咨询等服务。导览导航涉及的技术包括 iBeacon、Wi-Fi 定位、人脸识别、室内导航等。无感借阅属于服务类中的自动导览和自动参考咨询，其场景类似于配合馆内的导览系统。

超清全景互动直播：主题空间内或重要活动时，可采用多点定位各类摄像头进行全景互动直播（部分 24 小时），提供高清传输，部分支持头盔虚拟现场互动。超清全景互动直播涉及的技术包括 eMMB、超清视频、360 度、AR、VR 等。超清全景互动直播属于服务类中的会展服务和管理类中的视频监控，可以多种应用分类组合，适应不同场景。

智慧书房：主题空间提供针对个人或小组的预约和个性化空间服务，按研究或交流需求提供相应主题的信息资源和一定功能的设备设施，并提供个性化环境的（虚拟）管家服务。智慧书房涉及的技术包括用户画像、个性化服务、mMTC。智慧书房属于服务类中的专业服务，是真正的“市民大书房”，可用来提供公共文化服务。

智慧场馆：主题场馆提供特定主题的交互式多媒体 VR/AR 情景剧展示（如数字人文）。

智能楼宇与业务系统和用户设备互联互通，实现空间的智慧管理和各类智能设备的自动无线识别和接入。智慧场馆涉及的技术包括 mMTC、物联网、BIM、传感网、自动建模控制等。智慧场馆属于服务类中的空间服务和管理类中的空间管理，其场景类似于“城市规划馆”的互动参与版。

云课堂：在实体空间和虚拟空间同时举行讲座会议培训等活动，相关资料课件部分以 AR 方式呈现，授课过程自动转录换成 MOOC 并留存或授权发布。云课堂涉及的技术包括 AR、VR 、mMMB、uRLLC 等。云课堂属于服务类中的培训服务，其类似场景有高阶 AR、VR 应用。

精准推送：可以进行读者阅读和活动行为分析、内容与服务推送，重点在创新阅读服务，如听书和多媒体阅读，支持游戏化场景和阅读推广。其涉及的技术包括用户画像、资源画像等。精准推送属于服务类中的阅读推广服务，目前已开始应用。

机器人服务：是指各类虚拟或实体机器人服务，包括自动参考咨询和盘点机器人两类。后者提供智能仓储、物流、盘点功能，具有信息自动采集和预测功能，相关数据同步至中央库。其涉及的技术包括 uRLLC、AI、NLP、机器学习、机器人协同自动问答等。机器人服务属于业务类中的机器人和书库管理，目前已经有研发，但需标准化。

智能安防监控：可以实现多摄像头联网、应急自动响应、人流监测、风险预警、网络报警、联动控制等服务。涉及的技术包括 BIM、物联网、人脸识别、传感网络等。智能安防监控属于管理类中的监控报警服务，有多种具体应用场景。

区域联盟服务协同：可以开展远程资源定位、资源联合采购、远程活动同步、互动直播、自动馆际互借、PDA、用户驱动出版、按需采订和联合保存等服务。涉及的技术包括大数据分析、分布式服务、网络切片、边缘计算等。区域联盟服务协同属于业务类中的区域联盟，可以提供图书馆联盟合作平台。

刘锦山：刘馆长，从您刚才介绍的智慧图书馆技术体系和十大应用场景可以看出，智慧图书馆建设是一项非常复杂的工程，其中必然涉及诸多技术规范和标准。请您谈谈这方面的情况。

刘炜：智慧图书馆建设过程中涉及的标准规划很多，需要建立一个体系，这样才能很好地保证智慧图书馆建设的顺利进行。智慧图书馆标准规范体系主要包括基础规范、技术规范、业务规范、数据规范、服务规范、产品规范和其他规范等七类。这七大类下面又分若干子类。基础规范包括术语词表、隐私规范、安全规范和测试规范四个子类。技术规范包括机器学习规范、自然语言处理规范、生物信息识别规范、图书馆智能楼宇规范和用户界面规范五个子类。业务规范包括参考模型、信息交换规范、空间管理规范、智能书库规范、数据化规范和名称实体识别规范五个子类。数据规范包括关联数据发布规范、数据质量控制规范、数据接口规范、数据挖掘规范、可视化规范五个子类。服务规范包括信息推送规范、智能导航规范、用户信息管理规范、评估评测规程四个子类。产品规范包括身份识别机规范、自助借还机规范、无人图书馆规范、自助定位设备规范、咨询机器人规范、盘点机器人规范、数字阅读机规范和头盔与智能屏规范七个子类。

每个子类下面又包括若干具体规范。

隐私保护规范包括智慧图书馆用户隐私保护政策和智慧图书馆数据交换与开放基本原则和最佳实践。前者指的是智慧图书馆各类应用系统的用户隐私保护原则、政策、方式方法和最佳实践，后者指的是图书馆在与各有关机构合作时需要遵守的基本规定。

机器学习规范指的是智慧图书馆机器学习应用指南，包括智慧图书馆各类系统中可能应用机器学习的规定。智能楼宇规范指的是绿色环保智能的图书馆生态建筑规范，包括在图书馆应用的各类绿色环保建筑标准。用户界面规范指的是智慧图书馆人机交互规范，这些规范对包括作为门户和平台的网站、Web App 以及移动 App 应用的各类用户交互体验设计和可视化进行建议和规范。

参考模型指的是智慧图书馆体系结构与参考模型，提出业界能够基本公认的智慧图书馆体系结构框架模型。信息交换规范指的是图书馆数据交换格式与协议，对数字图书馆提供开放数据服务的各类数据交换进行规范，推荐主流格式和协议，特别是关联数据协议。空间管理规范指的是智能化空间服务及管理规范，包括图书馆空间、座位及设备设施的预约、签到、分配、管理、统计等规范。智能书库规范指的是图书馆密集仓储式智能书库规范，对新兴的图书馆仓储式密集智能书库，按不同需求和应用特点进行推荐和规范。

数据接口规范包括智慧数据描述封装接口规范和智能应用接口规范。前者指的是用于数据交换的接口标准，后者指的是各类智能应用（如用户聚类）等需要底层系统提供分布式接口规范。数据分析与挖掘规范指的是图书馆数据分析与挖掘应用指南，对图书馆用户数据及资源使用情况数据的分析挖掘，对各学科主题内容数据的分析挖掘以及各类可能的情报分析，提供模型、流程和工具的参考文档。智慧数据规范包括关联数据应用指南、馆藏资源数字化文本化数据化最佳实践和数据清洗与质量控制规范三类规范。其中关联数据应用指南指的是图书馆书目数据、特藏数据等将大量使用关联数据，需要进行普及和规范。馆藏资源数字化文本化数据化最佳实践指的是大量纸本馆藏在扫描数字化、进行元数据加工之后，需要着手文本化（经 OCR 或人工加工变成全文本）和数据化（提取实体信息），以适应数据时代的读者需求的最佳实践。数据清洗与质量控制规范指的是对数据进行编目需要的一定著录规则和控制规范。

移动服务规范指的是移动图书馆智慧服务规范。用户认证规范指的是图书馆用户认证应用规范，包括图书馆对刷脸、指纹、瞳纹、声纹等生物信息识别技术的应用规范。个性化服务规范指的是图书馆个性化服务规范。可视化规范指的是图书馆信息可视化参考指南。

无人图书馆规范指的是24小时无人图书馆参考标准。机器人应用规范包括书库点检机器人应用指南和参考咨询机器人应用指南。前者指的是集成了多种智能技术的机器人需要在各类性能指标方面设定最低标准，后者指的是作为更加高级的智能机器人应用的参考咨询机器人需要设定一定的软硬件应用标准。智能终端规范指的是图书馆智能终端应用最佳实践，包括自助借还、阅读机、阅读盒子、业务手机、穿戴设备等的规范。自然语言处理类产品规范指的是自然语言处理系统应用参考指南，包括翻译机（语音、文本）、自动问答系统、智能音箱、智能搜索、自动写作、自动摘要、自动分类规范。传感设备规范指的是RFID、NFC、蓝牙设备应用规范，包括各类涉及人机交互的传感设备的应用规范，不包括纯粹提供自动控制的传感设备应用规范。安防设备规范指的是智能视频监控系统标准，包括采用机器学习进行物体识别、跟踪，从而实现预警、报警功能方面的规范。虚拟/增强现实规范指的是图书馆AR/VR/MR设备应用参考指南，包括3D显示、头显、智能眼镜、一体机等的规范。特殊设备规范包括3D打印设备规范和图书馆无人机应用规范。前者指的是属于图书馆创客空间设备设施一体化智能管理规范，可根据情况分别制定；后者指的是图书馆在进行短距离载体运送、实时现场视频传输或录像时需要用到无人机的管理规范。

四、关于上海图书馆智慧图书馆建设规划

刘锦山：刘馆长，请您谈谈上海图书馆在智慧图书馆建设方面所做的工作以及未来发展的一些思考。

刘炜：上海图书馆盼望新馆建设已逾20年，图书馆的信息系统也用了超过25年，当年国际领先的信息系统早已不堪重负。从此次新馆建设立项开始，上

海图书馆就着手信息化调研，注意到关于智慧图书馆的探讨在国内已经成为热点，于是在调研初期就立下目标，希望抓住机遇，再次使上海图书馆的信息化应用引领潮流，与东馆建设“十年领先、三十年不落后、五十年成经典”的目标相匹配。

因此从2016年开始，上海图书馆就聘请国内外专家，组建了咨询团队和调研团队，将建设适应未来需要的智慧图书馆作为总体目标，制订了详细的调研计划。2019年完成了调研工作，摸清了国内外现状与趋势，对上海图书馆的现状和痛点也进行了深入研究[①]。上海图书馆新馆项目自从2020年申报发改委同意立项，2021年上半年发改委批复，虽然项目规模大大缩减，但未来智慧图书馆的雏形基本可以得到保障，由于有了较为系统全面的规划，未来可以逐步建设[②]。

上海图书馆新馆信息化规划除了服务器、网络设备等基础设施之外，在智慧图书馆应用系统方面重点规划了六大部分：智慧图书馆服务平台（FOLIO）、智慧情报应用、数字人文应用、智慧空间（含身份识别、智慧服务、室内导航、智能控制、行为控制、信息发布、运维管理系统）、数据中台（包括AI中台）和统一服务平台（网站、App、数字阅读）。

智慧图书馆服务平台（FOLIO）[③]也就是下一代服务平台计划采用基于云原生微服务架构的FOLIO开源平台，该方案是“平台+应用”模式，虽然还没有开发完成，但从技术的角度看它的设计理念新颖，具有强大的扩展能力，能够支持中台技术，并通过各类功能微服务模块的开发，支持几乎无穷的功能，因此它可以负载智慧情报、数字人文和智慧空间的各类应用，主要的智慧能力由数据中台和AI中台提供，统一服务平台主要是前台网页和App，也提供用户智能化交互能力。目前整个信息化项目正在招投标中，我们希望通过两到三年的建设，基本实现一个国际领先的智慧图书馆样板，我们的经验和教训也可以提供给同行，进行充分的沟通和交流。

---

① 参见本文附图4-2 2019年上海图书馆智慧图书馆应用组成。

② 参见本文附图4-3上海图书馆智慧图书馆发展目标。

③ 参见本文附图4-4 上海图书馆下一代服务平台。

智慧图书馆不仅是技术问题，同时也有图书馆现有生产关系不适应的问题。我们其实最担心的也并非技术的可能性问题，而是我们机构的管理和机制体制是否能适应的问题，另外还有人才问题。这就是著名的康威定律（Conway's Law），即：设计系统的架构受制于产生这些设计的组织的沟通结构。这就是说云时代的系统平台运营需要机构在组织架构和协同方式方面进行调适和适应，而不是反过来让技术适应现在这种架构。

附图

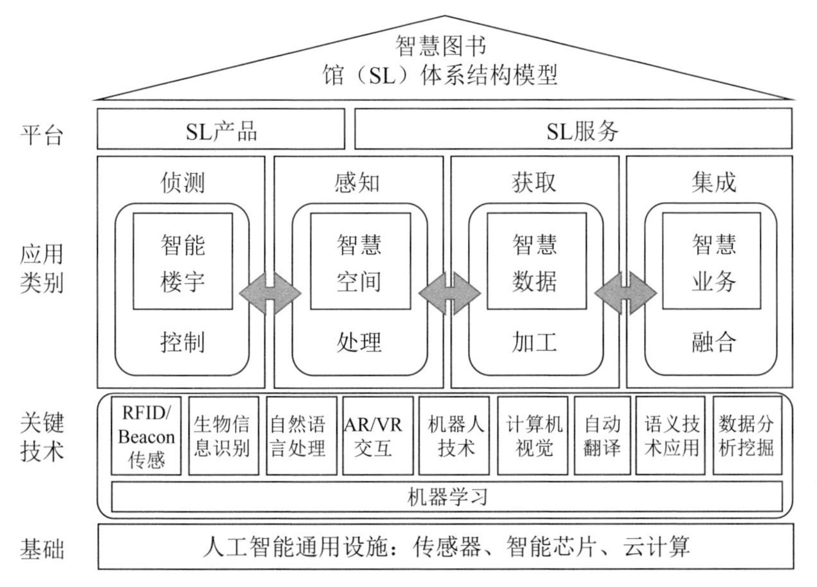

图 4-1　智慧图书馆体系

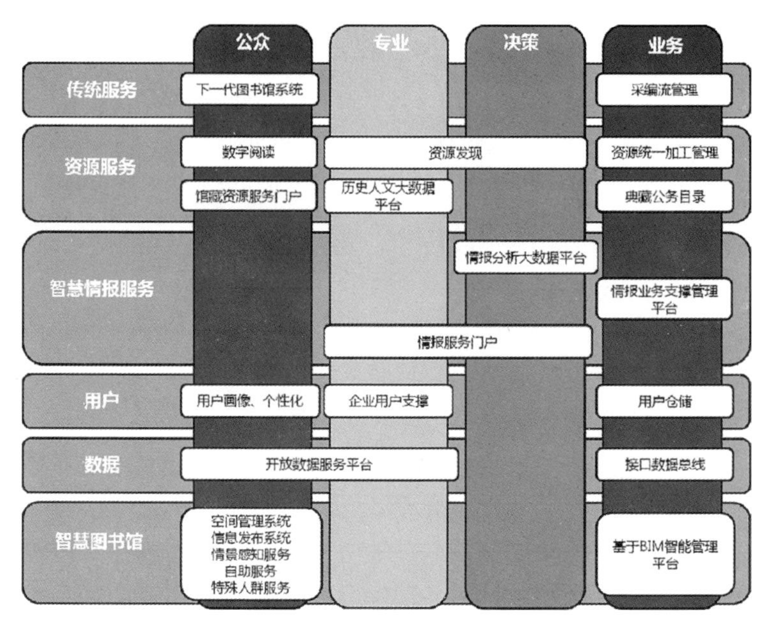

图 4–2　上海图书馆智慧图书馆应用组成

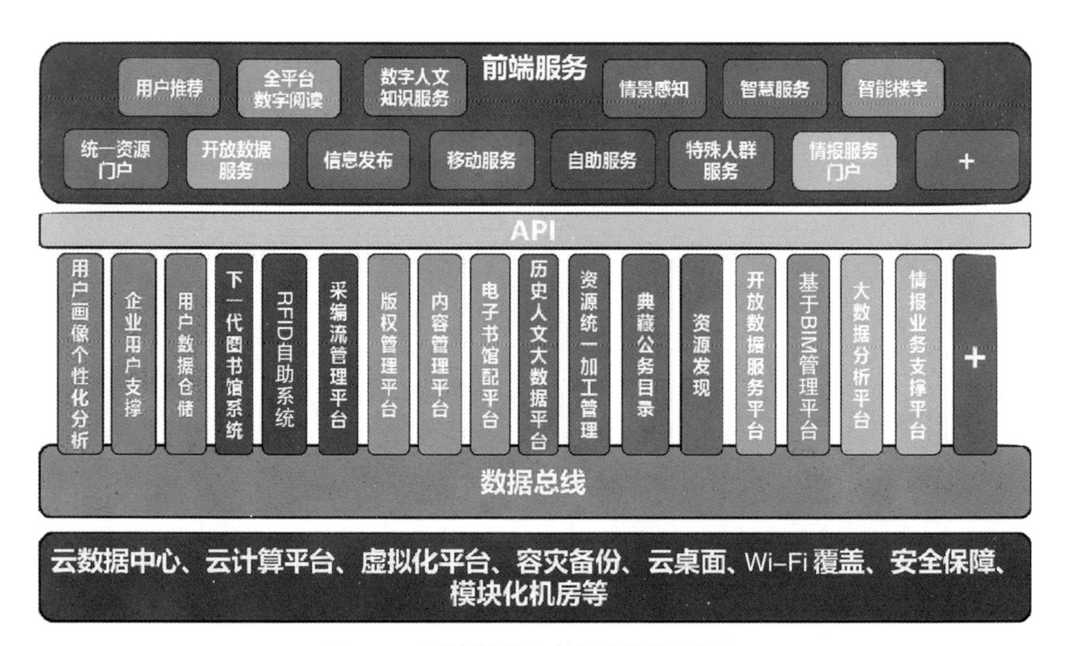

图 4–3　上海图书馆智慧图书馆发展目标

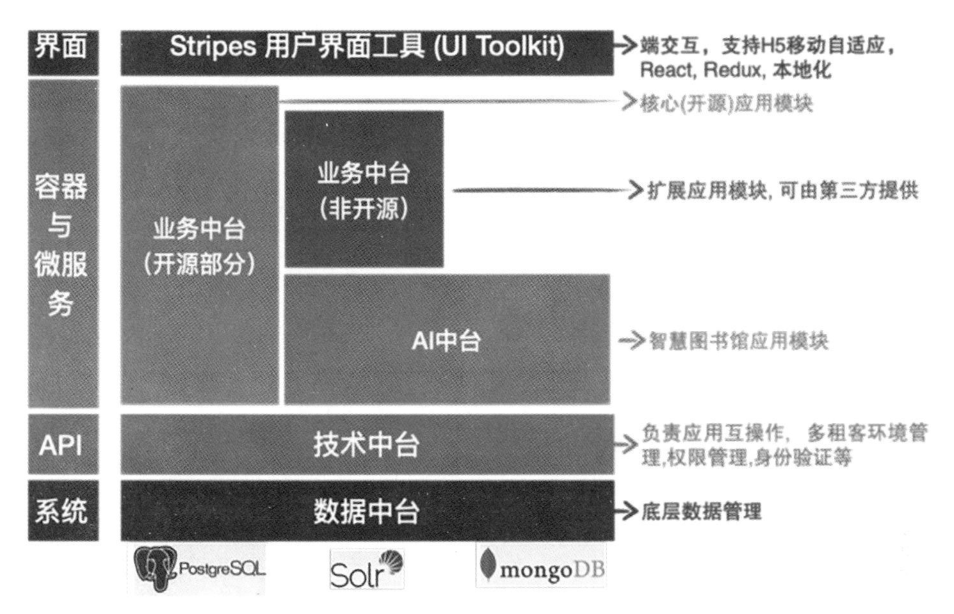

图 4-4 上海图书馆下一代服务平台

吴昊：以智慧化建设促进高质量发展

［人物介绍］吴昊，副研究馆员，广东省立中山图书馆副馆长。1994年参加工作，历任广东省立中山图书馆采编中心副主任、采编部副主任、网络资源部主任、馆长助理，2012年11月，任广东省立中山图书馆副馆长。广东省图书馆学会理事，信息技术委员会主任委员，中国图书馆学会阅读推广委员会数字阅读推广专业委员会副主任委员。先后荣获“第十届广东省职工职业道德建设先进个人”等奖励、第三届广东省宣传思想战线优秀人才“十百千工程”培养对象；所承担课题曾获文化部“全国第十四届群星奖”。

采访时间：2021年7月19日

初稿时间：2021年7月21日

定稿时间：2021年7月26日

采访地点：广东省立中山图书馆

智慧图书馆建设过程涉及资源、技术、人员和管理等诸多因素，是一个较长的、辩证发展的过程。如何以智慧图书馆建设为契机，深入思考图书馆转型升级，促进高质量发展，是一个具有战略意义的课题。广东省立中山图书馆在数字图书馆发展阶段以及数字图书馆向智慧图书馆嬗变过程中，抓住历史机遇，进行了积极的探索和实践，取得了很好的效果。因此，e 线图情为智慧图书馆与转型发展这一主题采访了广东省立中山图书馆吴昊副馆长。

一、关于职业生涯

刘锦山：吴馆长，您好！非常高兴您能接受我们的采访。请您首先向大家谈谈您的个人情况和职业生涯。

吴昊：刘总您好，谢谢！我是 1994 年毕业于兰州大学图书情报学系，图书馆学专业科技情报方向，后就职于广东省立中山图书馆。20 多年来，一直从事公共图书馆的具体业务工作，熟悉图书馆基础业务；熟悉数字图书馆建设、图书馆体系化建设、公共数字文化惠民工程建设等；在新技术应用、应用软件平台建设与整合、数字资源建设等方面积累了较丰富的组织实施与管理经验。先后担任编目中心副主任、采编部副主任、网络资源部主任、馆长助理、副馆长；同时也是广东省政协第十二届委员会委员、广东省图书馆学会第十三届理事会理事及信息技术委员会主任委员、中国图书馆学会第九届理事会阅读推广委员会数字阅读推广专业委员会副主任委员等。应该说很有幸能到广东省立中山图书馆工作，能够在实际业务工作中，亲历了图书馆从自动化、信息化到数字化、网络化的发展过程，也见证了我们整个国家公共图书馆事业蓬勃发展的历程。

二、关于智慧图书馆的本质

刘锦山：吴馆长，过去 30 多年，贵馆在图书馆自动化、资源数字化、服务网络化和终端移动化方面做了大量工作，取得了很好的效果。数字图书馆时代的深厚积淀为深化智慧图书馆理论研究和实践奠定了很好的基础。请您结合贵馆数字图书馆实践活动谈谈贵馆对智慧图书馆的认识和思考。

吴昊：2021 年 3 月，在《中华人民共和国国民经济和社会发展第十四个五年规划和 2035 年远景目标纲要》中明确要求开展智慧图书馆建设，为社会提供“智慧便捷的公共服务”。而从20世纪90年代以来，图书馆在信息化、数字化和网络化应用方面进行了大量的实践和探索，在这个过程中，包括广东省立中山图书馆在内的全国图书馆界都较好地实现了从传统图书馆到数字图书馆的转型发展，也为业界未来面向智慧图书馆发展奠定了良好的基础，积累了丰富的经验。

2021年初，文化和旅游部、国家图书馆也提出开展面向全国的智慧图书馆体系建设项目，为未来智慧图书馆体系建设做了初步顶层设计和规划，设立了总体思路和建设目标，据我看到的一些材料，全国智慧图书馆体系建设的规划是与国家经济社会发展的规划周期同步，从“十四五”到“十六五”末（2035年）。这种国家层面的政策规划，为整个图书馆行业面向未来智慧图书馆转型升级提供了新的机遇、新的动力，也提出了新的挑战。

关于智慧图书馆，目前可能没有一个比较统一、清晰的定义，相较数字图书馆、移动图书馆等而言，也没有清晰的模式。个人认为，智慧图书馆是在新时期图书馆行业寻求高质量发展的一个目标或愿景，本质上是要求图书馆转型和创新发展，如“智慧城市”“智慧社区”“智慧教育”“智慧医疗”等一样，是图书馆未来发展的一种新的形态和新的能力，实现从文献服务到知识服务转型升级，总体上应能逐步具备智慧感知、智慧服务、智慧管理及决策的能力。

更高速的网络（5G网络等）、云计算、人工智能、大数据等技术的广泛应用，为图书馆实现智慧化提供了良好的技术支撑，但从目前业界对新技术的应用情况来看，我们的用户管理、服务供给、管理与决策方面的成效可能并没有与当前移动互联环境下新技术的普及和广泛应用相匹配。我们对用户的认识还局限于持证读者，资源的管理还普遍集中于纸本资源的管理，数字资源对移动应用的适配也不友好，业务管理与决策因为缺乏有效的数据和分析还难以做到精准化，图书馆线上应用平台总体上用户体验也有待改善，相比社会上的主流服务应用，图书馆的服务话语权越来越低，尤其基层图书馆，仍需提升基本的数字化服务能力，因此，图书馆要真正地实现智慧化，就要求图书馆在资源、服务、管理等方面进行全方位的转型升级，可能是一个长期的、渐进的过程。

另外，关于智慧图书馆。第一，可能不同的角色、不同的人，对智慧图书馆有不同的认知，而且这种认知也一定是不断变化，动态调整的。例如，基于

RFID 技术的 24 小时自助图书馆，我们也称之为“24 小时智慧图书馆”；用人脸识别技术实现了办证、自助借阅，我们认为体现了“智慧服务”，对于读者用户而言，其关注的是好不好用、方不方便。第二，业界对于什么是真正的智慧图书馆，尚未形成清晰的业务和服务场景，也许我们可以不拘泥于“智慧图书馆”这样一个词，也许我们离真正的智慧还很远，但我们可以把它看作是对图书馆发展的更高要求。第三，智慧化的图书馆服务需要行业内各级图书馆的协同合作，开放共赢，才能催生更多的服务创新，逐步形成智慧化的服务业态。

三、关于智慧图书馆建设方略

刘锦山：吴馆长，在进行智慧图书馆建设过程中，需要注意哪些问题？

吴昊：智慧图书馆建设肯定是一个在现有成果基础上不断摸索、不断完善的过程，因此，在具体的实践中，可能需要考虑关注的问题很多，这里只是从现状、资源、技术、数据、实用化等方面谈谈自己粗浅的体会。

第一，要以问题为导向、以需求为导向，重新审视我们自己现在信息化服务水平如何。发现问题才能找到切入点，如果从用户、资源、服务、管理与决策的视角来看，问题不少，图书馆还有很大的提升空间。例如，现在业界研究建设的“新一代图书馆服务平台”“知识服务平台”都是在解决资源管理和知识化服务等问题；而我们这些年的大数据应用，不应只停留在服务数据的可视化方面，而是要更多利用数据的统计分析成果进行管理决策；对于人工智能技术，我们当前清晰落地的还只是“刷脸”；无感知服务的理念，除了 RFID+ 纸本文献借还外，是否还可以延伸到数字资源的获取方面，等等。

第二，资源建设应逐步与智慧图书馆需求相适应。从注重资产管理到注重数据管理，图书馆能掌握核心数据；加强资源的知识组织与揭示，以满足利用语义网、知识图谱等技术实现知识服务。

第三，图书馆及相关服务厂商的从业者，应重视对人工智能、大数据、语义网、知识图谱等技术深入了解及学习，避免“点缀式”的应用。客观来讲，目前大多公共图书馆对语义网、语义关联、知识图谱了解不多，实践经验也不多，相关服务厂商在这方面的技术研究和储备也相对有限。

第四，要注重数据要素的利用与创新。在智慧图书馆建设的大背景下，数据的价值愈加突显，数据创造价值，驱动服务创新，所以推动行业数据的汇集、共享和开放，实现互联互通，对于图书馆转型升级来说，既是手段也是重要支撑。

第五，新技术应用应以实用化为原则，注重长期效应。新技术应用是围绕服务提升、服务创新而开展的，应避免盲目地追求技术概念，为用而用，而是要根据应用场景倒推用什么样的资源、服务流程、管理方式、新技术去匹配。

第六，围绕服务、管理的智慧化，传统业务流程和管理方式应进行业务重构和流程再造。在图书馆自动化、网络化时代，我们在利用信息技术方面可能较多的是将人工作业变为自动化管理，服务从线下搬到线上，但在智慧化时代，资源的管理、服务的形式等都在变，相应的传统的业务流程也要与之做适配及改变，例如新一代智慧图书馆管理系统的“纸电合一”的管理、文献采分编全流程智能作业、O2O图书网借服务等，均给传统文献的采、编、流、检等业务流程带来变化。

第七，注重技术人才队伍的建设。这看起来似乎是套话，但图书馆技术人员队伍的实际能力并不乐观，据我所知，某些图书馆的业务管理系统全部交给系统服务厂商维护，图书馆技术人员甚至连底层数据库的密码都不掌握。现在技术发展太快，技术人员队伍的能力也要跟上技术的发展，技术人员不应只是负责简单的系统运维，甚至只是充当“客服”的角色，而是应该担当起图书馆核心系统、核心数据的掌控者、管理者。其实，我们非技术岗位的馆员及领导也应有互联网思维，保持良好的对新技术的认知和敏感性。

四、关于智慧图书馆的实践

刘锦山：吴馆长，我们了解到，近年来，广东省立中山图书馆在利用新技术进行业务和服务创新方面进行一些探索，请您具体介绍一下贵馆在智慧图书馆方面开展的一些工作。

吴昊：好。我着重向大家介绍一下“粤读通”数字证卡服务系统和图书采分编智能作业系统。

一是我们自主研发并上线的“粤读通”数字证卡服务系统。

“粤读通”服务是“十四五”时期广东省立中山图书馆为积极推动广东省图书馆事业高质量发展，进一步体现行业开放融合的发展理念，推动省内图书馆服务一体化建设，提出建设的覆盖全省域的服务系统，这一设想得到省内各市级图书馆的广泛共识。“粤读通”数字证卡旨在省域范围内推动各图书馆之间合作共享，实现全省“一张网、一个卡”，所有开通“粤读通”服务的新老读者，均可实现一次办理（包括线上办证或激活），各馆通用。

我们觉得，行业融合发展、服务一体化离不开用户（读者）信息的互通和互认，打通馆际间用户信息数据，实现用户数据互联、互通、互认，是行业服务协同共享的基础。“一网通办，一证通用”，极大地降低了服务门槛，激活了用户需求；可有效促进馆际间纸本馆藏文献、数字化资源的共享和利用，扩大用户服务供给，共享各图书馆线下、线上服务。

“粤读通”于 2021 年 4 月 23 日建设完成并正式上线投入使用，该应用所有前后端服务系统全部由广东省立中山图书馆工作人员自主开发完成。目前，“粤读通”数字证卡服务首批已覆盖珠江三角洲地区，包括广东省立中山图书馆、广州图书馆、深圳图书馆、佛山市图书馆、珠海市图书馆、惠州慈云图书馆、东莞市图书馆、中山纪念图书馆、江门市图书馆、肇庆市图书馆共 9 市 10 个省市级公共图书馆。实际上，以上这些市图书馆，作为所在地区的中心图书馆，已经建立了良好的区域体系化服务，因此，可以说目前“粤读通”服务已覆盖珠江三角洲地区所有市、县（区）图书馆。

在研发过程中，我们充分依托广东省数字政府“粤省事”平台、广东省身份统一认证平台优势进行开发，以读者数字证卡——“粤读通码”的形式呈现和使用。一是系统通过人脸识别等方式与广东省身份统一认证平台进行实名认证，保障了用户数据的有效和安全性，所有新注册或激活用户数据直接向各合作图书馆核心业务系统进行数据推送，实现省域合作图书馆读者信息互通互认。二是充分利用了广东省“粤省事”实名用户超亿级的高频应用入口，嵌入“粤读通”数字证卡服务，实现了“粤读通”服务开通、“粤读通码”证卡添加等，为加强应用的宣传推广，提升图书馆服务的公众知晓度、参与度、满意度起到了良好的推动作用。三是独立开发了“粤读通”专用小程序和“粤读通码”（动态）正反向扫码解析工具包等，方便合作图书馆直接利用其开通“线上办证”服务，以及完善线下服务对“粤读通码”的兼容改造，例如自助借还终端证卡识别、门户网站用户登录等。

可以说，“粤读通”服务为基于数据要素驱动的行业服务创新提供了应用案例，在深化政务数据共享共用，挖掘数据价值，驱动服务创新等方面做了良好探索。它着重行业数据要素的开发利用，推动了行业数据的汇集、管理、共享和开放、互联互通，通过“盘数据、管数据、用数据”实现了一定的行业应用创新。尤其，我们在项目具体实施过程中，充分考虑了各图书馆线下业务规则调整和数据交换的“顾虑”，选择兼容或仍遵循各图书馆借阅权限，用户数据采用“单向多馆推送”等策略，与合作馆寻求最大公约数，提高了成员馆的参与主动性，可以说本项目使用了最小的技术成本和行政管理成本，实现了一体化的服务应用。

二是图书采分编智能作业系统。

我们都知道，图书的采购验收、分类编目、典藏管理（下称“采分编”）一直以来就是图书馆的基础业务，而且作为图书馆的核心业务之一，采分编业务工作也是图书馆众多业务中最早实现业务标准化、规范化和网络化的，但客观上，图书馆采分编工作流程、工序繁多，工作量大，图书馆需投入大量的人力和时间，尤其对大中型图书馆来说，每年的工作压力不小。仅以广东省立中山图书馆为例，每年的中文新书采购量约为10万种30万册，其采分编流程包含拆包验收、系统收单、编目、馆藏分配、典藏加工等十多道工序，几乎每一道工序都需要搬一次书，仅就图书搬运一项来计算，完成30万册图书的所有采分编工作至少需要搬运300万册次，其工作量之繁重可见一斑。

本项目的初衷是构建一种应用于图书馆图书采分编基础业务全流程的自动化作业系统。考虑通过综合采用物联网技术、图像识别、工业自动化处理、自动分拣等技术，研究和设计一套可用于图书采分编业务的稳定高效的全流程智能化作业系统，以极大地提高图书馆，尤其是大中型图书馆图书采分编效率，减少重复的人力劳动，打造“智能化编目”新业态，为未来图书馆业务优化提供创新方案。

系统总体上分为图书验收及编目前加工模块、图书分类编目模块、图书典藏加工及分拣模块三个部分。其中，图书验收及编目前加工模块重点实现图书编目前的采购验收和规范化的物理加工；图书分类编目模块初期的重点是以人机协同的方式实现在线“无纸化编目”；图书典藏加工及分拣模块负责处理图书编目后图书的典藏标识加工、入库分拣等操作。整个系统计划分三期实施。

这套图书采分编智能作业系统（一期），即图书验收及编目前加工模块，已经于 2021 年 5 月正式上线投入使用。目前，一期系统处理加工的稳定运行效率为 200 本 / 小时左右，按每天 7 小时开机工作计算，每天可处理完成 1400 本新入馆图书，相比人工效率得到极大提高，同时也大大降低了图书加工的出错率。这套系统可能算是业界首个探索将物联网、工业机器人、机器视觉等技术应用于图书采分编环节的新型作业平台，是推动采分编作业由传统的人工向自动化、智能化转型的一个大胆尝试，系统一期项目已申请 4 项发明专利和 32 项实用新型专利，目前已获授权 19 项。我们将它命名为“采编图灵”，算是在这个方面迈出的第一步。

2021 年 7 月，我们已经启动图书采分编智能作业系统二期的项目论证及合作研发工作。重点解决图书分类编目环节的智能作业，这也是图书采分编流程中复杂度最高的一个环节，考虑设计研发专门的机械装置和软件，通过对每一种图书进行特征码识别、图书关键内容扫描存档、文本 OCR 识别等一系列的图像处理，并与图书馆业务自动化系统对接，人机协同实现“无纸化编目”。

“采编图灵”一期的落地和实施，在某种程度上可以改变图书馆采编业务运作方式，全部智能作业系统完成后，基本上实现了图书采分编“一条龙作业”，理论上每册图书只需在作业系统上流转一次，便可完成所有采分编加工工序，将解放大量的馆员劳动力，极大地减轻人员劳动强度，大幅缩短新书上架时间。

实际上，经过前期的系统落地以及后面二期、三期系统的功能需求分析，我们对全套系统的理解、定位和功能想设也不断丰富变化，其可以延伸出其他一些应用。将来，它不仅仅是处理图书采分编业务的一套加工设备，我们把它定位为业务系统或平台的一个外部设备，其最大的价值不仅在于解放劳动力，而且还可以应用于基于文献的相关信息、内容的数据生产，例如图书封面数据、书脊数据、文献内容数据等，使其变为基于数据生产和内容生产的一套核心系统。

四、关于智慧图书馆的未来发展

刘锦山：吴馆长，请您谈谈贵馆“十四五”期间智慧图书馆发展规划。

吴昊：广东省立中山图书馆非常重视“十四五”规划的科学性和合理性，以往我们通常会基于本馆情况制订规划，我也曾牵头过广东省立中山图书馆“十三五”规划的编制工作，但在工作中难免会受制于本馆局限性的影响，组建的规划编制小组成员相对固定，在思路和方式上有时会比较“内卷”。因此，广东省立中山图书馆的“十四五”规划是柯平教授的团队联合编制的。

在“十四五”规划的编制过程中，我们曾考虑过单独列一个战略方向来讨论智慧图书馆的建设，但后来觉得，一是目前对什么是智慧图书馆、怎么样才算是智慧图书馆并不是看得很清晰，二是感觉图书馆在新技术方面的应用，是服务于业务、服务、管理、体系化建设等各个方面的，而且每个方面的工作都可能涉及信息技术应用的内容，内容是交叉的。因此，我们将有关新技术应用创新的工作融入规划各个方面，比如包括全省体系化建设、文献采选方、特色数字资源建设、读者服务创新方面、空间功能提升等。

“智慧图书馆”不可能在一个五年内就能完成，它是一个长期的目标。过去的五年，图书馆以移动互联应用等为核心推动了图书馆业务与服务的创新，同时，大数据、云计算、AI 等技术为各行各业，包括图书馆也带来了相当大的挑战。如果说从真正实用化的角度看，过去的五年，我们的图书馆对大数据、云计算、AI 等技术的应用，大多还是一个点缀、一个概念的话，那么图书馆未来应该推动这些新技术更实用化和更深层次的应用。这里，我们馆员、领导要有更积极的心态和理念，对新技术保持良好认知和敏感，乐于创新，才能使智慧化建设这一变量助力图书馆为社会提供高质量的服务。

吴政：以系统思维推进智慧图书馆建设

吴政，南京图书馆副馆长，研究馆员。江苏省如皋人，1963年7月出生，1983年7月北京大学图书馆学系本科毕业，1987年12月北京大学图书馆学系情报管理专业硕士研究生毕业，获理学硕士学位。兼任图书馆大数据应用江苏省文化和旅游重点实验室主任、文化和旅游部全国公共文化发展中心基层公共数字文化服务研究院研究委员会委员等多项职务。研究专长有图书馆管理系统、数字图书馆、智慧图书馆、公共数字文化建设、图书馆功能空间规划等。曾作为主要研发人员参与文化部“ILAS集成图书馆自动化系统”“力博图书馆管理软件系统”等多个系统的开发工作。曾主持江苏省公共数字文化建设中心日常工作，负责全省公共数字文化的标准制定、方案规划、项目实施工作。主持省部级科研课题等多项课题，发表学术论文十余篇。荣获江苏省文化厅三等功等多项荣誉。

采访时间：2021年7月16日

初稿时间：2021年8月5日

定稿时间：2021年8月15日

采访地点：南京图书馆

作为图书馆发展新形态，智慧图书馆从其产生之初就与技术密切相关，并随着技术的进化而进化。虽然如此，智慧图书馆一经产生，就有着自身的发展逻辑，并非只是技术在图书馆的单纯运用。南京图书馆副馆长吴政多年来一直从事技术和技术管理工作，在智慧图书馆理论和实践方面积累了丰富的经验。因此，e线图情采访了吴政副馆长。

一、关于职业经历

刘锦山：吴馆长，您好！非常高兴您能接受我们的采访。请您首先向大家谈谈您的职业生涯和学术生涯情况。

吴政：谢谢刘总。我是江苏省如皋人，1963 年 7 月出生。我的大学和研究生都是在北京大学图书馆学系念的。毕业后一直在南京图书馆工作，现任南京图书馆党委委员、副馆长，同时还兼任图书馆大数据应用江苏省文化和旅游重点实验室主任等多项职务。我的研究方向是图书馆管理系统、数字图书馆、智慧图书馆、公共数字文化建设、图书馆功能空间规划等。我曾参加多个项目的研发工作，例如作为主要研发人员参与文化部“ILAS 集成图书馆自动化系统”的研发工作，作为公共图书馆代表参与南京大学“汇文图书馆管理系统”的前期研发工作。主持多个省部级课题的研究工作，发表学术论文十余篇。

二、智慧图书馆产生的背景

刘锦山：吴馆长，您多年来一直从事技术和技术管理方面的工作，对于技术及其在图书馆的应用有着深入了解和研究。请您谈谈智慧图书馆产生发展的背景。

吴政：智慧图书馆是当前图书馆行业研究和应用的重要内容，智慧图书馆体系建设是“十四五”期间我国图书馆发展的主要方向。它的产生和发展至少与技术发展、社会驱动与需求驱动三个方面有关。

第一，智慧图书馆的产生与发展离不开技术发展的驱动。大约 16 年前 RFID 应用于自助借还，有人提出“智慧图书馆”概念。当今移动互联网、物联网、云计算、大数据、人工智能等新一代信息技术的发展，使信息化进入了智能化阶段，为智慧图书馆提供了技术支撑。

第二，智慧图书馆与智慧城市（Smart City）的规模发展密切相关。2013 年我国有 90 个城市试点智慧城市建设，2020 年扩大到近 800 个试点城市，是全球最大的智慧城市实施国家。公共图书馆是城市公共文化服务的重要部门，智慧公共服务离不开智慧图书馆的参与。

第三，智慧图书馆的产生与发展源于需求的驱动。以人为本的信息化的知识社会与人的需求驱动密不可分，读者需要一个更舒适的环境，需要图书馆提供新、准、快、全的文献服务和知识服务，图书馆馆员也需要更科学有效的组织管理资源。智慧图书馆就是为解决上述问题而出现的。

智慧图书馆是随着信息技术的发展而发展的，信息化发展经历了三次浪潮：以个人计算机普遍应用为特征的数字化阶段（信息化 1.0）、以互联网广泛应用为特征的网络化阶段（信息化 2.0）、以大数据、物联网、云计算、人工智能应用为特征的智能化阶段（信息化 3.0）。与信息化发展相对应，智慧图书馆是图书馆信息化发展的第三个发展阶段。

第一阶段（1980—2000）可以追溯到 20 世纪的计算机应用于图书馆的业务管理和数字化办公，以图书馆自动化系统（LAS）为标志，这些系统基于业务规则和标准实现了图书馆纸质文献的采访、编目、流通和书目检索的计算机管理，结束了传统的手工操作的历史，大大提高了图书馆业务管理和读者服务的效率。

第二阶段（2000—2015）为 21 世纪初到现在的互联网、文献数字化技术在图书馆的应用，以数字图书馆为标志，数字图书馆以数字资源服务为主要内容、以互联网应用为主要方式形成图书馆新业态，它突破了纸质文献利用的时空限制，实现了泛在的服务。

第三阶段（2015 至今）信息化进入智能化阶段，由此而产生的应用于图书馆的各种智慧功能和产品使图书馆达到了“智慧”水平，最具代表性的应用是 RFID 自助服务系统、新一代图书馆服务平台（LSP）和各种智能设备。RFID 自助服务系统是最早的“智慧图书馆”功能，实现了对文献和读者身份的“智能”感知的能力。

三、智慧图书馆的内涵与本质

刘锦山：吴馆长，显然，智慧图书馆出现的时间并不是太长，我们对于智慧图书馆的认识可以说还处在一个初级阶段。因此，对于智慧图书馆这一概念的内涵和本质有着多种多样的认识，请您谈谈您在这方面的思考。

吴政：智慧图书馆是在信息技术第三次浪潮的背景下，图书馆全面应用新技术而形成的图书馆新业态。

智慧图书馆不是一种图书馆类型或一种新的图书馆业务，而是一个图书馆综合的和整体的“智慧”能力的体现，在这个意义上也可称为智慧型图书馆。某种技术应用于图书馆而产生的某种“智慧”能力只是图书馆的一个智慧点或智慧功能，如基于 RFID 感应技术的图书馆自助系统，只有将多种技术特别是新一代信息技术创新应用于图书馆各个方面、各个环节而形成的相互关联的“智慧”功能体系才是真正意义上的智慧图书馆，因此智慧图书馆是由一系列智慧点或智慧功能所构成的不断生长的有机体。

准确理解智慧图书馆的内涵和本质，要正确理解智慧图书馆与图书馆业务管理系统、数字图书馆的关系。智慧图书馆是图书馆管理系统和数字图书馆的全面升级和转型。升级转型后的图书馆管理系统，具有管理资源更广泛、技术微服务化、功能智慧化、平台云服务等特点。升级转型后的数字图书馆具有知识深度挖掘、智慧参考咨询服务、智慧知识服务、智慧决策服务等功能。需要强调的是，智慧图书馆的智慧能力是不断生长发展的。智慧图书馆强调创新应用、跨界融合、开放共享、感知互联、互动主动、泛在实时等理念，技术在不断发展、社会在不断进步、需求在不断更新，将不断产生越来越多的新的智慧功能和智能产品。

准确理解智慧图书馆，要有一定的哲学思维。前面谈到智慧图书馆是图书馆全面应用新技术而形成的图书馆新业态。而技术应用的本质是使得人类的生活和工作更简单、更快捷、更舒适和有更高的质量，智慧图书馆建设亦不例外。智慧图书馆的建设过程就是通过“智慧”能力更深入有效地集成图书馆建筑设备设施、服务资源、服务对象、工作人员和方法规则等图书馆“五要素”，更全面

“智慧”地实现图书馆“五定律”，即：书（知识信息）是为了用的、每个读者有其书（知识信息）、每本书（知识信息）有其读者、节省读者的时间、图书馆是一个生长着的有机体。具体一点说，建设智慧图书馆要能帮助图书馆优化资源结构、有效调配资源、快准提供资源，能更好地感知读者需求并按需主动提供精准化个性化的服务，并能为用户提供更舒适的服务空间和阅读环境。

四、智慧图书馆体系架构

刘锦山：吴馆长，您刚才不仅从本体论即“是什么”的角度介绍了您对智慧图书馆内涵和本质的理解，而且您从价值观即“为什么”的角度谈了智慧图书馆的内涵和本质，这对于我们深入理解智慧图书馆有很大的帮助。下面请您再从方法论即“怎么办”具体谈谈智慧图书馆应该怎样进行建设。

吴政：智慧图书馆怎么建设，实际上涉及智慧图书馆的体系架构。这里包括两大范畴，技术支撑与图书馆应用①。

技术支撑分为基础设施设备与关键应用技术。基础设施设备是智慧图书馆一切系统工作运行的基本条件，包括各类信息处理、信息传输、信息采集、人机交互等一切以硬件为主的设备设施，其中无线网络（Wi-Fi 6、5G）、云服务是核心。

关键应用技术全面提升了智慧图书馆的“智慧”能力，大数据分析技术、生物特征识别技术（包括人脸、图像、视频、语音等识别）、机器学习和深度学习、自然语言处理和机器翻译、二维码应用、移动终端定位等。其中大数据技术、人工智能技术是核心。

图书馆应用则分为数据服务、功能模块和应用展现层。应用平台层：提供给用户使用的与用户交互的各种应用界面、各类门户等。功能模块层包含各种基于图书馆需求实现某个具体功能相对独立的可调用的功能模块程序，由于开发技术和需求的不同，各功能模块的粒度大小存在差异，大的功能模块可能是一个应用子系统，小的功能模块可能是一个微服务。根据不同的应用目的可以把智慧图书

① 智慧图书馆体系架构示意图参见本文附图4-5。

馆的功能模块分为智慧管理、智慧服务和智慧环境三类。智慧管理主要为图书馆馆员提供高效科学的管理功能，如智慧采访验收、智慧标引编目、智慧书库管理、大数据分析决策、客流及热点分析等；智慧服务主要是面向读者服务的功能模块，如自助/信用办证、网借、智能参考咨询、知识发现、推送服务、虚拟书架、语音服务、导航服务等；智慧环境主要包含图书馆楼宇空间环境的智能管理模块，达到舒适、节能环保的目的，如智能光照调节、智能温湿度调控、智能家居、智慧安防、智慧物业管理等。数据服务层包括由元数据等海量标准化数据组成的中央知识库、各个应用系统的用户本地化数据、数字图书馆数字资源，还包括以上各类数据的数据服务接口。

五、新技术在图书馆中的运用

刘锦山：吴馆长，请您谈谈移动互联网、5G、物联网、大数据、云计算、区块链和人工智能技术等新一代信息技术在智慧图书馆中的具体应用情况。

吴政：智慧图书馆的发展得益于新一代信息技术的发展。移动互联网的发展是智慧图书馆发展的重要基础条件，移动互联网改变了图书馆、读者、书商、出版机构之间在业务、服务等方面的交互模式，产生了基于手机移动平台的新应用、新服务。5G技术极大地提高了移动通信的传输速度，使快速获取和分享大文件、移动端实现VR和AR应用成为可能。物联网实现了人、书、设备之间的融合，使得管理和服务更加智能。

基于大数据对资源结构和利用、读者构成和行为、图书馆空间利用、图书馆人财物管理和运行状态、环境社会经济影响等进行分析，寻求各种因素关联的客观规律，为优化资源结构、合理调配资源、精准按需服务、加强科学管理等提高数据支撑。

云计算为图书馆提供即开即用、易维护易升级的系统平台，并能提供数据中心服务。图书馆之间的协作共享、联合服务更加便捷、深入。区块链技术为更大范围的身份认证、资源共享，数据安全可靠、准确无误提供支持。

上述技术在图书馆有如下具体应用场景：①智慧采访：基于出版数据、馆藏数据、读者借阅数据、采访原则等生成智慧订单（大数据分析等）。②智慧验收：对到馆新书一次性验收（书脊图像识别、二维码等）。③书库管理：快速准确进行图书定位、排架和清点（书脊图像识别、二维码、RFID、盘点机器人等）。④智慧书库：仓储式智能立体书库，堆垛机、高速穿梭机自动取书传送、分拣配送，还书分拣上架（图像识别、智能调度、RFID、搬运机器人）。⑤虚拟现实书库：以3D虚拟现实方式再现图书馆现实书库、书架、图书，可点击阅读或申请借书（AR/VR、图像处理，业务管理系统）。⑥自助借还、无感借还：通过RFID、人脸识别、图像识别等实现自助借还、办证、入馆入室验证等。⑦智慧导航导读：迎宾服务机器人、泛在服务机器人、手机空间和文献导航服务等（人脸、声音、图像识别，机器学习、机器人等）。⑧推送服务：基于大数据分析的读者画像，可结合网借物流和文献传递实现精准文献和信息推送服务（大数据分析）。⑨各种借阅服务：网借服务、转借服务、采借服务（网上和实体书店你选书我买单）等。

在智能移动终端应用情况如下：①智能移动终端（主要是智能手机）自带的拍摄、Wi-Fi连接、NFC、蓝牙、声音、GPS、指纹、存储等功能，强大的CPU、GPU信息处理能力，以及大量的第三方移动应用工具和平台（如移动支付平台、社交平台、人脸图像语音识别等工智能应用、身份认证应用等）使得智能移动终端可以实现比电脑终端更多更复杂的智慧图书馆应用功能。②移动智慧管理：如移动文献采访、文献标引、借还管理、读者管理、书库管理、读者流量和热点分析数据源、馆情数据展示、安防监控、设备设施监控等。移动文献采访适用于馆外现场采访，可以实现图书封面或书脊图像的图书查重功能。移动图书借还和读者管理适用于断网断电、馆外地点（如图书流通车）、无电脑设备（如基层图书室）等借还办证管理。移动书库管理可以实现基于RFID、图像识别、NFC或者二维码的图书定位、排架和清点管理。读者流量和热点分析数据源是把读者智能手机的信息（蓝牙、Wi-Fi等）作为感知对象，可用于读者流量、热点和轨迹数据分析。③移动智慧服务：面向读者使用的移动应用，具有很大拓展空间和发展前景。如个性化的资源信息搜索获取和推送、信用办证、网上借书、读者转借、读者采借、NFC自助借阅、智慧参考咨询、网上活动等。随着5G技术的应用，通过移动终端分享和获取

3D、超高清晰度视频资源，建立虚拟现实书库等将会成为现实。

而多媒体技术有大数据墙、会议厅大屏、瀑布流、展览墙、视窗墙、资源触控阅读屏、公告屏、朗读亭、互动投影、VR 虚拟现实、互动沙盘、体感互动、透明交互橱窗虚拟书法、裸眼科普 3D、虚拟书法、智能电子白板、3D 影院、4D 影院、LED 3D 全息展示等具体应用场景。

六、智慧图书馆的核心

刘锦山：吴馆长，图书馆服务平台应该是智慧图书馆的核心所在，图书馆正是通过这一平台向读者提供各项智慧服务，请您谈谈这方面的情况。

吴政：图书馆依然是也永远是以资源管理和资源服务为核心职能的机构，顺应智慧图书馆的发展，图书馆管理系统也必然从自动化管理系统、集成管理系统向新一代图书馆服务平台（Library Service Platform：LSP）发展。图书馆服务平台可以简单定义为“一个基于新技术为图书馆（Library）的馆员、读者和关联机构提供全面服务（Service）的开放平台（Platform）”，具体可解释为：

Library——为图书馆行业而设计的软件，有效集成图书馆五大要素，能全面提升图书馆管理水平，更好地满足图书馆读者需求。

Service——基于云服务模式，以需求为导向，采用新技术、整合全资源、打通并优化业务流程，为图书馆馆员、读者及关联行业机构提供即开即用的功能服务。

Platform——基于微服务架构的统一云服务平台，在提供 SaaS 功能服务的同时，提供 PaaS 平台接口服务，任何第三方可开发或对接应用功能，方便建立不断增长的图书馆应用生态体系。

LSP 的核心理念是：统一融合（资源统一、服务统一、跨界融合）、开放共享（开放接口、与第三方系统共存）和智慧便捷（以服务为中心，重塑工作流程、不断创新智慧功能、提供简洁快捷服务）[①]。

作为智慧图书馆核心系统的 LSP 是在图书馆业务管理系统的基础上应用新

① 参见本文附图 4-6 LSP 核心理念。

一代信息技术，全面整合图书馆服务资源、实现资源管理一体化、资源搜索全球化，并与其他行业和部门跨界合作实现服务融合，能为读者提供按需的、感知的、泛在的、精细的和快捷的服务。应具备如下八个方面的特征[①]。

①更先进的技术架构

应采用新一代互联网微服务技术架构，是一个由一系列分布式服务组成的松耦合系统，容错性更好，便于快速演化和迭代开发。能更好地支持云服务、多终端应用开发和开放接口服务等。新的技术架构可以支持百万级的并发用户规模。

②更经济的服务模式

应提供 SaaS 服务。用户无须购买和维护昂贵的服务器、存储和网络等硬件设备，无须安装系统支撑软件和平台应用软件，只要选择所需的功能模块即开即用，并能简单快捷实现功能升级和系统维护。

③更庞大的元数据、规范数据支撑

业务管理系统主要是靠书目数据中心的支持开展编目工作，LSP 的中央知识库应能提供全球资源的元数据和大量规范词表支撑，并定期更新，为智能采编、统一检索和知识发现，大数据分析等功能提供数据支撑。

④更全面集成的资源管理和服务

业务管理系统以单一纸质资源管理和服务为主，LSP 实现了资质资源和数字资源的一体化采访编目和资源管理，为读者提供纸电资源统一检索和知识发现，并实现用户纸电资源请求和获取的一站式服务。

⑤更好地支持图书馆服务体系建设

LSP 应面向总分馆制和服务联盟体系的管理和服务需求进行设计，兼顾多馆资源管理和读者服务的统一性和灵活性，能更好地满足总分馆制的快速建立、统一管理和高效能服务的需求。

⑥更全面准确的数据分析

应采用大数据技术对图书馆各类数据进行汇集，包括图书馆基础性数据、业务数据、各种资源服务数据，并对这些数据进行多维度的和关联性的统计分析，

---

① 参见本文附图 4-7 LSP 特征示意图。

能将分析结果应用于可视化展示、智能业务决策、精准化的读者服务等各个方面。

⑦更丰富的智能化功能

应采用图像识别、语音识别、虚拟代理、工作流程自动化、机器学习、传感和定位分析等多种人工智能技术实现图书馆管理和服务中的智能功能。如：新一代的智能验收和书架管理、智能参考咨询、服务机器人、智能采访和编目、智能空间管理等，新的智能化功能将不断研发和推出。

⑧更开放的数据接口服务

业务管理系统的接口大部分是封闭的和非标准的，对于第三方应用的需求一般需要进行收费定制；LSP 基于平台数据总线提供一整套标准的 API 接口，并对第三方开放使用，可整合和扩展各种应用，实现与第三方应用的快速对接。

七、江苏省智慧图书馆建设探索

刘锦山：吴馆长，智慧图书馆体系建设是我国“十四五”期间公共图书馆发展的目标方向，是图书馆事业高质量发展的重要标志。现在全国各地都在根据本地具体情况积极推进智慧图书馆建设。请您向大家介绍一下江苏省智慧图书馆的建设情况。

吴政：确实如此。和其他地区一样，江苏省在智慧图书馆建设方面做了不少工作。我向大家介绍一下这方面的情况。在江苏全省智慧图书馆体系建设中，省文旅厅承担着制订全省智慧图书馆体系发展规划、组织调研智慧图书馆关键应用技术、立项建设涉及全省的基础性支撑性智慧图书馆系统项目、评估检查全省智慧图书馆体系建设工作等职能。

江苏省智慧图书馆主要建设任务包含四个方面：

①智慧数据建设

数据驱动智能、数据是智慧的基础，首先需要完善江苏省公共图书馆大数据中心建设。一是通过行政和技术手段保证全省大数据采集的全面性、完整性、准确性和及时性，完善推广全省统一客流数据采集和管理，完善推广应用全省活动统一管理；二是通过合作和积累建立健全包括文献书目、数字资源、出版信息等图书馆标准化元数据库群；三是制定大数据采集、处理、存储等标准规范；四是完善提升数据处理的水平，全视角、立体化、多维度、全域性对数据进行富聚、清洗和揭示。

②智慧系统构建

在国家智慧图书馆体系建设工程的总目标方向指导和总建设任务框架下，承担与大数据应用相关的系统建设项目，构建具有智慧能力的、有江苏特色的、基于微服务架构、并能推广覆盖全国的智慧功能系统。这些系统可以包括：大数据应用数据接口平台、资源智慧采访系统，智慧文献管理和共享系统（包括实时文献检索、异系统通借通还网借、纸电一体化）、智慧读者服务系统、图书馆智慧评价系统等。

③智慧数字服务

完善增强少儿数字图书馆、百馆荐书全省共读服务系统的智慧功能，努力实现服务精准、智能体验、本地化和个性化、科学评价、绩效考核等服务功能。进一步完善和推广图书馆云服务平台。

④智慧技术研究

调查和研究移动5G、物联网、云计算、大数据、人工智能、区块链等新一代信息技术在图书馆中的应用成果和产品，为智慧图书馆提供全面感知、泛在互联、普适计算与融合应用的技术支撑。

附图

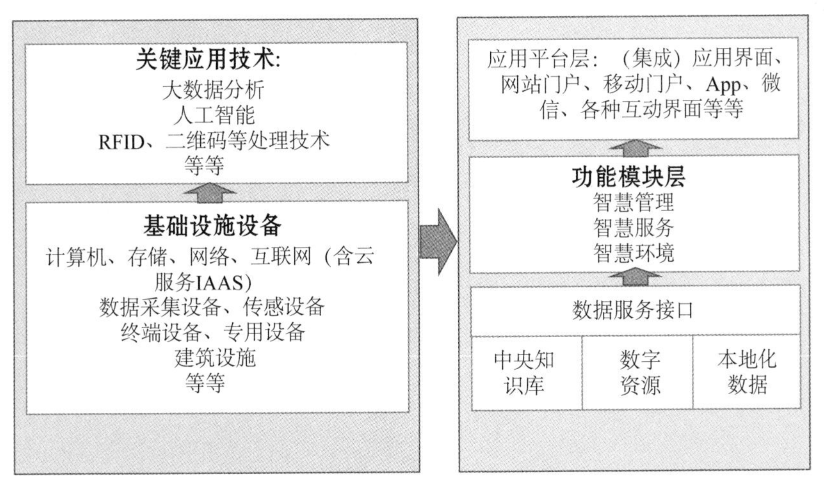

图 4-5　智慧图书馆体系架构示意图

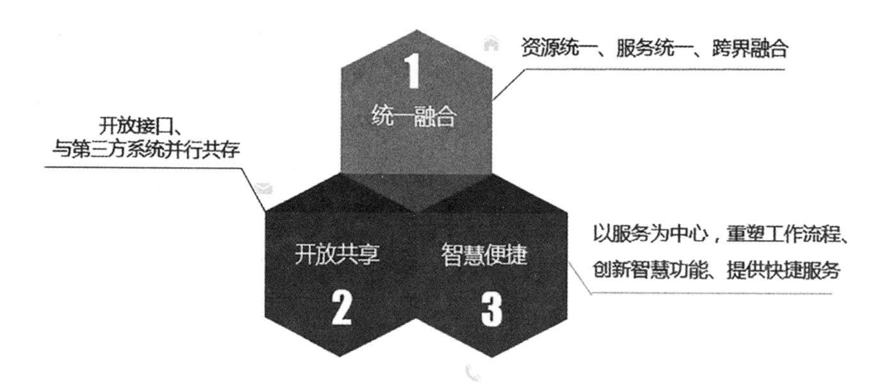

图 4-6 LSP 核心理念

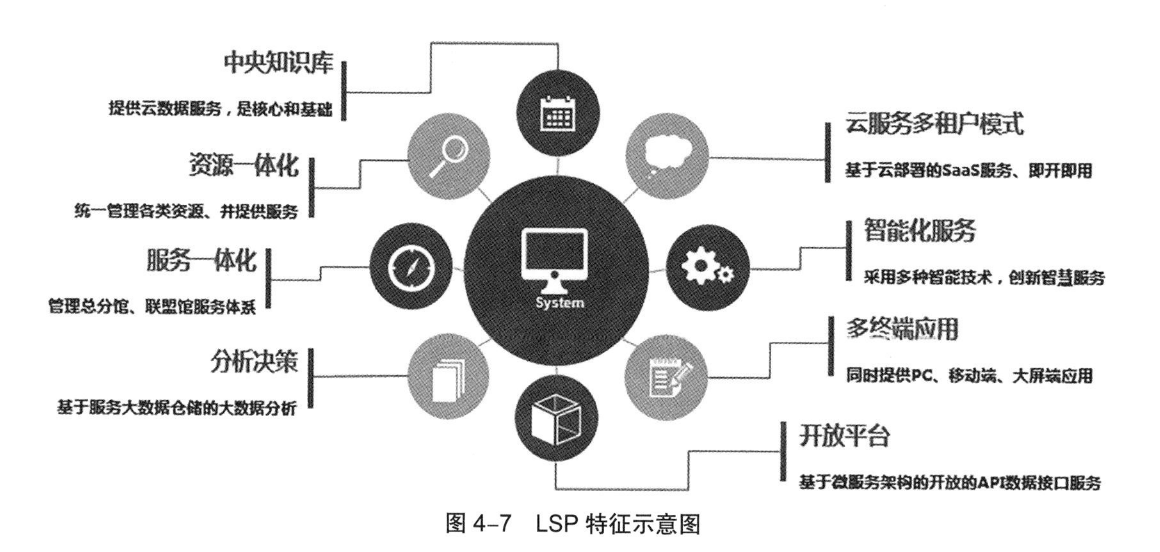

图 4-7 LSP 特征示意图

张岩：智慧图书馆建设方法论辩证 ①

［人物介绍］张岩，深圳图书馆党委书记、馆长。历史学博士，研究馆员。中国图书馆学会常务理事、阅读推广委员会副主任。广东图书馆学会副理事长、阅读推广委员会主任，深圳图书情报学会理事长。广东省第十三届人大代表，深圳市第六届政协委员。国务院政府特殊津贴专家。

采访时间：2021 年 7 月 23 日
初稿时间：2021 年 7 月 25 日
定稿时间：2021 年 7 月 28 日
采访地点：深圳图书馆

智慧图书馆是新时代图书馆的发展目标，更是构建“智慧城市”“智慧社会”的重要组成部分。与信息化、数字化发展历程相似，文化领域中公共图书馆的智慧化也起步较早，并取得了显著的成效。深圳图书馆 30 多年来以“技术强馆”为重要工作原则，始终高度重视新技术应用与研发，从图书馆自动化管理到数字图书馆体系建设，从 RFID 技术全面应用到推进“图书馆之城”统一服务和智慧化

① 本次访谈内容中的部分素材由深圳图书馆王林副馆长等提供。

建设，深圳图书馆带领全市图书馆不懈探索、协同创新，以理论结合实际的独特理解和思路，围绕城市服务一体化和中心馆—区级总分馆体系建设逐步展开，已形成阶段性的图书馆智慧化成果。因此，e线图情采访了深圳图书馆张岩馆长。

一、关于职业生涯

刘锦山：张馆长，您好。非常高兴您能接受我们的采访。请您首先向大家谈谈您的职业生涯和学术经历。

张岩：刘总您好！我的职业生涯经历了高校、机关、事业单位三个阶段。来深圳之前，我曾于1994年至2002年间在武汉大学历史系任教，同时师从博士生导师冯天瑜先生做明清文化史研究；2002年调入深圳市文体旅游局，先后在新闻出版处（局）、对外（港澳台）文化交流处任职，并曾担任深圳读书月组委会专职副秘书长；2012年初开始主持深圳图书馆工作，致力于激发员工活力、弘扬优秀文化，创新服务方式、推动全民阅读，先后带领同事们一起打造了南书房、讲读厅、深圳学派文献专区、深圳捐赠换书中心等十余个新型文化空间，丰富图书馆文化内涵，满足市民多元文化需求；策划“南书房家庭经典阅读书目”“深圳学人·南书房夜话”“深圳记忆”“‘阅在深秋’公共读书活动”等特色品牌，推动“共读半小时”等区域联动和跨界合作项目，提升公共图书馆的社会影响力。同时，深入开展深圳地方文献征集、整理、开发与传播，聚焦基层图书馆体制机制创新，推动全城服务一体化、规范化、标准化建设，“图书馆之城”高质量发展，取得了丰硕成果。

曾先后主持文化部“国家文化科技提升计划项目”等省部级研究课题与项目多项，主持深圳“图书馆之城”建设规划研究编制等市级课题多项，主编《深圳模式——深圳“图书馆之城”探索与创新》《图书馆经典阅读推广》《深圳图书馆馆藏选目提要：1978—2018》《深圳人著作目录（文学卷）》等著作十余部，出版个人专著《包世臣经世思想研究》，公开发表论文30余篇。加强本馆专业期刊《公共图书馆》的主题策划，创办公益阅读刊物《行走南书房》和业务交流刊物《深图季报》。带领同事们以广泛深入地学术研究促进公共图书馆实践发展。

二、关于智慧图书馆建设的内涵

刘锦山：与数字图书馆建设一样，智慧图书馆建设也有一个发展过程。30多年来，深圳图书馆在数字图书馆建设方面取得了很大的成绩，同时也较早地开展了智慧图书馆的探索与实践并取得了较好的效果。请您结合贵馆的实践谈谈智慧图书馆建设涉及哪些领域？

张岩：谢谢刘总。智慧图书馆建设领域的内涵究竟包括哪些呢？王世伟研究员在《论“十四五”期间公共图书馆“全程智能”发展的三重境界》一文中提出了“全景智能”“全域智能”“全数智能”的概念，既有广阔的视角，也有发展的前瞻，可以说是智慧图书馆的应用全集。“全景智能”涉及各类应用场景，也包括场馆、网站、移动平台的“全景”化服务，比如智能应答机器人，就应该在网站咨询、微信咨询、电话咨询同步实现；“全域智能”从城市角度看，不仅应是城市一体化的，还应是跨行业、跨区域的。比如深圳“图书馆之城”与腾讯“E证通”合作实现网上读者实名认证后，又与“i深圳”和“粤读通”实现实名认证和对接，使认证体系延展到更多的图书馆、更广的区域。“全程智能”就是要覆盖图书馆业务管理与服务的整个流程，比如贯穿智能采购、智能典藏、智能架位管理、自助借还、自动分拣、预借送书服务全流程。

从近年来的应用实践来看，图书馆智慧化起步的明显标志是RFID技术的应用，从而在智慧感知、智慧流通上凸显成效；随着新馆建设、新型空间打造、服务网点建设，兴起了与图书馆业务有机结合的智慧管理；文化融合、城市融合、区域融合则促成了图书馆智慧互联的跨界应用，这些领域都是智慧图书馆建设的热点。

2021年，深圳图书馆将年度主题定为“智慧体验年”，一方面依托第二图书馆建设规划较大的智慧化项目，另一方面从“微”处着手，组织员工在各个领域广泛探索“微智慧”，从“微”见大，在实践中培养人才，积累经验。重点聚焦三个领域：场馆空间智慧化、业务平台智慧化、体系管理智慧化，最终目标是实现图书馆服务智慧化。场馆空间智慧化基本上是楼宇智能化和图书馆自助服务的结合，体现场馆或空间的“全感知、自适应、全自助”，如目前市区建设的“城市书房”“智慧书房”；业务平台智慧化则主要依赖信息化系统的升级，引入智能化系统，以及在多媒体平台上开展服务；体系管理智慧化从城市角度包括两个方面，一个是全市体系的管理与呈现，一个是区级总分馆体系的管理与呈现。

三、新时代智慧图书馆建设的基本原则

刘锦山：张馆长，新技术对于图书馆变革业务形态、业务流程和提高服务效能方面有着巨大的推动作用。但是，过去几十年的历史经验告诉我们，技术发展变化日新月异，新时代智慧图书馆建设面临着诸多技术应用，在此过程中图书馆如何以较为合理的成本和路径建成智慧图书馆？请您谈谈这方面的思考。

张岩：图书馆是公共文化领域的新技术应用先锋。如今，新技术发展一日千里，新时代的图书馆智慧化建设更为复杂，关联性更广。但技术瞬息万变，且非公共图书馆的核心能力。图书馆不必盲目争先，应实事求是，审慎把握，厘清定位，切实把握建设的基本原则和关键点。

首先，智慧图书馆建设应选择成熟的技术，成熟的技术会事半功倍，不仅可达成应有的服务效能，还会减轻管理压力。如自助图书馆作为智慧图书馆发展阶段中的代表性项目，出现了设备型和空间型等形态，但设备型的技术成熟度要求更高，在完全无人值守、远程服务、风雨无阻的情况下，需要综合很多技术，这些技术必须是成熟的技术。

其次，智慧图书馆建设应选择适度的技术，且图书馆需要为之做好铺垫。如一度咨询机器人很“火”，但图书馆不应追求“人形”“外形”，而更应追求服务的内涵，追求咨询应答的实际效果和后台知识库的建设。引进咨询机器人不应是简单地买个设备，图书馆要提供机器人早期的“知识”，通过机器人的学习，满足读者的不同咨询需求。

再次，智慧图书馆提供便利和提升效率的目标应注意必要性。智慧图书馆给人带来直接的智慧体验，有时具有神秘感和幸福感。如自助图书馆将书从大型设备中“送”出来；如通过数字孪生技术，将智能立体书库的整个取书过程呈现出来，让读者有身临其境的体验感；通过智慧采购决策系统，快速预选出一批符合

馆藏原则的图书品种，计算最优配送量，动态核算出经费使用比例。但这种方便快捷不应越俎代庖，不能简化为把书直接送到读者座位（手）上，若智能化技术让读者跳过了必要的浏览、寻找、选择、思考等环节，反而削弱了图书馆海量资源的应有价值，偏离了文化服务的核心使命。

智慧图书馆建设还必须遵循图书馆基本的业务规律和规则。在 RFID 技术在图书馆应用的初期，基于 NFC 的手机借书就受到关注，但直至今天尚未广泛应用。归根结底，是因为从图书馆业务上看，“借”和“还”是一个闭环，只考虑“借”，不考虑“还”是不便利的、不可持久的。智慧图书馆还是图书馆，需要将图书馆、区域（建筑物、楼层、服务区）、文献、设备、座位等进行分类和位置管理，与读者发生联系，实现全面管理和数据呈现。在与其他系统互联时，必须坚持图书馆数据、规则的相对独立性，保持读者学习的自主性。

四、智慧图书馆建设应打造核心能力：智慧人才

刘锦山：张馆长，仅从目前的研究和实践来看，智慧图书馆建设应该远比数字图书馆要复杂得多。因而，对于人的要求会越来越高，如何培养更多既懂图书馆专业又熟悉相关技术的人才，对于智慧图书馆建设具有十分重要的作用。请您谈谈您对这个问题的看法。

张岩：图书馆是一个复杂的文化综合体，其本身的专业性也比较多样。不少企业以智慧图书馆为标的，提出了宏大的解决方案。但细细品读，一个感觉是他们往往是以其拥有的核心技术展开，解决的依然只是图书馆的一部分问题；另一个感觉就是他们理解的图书馆跟实际还有较大偏差，或者说没有深入到图书馆专业之中。

公共图书馆是公益性事业单位，图书馆人必须从服务社会、聚焦读者与文化传承的角度，客观、长时段审视新兴科技，正确评估企业产品，将各具优势的技术“为我所用”应用到图书馆，甚至创造出新的文化成果。这就十分需要自己的专业人才，需要“图书馆＋技术”的复合型人才！在人才缺失的情况下，不少图书馆不得不完全依靠技术供应商，技术和服务完全是“拿来主义”，导致项目具

体实施或者与其他系统整合时发生偏离，绩效难以把控，未来发展受制于人、捉襟见肘。

饶权馆长在《全国智慧图书馆体系：开启图书馆智慧化转型新篇章》一文中专门提出智慧图书馆研究及人才培养体系是三个支撑保障体系之一。深圳图书馆早期自动化系统的全面成功，就是得益于来自全国各地的一批人才；自助图书馆的研制和持续服务，也是得益于一批专业人才；全市统一服务更是市、区馆人才的合力推动。这里所说的人才不仅仅是懂硬件、软件的技术人员，更包括兼具图书馆应用经验的复合型人员。

在人才不足的情况下，就需要国家、省、市各级图书馆牵头去聚集人才，搭建平台，组织学习和交流，让更多的图书馆人掌握科技知识，熟悉图书馆智慧化发展现状。图书馆智慧化健康发展需要营造技术发展生态，这个生态的核心就是人才。

五、智慧图书馆应该如何构建：顶层设计与开放思维

刘锦山：张馆长，方法论是人们认识世界、改造世界的理论。做任何事情都是在一定的方法论指导下做的，科学的方法论可以指导我们少走弯路，而错误的方法论正好相反，会让我们付出更多的代价。请您谈谈智慧图书馆建设应该遵循什么样的方法论。

张岩：方法论是一个体系，不是单纯、孤立的几条经验的汇集。前面谈到的智慧图书馆建设的内涵、基本原则和核心能力的打造，都属于方法论的范畴之内。我这里再谈谈智慧图书馆建设需要注意的五个方面的问题。当然，这些思考都是基于深圳图书馆智慧图书馆探索与实践总结出来的，对于其他图书馆未必全部适合，这点请大家注意。

第一，智慧图书馆建设应整体规划、全面把控技术应用。在城市图书馆一体化框架下，智慧图书馆建设不再是一个图书馆的事情，任何局部应用都会对整体产生影响。如一个图书馆引进人脸识别借书系统，其他各图书馆就会受到影响，因为“他/她”可能没有任何“证”，跨馆服务就成为问题；再如一个图书馆引

进智能立体书库，希望“送书到家”，因读者不再有“所属馆”的概念，必须从全市角度规划实现。

深圳第二图书馆的智能立体书库系统就兼顾了全市预借文献、自助图书馆配送文献、各馆调配文献三种主要文献类别的储存机制，大型自动分拣系统则可识别全市图书馆的各类文献，并配备面向全城的多种分拣策略。

第二，智慧图书馆建设应依靠平台的全方位支持和引领。图书馆自动化系统几乎是早期技术平台的全部。如今，图书馆自动化系统成为智慧图书馆建设的核心系统，需要向各类智慧技术应用开放，因为其中拥有智慧应用最主要的标的：读者和文献。然而，仅仅开放是远远不够的，自动化系统必须随着智慧图书馆建设的需要而不断提升，必须为智能书架、自动分拣、立体书库、资源导航、智能采购等一系列智慧应用提供稳定的机制，拥有超前的设计。

深圳“图书馆之城”中心管理系统（简称 ULAS）从开始就为 RFID 应用构建起完整的机制，全面嵌入“RFID 文献智能管理系统”。在智慧互联的需求下，ULAS 建立起多平台读者认证机制、馆藏数据交互机制、大数据服务机制，提供了一系列 API 接口。如当“你荐购、我买单”模式出现时，ULAS 就提供了复本控制和数据预处理接口；在二维码读者证应用时，ULAS 又推出反向扫码的功能（扫屏幕上的动态二维码），缓解了设备改造的压力。

第三，智慧图书馆建设应各馆协同、标准规范先行。智慧图书馆建设需要整体规划，制订可行的技术方案，更需要标准和规范的强力保障。智慧图书馆建设涉及面广，需要整合各类技术，需要各个系统协同工作，存在业务对接问题，存在系统互联问题，那么就必须遵循标准和规范，包括对已有标准、规范的具体化和本地化。

众所周知，RFID 技术应用是图书馆最典型、最基础的智能化应用。深圳在初期就制定了应用规范，其后上升为市级标准，即《公共图书馆 RFID 技术应用业务规范》。该标准要求在规定的应用领域，全市必须采取统一的工作频段、空中接口协议、数据模型与编码、数据交换协议、安防方式等，同时列举出一系列常见应用系统，提出其基本构成和主要功能要求，成为各馆 RFID 技术应用项目招标采购和项目实施的重要依据，保障了全市公共图书馆文献智能化管理和统一服务的顺利实施，也为构建全市文献保障体系和推进智能化服务奠定了坚实的基础。

智能架位导航是一个基本的应用，但在全市统一检索系统上，各馆如何实现“智能架位导航”呢？对此深圳的统一做法是：为便于管理和及时更新，各馆的架位导航（包括导航系统研制和位置示意图的制作）宜自行建设并维护更新，在统一检索系统的各馆馆藏导航图标上嵌入各馆导航系统。

智能书架系统通常为各馆分别建设，但需要对接图书馆自动化系统，且具有较为频繁的数据访问频率。对此深圳的统一做法是：智能书架系统应构建本地系统，独立管理智能书架上的文献信息及架位信息；在规定的时机按照条码号访问 ULAS 核实馆藏数据及状态，尽可能避免因频繁的数据同步影响系统正常服务。

第四，智慧图书馆建设应具有数据思维。数据思维对智慧图书馆建设至关重要，我们一直致力于“图书馆之城”全面的智慧呈现，但需要从整体上，也需要在各个具体项目中体现数据思维。引进一个系统或设备，我们就会问，需要哪些数据交互，如何数字化呈现。比如引进自助图书馆时，我们就建立了两类数据，一类是针对每台设备构建的数据集合，反映架位及架上文献、还书箱及箱内文献、各类服务设施状态、物流和设备维护信息等；另一类是统一的服务数据，将其直接写入 ULAS 系统。在自助图书馆综合管理平台上，既有管理类的数据呈现，也有服务类的数据呈现。在引进智能立体书库时，我们针对其服务模式，也提出构建本地系统的要求，并提出了所有数据传输接口及规范。在智能立体书库数字化呈现上，一方面构建移动版“预借 / 调阅”服务追踪系统，另一方面积极引进数字孪生系统，让读者拥有更逼真的智慧体验。

数据思维需要面向全域应用从网络数据中心角度主动作为，包括构建并不断提升数据中台、建立和不断完善数据收割机制、不断扩大数据呈现的领域等。深圳依托图书馆自动化、数字化建设的实践经验，结合智慧图书馆的发展需要，打造了“图书馆之城”数据中台。数据中台是各馆“智慧屏”服务数据的主要来源，更是“我的阅读时光”“少儿智慧银行”等项目的重要数据支撑，已构建数十个挖掘模型和数十个呈现模版，全面满足各馆统计分析的需要。对于一些相关性不强，但属于智慧图书馆范畴的数据，采取联合数据呈现的方式，如楼宇智能化系统数据。

第五，智慧图书馆建设应强化信息安全意识。系统和设备安全、信息安全、网络安全、数据安全，特别是读者的个人信息安全是智慧图书馆建设必须面对的问题，也是整体性的问题。不仅在项目选择上要考虑安全，在后期维护上也要注重安全。

智慧图书馆建设会引进、部署自动控制系统和全自助设备等。智能化往往离不开可自动控制的机械设备，有机械设备就必须防止设备失灵和夹伤用户；全自助设备则可能设置在户外，在户外就要防止进水、暴晒和漏电。深圳的自助图书馆项目给我们的启示颇多，如室外机防雨 / 防晒组件就历经了多次改进，也经受了台风的考验，我们也及时将室外机开关机纳入远程控制范围，以保障台风、暴雨期间的使用安全。

信息安全也同样是智慧化面临的重要问题，主要包括两个方面，一个是自建系统本身必须达到信息安全要求，一个是在系统互联时遵循图书馆整体的信息安全规定。自建系统必须明确部署在哪里，不宜轻易言“云”，不但躲避不了信息安全主体责任，反而会使系统整体架构更为复杂，不便于管理。无论有无自建系统，引进的系统和设备都会与其他系统或多或少地发生数据交互，这样就必须遵循数据传递的安全要求，包括加密、脱敏等。而且，信息安全工作是常态化的，会不断提升和出现新要求。所以，针对引进的智能系统和设备，其维护协议应包括按信息安全要求调整系统架构和改变数据传输模式等内容。

大数据时代，随着数据采集和应用方式的日趋多元化和广泛化，信息安全也存在诸多隐患，智慧图书馆建设过程中必须遵循知识产权和数据安全的相关法律规定。2021 年 6 月 29 日，《深圳经济特区数据条例》获深圳市七届人大二次会议表决通过，率先在立法中提出“数据权益”，明确自然人对个人数据依法享有人格权益，还明确了用户有权拒绝被画像和被推荐；并强化了未成年人个人数据的保护，将未满十四岁未成年人的个人数据视作敏感个人数据，除为了维护未满十四周岁未成年人的合法权益且征得其监护人明示同意外，不得向其进行个性化推荐。

智慧图书馆建设是一个复杂的系统工程，需要整体规划和标准先行，需要平台支撑和设备创新，需要统筹应用和协同发展，需要安全推进和有序融合。图书馆人应坚定智慧图书馆发展目标，与各方加强合作，主导智慧化进程，掌握核心能力，让智慧图书馆为人类带来新的感受与幸福体验。

陈凌：CALIS发展步入新阶段

［人物介绍］陈凌，研究馆员。1984年本科毕业于北京大学力学系，留校任教。1993年北京大学力学与工程科学系流体力学专业硕士毕业。1998年调入北京大学图书馆工作。中国图书馆学会2015年中国图书馆榜样人物之一。现为教育部中国高等教育文献保障系统（CALIS）管理中心副主任、教育部高等学校图书情报工作指导委员会秘书长。长期从事图书馆联盟机制、数字图书馆工程、图书馆系统等方面的研究与实践。1998—2001年，担任教育部“211工程”高等教育文献保障系统“九五”项目技术负责人，主持联机编目、馆际互借等应用系统开发；2004—2006年，担任教育部“211工程”高等教育文献保障系统“十五”项目负责人，负责项目可行性研究、工程实施管理与高等教育数字图书馆应用系统总体设计；2010年至今，担任教育部“211工程”高等教育文献保障系统三期项目负责人，负责项目可行性研究、工程实施管理与高等教育文献保障系统服务体系总体设计。

采访时间：2018年12月5日

初稿时间：2019年7月30日

定稿时间：2019年8月1日

采访地点：北京大学图书馆

作为国家“211 工程”投资建设的面向所有高校图书馆的公共服务基础设施，中国高等教育文献保障系统（简称 CALIS）已成为高校图书馆基础业务不可或缺的公共服务基础平台。为适应新信息环境下高校图书馆发展的需要，从 2013 年开始，CALIS 在教育部高教司领导下开始进行管理架构、运行机制与发展模式的优化调整，从项目建设为主的发展阶段转向以持续运维服务和新一代图书馆服务平台研发为主的发展阶段。2018 年 12 月 5 日，“从共建共享走向融合开放”——2018 CALIS 年会期间，e 线图情采访了 CALIS 管理中心副主任陈凌。

一、理念升级

e 线图情：陈主任您好，非常高兴您能够再一次接受我们的采访。四年前，我们就 CALIS 的转型与可持续发展曾给您做过一次专访，现在四年过去了，高校图书馆的发展有了很多的变化，包括国家提出了“双一流”大学的建设，云计算、大数据在高校图书馆的进一步应用等。请您谈一谈这四年间 CALIS 的发展理念有了什么重大的变化。

陈凌：四年前 CALIS 刚刚结束了三期建设不久，我们当时也在考虑 CALIS 的下一个发展阶段，应该去做些什么样的事情。CALIS 从 1998 年正式启动建设以来，一直是在解决图书馆文献资源的共建、共享问题。整个共享平台搭建起来以后，一开始的主要任务就是持续服务和进一步完善。就如同高校图书馆建立起一套图书采购、管理、服务平台之后，也就是读者们最熟悉的“借还书”服务体系后，就要进一步考虑如何根据学校的发展和信息社会的特点开辟新的服务。同样的道理，资源的共建共享是 CALIS 的基础业务，这个体系已经搭建起来了，我们就在思考，我们还能够通过这个平台给高校图书馆解决哪些问题？实际上，这几年来，高校图书馆的发展过程，就是一边实践，一边思考的过程，大家都在关注如何转型、创新，在学科服务、阅读推广等各个方面也都有很多创新和尝试，积累到今天已经发生了一个量变到质变的过程，就是说高校图书馆通过大量的实践、探索，在发展思路上已经越来越清晰，同时把图书馆在发展过程中面临的一些本质性的、根本性的问题也暴露了出来。所以，这几年 CALIS 一方面参与到高校图书馆的创新工作里面去，另一方面，我们也在不断地进行分析、研究，要把CALIS定位在一个更高的层次上。当然，这个定位，不光是我们自己在思考。作为高等教育的公共服务平台，我们受教育部高教司直接领导，而我们服务的对象是高校图书馆，所以我们一直在和高教司以及高校图书馆反复沟通、分析，最终明确的目标是CALIS应该成为一个促进高校图书馆整体持续发展的机构。通过三期的建设，CALIS已拥有1300多家成员馆，是全球最大的高校图书馆联盟，能够利用其在成员馆中的声誉和影响力，发挥更大的作用，不仅仅是提供文献共享与保障服务，而是要带着大家一起往前走。这是CALIS理念变化的第一个方面。

高等学校图书情报工作指导委员会（简称图工委）是教育部111个教学指导委员会之一，是教育部聘请的专家组织，受教育部委托对高校图书馆的发展提供战略性指导意见。那么这些意见如何落地呢？教育部认为CALIS既然已经有这么大的服务体系，不光是CALIS自身的管理中心有100多人，还有遍布全国的地区中心、省级中心和很多骨干成员馆，能够很好地把高校图书馆凝聚在一起。所以应该充分发挥这一服务体系的作用，图工委指方向，CALIS抓落实，也就是图工委在战略层面上工作，而CALIS在战术层面上工作，将图工委加CALIS变成一种促进高校图书馆发展的重要机制。也就是说，高教司领导图书馆服务教学科研、服务“双一流”就有两个抓手，通过这两个抓手就可以更好地推进工作。这是新时代对CALIS的要求，也是我们对CALIS的一个新的认识。

在这种情况下，我们就把CALIS定位成要负责解决高校图书馆整体发展的全局性的、整体性的问题，而不是仅提供某一个应用软件工具，开发一个软件产品，提供某一项服务。我们认为高校图书馆的发展面临三种情况，一是智慧图书馆建设，现在我们正处在后信息时代，大家都在强调智慧城市、智慧校园、智慧图书馆的建设。智慧图书馆相当于一个睿智的老朋友，它很清楚读者的爱好、需求，它与读者之间的交互就像两个老朋友相处一样非常舒服。二是高校图书馆服务的个性化，因为每一个图书馆面对的读者、学科群，包括培养的层级都不一样，那么它必然是个性化的。三是高校图书馆还处于不同的发展阶段，比如有一些高校图书馆只有一两名馆员，远远达不到现代图书馆的要求，需要有一个发展过程，要让它一步一步地发展。当然现在的大数据技术和云计算技术，包括

CALIS 提供的解决方案，可以帮助这些图书馆实现跨越式发展，但不是一步，可能要跨好几步，才能够达到理想化的目标。所以 CALIS 要做的就是帮助解决不同类型的图书馆在不同发展阶段面临的需求。

我们既然定位在这个层面上，就要动员整个社会的力量来帮助我们完成。图书馆的发展首先离不开资源供应商，如各种出版社或者是数据库提供商，他们生产了很多有价值的资源，图书馆根据自己的需要选购，把这些资源纳入到高校图书馆里面。为了更好地服务读者，我们需要一个计算机环境，而搭建这个环境还需要系统商，所以我们也离不开他们的支持。这里面的问题在于，图书馆并不仅仅只有一种资源或一个系统，比如清华大学图书馆各种独立的应用系统、工具就已经达到了 200 多个，那么 CALIS 可以给他们提供所有的产品服务吗？不能，这些服务一定是由很多商家各自来提供的。但众多不同商家提供的异构产品也给图书馆的管理和运维带来很多问题。所以 CALIS 给自己的定位是营造一个图书馆健康发展的生态环境，这个生态环境需要多方的介入，要有政府的资金、政策，要有开发商给我们提供的各种工具产品，也要有资源商提供资源，以及 CALIS 自己的服务产品等，这样才能够做起来。

所以从这个意义上来讲，CALIS 并不是把自己定位成某一个单纯的服务机构，而是试图从标准规范，从整个高校图书馆体系的架构上、全局角度，来搭建一个生态环境的托盘，我有时候把它叫作“非诚勿扰”平台，我们来撮合图书馆和各类商家，在中间做平台服务。要做到这一点，就需要一套规范，需要对这个业态的良好管理，这样才能真正解决图书馆发展的问题。

二、机制转型

e 线图情： 您提到 CALIS“十三五”规划是从项目机制向非营利可持续发展机制转型，目前取得了哪些重大成果？

陈凌： CALIS 一期、二期和三期，实行的是项目机制，政府全额拨款，只关注项目本身的建设，建成后的持续运行经费，往往都是通过我们自筹资金或是其他途径解决。在运行过程中发现的问题或需要进一步提升改造，则要等到下一期建设才能解决，就是说一期存在的问题，在二期解决。到了第三期结束以后，CALIS通过十五年的建设，已经建成比较完善、完备的资源共建共享体系了。在2013年得到教育部较为稳定的运维经费支持后，CALIS转入了运营、运维机制。但是新的问题又出现了，由于当今的信息社会和图书馆发展太快，原有的服务平台，如果没有新的项目资金注入进行再建或重建，就有可能被逐渐淘汰，最后就丧失了它的价值。所以教育部也一直试图给CALIS增加除运维经费之外的建设经费。但就现有的建设机制而言，从项目立项到论证通过，再到政府安排资金，最后建设验收，往往都需要四五年的时间。比如CALIS三期是2008年开始设计，2009年通过论证，2010年正式拨款，2012年建设完成。从2008年到2012年，很多东西都变了，理念也发生了变化，但按照国家重大项目建设管理的政策，原来的方案只能做些微调，不可能因为新的发展和新的需求推倒重来，建成不久就落后了。所以CALIS近几年一直在探索可持续的问题，不光是经费的可持续，还有服务的可持续、发展的可持续。但是政府拨款有限，服务和发展必然受到限制。没有经费的持续，服务就会不稳定，如果有一定的经费收入，就可以有稳定的队伍，能够更好地来服务。成员馆也认为，如果不能保证服务的先进性和可持续性，CALIS的服务会被大家抛弃。大家认为可以考虑由获取服务的成员馆分摊一部分费用。

但CALIS是一个事业单位，我们担心如果把它转为企业机制，在收费之后，容易被市场带着走，所以我们更希望建立一种非营利的模式，不追逐利润，只需要保证成本和持续研发的资金；来自成员馆的经费，由成员馆组成的理事会来决定用在哪里。这样既能保证CALIS持续运行、持续发展，又能够不给图书馆增加更多的负担，甚至是减轻他们的负担。这几年我们通过与教育部、成员馆反复沟通，决定CALIS还是应该走这样的非营利模式。

虽然CALIS自身是非营利机制，但是同时还想推动市场机制的建立。我刚才提到，很多成员馆需要的服务是很具个性化的，所以需要很多个性化的产品，而个性化这个问题是CALIS解决不了的，这就需要商家的介入，我们也非常欢迎他们的加入。商家加入进来就需要与我们的非营利机制平台有一个衔接，CALIS的任务就是替图书馆管理这样的平台。比如我们现在做的CALIS新一代图书馆服务平台（CLSP），各个商家开发的产品都和 CLSP 作衔接，在 CLSP 上运行，就如手机 App 运行在安卓系统上一样，然后我们来做共性的、基础性的这一端，商家去做最后的个性化的那一端，这样的分工合作，形成新的业态，既满足了图书馆的需求，也保护了商家的利益。这是我们所希望建立的一种更好的业态环境。

三、环境搭建

e 线图情：据我们了解，CALIS 引进开源的 FOLIO，要将 20 年来建立的公益服务预装到 FOLIO 平台上，逐步建设 CLSP 平台。FOLIO 目前还处在一个初期的发展阶段，CALIS 选择 FOLIO 有什么战略考虑?

陈凌：FOLIO（The Future of Libraries is Open）是由 OLF（Open Library Foudation，开放图书馆基金会）支持的开源项目。按我的理解有两个含义。它首先是微服务架构的技术平台，就如华为、阿里也有他们自己的微服务技术平台。为什么 CALIS 选择 FOLIO 呢? 原因是 FOLIO 是一个面向图书馆应用的微服务平台，包括底下的数据的封装或者是业务的支持都是为图书馆开发的。CALIS 提到 FOLIO 时更多是在这一层面上讲的，我们不妨称其为 FOLIO 平台，我们希望这个平台能成为支持绝大多数目前高校图书馆的各类应用的开发和运行平台。目前 OLF 支持的 FOLIO 开源项目，是包括了我前面所说的 FOLIO 平台，和 OLF 支持的几个开发团队在其上面开发的图书馆基础业务（采编流和数字资源管理等）应用，可以视为下一代图书馆管理系统或图书馆服务平台（LSP）。

另外，FOLIO 的很多理念和技术来自开源项目 Kuali，该项目始于 2005 年，试图解决校园信息化的“数据总线”问题，他们认为图书馆也是校园信息化的一部分，2009 年与 OLE（Open Library Environment，开放图书馆环境）合作开发图书馆系统 Kuali OLE，将图书馆作为校园信息化数据总线上的一个插件。所以尽管 FOLIO 从 2016 年发布到现在仅仅两年的时间，还不十分成熟，但实际上已经有很长时间的实践和尝试了，尤其它是全球开源项目，得到了国际、国内的各图书馆、开发商和研究机构、商家的支持，集中了全球在这一方面的理念和做法。

近两年，CALIS 把 FOLIO 引进来，做了一些试验性开发，把 CALIS 很多公益性的服务逐步往上迁移。我们认为从技术平台这个层面上来说，FOLIO 已经是成熟的技术，但是从对图书馆的全面的解决方案来说，它还需要进一步完善，就是我们现在看到的一些问题，还需要进一步解决，随着发展可能还有一些新的问题出现，所以它会不断地发展，这就像手机的安卓平台一样。所以我们认为目前 FOLIO 已经可以相当于安卓平台来用，但是它的版本在不断地升级和完善中。

e 线图情：CALIS 在 FOLIO 平台的开发上，具体做了哪些工作？

陈凌：CALIS 把现有的公益服务和 FOLIO 结合起来，使其成为一个针对中国环境，尤其是中国高校图书馆的 CALIS 版 FOLIO，因此我们把它叫作 CALIS 新一代图书馆服务平台（CLSP）。FOLIO 是一个开源的、通用的平台，在其上面可以开发无数的应用，但是我前面也讲了，CALIS 并不想把自己定位成利用这个平台的应用开发商，开发一个或更多的产品，而是希望提供一类服务，支持更多的开发商甚至个人开发者在这一个平台上开发，所以我们首先为 FOLIO 开发了一个 App Store，让第三方可以基于 FOLIO 开发，通过注册很容易把开发好的应用放上去，成员馆也可以通过 App Store 下载需要的应用，搭建自己的个性化环境。同时，我们认为在相当长的一段时间内，FOLIO 的产品会和图书馆的其他产品并存，不可能一上来就全部替换掉，也许八年、十年或是更长的时间会是一种并存关系，因此我们制定了 Open API 标准，使得那些不是基于 FOLIO 平台开发的第三方产品也可以整合进来，但在用户层面却感受不到这个差异。最后就是把 CALIS 的一些公益性的产品迁移上去，相当于手机的安卓版操作系统一样，我们是 CALIS 版的 FOLIO 平台，我们叫它 CLSP，目前已经在阿里云上进行了部署。

e 线图情：成员馆的使用情况如何？

陈凌：目前平台已经出来了，但是平台上面的产品还不够多。我们和深圳大学合作，已经在平台上面部署了图书馆的基本应用系统了，我们暂时取名叫 FHOENIX，有几个馆在用。但是光这几个非常基础的产品是不够的，我们需要更多更新的产品上来，所以现在我们在做两件事情：一是我们于 2018 年 5 月联合北京大学、上海交通大学、中国人民大学、深圳大学 4 所大学加上 CALIS，成立了 4+1 联盟，成立一个月后上海图书馆也加入进来，现在是 5+1，将来还会从 5+1 逐渐发展为 N+1，形成整个图书馆用户的联盟。我们希望通过联盟的努力重新定义图书馆的未来，重构图书馆的业务逻辑；二是我们在2018年11月28日启动成立了开发者联盟，联盟成员除了图书馆之外，主要是针对开发商，他们如果愿意和我们合作，加入我们的开发者联盟，我们会提供培训。N+1联盟解决了图书馆需要什么的问题，是需求端；而开发者联盟就是一个生产端。当更多的开发商进来后，会和N+1联盟的各个工作组合作，共同来生产这个产品，然后通过我们的验证之后，部署在平台上，供成员馆使用。

e线图情：现在有多少家企业加入？

陈凌：现在已经有7家企业和我们签约了，有20家企业准备签约。我们希望加入的企业可以马上和我们合作来推动这个事情，所以先选择意向较强的企业。2018年4月份我去FOLIO总部的时候曾经说过，我对FOLIO的理解，它是一个运动，不是一个产品，就是说CALIS推进这件事情是希望通过一个运动，建立一套可以帮助图书馆应对快速变化的应用需求的技术路线或解决方案，这需要聚集一批有需求的图书馆和合作开发商，最终要形成图书馆和开发者之间的协同发展模式。要把过去图书馆和开发商之间的甲乙方关系逐渐变成战略合作、共同发展的关系。企业的产品发展战略和图书馆发展战略应该是同向的，一起并肩前行的，而不是一个互相之间的利益博弈关系。

四、砥砺前行

e线图情：在CLSP平台推进的过程中，您认为最大的障碍是什么？

陈凌：第一是在观念转变上的困难，因为它是一个比较新的观念。一些人不理解，或者是不了解、不明白这是一种革命性、颠覆性的理念，而仍然停留在“不就是一个系统、一个产品吗”这个层面，所以很多人对于CALIS提出质疑，认为CALIS到处讲，讲了很多年，怎么没有拿出一个实际的东西呢？实际上我们是在建立一个环境。

第二是对部署模式的怀疑。将来我们的服务是放在云端的，大家就会担忧自己的数据放在云端而不是在本地，是否安全。其实这又是一个观念转变的问题。事实上现在云计算已经在支撑我们整个社会的进步了，但人们习惯认为东西实实在在放自己手里面，看得见摸得着才放心，才踏实。因此，还需要人们在观念上能够逐步接受。

第三个急于求成。整个平台的建设不是一蹴而就的，就像一个新校园的建设，每个部分都需要精心设计、充分论证，稳扎稳打，一步一步往前走，而不是拍拍脑袋说再弄一个什么就可以了。但是现在成员馆急于想看到一些东西，这个心情可以理解，对 CALIS 目前的推进有误解，认为我们拖拖拉拉，当然我们工作上也确实有需要改进的地方，整体上来说进展较为缓慢；在企业方面，一些公司也在拼命抢滩，推出自己的产品，为图书馆项目发展开发平台。同时，企业也在担心和 CALIS 合作，新的商业模式能不能赚到钱，所以他们尽管表态愿意参与 CALIS 项目的推进，但是另一方面，他们又犹犹豫豫，一边合作，一边做传统形式的产品，尽快占领市场，一定程度上对我们的推广造成了干扰。

不过我想支持我们的声音会越来越大，今天的会议就印证了这一点，会议直播吸引了很多人的评价和讨论。同时也印证了基于 FOLIO 的平台的推广，是一个运动，我们需要建立一个更加开放性的环境，让整个行业或者是相关行业一起来推动，达成共识。所以除了开发商联盟、N+1 联盟，未来我们还要在网上搭建一个社区，让更多人参与进来。（刘锦秀）

王新才：开启智慧　未来可期

［人物介绍］王新才，博士，教授，武汉大学图书馆馆长，教育部高校图工委副主任，中国图书馆学会常务理事，中国图书馆学会阅读推广委员会副主任，湖北省高校图工委副主任兼秘书长，湖北省图书馆学会副会长。1981年9月—1988年6月，武汉大学信息管理学院本科及研究生毕业，获文学学士及硕士学位；1988年6月—1991年8月，云南教育学院（今云南师大）任历史系教师；1991年9月—1994年6月，武汉大学信息管理学院博士研究生毕业，获理学博士学位；1994年6月—2004年，先后任武汉大学信息管理学院讲师，副教授，教授、博士生导师；2005年4月—2013年12月，任武汉大学信息管理学院副院长；2013年7月起担任武汉大学图书馆馆长。主要研究领域为目录学、阅读推广及政府信息资源管理等，主持国家社科基金项目等多项研究，著有《中国目录学：理论、传统与发展》《政府信息资源管理》等著作十余部及论文百余篇。

采访时间：2021年7月13日

初稿时间：2021年7月28日

定稿时间：2021年8月1日

采访地点：武汉大学图书馆

在智慧图书馆发展过程中，全国各地各类型图书馆在智慧图书馆研究与实践方面做了大量工作。而来自图书馆的思考与实践，对于智慧图书馆的发展有着深刻的影响。近年来，武汉大学图书馆在纸本图书智能盘点、数字资源管理、资源整合与发现等智慧图书馆建设的一些关键领域进行了大量的探索与实践，深化了对于智慧图书馆的认识，对于智慧图书馆理论研究和实践发展都起到积极作用。因此，e线图情采访了武汉大学图书馆馆长王新才教授。

一、职业生涯

刘锦山：王馆长，您好！非常高兴您能接受我们的采访。请首先向大家谈谈您的职业经历和学术生涯情况。

王新才：谢谢。我从2013年7月到图书馆任职，此前任教于学院。我的本科专业是图书馆学，博士毕业于情报学博士点，讲授档案管理多年。现在已在业界混迹多年。经历不算丰富，成绩更加无多。

二、智慧即管理

刘锦山：王馆长，智慧图书馆是近些年兴起的关于图书馆未来发展趋势的理论和实践热点。请您谈谈您对智慧图书馆范畴、构成要素及其发展目标等方面的思考。

王新才：要说智慧图书馆，我实在没什么资格。虽说我在情报学博士点获得了个理学博士，但因一直是文科背景，于智能且一窍不通，遑论智慧。不过，既已寄身业界，不能不与时俱进。尤其身为一馆之长，于图书馆如何发展，终归需有自己的思考。这样，智慧图书馆也就成为一个绕不开的话题。

实际上，早在我刚做馆长不久，上海交通大学图书馆的陈进馆长，他是教育部高校图工委的副主任，创设了一个“图书馆管理与服务创新论坛”，计划沿大江大河而行，方从长江开到黄河，所以第六届定在兰州大学图书馆召开，主题是“放飞智慧图书馆的梦想”，他邀请我做个报告。当时我从档案系来到图书馆，对图书馆事务完全外行，况图书馆前还冠有智慧，玄之又玄，就只好推托，实在推托不掉，就勉强定了个“信息技术驱动下的智慧图书馆及其服务模式初探”的题目。这个题目偷巧的地方在于它可以只是而我也只能够做成一个转介式。关于技术，我总结为前台技术驱动、后台技术支持、虚拟空间拓展技术、用户物理环境感知技术和智慧系统语料库几个类别。前台技术驱动主要指物联网与RFID，物联网的概念与实践将会进一步推动图书馆向信息汇聚、协同感知、泛在聚合等智慧阶段发展，对图书馆的服务内容、服务平台和服务方式都带来影响。后台技术支持主要指云计算，它改变传统图书馆信息流处理的暴露方式，转以一种潜在的、后台的方式进行，简化图书馆的工作流程。虚拟空间拓展技术主要指移动互联网。用户物理环境感知主要指情境感知与智能空间技术，涉及普适计算、分布式计算、感应器数据获取、信号处理、语音识别、人类识别以及自然语言处理、环境智能、情境感知计算等。最后是语义网和关联数据。至于智慧图书馆的服务模式，则可以理解为传统图书馆在服务内容、服务平台和服务方式三个方面的变革。

我一直对智慧的译法颇有微词，因为相关概念2003年从英语起源的时候（芬兰奥卢大学图书馆Aittola等人在人机交互移动设备国际研讨会上第一次提出）只是“smart library”，主要是指图书馆能利用smart phone或PDA开展相关服务，也就是人们可以利用智能手机或手掌设备来使用图书馆，不受空间限制随时接入而获得相关服务（Location-Aware Mobile Library Service）。这个词以译作智能图书馆为好，但没过多久，就像白房子要译成“白宫”一样，智能也改译为了智慧。既然概念换了，内涵也就要随之改变。在冠以智能的时候，智能图书馆的能力至少还得受限于技能，而换成智慧后，智慧图书馆的能力也就其大无边了。要是不谈智慧，你都不好意思说自己是个图书馆人。

随着在图书馆工作时间的推移，我对图书馆的认识越来越明确。智能也好，智慧也好，不管在图书馆前冠以什么，都不改变图书馆的本质属性。而说到图书馆的本质，就不得不提阮冈纳赞，90年前他提出了“图书馆学五定律”，第一条是“图书是供使用的”，明确了图书馆存在的目的；第二与第三分别是“人有其书”与“书有其人”，具体到图书馆用户与资源的关系，就是资源要为读者准备，并获得使用；第四条为节省读者时间，说出了图书馆最现实的作用，图书馆要尽可能快地为读者准备好资源，或让读者尽可能快地找到资源，获得服务；第五条是图书馆是一个生长中的有机体。图书馆一直在生长变化，从传统到智能到智慧，充分说明了这一点。无论图书馆怎么生长变化，图书馆的本质离不开资源与服务两个关键词。在今天，图书馆资源的概念要适当扩大，即不仅包括文献信息，还包括空间。图书馆空间不应当是一个纯文献收藏空间（space），更应当是一个读者活动利用的场所（place）。但资源如何才能得到利用，那就涉及第三个关键词，即智慧。这个智慧主要指图书馆员，即图书馆员要善于利用各种智能，开启智慧，将资源提供利用。智慧的开启暗含着一个关键词，即管理。

因此智慧图书馆应主要围绕三个方面展开，即资源、服务与管理，甚至可以简略成一个问题，即管理。与管理相关的技术主要是管理系统或服务平台的建设，目前比较热门的有开源的 FOLIO，ExLibris 的 Alma，以及超星的超微，等等。今天的平台倾向于汇总一个一个的小系统，即插即用。与资源相关的技术既包括智能采选、读者荐购、实体资源的快速定位与获取、自助借还与预约、元数据管理、实体与虚拟资源的统一管理和知识发现，也包括座位及空间的管理、智能空间技术等，与服务相关的有智能客服、数据分析、学科评价分析、个性推荐等等。所有的这些都可以做成小程序，整合于管理平台上，成熟一个，应用一个。

总的说来，建设智慧图书馆，实际上就是要使服务无所不在，更方便，更快捷，更温馨。

三、服务有边界

刘锦山：王馆长，目前智慧图书馆建设实践过程中存在哪些方面的问题，其中当下需要优先解决的问题是哪些？请您谈谈这方面的情况。

王新才：图书馆人中存在一种迫切作为、急欲表现的现象。尤其是高校图书馆，在学校一直是直属部门，职工多为被安置的家属，长时间里不受待见。为了提高图书馆的地位，图书馆人便想方设法吸引注意，所谓“有为才有位”。

有为才有位。这句话无疑是正确的。但我们需要思考的是如何“有为”。图书馆的所有作为都必须围绕图书馆的实际来展开。而现实却往往是各显神通。比如学科服务，已不仅仅是嵌入式，而是恨不得成为学科专家，将专家的研究也一并做了。图书馆之所为不能不切实际。比如科研数据与机构知识库，前者宜以科研管理部门为主导，后者宜以人事部门为主导，图书馆可作为参与的核心力量，但不能越俎代庖。

图书馆最重大的一个实际是藏有大量的纸本文献。古人云：书到用时方恨少。这是从读而有得的角度。但实际上，从利用的角度，书到用时不是恨少，而是恨多、恨找。一个图书馆藏有哪些读者需要的文献，如何才能快速地找到这些文献。这些才是读者迫切关注的。曾经有一个故事，说的是清代著名学者兼诗人朱彝尊听说著名藏书家钱曾编了一本目录，极为垂涎，因为钱曾家富藏书，多达数千种数十万卷，建有述古堂、也是园、莪匪楼等专事藏书，颇多善本，这本目录名为《读书敏求记》，所收正是他家所藏善本精华，共收录图书 634 种。但就是这样一本目录，朱彝尊却不惜以黄金翠裘为饵，买通钱曾书童，而获一夜借观之权，终安排写手连夜抄录，才使该目录得以问世。

从这个故事不难发现，对于学者来说，他最想知道的，是世间哪里有哪些藏书，尤其是那些善本、孤本、流传稀见之书。所以图书馆必须重点考虑的事情是，一要为利用者们准备相关文献，即人有其书，同时还要让这些文献为利用者所知，在他们想利用时可以快速获取，即书有其人。

图书馆不仅藏有大量纸本，更藏有海量数字资源，但这些数字资源通常分散在一个个独立的数据库中，虽然每个库都可独立检索，但稍大一点的高校图书馆采购的数据库还是多到利用者难以全面了解，而且各设代理访问，也不便于资源使用统计与管理。也就是说，数字资源同样存在着纸本资源需要注意的问题。

此外，我国的高校通常学生偏多，而图书馆建筑面积有限，且通常缺乏高密储存空间，低使用率的书与新书抢占着非常有限的空间资源，这也就意味着图书馆空间紧张，座位数难以有效满足需求。如何合理安排图书馆空间，非常值得思考。

一个图书馆能够利用相关技术将这几个问题解决好，我以为就很了不起了。

四、探索与实践

刘锦山：王馆长，据我们了解，武汉大学图书馆近些年在智慧图书馆建设方面也做了很多积极探索和实践，请您介绍一下这方面的情况。

王新才：武汉大学图书馆于智慧建设实在乏善可陈，只是在利用技术改善服务方面稍微做了几件事。比较值得一说的有纸本图书智能盘点。武汉大学图书馆从 2017 年实施 RFID 项目，从而给约 300 万册流通图书贴了射频标签，同时购入 20 台自助借还设备，方便读者借还。这个项目还引入了智能书车与智能盘点机器人。RFID 智能书车采用首尾定位的方法，实现两个索书号之间的图书与层架标关联。在实际操作中，武汉大学图书馆将本层的第一册和下一层的第一册与层架标关联，保证本层在定位时即使最后一本不在架上也能准确定位。至于新书，无须定位操作，使用智能书车上架即可自动定位。架位变化后无须逐册重新定位，定位首尾即可。利用智能书车可辅助上架，提高效率。同时，还能解决读者取阅图书数据难以统计的问题。我比较强调取阅统计。取阅，也是图书馆馆藏文献发挥作用的一个重要指标。以往，读者在阅览室随手取下翻阅后放到桌上的图书，多通过手工统计或逐册扫描，人工工作量较大，且易导致数据不准。智能书车则可以批量扫描图书、一次性全部统计处理。

图客盘点机器人由南京大学计算机学院陈力军教授团队研制，首先用于南京大学图书馆。武汉大学图书馆 2017 年也定制了 3 台。这个机器人由于还是初创，所以一开始展示的意义大于实用价值。武汉大学图书馆购入后，积极与陈教授团队联系，终使该机获得相当程度的改进。比如地图的精确构建，图形化导航，与管理系统的对接，OPAC 查询匹配，报表设计，定位算法调整，甚至包括自动充电位置的确定。武汉大学图书馆因此成为国内首家大规模应用智能盘点机器人的图书馆，所以有识者以为，“图客机器人和武汉大学图书馆互相成就了对方”。机器人能对武汉大学图书馆约 80 万册流通图书实现全自动盘点与定位，每小时可扫描逾 10000 册图书，图书漏读率控制在 1% 以内，图书定位精度高达 98% 以上，有效地排除了图书错架与乱架，对于读者来说，因盘点定位数据写入 RFID 应用平台数据库，并定制修改 OPAC 检索结果页面，揭示图书应在位置、当前位置和查找路径，从而可以快速方便地找到图书，那种目录上查到图书在馆却找不到的情况得到了极大程度的降低，同时，盘点过程中产生了相当多的数据，成为图书馆开展相关管理与分析的基础。2021 年 7 月，最新版第五代盘点机器人又已在武汉大学图书馆投入测试。

在电子资源上，如何有效地管理电子资源，服务师生是当今智慧图书馆建设普遍关心的重点。业界普遍诟病的是，因为访问通道的原因，资源的校外访问需要通过不同的代理，利用者每苦于不同的认证接口与操作，而资源使用统计也基本掌握在数据库商手中，且因为统计标准与计量方法等原因，各电子资源间的使用数据无法相互比较。武汉大学图书馆在 2020 年 12 月启动了电子资源管理平台一期建设，以期对电子资源实现全生命周期管理。该平台于 2021 年 6 月正式上线使用，与武汉大学统一身份认证系统对接，面向全校师生提供 7×24 小时电子资源相关服务，实现了武汉大学图书所有已购及试用数据库、电子期刊、电子书等电子资源的导航及访问；支持订购包及清单的自由管理，便于梳理本馆数字资产；建立了用户个性化资源中心，帮助读者收藏个人感兴趣的电子资源，查看访问记录；管理人员可完成数据库标引及状态监测，实时查看数据库服务状态，及时发现并解决异常情况；具备统计分析功能，帮助了解不同数据库、读者、资源的使用情况，可将访问统计具体到个人、院系、时段等多个维度，辅助资源使用分析、读者偏好分析和采购策略制定；同时，该平台对移动端具有适配性，可通过进一步开发嵌入微信公众号。

在高校，学位论文是学校教学科研成绩的一项重要体现。所以与电子资源管理平台同时，武汉大学图书馆还上线了学位论文管理系统。该系统也与武汉大学统一身份认证系统对接，为全校师生提供论文检索、浏览及开放论文全文下载功能；与武汉大学离校系统对接，为离校读者提供论文提交通道，帮助其自助办理图书馆离校手续；为工作人员提供论文审核、编目、字段修改、参数配置、用户管理等后台管理功能；同时，提供可定制的论文提交、访问等不同数据的统计分析及可视化。

资源整合与发现也是一个业界普遍关注却又一时难有突破的课题。武汉大学图书馆最初使用的是 EBSCO 公司的 Find+，后改用珞珈学术搜索之 EDS，即

EBSCO 的 Discovery Service，为读者提供一站式查找所订购的电子资源与纸本馆藏的入口，通过预先索引的元数据仓，用于纸本物理馆藏、特色数字馆藏、订购资源以及其他可访问的资源（如 Open Access 开放获取资源，以及 NSTL 和国家图书馆免费开放资源等）的统一发现。

此外，武汉大学图书馆在册用户数逾 8 万，每天入馆人次超 1.3 万，遇考研及考试季，则接近 2 万，通常一座难求，因而从 2016 年开始部署座位预约管理系统，将借阅区、自习区、多功能区等区域约 80% 的座位纳入管理，读者可通过微信、座位系统 App、Web 网站和现场选座方式预约座位，上线后广受好评，曾获央视“两会”特别节目报道。2020 年，疫情结束图书馆重开后，又将包括沙发、板凳在内的全部座位都纳入系统。2021 年 6 月以微服务的形式集成到武汉大学“智慧珞珈 App”中。

五、未来可期

刘锦山：王馆长，请您结合贵馆“十四五”发展规划谈谈贵馆未来在智慧图书馆发展方面的一些思考。

王新才：2018 年国际图联发布了《全球愿景报告》，注重突出以人为核心，关注人和社会发展，这为图书馆的未来发展指明了方向。

我总觉得，一个图书馆的好坏并不在于有多少智能技术的使用，而在于技术的使用要以用户为中心，使用后图书馆的服务是否得到改善。比如刷脸技术，我就觉得大可不必。再比如智能书架系统，费用昂贵，虽然具备馆藏图书动态监控、图书位置实时盘点、图书查询定位、阅读记录统计、错架统计等功能，去年武汉大学图书馆甚至还在所代管的国家网络安全学院图书馆尝试了该系统，但我并不主张普通图书馆目前采用。而对于能方便读者提升资源使用的技术，则应大力推进。武汉大学开展信息化建设，实行智慧珞珈，大量的应用都被做成 App 整合到智慧珞珈应用界面。而图书馆在这方面非常配合，将证卡办理、座位预约、学位论文等都制成了微应用，在学校智慧平台上供学生方便使用。

智慧图书馆应用还有个方便管理的问题。现在像上海图书馆开展应用下一代集成系统FOLIO。由于具有模块化、灵活性及可扩展性，这个平台获得了广泛的关注。在高校中，深圳大学图书馆新一代图书馆系统LAS4已完成与FOLIO平台的对接，并正式应用。原有的图书馆业务，如编目、流通、期刊、典藏统计等基础性功能模块能稳定运作，其余拓展性功能模块如统一认证、存包柜、门禁、自助借书机、座位管理及选座日志系统等服务也已获集成应用。像这样的成功经验非常值得关注。武汉大学图书馆"十四五"规划中关于智慧图书馆建设便有一条：推动下一代集成管理系统的调研、升级和业务流程再造，结合我馆实际，形成适合我馆的下一代系统需求与业务流程框架。这个问题可以说是武汉大学图书馆"十四五"智慧建设的重点。

在一个图书馆如何突出人，尤其是突出用户，很多时候实际上与智能技术运用关系不大。比如图书借阅册数与归还时间问题，就是一个政策问题。我到图书馆后作的一个重大改变，便是改变了借阅与逾期罚款政策，设立预约催还制度。这当中只有预约催还涉及一个简单的技术应用。而这些制度使得学生借书变得更加方便。

此外，程焕文教授一直挂在嘴边的"三缺"之一的空间紧缺是图书馆一个不容易解决的现实问题。我做馆长的几年，正好遇到馆舍维修，便借机将具备承重能力的地方都改造成了高密储存空间，从而使得实用面积稍有缓解，并利用机会而将一些地方改造成了新技术体验区。2013年，我刚做馆长不久便主张买进3D打印设备，深受学生喜欢。由此不难发现，图书馆需要开设相应技术空间供学生体验。所以我们在信息分馆以IT创造为主打造创客空间，包括"3C创客空间""创意活动室""创新学习讨论区""创客俱乐部"等，提供双屏电脑、苹果MAC电脑、VR、绘图板、非线性视频编辑设备与系统、3D打印机等设备。

一个图书馆能不能得到读者喜爱除了服务的及时、细致与周到，有时候还体现在一些细微的地方。比如，我就觉得一个好的图书馆应当准备一些躺卧沙发，如果觉得主要通道躺卧不雅，可置之于稍隐蔽一些的地方。躺卧沙发是学生在学习疲累时休息以补充精力的重要设施。学生在图书馆躺卧，正是学生将图书馆当作家的体现，不应以不雅而拒斥。这一点，未来的智慧建筑也应予以考虑。

最后，我所理解的称得上智慧的图书馆，应该是AI技术发展到相当程度之后，那时只有智慧，而无图书馆，因为AI将能自动搜索发现文献，海量存储，可根据需求自动分析找出所需文献，甚至很多研究都只需人下个指令，而由AI完成，所以那时图书馆将会消失，而由智慧或智能当道。

邵波：知行合一　开启未来

［人物介绍］邵波，博士，南京大学信息管理学院、国家保密学院教授、博士生导师，南京大学图书馆副馆长，兼任江苏省高校数字图书馆引进资源工作组负责人、DRAA理事、《图书情报工作》等学术杂志编委。主要研究领域包括信息安全与保密、竞争情报与战略管理、数字图书馆技术、智慧图书馆技术等。主持江苏省高校数字图书馆二期和三期、国产下一代图书馆服务平台（NLSP）、图书馆服务类机器人等多个项目，其中联合研制的盘点机器人（图客）实现了成果转化，被国内高校、公共图书馆广泛采用。

采访时间：2021年7月19日
初稿时间：2021年7月30日
定稿时间：2021年8月5日
采访地点：南京大学图书馆

知行问题是智慧图书馆建设过程中面临的一个重要方法论问题。历史上的哲学家们为“知难行易”还是“知易行难”一直争鸣不已，智慧图书馆建设实际上也面临着同样的诘问。这和智慧图书馆发展时间短有关。我们既不能因为理论研究尚待进一步深入而在实践上裹足不前，也不能因为实践发展尚待进一步展开而轻视理论研究工作，而是应该采取知行合一，知行交互推动的态度和方法推动智慧图书馆的发展。南京大学图书馆邵波副馆长，多年来一直致力于智慧图书馆理论研究，并且积极推动南京大学图书馆智慧图书馆实践的开展，取得了很好的效果，可谓智慧图书馆知行合一的典范。因此，e 线图情采访了邵波副馆长。

一、关于职业生涯

刘锦山：邵馆长，您好！非常高兴您能接受我们的采访。请您首先向大家谈谈您的职业生涯和学术生涯情况。

邵波：谢谢刘总！我的工作经历比较简单，我通过高考进入南京大学学习，工作后一直没有离开过，最后学历是情报学博士，2007 年晋升教授。目前在南京大学信息管理学院、国家保密学院担任教授、博士生导师，主要研究领域包括安全数据管理、竞争情报与战略管理、智慧图书馆技术等。

从 2008 年起到现在，我在承担教学科研工作的同时，担任南京大学图书馆副馆长。在图书馆岗位上长期从事江苏省高校数字图书馆建设与管理工作，曾任东南大学兼职教授、江苏省高校图工委常务副秘书长、江苏省高校数字图书馆建设管理中心副主任等，主持江苏省高校数字图书馆二期、三期项目的建设工作，建设项目曾获江苏省教育厅教学成果一等奖等。当前在图书馆工作中主持智慧图书馆建设项目，担任江苏省高校数字图书馆引进资源工作组负责人等。

我在图书馆方向的主要社会职务包括：DRAA 理事、《图书情报工作》《新世纪图书馆》《高校图书馆工作》等学术杂志编委、中图学会用户研究与服务专委会委员、江苏省图书馆学会资源建设主委会副主任等。图书馆领域主要业绩：承担国产下一代图书馆服务平台（NLSP）的研发与运行工作；承担图书馆服务类机器人的研发工作，其中联合研制的盘点机器人（图客）实现了成果转化，被国内高校、公共图书馆广泛采用。

二、以 AI 为核心定义智慧图书馆

刘锦山：邵馆长，在智慧图书馆概念的提出和实践展开之前，数字图书馆已有几十年的发展历程，可以说智慧图书馆脱胎于数字图书馆。请您从比较学的角度谈谈智慧图书馆产生的过程以及如何正确认知智慧图书馆。

邵波：1988 年，美国国家科学基金会的伍尔夫在其撰写的《国际合作白皮书》中首次提到“数字图书馆”（digital library）。1995 年，美国 15 家图书馆联合国家档案局成立美国国家数字图书馆联盟（DLF），对反映美国历史、文化科技成果的资源，进行数字资源库及分布式数字图书馆系统的建设。国内数字图书馆建设主要也是以联盟方式开展的，以高校为例，江苏省高等学校文献信息保障系统（JALIS）（后改名为江苏省高校数字图书馆）成立于 1997 年，是国内最早建立的数字图书馆项目联盟组织，经过三期的数字图书馆建设，为江苏地区 140 多所高校数字图书馆建设奠定了良好的发展基础，也为智慧图书馆的发展壮大提供了有力支撑。所以说智慧图书馆脱胎于数字图书馆是正确的，没有数字图书馆几十年的建设，也不会逐步走向智慧图书馆。

随着数字图书馆的不断发展壮大，为了适应互联网时代的发展，图书馆不断扩大硬件规模，不断更新信息化管理系统，不断购置电子资源，图书馆服务能力不断扩容升级，但图书馆发展的弊端日益明显。我们发现大多数时候，高校图书馆服务能力并没有得到同等的提升，一定程度的重复建设与盲目建设使图书馆信息化体系越来越复杂，使用率低下，严重制约了图书馆知识服务和资源管控的发展与进步。有效并有序地为图书馆解决图书馆信息化建设面临的难题，新的技术、平台建设已刻不容缓。

作为一个不断生长着的有机体，图书馆的资源、服务、馆员和读者伴随着社会环境和思维的变化，均被赋予了更深、更广的内涵。如“十三五”期间，图书馆大力建设数字资源，基本完成数字化的转型。“数字化”和“信息化”之后必然是“智能化”，智慧图书馆的概念应运而生，关于智慧图书馆的内涵与外延的讨论曾比较火爆。实践表明，不同技术的应用可以使智慧图书馆开展不同的智慧服务，智能化是智慧图书馆建设的基础和前提，遵循一定的进程和规律，需循序

渐进、有序开展。

随着物联网、区块链、云计算等新兴技术的应用，当前社会逐渐向知识型、智慧型社会过渡。大数据和人工智能作为应用性更广、认知度更高的核心技术在社会各个层面都得到了广泛的应用，新一代“数智”环境已经到来。在这一背景下，“数智”赋能成为图情领域新的生长点和驱动力，智慧图书馆进入转型与发展的新阶段。下一代的图书馆服务平台作为智慧图书馆转型的重要环节之一，可在信息资源的生产、组织、加工、消费的过程中搭建平衡机制，在整合全资源的基础上，建立起开放共享的生态系统，从而带来信息系统生态链的全面升级。

关于如何正确认知智慧图书馆，2012 年，我们馆就开始尝试了智慧图书馆落地建设，我们没有去定义智慧图书馆，而是以能提升图书馆资源利用、更好地服务读者为目标去制作一些系统，试图在智慧图书馆的建设上作一些创新。2013 年，我在图书馆杂志上发表的一篇论文开始涉及如何认知智慧图书馆的问题，个人观点是应以 AI 为核心定义智慧图书馆，以解决不同场景的用户核心诉求为服务目标，以资源、服务、技术、空间、用户、馆员为核心要素，建设知识服务体系化、结构化、智能化的智慧图书馆。

高校图书馆的转型也就是智慧图书馆的探索历程。具体来说，就是要在智能技术、智慧平台和智慧空间三大维度上“下深功”，将“智能化”过渡到“智慧化”，将智能设备与图书馆的服务融合起来，在用户需求与图书馆资源之间做到智慧服务的“游刃有余”，真正实现“数智”赋能和智慧创新，进一步推进智慧图书馆、智慧校园和智慧城市的建设。

三、以“数智”为背景发展智慧图书馆

刘锦山：邵馆长，智慧图书馆建设涉及大数据智能、智能机器人、智能仓储等诸多具体应用，请您谈谈上述应用对于智慧图书馆实践所起的作用以及智慧图书馆建设的核心是什么。

邵波：在大数据、人工智能、物联网等新一代技术广泛应用的时代，以“数据驱动”为核心，加快智慧图书馆建设与智慧服务成为学界和业界的共识，高校

图书馆搭乘智能技术的快车，引领智慧图书馆新形态。从学界来看，目前图书馆情报学科都处于“数智”的背景中，同时“数智”环境在一定程度上改变了图情领域的问题域、资源观，赋予了图情学科更大的实战力，更扩大了图情学科的影响范围。与此同时，图情业界也在不断开始实践“数据驱动”的各种方案。

从2010年开始，图书馆情报学领域兴起了下一代图书馆集成系统（next generation integrated library system）的概念，或称为“下一代图书馆服务平台”（next generation library services platforms），由Marshall Breeding提出并给出了定义：这种新一代产品，更确切地应称为图书馆服务平台，而不是图书馆集成管理系统，其目标就是通过一个可处理各种不同类型资源、更加包容的平台，简化图书馆业务。下一代图书馆服务平台作为智慧图书馆转型的重要环节之一，可在信息资源的生产、组织、加工、消费的过程中搭建平衡机制，在整合全资源的基础上，建立起开放共享的生态系统，从而带来信息系统生态链的全面升级。从这个角度看，平台的开发与部署是当前智慧图书馆建设的核心之一。

在大数据环境下，精准服务是各服务行业发展的趋势之一，图书馆领域也不例外。随着人工智能、大数据、云计算、物联网等技术的兴起，传统图书馆已经不能满足用户多样性、个性化的需求。用户画像是建立在用户数据上的用户模型，能够形象、准确地勾画出图书馆用户属性、用户行为、用户兴趣、用户能力等模型，实现图书馆精准推送、个性化服务、用户兴趣推荐、用户行为预测等精准服务，从而满足用户多样性、个性化的需求。

当前应重点关注这些方面。一是图书馆业务流程重组。在新一代图书馆服务平台构建过程中，最核心的是纸电数资源一体化管理与发现系统的重组，其构建过程也以业务流程重组理论为指导，同时又要考虑图书馆的业务流程重组的专业性和特殊性。重组包括：图书馆采访流程再造、图书馆馆藏建设模式再造、图书馆服务流程重组、图书馆人员再造。二是数据即未来，在图书馆数据管理与服务方面，应革新图书馆服务理念，强调一体化读者服务和资源服务，重构图书馆学术服务，强化图书馆数据管理。三是图书馆联盟作为图书馆资源建设的重要组成部分，我们应从实践上探讨“图书馆新联盟”这个模式。

智慧服务是指个人或组织运用智慧为其他人或组织提供的服务。智慧既是服务的工具，也是服务的内容，智慧服务是图书馆的名片。智能机器人目前最受人关注，目前图书馆行业已对外推出自动分拣机器人、盘点机器人、迎宾机器人、服务机器人、科沃斯机器人、贩卖机器人并提供支付宝办证、刷脸办证、导航找书、扫码借书、刷脸借书、扫码听书、互动体验、手机导航找书、5G 覆盖等一系列智慧服务。

智能设备的嵌入是智慧图书馆建设的基本做法，智慧图书馆是以满足读者知识需求为目标，应用人工智能、大数据等新技术，重新组织融合图书馆的资源、技术、服务、馆员和用户五要素，为用户提供智慧化服务和管理的智慧综合体。

智能仓储也是当前关注的热点，我个人的看法是，一部分公共图书馆可以先行，智能仓储适合省市级图书馆总分馆机制下的应用。但对高校而言，个人认为试验一下没有问题，但有一个先行条件，一个城市的高校需要建立有效的共享机制。

四、南京大学图书馆的实践

刘锦山：邵馆长，近年来南京大学图书馆在智慧图书馆智慧建设方面做了很多工作和探索，请您介绍一下这方面的情况。

邵波：2012 年，我们馆就开始尝试了智慧图书馆落地建设，以能提升图书馆资源利用、更好地服务读者为目标去做一些系统，试图在智慧图书馆的建设上走出一条路子。2012 年与南京乐致安信息技术有限公司（现更名江苏宝和）合作，开发了一批服务软件平台，申请获得了 Book+ 个性化图书馆系统、MobileLib+ 移动图书馆系统、OneSearch 统一检索系统、SubjectPortal 学科信息平台、图书馆门户系统服务平台的软件著作权。2012 年 5 月 20 日，在南京大学 110 周年校庆日发布了“智慧图书馆”，比较有代表性的是：Book+、Mobile+、Subject+、PAD+、Find+。2013 年又陆续开发了机构成果库 Paper+、数字资源一体化生产发布系统 Digital+、科学数据云 DataCloud+ 等，2014、2015 年开发了电子书管理平台 E-book+、图书馆智能定位系统等。

2016 年后，南京大学图书馆主要研发两种图书馆机器人，其中与南京土拨鼠科技公司合作图书馆公共服务机器人项目，后取名为“图宝”；与计算机科学与技术系、国家计算机重点实验室陈力军老师团队合作，研发智能图书盘点机器人，后取名为“图客”。2017 年 5 月 18 日，在校庆期间发布了“南京大学智慧图书馆二期（图书馆机器人）”，当时南京大学新闻网报道：南京大学打造的机器人图书管理员“图宝”系国内高校首创，“图宝”可以在服务过程中掌握业务应对技巧和行业知识，同时与图书馆系统形成无缝对接，为读者提供图书信息，成长为智慧化资深机器人馆员；智能图书盘点机器人系国际首创，当时除南京大学图书馆外，香港中文大学深圳校区图书馆是第一家签约使用单位。

2018 年，南京大学图书馆与江苏图星公司合作，主要研发工作开始集中在下一代图书馆服务平台上，工作量巨大。2019 年 2 月，完成了新旧系统切换，期间江苏图星公司被超星集团控股。2019 年 4 月 29 日，我们举办了下一代图书馆服务平台发布会，全国有 1700 多人参会。南京大学图书馆发展的下一代图书馆服务平台被命名为 NLSP，是国产第一家全面使用的新一代图书馆服务平台，多租户、迭代更新、即开即用，典型特点是基于阿里云部署、微服务技术架构、纸电数一体化。2019 年至今，我们的主要工作集中在系统的迭代更新、不断完善的过程上，期望能走出一条自主创新、融合发展之路。

五、未来发展规划

刘锦山：邵馆长，“十四五”期间贵馆智慧图书馆建设有哪些发展？

邵波：南京大学图书馆“十四五”期间的发展目标是面对国内外高等教育发展新形势、南京大学“双一流”大学建设新目标以及新生代大学生的多样化需求，紧密围绕学校创建一流大学的奋斗目标和立德树人的根本任务，与学校核心使命“同频共振”。具体为：以文献资源建设为根本，加大文献资源建设力度，提升文献资源质量，提高文献资源保障率；以技术创新为驱动，大力加强新技术应用，赋能智慧服务，建设智慧图书馆服务体系；以支撑条件建设为保障，扩大馆舍空间，优化馆藏布局，建设智慧空间；加强馆员队伍建设，提升馆员服务能力，将南京大学图书馆建设成为与学校事业发展与战略进程相适应的专业化、智慧化、具有良好国际声誉的一流的学术性图书馆。

图书馆“十四五”规划的建设任务是在现有基础上调整定位，实现管理与服务的精准转型与变革，在学校人才培养、科学研究、社会服务、国际交流等核心使命的发展过程中提供精准化服务和发挥出学校公共数字化平台的最大效能。图书馆“十四五”期间的主要任务是“一平台、四中心”建设。

智慧图书馆建设与服务支撑平台是图书馆建设四个中心的基础组成和重要保障，图书馆联合学校相关院系实验室，引入软件创新企业建立了智慧图书馆建设与测评中心，成功开发了南京大学下一代图书馆管理系统（NLSP）。在规划期间将重点开发并部署：基于下一代图书馆管理系统 NLSP 的数据联动监控系统；基于 NLSP 微服务的 AI 数据画像平台（资源、读者、空间）；NLSP 的资源全流程监控平台（纸质、电子等）。图书馆的核心服务就是资源的服务，下一代图书馆管理系统作为智慧图书馆的软件入口，可保存所有数据、记录所有行为，为大数据分析收集第一手数据，将纸电资源也看作一个生命体，从开始到结束全程监控纸电资源的利用状况，为图书馆购买资源做到真正的评估依据。基于 AI 深度学习技术，利用大数据、块数据、小数据的资源推荐功能，根据用户的使用习惯，推荐相关的书本期刊资源、电子数据库等资源，甚至可以追踪其学术轨迹、学术画像，给用户完全可以信赖的数字科研保障系统。

智慧图书馆建设的近期任务是完成为 2022 年南京大学 120 周年校庆献礼的图书馆项目：一是和图星软件公司战略合作推出基于下一代图书馆管理系统的智慧图书馆系统，平台系统由服务平台转向知识服务平台；二是与南京大学智能机器人研究院共建联合实验室，推出一系列图情领域机器人，融合更多的智能设备；三是与南京大学数件研发机构合作，进行图书馆智慧空间的建设，最终形成一个包含软件、资源、空间、设备的底层数据统一的读者个人数字资产类系统，给读者精准的数字轨迹、读者画像，也为图书馆的业务决策、经费决策提供有效技术支撑。南京大学图书馆计划于 2021 年 9 月南京大学读书节期间和 2022 年 5 月 120 周年校庆期间发布智慧图书馆创新成果，欢迎大家来校进行学术交流及技术指导！

胡海荣：构筑数字公共生活新图景

［人物介绍］胡海荣，浙江图书馆副馆长、研究馆员，历任温州市少年儿童图书馆馆长、温州市图书馆馆长，主持全国第三批公共文化服务体系示范项目“城市书房”和全国公共文化机构法人治理试点工作，被原文化部授予“中国图书馆榜样人物”，获第一届中国图书馆学会青年人才奖，温州市劳动模范、浙江省第十三届人大代表。浙江省图书馆学会理事、浙江省科技情报学会副理事长、浙江省文化和旅游标准化技术委员会委员。

采访时间：2021 年 7 月 16 日

初稿时间：2021 年 7 月 27 日

定稿时间：2021 年 8 月 1 日

采访地点：浙江图书馆

智慧图书馆理论与实践的产生有两条路径，一是基于图书馆自身内部的自动化、信息化、数字化逻辑演变而来的，另一条是在智慧城市理论和实践推动下产生的。随着智慧图书馆实践活动的展开，智慧图书馆将会被纳入智慧城市建设过程中，成为智慧城市的有机组成部分，当然这也是图书馆智慧化建设自身发展逻辑的必然。浙江图书馆将智慧图书馆纳入智慧城市这一宏观背景下考量，将其作为正在建设的之江新馆的重要建设内容。为分享浙江图书馆在智慧图书馆建设方面的经验，e线图情采访了浙江图书馆胡海荣副馆长。

一、关于职业生涯

刘锦山：胡馆长，您好！非常高兴您能接受我们的采访。请您首先向大家谈谈您的个人情况和职业生涯。

胡海荣：我的职业生涯相对是很简单的，1999年大学毕业至今，我从来没有离开过图书馆。但是，我想说的是，我不是主动选择图书馆这个行业，甚至图书馆学专业也是误打误撞碰上的。我大学毕业于中国医科大学医学信息管理专业，我从小立志要当名医生，所以报了医学院校，但在填报专业时，被21世纪是信息时代所误导，第一志愿就填报医学信息管理，结果报到时老师告诉我们，我们这个系去年还叫医学图书情报系，所以说，我是误入图林。大学五年，毕业后，我原本已被医院信息科录用，后来因为家人的原因，进入了公共图书馆工作，从温州市图书馆普通馆员做起，差不多用了10年时间，到2009年，担任温州市少年儿童图书馆馆长，2013年又调回温州市图书馆任馆长，6年后，主持完温州市图书馆馆舍改建和百年馆庆，2019年调到浙江图书馆，现任浙江图书馆副馆长，协助褚树青馆长分管数字资源建设、新媒体运营、信息化和财务工作。

从业20多年，我感觉图书馆行业的人特别有情怀，一路走来，碰到了很多良师益友和学习榜样，指引着我不断向前。我所任职的温州市图书馆和浙江图书馆都特别有创新和服务意识，我们共同打造了风靡全国的“城市书房”，推动了全国法人治理结构改革，实现了全省公共图书馆一体化管理和文献通借通还。我个人也因为这些成绩，荣获第一届中国图书馆学会青年人才奖和2014年中国图书馆榜样人物等称号，这些成绩的取得，离不开单位和行业这个平台的支撑，所以我经常说，虽然是误入图林，但图林待我不薄。

二、智慧图书馆是一个综合体

刘锦山：胡馆长，请您谈谈您对智慧图书馆建设的思考。

胡海荣： 我在读大学的时候，就对计算机非常感兴趣，在温州市图书馆工作期间又担任过分管技术的副馆长，曾经主持过新馆和整个温州地区图书馆的信息化项目，这次褚树青馆长把我从温州市图书馆调到省馆，也是想让我负责信息化工作，抓之江新馆的信息化智慧化建设。

智慧图书馆是当下图书馆业内讨论和研究的热点，从 2010 年开始，研究智慧图书馆的论文已有近 2000 篇，业内对智慧图书馆也有些实践，但高校图书馆与公共图书馆的侧重点不一样。高校图书馆侧重于资源整合和下一代图书馆系统研发，如南京大学图书馆开发了超高频 RFID 智能图书盘点机器人“图客”与咨询服务机器人“图宝”，提出智能定位导航系统构架；构建了集中央知识库、采选平台、馆员智慧服务平台和读者应用服务平台四大模块于一体的下一代系统智慧图书馆服务平台（NLSP）；公共图书馆则大部分侧重于智慧空间的再造，如苏州第二图书馆的智能书库、嘉兴的智慧书房，还有就是通过综合文化空间的建设，设置不同的功能区和数字体验区，充分应用多媒体互动技术，为用户提供海量智慧信息、丰富文化体验和多元定制服务智慧阅读服务的体验，如国家图书馆的 5G 新阅读体验空间等。这些都是很好的实践，但只是智慧图书馆的一部分，离真正的智慧图书馆还有很大的距离。

我个人认为，智慧图书馆是一个综合体，是要充分利用云计算、大数据、物联网、移动互联网、人工智能等技术与图书馆业务和服务场景深度融合，打通整合场馆建筑、设施设备、文献资源、读者、馆员，通过无处不在的感知与连接，实现触手可及的“智慧”服务。智慧图书馆肯定是未来图书馆的发展方向，也是未来图书馆的发展目标，这一方面是图书馆自身发展的需求，也是充分满足读者更加个性化和深层次的知识需求即从单纯的文献服务转向知识服务的要求。

智慧图书馆至少包括六个方面：一是要有一座可以深度感知的智能馆舍，不但要感知馆舍内的环境如温度、空气质量、照明，而且要感知馆内的图书和读者的一些行为，这是智慧图书馆的基础。二是要有汇聚所有数据的数据中台和微服务架构，也就是智慧图书馆管理系统，数据中台和微服务架构可以无限扩充智慧图书馆的可能性。三是要有一批细颗粒度标引的数字资源，为知识服务打下扎实的基础，当然现在图书馆界在这方面做的还很少，大部分数字化只是停留在纸本图书的数字化，没有深度标引。四是要有面向用户的智慧服务场景和面向业务的智慧业务管理场景，如无感借阅、手机定位导航、AGV 送书服务、VR 阅读体验、自动采选、自动分编加工等。五是要提供智慧服务的相关设备，如智慧屏、AR、VR 设备等。六是要有一批适应智慧服务的图书馆员，这对我们现在的馆员是一个很大的挑战。我个人认为，这六个方面缺一不可，只有六个方面都具备了，才能真正称得上是智慧图书馆。

三、浙江图书馆的探索与实践

刘锦山：胡馆长，请您谈谈浙江图书馆在智慧图书馆建设方面所做的探索和实践工作。

胡海荣：浙江图书馆的数字化工作和服务，可以说一直走在全国的前列。这几年，我们通过全省公共图书馆服务大提升，实现了全省公共图书馆的一体化管理，率全国之先，在省域内实现了文献的通借通还和数字资源的统一认证访问，极大促进了地区图书馆的均衡发展。但在智慧图书馆方面，目前我们鲜有探索和实践。我只能从我们目前正在建设的之江新馆中谈谈对智慧图书馆建设的一些设想。

之江新馆坐落于之江文化中心，建筑面积 8.5 万平方米，是按“全国领先　世界一流”的标准去建设的，其中一个最突出的特征就是要打造“全面融合　深度感知　智能服务”的智慧图书馆。我们对之江智慧图书馆建设设立了四个目标：一是要建设浙江图书馆运营管理、业务服务的智慧数字平台，对五个馆区和线上的各项服务、应用、业务活动、管理和数据等融合集成，进行统一的集中管理。二是要建成全省公共图书馆数据中心、服务中心、资源中心、网络中心。三是要实现图书馆数字化、智能化服务，以及提供资产管理、设施管理、能效管理、环境空间管理等智慧化应用，实现智慧图书馆的建设目标，并与其他业务系统（如弱电系统、智能立库与文献传输系统等）紧密配合，共同实现图书馆运营的一体化智慧管理。四是要充分对接国家图书馆智慧图书馆管理平台，实现知识图谱等智慧知识服务。

四、关于未来的思考

刘锦山：胡馆长，请您谈谈贵馆“十四五”期间关于智慧图书馆建设方面的规划和思考。

胡海荣：深刻领会数字中国建设、数字浙江建设和浙江推动数字化改革精神，广泛融入智慧城市建设，充分激活数字潜能，促进数字技术与图书馆的深度融合，打造全面感知、广泛互联、开放泛在、灵活便捷、高效节能的智慧图书馆，全面提升公共图书馆的数字化和智能化水平，构筑面向未来的数字公共生活新图景。

第一，以新馆建设和旧馆改造为契机，建设智能控制、绿色节能的智慧楼宇。

充分利用现代建筑技术、现代通信技术和现代控制技术，构建由基础信息系统、智能管理系统、安全管理系统和信息应用系统组成的可感知智慧建筑，实现在确保舒适性基础上的绿色节能，对周边安全的智能预警防范，以及信息导引及发布、多媒体会议、客流量统计、无线信号覆盖、语音导览、深度感知、生物识别等功能。

第二，部署下一代图书馆管理系统，实现业务工作的全流程智慧化管理。

部署基于大数据、人工智能等新技术的下一代图书馆管理系统，升级现有的业务管理模式，对图书馆的资源、空间、设备、用户行为等数据进行动态采集与智能挖掘，提供开放、可生长的业务支撑，包括智慧采选、座位预约、智慧编目、智慧咨询、智慧典藏、图书定位以及标准化接口实现第三方应用的接入等，实现图书馆业务工作的全流程智慧化管理。

第三，应用新技术构建服务新场景，提供全方位的智慧体验。

充分利用定位、5G、人工智能、虚拟现实、物联网和大数据分析等技术，开展文献推送、文献精准导航和机器人送书等服务；加强 VR/AR、裸眼 3D、全息投影、交互投影等技术的运用，升级文化体验装备，创新阅读服务方式，打造定制化、沉浸式体验服务。通过新兴技术与图书馆业务场景深度融合，整合打通场馆建筑、设施设备、文献资源、读者、馆员，以无处不在的感知与联结，提供触手可及的智慧服务体验。

第四，积极融入智慧城市生态圈，实现智慧图书馆与智慧城市的协同发展。

全面融入智慧城市建设，加大与政务服务场景的应用结合，积极对接政府公共数据平台，通过与外部各主体的联结，实现数据共享，提升数据价值挖掘的深度与广度，提供更多公共产品，服务社会与人民，实现智慧图书馆与智慧城市的协同发展。

包弼德：探索数字人文研究服务新模式

［人物简介］包弼德（Peter K. BOL），美国哈佛大学副教务长、东亚语言文明系讲座教授，研究方向为中国士人与文化史。1980年获美国普林斯顿大学历史学博士学位，1985年起任职于哈佛大学，1997—2002年任东亚语言文明系主任及东亚国家资源中心主任，2005年被任命为哈佛大学地理分析中心首位主任。与复旦大学历史地理中心合作，主持中国历史地理信息系统项目。此外，还与北京大学、台湾“中研院”历史语言研究所合作，共同主持中国历代人物传记资料库项目。

采访时间：2018年10月18日

初稿时间：2018年11月7日

定稿时间：2018年11月12日

采访地点：上海图书馆

数字化时代，科技的发展已与我们的工作生活密切相关。在学术研究领域，“数字人文”正以一种势不可挡的姿态袭来。“数字人文”将数字科技与传统人文学术研究结合起来，为我们探究世界、发现真理、创新思维带来了新的方向，甚至是颠覆式的改变。近年来，图书馆领域关于“数字人文”的探讨也在不断升温。2018年10月17至19日，第九届上海国际图书馆论坛在上海图书馆召开，美国哈佛大学教授包弼德先生受邀在会上做主旨报告，题为“数字人文与中国学的信息基础架构”，为图书馆人带来深刻启发。随后，e 线图情采访了包弼德教授。

一、关于个人学术经历

e 线图情：包教授，您好！非常感谢您接受我们的采访。首先请向我们的读者介绍您的学术生涯。

包弼德：您好！我是包弼德，在哈佛大学教中国历史。我最初是研究中国古代历史，这几年随着专业化的发展，加上我个人对中国思想史特别感兴趣，现在我更主要关注唐宋元明时期中国士人的思想发展，特别是唐宋变迁之中士人思想史的变化，以及他们所处的社会和城市背景的变迁。最近，我在特别研究一些地方史，主要以浙江金华、安徽庐州为中心，希望从地方社会发展的角度研究中国思想史的走向。

e 线图情：包教授，您为什么会选择这个研究方向，是兴趣所致还是出于其他的原因？

包弼德：我学中国历史是因为我认为中国在世界上非常重要，中国历史对世界的历史有很大影响，这一点必须注意到。但我在美国长大的时候，对中国的了解其实非常少。中国是这么大的一个国家，我应该多学一点、多了解一点中国的历史，所以开始学中国史。后来学中国思想史，则是因为我感觉到，如果想了解为什么当代的人是这么做的，我们首先要了解他们的思想渊源、他们的思考方式。我还特别记得我在中国台湾留学时，四书五经念了差不多 4 年，那时候就感觉到读四书五经对了解古代的人来说是很实用的。我们要了解人们的世界观，那我们就要看他们所看到的世界。

二、关于数字人文研究服务

e 线图情：包教授，目前图书馆对数字人文越来越重视，您在今天上午的报告里也提到了正在开展的几个数字人文研究项目，能具体介绍一下吗？

包弼德：我开展的几个数字人文研究项目，如中国历史地理信息系统（CHGIS），2001 年 1 月正式启动，至今已经开展了 18 年，由哈佛大学和复旦大学历史地理研究中心合作开发。而我们现在最重要的项目是中国历代人物传记资料库（CBDB），由哈佛大学、北京大学中国古代史研究中心等从 2005 年开始合作实施。目前已在北京设立项目经理和编辑小组。该项目现在也有和图情机构进行合作，如上海图书馆。这些项目现在都还没有结束，也不会完结，我们会一直继续做。如中国历代人物传记资料库，我们还在搜集整理 20 世纪的人物资料，主要是新中国成立以后的。

e 线图情：包教授，您能谈谈当初为什么会做这几个项目吗？

包弼德：当时哈佛大学教授 Robert Hartwell 突然去世了，他太太就把他收集制作的古代中国地理数据全部捐赠给了哈佛大学，哈佛大学让我负责这些数据。这些数据包括中国从唐朝至明朝主要朝代标准年代断面的县界 GIS 数据。Hartwell 教授的 GIS 数据为中国历史地理信息系统项目提供了借鉴方法和数据编制概念，给这个项目节约了许多时间。不过，中国历史地理信息系统项目和数据并不是 Hartwell 教授工作的扩展，而是一个全新的研究项目。根据 Hartwell 教授的 GIS 数据，我们又制作了一个管理人物资料的数据库，最初只有 2 万个人物的资料。后来我们找了合作伙伴，学习了用计算机科学的方法去搜集资料，这些资料逐渐发展成目前的中国历代人物传记资料库。现在中国历代人物传记资料库里已经有 42 万人的传记资料、著作资料。这些人物主要来自 7 世纪至 19 世纪，其中最充实的是唐、宋、明、清的人物传记资料。这些历史人物资料大家都可以上网看，都是公开的。

e 线图情：包教授，您今天在报告中提到推进知识有三种方式，专业化、理论与范式转变、工具。其中，您特别强调了工具的作用。通常来说，人文学科的研究人员在进行学术研究时比较少会用到这些技术工具，也不太重视，而是更偏向于理论的探讨。但您现在已经将数字技术深入应用到自己的人文科研中，请谈谈您在这方面的体会。

包弼德：我知道一些学者觉得工具就是工具，不是很重要。但我觉得工具不仅仅只是一个工具，还是发展、进步的一个方法。合适的工具会帮助研究，看到之前所看不到的领域，提供新的研究方向、研究方法，也可以得出一些新的研究理论，如果不利用这些工具是很难做到的。

e 线图情：您把研究资料进行数据可视化分析之后，让非专业人士也能很容易看得懂，而对于专业研究人员而言，更有利于简化研究工作。您的这几个项目对当前图情领域学术研究服务发展很有启发，请您分享一下这方面的经验和做法。

包弼德：在中国历史上，非常多的事情都和地名密切关系，如《汉书》或者唐书宋史都是如此。但随着历史发展，某一个地方的地名往往会经历多次变化，又或者会和另一个地方的地名发生迁移变换。我们的问题在于，历史上的这些地名现在是指什么地方？中国历史地理信息系统的目标就是要知道从秦始皇统一中国后，一直到辛亥革命，这些历史中的地理信息是如何变化的。然后研究人员就可以利用这个系统来把别的数据、信息放在地图上，从而发现新的研究成果。

中国历代人物传记资料库的目的是另外一个。中国历史上关于人物的传记资料也非常多，《史记》全书共 130 篇，其中人物列传就有 70 篇，占一半有余。所以我们就研究怎么利用这些人物传记资料去了解中国历史，去看中国历史的变迁。但是我们很快发现，如果我们只是靠人手工来做这个数据库，我们 200 年也做不完。之后，我们就开始用计算机的方法去整理数位文本，去检索获取文本中的信息，然后放在数据库里面。现在我们的数据库能发展得这么快的原因就在于此。

e 线图情：包教授，现在中国历代人物传记资料库的用户情况怎么样？

包弼德：这方面很难统计，因为都是免费的，用户可以把全部的数据下载下来。至少我们知道现在每个星期有差不多 3000 人访问网站。但是我们的网站不是一个检索系统，用户所用的检索系统是我们网站之外的。所以有多少人在通过检索系统来利用我们的资料库，我们无法确定。但一定有很多人，至少可以说在中国学领域，研究中国历史上的唐宋元明清的人都知道这个数据库。

e 线图情：包教授，除了这两个项目之外，您接下来还有打算做其他的项目吗？

包弼德：我还有一些属于个人的研究。这两个项目并不是我个人的研究，而是我领导的项目。这两个项目都建有管理委员会，我是管理委员会的主任。我们的第三个项目是 Cyberinfrastructure，所谓网络基础设施。现在我们已经成立了国际顾问委员会，下个星期就要在北京探讨如何发展这个平台。目前平台的功能已经有很多被做好了，但具体相关信息还没公开，我们还在准备，现在还没到发布的时间。

三、关于学者和图书馆合作

e 线图情：包教授，您作为人文学者，和图书馆应该接触比较多，请问您对学者和图书馆合作是怎么看的？

包弼德：我没有在图书馆担任过职务，但我作为大学的学者，特别是人文学科的学者，当然常常用到图书馆，如我们的学术期刊都是经过图书馆采购的，我在自己的研究中会利用图书馆提供的资料。另外我们还会将自己搜集的地方文化史方面的资料交给图书馆收藏，其中一部分现在已放在图书馆里，如地方家谱。

此外，我们手里还有很多资料，如拍的一些照片，比较而言图书馆不愿意收藏，所以我们只好把这些资料放在自己的网站上。而我们现在面临的问题是：我们有图书馆以外的项目，但别人怎么知道？如果我们不在的话，谁去管理这些项目？谁去执行？尤其是后者，这是一个很重要的问题，我们希望图书馆可以提供帮助。

其实，不单是我，其他学者开展的项目也大部分是图书馆以外的。例如，中国哲学书电子化计划（Ctext.org）是现在世界上关于中国学文本方面用户最多的，其访问数达到每个星期 2 万多人。而这个网站是一个人在做，也是图书馆以外的人员。这些项目里的资料都很有价值，但如果要实现永久保存，谁能负责？这是一个很大的问题。

e 线图情：包教授，从您说的这几个项目来看，图书馆与学者合作开展数字人文研究服务应该有很大的发展空间。关于如何推动这方面的合作，您有什么建议或意见吗？

包弼德：是有很大的发展空间。但为什么图书馆不去支持这样的项目，这其中一定是有他们的原因。通常情况下，图书馆只需要将数据库采购回来然后放在馆内资源库中就可以了，而我们做的这些网上项目一直在发展，是公开的，和图书馆往常的数据库合作方式不一样，因此图书馆可能不知道怎么去管理我们的项目。这可能是个原因。当然实际有哪些原因我们需要问图书馆，我们要多去了解图书馆方的原因，才可以解决这个问题。我们必须找到一个适合图书馆与学者合作的方法。（刘剑英）

聂华：颠覆性技术背景下图书馆的变革与发展

［人物介绍］聂华，研究馆员。1986年获浙江大学应用电子技术学士学位，1996年获美国威斯康星大学图书馆与信息管理理学硕士学位。1997年起任职于北京大学图书馆，历任系统部主任、馆长助理、副馆长（2008—2019）。长期从事图书馆信息架构规划、设计与实施，ICT技术应用等方面的管理与研究工作。承担并完成国家自然科学基金项目、国家社会科学基金项目、科技部基础性工作专项基金重点项目、CALIS等数个国家级科研项目。研究方向包括开放获取政策、开放知识库、研究数据管理、图书馆集成系统发展趋势、数字图书馆建设以及图书馆演化与转型等。在国内外学术期刊和学术会议上发表论文和演讲多篇多次，参加国际图联（IFLA）、国际开放获取知识库联盟（COAR）、环太平洋研究图书馆联盟（PRRLA）等多个国际图书馆组织的相关工作。

采访时间：2018年12月5日

初稿时间：2019年7月30日

定稿时间：2019年9月1日

采访地点：北京大学图书馆

进入21世纪，不断涌现的颠覆性技术以一种“创造性”的破坏力迅速改变着传统的科学研究范式，先进的科研信息化基础设施与学术信息环境建设已成为科研人员开展科学研究的迫切需要。在此背景下，如何运用信息技术和信息化技术，满足高校新的科学研究范式的需要，是高校图书馆突破传统图书馆功能，实现服务创新和功能拓展必须思考的问题。北京大学图书馆于 2015 年制定了《北京大学图书馆 2018 行动计划》，其中对教学科研的支持从资源为主到服务为主的提升以及通过学术信息资产体系的构建，推动学术信息环境的融合与再造成为该行动计划的重要内容之一。2018 年 12 月 4 日召开的 2018 CALIS 年会期间，e 线图情采访了北京大学图书馆副馆长聂华[①]。

一、学术经历和职业生涯

e 线图情：聂馆长，您好！很高兴今天您能接受我们的采访，请您向读者朋友介绍一下您的学术经历和职业生涯。

聂华：我是 1997 年来北京大学图书馆工作的，到现在为止已经有 20 多年了。在这 20 多年的时间里，我主要从事信息技术在图书馆的应用方面的工作，如图书馆自动化管理系统，电子资源的引进和利用，图书馆资源整合管理与发现，资源的数字化，包括数字人文、机构知识库建设、科研数据的管理和服务等，这些都是我从研究的角度以及图书馆工作的角度比较关注的一些领域和内容。长期以来，技术其实一直是图书馆业务和服务工作转型的一个强有力的驱动因素，所以我感觉自己从事这份工作非常幸运，能够经常有机会学习和了解到业界最新的技术、理念和发展趋势，能够不断地吸收一些新的东西。

二、学术信息资产

e 线图情：据我们了解，2018 年北京大学图书馆提出了“通过学术信息资产体系的构建，推动学术信息环境的融合与再造”，您在这次会议上的报告主题也

① 时任北京大学图书馆副馆长。

是学术信息资产体系的构建。请您介绍一下什么是大学的学术信息资产，它包括什么内容？

聂华：我们可以从馆藏发展的角度来看。过去图书馆的馆藏就是纸本资源，后来开始出现电子资源，我们把图书馆花钱采购的电子刊、电子书、数据库都叫作电子资源，再往后我们又开始对纸本资源进行数字化加工，并称之为数字特藏或数字资源，以及近些年出现的开放获取资源等，这些资源的信息组织都是从它的载体形态或获取途径和路径来进行的。近些年，业界开始进行一些讨论和反思：大学作为一个研究机构，图书馆作为大学的科研支持部门，我们如何认定大学学术产出的价值？如何界定它的边界和内涵？又如何对它进行管理？我想我们可以从大学学术产出这个角度，或者以大学为边界来对这一类学术资源进行界定。在这个界定的基础上，进行资源的搜集、管理和整序，最重要的是在管理整序的基础上，围绕大学的目标和愿景提供支持科研，嵌入科研活动和科研管理流程的知识服务。所以学术信息资产概念的提出其实是业界思考大学图书馆的重新定位和功能重塑的一个结果。国外的大学还提出了一个学术信息（scholarly information）的概念，就是希望以这个概念为抓手去收集更多的学术资源，包括：正式出版的传统学术产出，如论文、期刊、图书；新型的学术产出（academic outputs），如研究数据、科学数据；教师教学过程中与教学相关的信息，如课程信息、学生信息等；教师社会兼职等的个人学术画像（academic profile）相关的各种类型的信息等。所谓的学术信息资产基本上就是这样一个概念，当然这个概念也是随着环境变化和思考深入在不断地迭代、不断地调整，以及被丰富和巩固中。

e线图情：北京大学图书馆在信息资产体系建设方面取得了哪些成果？

聂华：我们在2013年发布了北京大学机构知识库（ir.pku.edu.cn），2014年完成了北京大学学术成果的全面回溯建设，目前北京大学机构知识库共有54万条元数据和40多万条的全文数据。另外我们采用哈佛大学的开源软件Dataverse，建设了北京大学开放研究数据平台（opendata.pku.edu.cn），提供研究数据的管理、发布和存储等服务。我们与北京大学各院系、科研机构、科研团队以及研究者进行广泛深入的合作，与他们联手进行数据收集和管理，北京大学图书馆来进行平台构建、服务提供和宣传推广。例如北京大学的中国社会科学调查中心拥有非常多高质量的、全国范围的调查数据，我们与他们就保持着长期的多方面的深度合作。目前北京大学开放研究数据平台上已经有 37 个数据空间，每个数据空间对应一个项目或一个机构的数据；有 1000 多个数据文件，学科分布范围广，既有社会科学的数据，如调查数据，也有自然科学的数据，如计算机、化学、生物学等的数据。虽然整体来看数据文件的量和数据空间的量并不是很大，但是它的访问量和下载量相对而言却是非常可观的，2018 年的下载量就有十几万，下载用户来自全球 50 多个国家的 500 多所研究机构或大学，涉及超过 200 多个学科领域，开放的研究数据得到来自全球研究人员的使用，其价值得以彰显，令人欣慰。

e 线图情：学术信息资产体系的构建对大学的科研能力提高产生了哪些作用？

聂华：由图书馆具体负责建设的北京大学的学术信息资产体系包括北京大学有史以来数量最大、质量最优、管理最为规范的学术产出，如正式发表的论文、出版的专著、专利、学位论文，研究数据和科学数据，编辑部设在北京大学的 100 多种期刊等；此外还包括由学者自行建设和维护的学者主页等。学术信息资产体系的构建对我们学校整体的科研管理，包括学校层面的一些相关决策的数据支持，已经发挥了很重要的作用。从 2016 年开始，北京大学连续三年的科研产出统计都是基于我们的机构知识库，也就是我们的学术资产数据库（Academic Output Data Repository）作出的，不仅如此，学校的一些科研决策、人才引进、同类院校的学术成果比较等，都是由图书馆基于学术信息资产体系形成报表或报告提交给学校来进行的。一些院系了解到我们的这一服务，也提出了很多个性化的需求，希望我们能为其提供相关的统计报表或统计报告服务。未来，这样的需求会有一个持续的增长，同时也会成为图书馆工作的一个重要的新的增长点。

e 线图情：据您了解，国外高校这方面的情况如何？

聂华：我对澳大利亚的大学图书馆的学术信息资产体系建设做过比较深入的考察，对他们的情况包括一些细节和数据都比较了解。比如澳大利亚的墨尔本大学提出，图书馆要作为学校整个学术信息环境构造的一个重要角色或参与方，和学校其他部门，包括院系和职能管理部门一起联手打造支撑学校教学科研、提升学校国际声誉的优质、良好的学术信息环境。这个学术信息环境里面的一个非常重要的组成部分就是学术信息资产，墨尔本大学图书馆，澳大利亚的很多大学图书馆，以及国外的很多大学图书馆，都将学术信息资产体系的建设作为图书馆面向未来转型的一个重要的方向，它们做的很多项目其实跟北京大学图书馆所做的基本上是殊途同归吧。

三、数字人文

e线图情：近10年以来，数字人文的出现使得人文学科的研究也呈现出数字化、智能化和研究范式多样化的特点，但是对于它的内涵有很多种说法，您认为数字人文的内涵是什么?

聂华：简单来讲，很多人认为数字人文是技术和人文学科的一种结合，或者说是在人文学科研究中将信息技术作为一种工具来使用。其实我个人更倾向认为数字人文是一门新的交叉学科，它并不是传统的人文学科的简单的延伸、提升，或者发展。因为技术在其中发挥的作用，不仅仅是帮助人文学者去提升效率，或者让他更好地去搜索信息，然后用一些工具来进行计量研究，或者进行可视化的呈现等，我觉得数字人文的意义不仅仅在于此。数字人文更重要的是帮助人文学科的学者通过使用技术，找到了新的、非常丰富的去探究人文学科问题的视角、方法或路径，也就是有了更多的可能性让他们去发现和提出人文学科的种种问题。所以我认为数字人文在发现问题这方面起到的作用是非常基础性的，是更为关键的。而且未来它应该是一门新的学科，而不是对原来的人文学科进行的一种改造或颠覆。

e线图情：如您所说，在数字人文这一新学科的服务方面，图书馆能有哪些作为?

聂华：北京大学图书馆一直希望能够把握住学科前沿的新动向，但是我们不是人文学者，所以无从去提出问题并进行相关研究。但是图书馆能够在以下几个方面提供数字人文的服务：首先图书馆拥有大量人文学科的馆藏，如特藏、古籍、专藏以及其他人文学者需要的馆藏，我们可以通过数字化、数据化和文本化，让这些馆藏能够以一种新的形式为人文学者所用，让他们从中发现新的问题或者新的解决问题的方法等，这其实就是数字人文的基础设施建设，涉及标准、系统、基础架构的建设等，需要图书馆有较大的投入和广泛的合作。其次，既然数字人文是一门新的学科，是一个新的学科发展动向，图书馆应该去做很多的宣传和推广工作，来告诉年轻的学生或者有志于在这方面进行探索的人文学者，什么是数字人文，它能够做什么。图书馆还可以收集一些有关数字人文的信息，如世界上正在做的一些数字人文的项目，有关数字人文的会议信息等，把这些信息做成专题，让师生能够很方便地去了解。

相对于北京大学图书馆来说，人文学科是北京大学的传统优势学科，有着百余年的深厚积淀，图书馆来做数字人文方面的工作也是责无旁贷的。所以我们从2016年开始，每年举办北京大学数字人文论坛。刚开始做这个工作也是摸着石头过河，因为我们并不知道这方面的需求到底有多少。但事实是每一年的论坛都受到了非常强烈的关注，大家的参与热情也非常高，而且和图书馆其他会议相比较，数字人文论坛最大的特点之一就是跨界融合，来参加论坛的人除了图书馆馆员之外，更多的是相关的学者，包括有志于数字人文研究或者了解数字人文的以及已经在数字人文研究方面取得一些成果的学者。这些学者也是跨界的，他们中有研究文史哲的，有搞计算机的，还有学艺术、历史的，他们有来自国内外学术机构的，也有厂家代表，如数据库商，希望能够在这里找到一些未来的商机。到2018年，数字人文论坛已成功举办了三届，现在我们马上就要开始启动2019年第四届数字人文论坛的筹备工作了。（刘锦秀）

王雪茅：不囿过往　拥抱未来

［人物简介］王雪茅，2010年8月起担任美国辛辛那提大学图书馆馆长。在任职辛辛那提大学之前，2009至2012年任埃默里大学图书馆常务副馆长。此外还曾任职于约翰·霍普金斯大学谢里丹图书馆（2004—2009）、纽约大都会图书馆理事会（1999—2004）、纽约皇后区公共图书馆（1994—1997），出国前在国内高校图书馆工作近十年。获得纽约亨普斯特德的霍夫斯特拉大学商学院工商管理硕士学位、南卡罗来纳大学哥伦比亚分校图书馆与信息学硕士学位、宾夕法尼亚库茨敦大学图书馆学硕士学位、武汉大学文学学士学位。

采访时间：2018年10月18日
初稿时间：2018年10月30日
定稿时间：2018年11月1日
采访地点：上海图书馆

美国辛辛那提大学（University of Cincinnati，简称UC）是全美第二早建立的公立大学，历史悠久，实力雄厚，在全美公立研究型大学中排名为“Top25”，被《美国新闻与世界报道》评为“全美一类研究型大学”，其图书馆在美国和加拿大大学图书馆中名列前100。作为“大学的心脏”，美国辛辛那提大学图书馆坚定认为图书馆应该是人们探究学问、沉思观念并开拓思想的场所。2018年10月17至19日，以“图书馆，让社会更智慧更包容”为主题的第九届上海国际图书馆论坛在上海图书馆召开，来自世界各地的图书馆界人士共聚一堂，深入展开交流研讨。期间，e线图情采访了美国辛辛那提大学图书馆馆长王雪茅。

一、关于高校图书馆转型发展

e线图情：王馆长您好！很高兴您今天接受我们的采访。首先请您向读者介绍一下贵馆和您的职业生涯情况。

王雪茅：谢谢给我这个机会接受你们的采访。我叫王雪茅，来自美国辛辛那提大学。我在辛辛那提大学担任图书馆馆长已经6年多了。辛辛那提大学是一个研究型大学，有4.5万多名学生，科系很全面。我们图书馆是北美研究图书馆协会的成员，这个协会在北美只有125个成员馆，都是比较大的学术及研究型图书馆。我们图书馆现在总藏书量大概是450万册，员工有135人，全年经费大概在2300万美元。我在公共图书馆、高校图书馆，还有图书馆联盟都工作过。我本人是在中国生，中国长，30年前去了美国留学，然后留下来，一步一步从美国纽约皇后区公共图书馆（Queens Borough Public Library，New York）的信息技术分析员，到纽约大都会图书馆理事会（Metropolitan New York Library Council）信息技术部主任，然后到约翰·霍普金斯大学（Johns Hopkins University）的图书馆信息系统部主任，埃默里大学（Emory University）的图书馆常务副馆长，6年前到辛辛那提大学图书馆任馆长。

e线图情：王馆长，您有着非常丰富的图书馆从业经验。这次会议大家探讨了图书馆未来的发展，特别是图书馆未来要如何应对社会的变化。在您看来，高校图书馆在这方面应该怎么做?

王雪茅：我觉得你这个问题问得很好。我们现在面临着非常大的挑战！我想引用今天上海图书馆陈超馆长报告结尾的那句话：“过去未去，未来已来。”我觉得他总结得非常好，不管是对公共图书馆还是高校图书馆而言，都是如此。当今大学图书馆所面临的最大挑战之一就是过去还没有去，我们还在转型过程中，还有众多传统服务需要大量人力去做。而同时，未来已经到来。我们图书馆现在正在开展的关于数字人文中心、数字人文这些方面的探索，就是在应对未来。作为大学图书馆来说，我们现在两边都要加大投入。目前和所有的图书馆一样，我们在逐渐向未来转型转轨。这是一个很重要的问题。从今后的发展来看，就是谁的图书馆转型转轨走得快，谁的图书馆就成为21世纪后半叶——不是21世纪，而是21世纪后半叶——走在最前面的。

e线图情：任务很艰巨。作为馆长，您对于辛辛那提大学图书馆今后的发展，会更注重加强哪些方面？

王雪茅：我们现在正在做一个新的战略规划。6年前我到辛辛那提大学后，做过一次战略规划。一般来说战略规划是管3年到5年，现在已经6年了，所以我正在做一个新的战略规划，叫作“Areas of Distinctive Excellence，ADE”（各具特色的卓越领域，简写ADE），就是希望我们馆能够集中人力及物力资源还有其他各种资源，在4个方面着重进行战略规划和实施。第一个方面和数据及数据科学（data science）有关，我们叫它data-empowered digital scholarship and research partnership（以数据促进数字学术与数字研究合作）。第二个方面是future oriented learning（以未来为导向的学习），主要是关于学生的学习。这两方面，前者主要是支持研究，后者主要是支持教学。第三个方面则更注重开放获取，我们有自己的数字机构库，下一步想更多关注impactful open access（更具影响力的开放存取）。目前，我们大学图书馆为此还创立了一个学术出版社，还有一个数字人文学术中心。最后一个方面是operational excellence（运作卓越），主要是更新图书馆的机构文化，提高员工的效率，提高员工的素质，从而更好实现转轨转型。

二、关于新时期的图书馆员素养

e线图情：王馆长，关于规划的最后一个方面，提升员工素养和工作效率，您能谈谈如何具体来提升吗？

王雪茅：关于这方面，今天陈超馆长在回答我的提问时也谈到了，实际上我也是一样的观点。就是在面对未来的发展，员工要转轨转型大概有这3个方法：第一个是雇用新人，因为老员工的知识结构往往形成于几十年前，至少是20、30年以前。互联网是1993年以后才得到广泛应用的，在这之前，大家读书或者接受其他培训时，都不太可能学到现代信息技术，所以现在很多新事务需要新人来做。但是又不可能所有的事都由新人来做，另外也不应该，因为这样就没有给现在的员工一个机会。第二个就是对现有的员工尤其是知识结构比较老的员工进行再培训，更新他们的知识结构，提升他们的素养。第三个是变换岗位，不是轮岗培训，而是为他们换新的岗位，因为很多岗位都会慢慢消失，要提早在培训中让他们变换岗位。

e线图情：我们也有关注到这方面，未来包括馆员在内的一些岗位将会被人工智能替代，如一般性的参考咨询以后会被人工智能替代，其实现在有图书馆已经在这样做了。

王雪茅：关于基础性参考咨询工作岗位，美国的研究型图书馆在5年前就已经停止了。我们已经不做基础的参考咨询了，也没有参考咨询台，都取消了。我们现在的参考咨询主要在研究咨询服务方面。在这方面，美国很多图书馆已经转型转轨。关于人工智能，美国很多机构如谷歌、亚马逊，都已经有这类语言对话的人工智能设施，用户可以问它很多问题，例如以前那些基础的参考咨询问题不需要人工来做。但是当涉及人与人之间的交流，像我们这样的谈话，涉及人要有同情心、人要有感情，要理解交流时用肢体语言表达的内容等方面，人工智能就很难做到，至少现在很难做到。所以在这方面参考咨询馆员还有很多工作要做，尤其在研究咨询方面。我不担心在很快的将来就会广泛出现这种人工智能取代人力的事。而且，我觉得重要的不是完全取代的问题，而是员工要work with AI（利用人工智能工作），而不是work against AI（与人工智能竞争）。

三、关于图书馆与数字技术

e线图情：王馆长，您这次会议报告的主题是关于图书馆数字学术中心新定位，可以简要介绍一下吗？

王雪茅：我们下午是两个人一起做这个报告，我和我的同事李博士（James Lee），一位韩裔美国人，他是美国辛辛那提大学数字学术中心的学术主任。我会先介绍一下数字学术中心的基本情况，为什么我们要创立这个中心？这个中心的任务是什么？这个中心和其他中心的区别在哪里？然后李博士来做一些具体的演示，其中有很多可视化的内容，会由他给大家解释。

我们创立这个中心主要是想瞄准一个比较前瞻性的方向，也就是我们今天演讲的题目："图书馆数字学术中心新定位：从学术研究服务模式提升到学术研究参与模式"。目前，在图书馆里面成立的数字学术中心已经有很多了，但通常是沿袭传统图书馆的服务模式，只提供服务。而我们想把这个数字学术中心上升到研究合作团队的位置，from service to partner（从服务到参与）。要做到这一点，既不能只是提供服务，也不能只做研究，而是要两者兼具，我们的数字学术中心就是这样一个混合型中心。这个中心是图书馆和学校的文理学院一起合作运作的。李博士本人就有两个职务，一个是图书馆的，还有一个是文理学院英文系的。这种合作管理模式也为中心和其他学术部门的深入合作打下了良好基础。

我们的数字学术中心在 2016 年 9 月成立，我们希望将科技创新与传统人文研究方法融合起来，发挥一个催化剂的作用，建立跨学科教学和研究方面的新模式。中心集合了来自多个领域的跨学科团队，具备技术能力和专业知识优势，又有空间和先进的计算设备，可以为全校师生在数字教学和科研项目方面提供多方位的支持，利用一些前沿的研究方法，如机器深度学习与数据挖掘、数据可视化、计算文本分析、3D 建模、地理信息系统（GIS）等，降低数字研究的技术门槛，为数字学术发展带来新的可能。而且，作为合作伙伴，我们会真正参与到研究过程中的每一步，从确立研究主题、寻求研究经费，到搜集整理数据，对数据进行可视化分析，形成论点，一直到发布研究成果，贯穿整个研究生命周期。

e 线图情：看来这个数字学术中心对技术的应用，特别是数字技术方面的应用非常广泛。那么，在您看来，图书馆对于数字技术应该持一个什么样的态度？

王雪茅：刚才介绍我的经历时我已提到，我自己是从图书馆做技术一步一步上来的，到现在做到馆长。所以我对技术不只是比较了解，更是有感情的。基于这一点，我觉得，如果要排一个序，哪些东西是图书馆应放在第一位重视的，肯定是数字技术，这是最值得重视的一个问题。不只是牵涉到过去还没有过去的问题，就是未来到来的时候，如果没有数字技术不可能拥抱未来，所以这是非常重要的。对员工而言，我建议图书馆员，不管是在校学生，还是即将进图书馆工作的学生，或者是已就业的图书馆员，不管学的什么专业，如果有机会能够增强自己对技术的理解，尤其是增强自己的技术操作能力，都要珍惜。不管他们做什么具体工作，研究工作或者管理工作，这都是有好处的。今后的图书馆领导者不可能是不懂技术的，他不一定非要会写代码，但是他要知道数字技术会如何利用到图书馆工作的每一个环节，并知道如何雇用不同的技术员工来促进图书馆的发展。

e 线图情：王馆长，数字技术现在已是图书馆工作中非常关键的内容，此外，您觉得其他方面还有什么需要重视的吗？

王雪茅：图书馆目前还处在“过去还没有去”的这个环境下，所以，实际上，图书馆员还是有很多传统工作要做。这些工作也不是没有地位，更不能说没有意义。以我们图书馆为例，60%—70% 的人仍然在做非常传统的工作，仍然是做“过去还没有去”的、主要以纸质品为基础的各项工作。即使今后技术发展到了更先进的程度，那一部分还是要做。很多东西还是要以实体的形式保存起来，比如我们的特藏、拓片、善本书，即使有了数字化的，纸质文献还是要进行保存。所以从这个角度上来说，技术很重要，但是并不是全部。如果某一个员工说：“我对技术不是很感兴趣，我喜欢做特藏，我喜欢做拓片，我喜欢做善本书……”这也很好，在图书馆非常有市场。如果在美国一个人有这样的背景，可以找到很好的工作。

四、关于图书馆阅读推广服务

e 线图情：王馆长，现在国内不管是高校图书馆还是公共图书馆，大家都非常热心地在做阅读推广方面的工作。我们想向您了解一下美国高校图书馆这方面的情况。

王雪茅：我举例说明一下我们阅读推广的做法。辛辛那提大学 13 个学院的所有一年级新生，不管是哪个学院的新生，进校以后的前两年都要学很多基础通识课，其中有一门课叫“common reading”，即共同要读的东西，其中就有图书馆员推荐的图书。不是书单，就是一本书。由图书馆提供书单给委员会进行选择，每年学校会确定一本书让大家来深度讨论，全校的学生都要读，读了以后还要讨论。这些书往往关系到重大的社会问题，比如说环境、癌症、水资源、贫穷、社会公正等。美国高校比较崇尚自由地讨论不同的观点。我说的读一本书，实际上也有点推广的意思，但是我们并不要求学生读了这本书后赞成作者的观点，我们恰好希望看到学生不赞成作者的观点，希望学生们进行辩论。我们叫 critical thinking，辩证批判性的思维。

e 线图情：我在校期间，图书馆面向学生开设“文献检索课”。美国的情况怎样？

王雪茅：我们也有给学生提供文献检索课程，叫 information literacy（信息素养），或者叫 library instruction（图书馆导论）。开这门课程还是很有必要的，学生还需要这方面的教育。我不知道国内的情况，但在美国现在有个问题是，文献检索课上，有的时候学生上课的兴趣不大，勉强上课的比较多，甚至打瞌睡。所以怎样提高这门课的效率是个问题，还有怎样加之以新的内容，如“digital literacy”（数字素养）等，这些都非常值得思考。

e 线图情：贵馆有哪些服务是师生们比较喜欢的，能给我们介绍一下吗？

王雪茅：我们图书馆里有个星巴克，这是学生们最喜欢的。其次，学生们喜欢能够自由组合的桌椅，不是像这个屋子里的桌椅一样摆得整整齐齐、非常正式。他们渴望一个自由组合的空间，里面所有的桌子、椅子下面都有轮，可以供他们自由组合。学生们也喜欢比较安静的学习空间，能够关起门不受干扰。另外，美国学生很喜欢讨论，经常做小组作业，所以他们还喜欢有更多的讨论空间。

e 线图情：关于空间方面，国内目前兴起了一股创客空间潮流，很多高校图书馆在做创客空间建设。

王雪茅：我们也做，主要是为学生提供一个比较灵活的空间，没有非要学生做什么东西，更鼓励他们根据自己的想法来做。我们会提供各种各样的技术，大荧屏、投影、摄像机、互联网、Wi-Fi、电脑等。

e 线图情：听起来是比较偏向科技方面。我们目前正在为图书馆提供“碧虚创客空间”解决方案，把企业文献、企业高管等优质的企业资源引入创客空间，通过充实创客空间的组成要素，丰富创客空间的内涵，确保创客空间的可持续发展。就文献而言，既包括科技类资源，也包括人文类资源。

王雪茅：科技纸质资源并不是主要的，最主要的是空间的灵活性，学生能够把东西搬来搬去，根据自己的想法来组合这个空间。实际上创客空间，我们叫 Maker Space（创客空间）也好，叫 Innovation Space（创新空间）也好，没有必须是提供科技方面的资源，人文科学也可以，更多是跨学科的。在我看来，最好的图书馆服务，包括空间等，就是向学生提供灵活、可用的资源，让他们自己设计如何去用，而不是图书馆去刻意定义他们该如何用。（刘剑英）

李立力：迈向未来信息世界的转型发展

［人物简介］李立力，副教授，电子信息服务馆员，现就职于美国佐治亚南方大学图书馆。此前曾服务于美国数家公司，担任信息科技顾问和软件工程师。2002 年 7 月，加入美国佐治亚南方大学，负责在图书馆中规划并开展基于网络的信息服务。其研究领域包括高校图书馆价值、前沿与新兴技术、数字图书馆与图书馆数字化、电子信息资源和服务、信息素养、信息可视化、图书馆评估、开放源软件、网络设计、Web 2.0 等。

采访时间：2017 年 11 月 16 日
初稿时间：2017 年 12 月 5 日
定稿时间：2017 年 12 月 10 日
采访地点：首都师范大学图书馆

2017 年 11 月 16 日，2017 北京高校网络图书馆“嵌入教育和教学的图书馆服务新模式”国际学术研讨会在首都师范大学召开。来自美国佐治亚南方大学（Georgia Southern University）图书馆的李立力在会上做了题为“Shifting Trends of Emerging Technologies for Academic Libraries in the Digital Age”（数字时代高校图书馆新兴技术的转变趋势）的报告。会后，e 线图情有幸约访到了李立力老师，分享他对于信息技术和图书馆发展的一些独特见解。

一、关于从业经历

e 线图情：李老师，您好！非常感谢您接受我们的采访。首先请介绍一下您的从业经历。

李立力：谢谢！我也很高兴接受这次采访。我姓李，木子李，立正的立，力量的力，李立力。我是 1989 年去美国留学的，先是去的美国南密西西比大学，在墨西哥湾那边，去读我的第一个硕士学位。当时我在国内学的是英文专业，后来到了美国以后改学的图情专业，也就是图书馆信息专业。我是 1991 年毕业的，开始是在美国新奥尔良地区公共图书馆工作，任咨询部的主任，两年以后，我有机会进入美国肯纳的一所大学做助理教授，主要从事信息素养方面的教学。

四年以后，随着美国信息技术发展，也就是 IT 发展高潮，我就跳槽去了美国几家咨询公司，做了将近四年的软件开发工程师。开始是在法国施耐德环球集团工作，当时施耐德有 Schneider Trucking 和施耐德电子两大业务，Schneider Trucking 是施耐德卡车，施耐德电子就是服务信息部。施耐德卡车是橘红色的，在北美大陆——美国、加拿大、墨西哥等地，经常可以在高速公路上看见这种橘红色卡车，就是施耐德的卡车。1998 年左右，施耐德在美国俄亥俄州辛辛那提建立北美客户服务中心，主要是为它的汽车配件生产工厂提供客户服务。这是我开始工作的第一家公司，后来有机会又跳到其他公司。我从事的主要是用户与服务器架构的编程工作。当时美国信息技术产业正处于从传统的主计算机过渡到互联网的阶段，急需 IT 人才。当时是克林顿主政时期，美国号称每年需要 30 万 IT 技术人才。那个时候，只要稍微有一点 IT 的背景，知道一点数据库、CQ、SQL 语言，就有公司愿意出钱提供培训，愿意招你进去工作。但是好景不长。2001 年，突然发生“9·11”恐怖袭击事件，美国的 IT 泡沫就破灭了，我工作的公司被卖掉了，当时我也就陷入了人生的一个危机，有九个多月就很迷茫，突然都找不到工作了。原来简历一发出去，第二天家里的电话线就变成热线了。但 2001 年简历发出去以后，突然什么事情都没有，静得像死水一样，一点反应都没有，而且不是一天没有反应，一星期没有反应，一个月没有反应，三个月还是没有反应……那形势就明显不对了。当时我对 IT 还抱有一些希望，后来看不行了，就赶快找机会，于是又回到大学图书馆。

当时美国佐治亚南方大学图书馆急需有关技术人员讲述关联数据库，就是微软公司的 Access 数据库的使用和培训方法，所以当时我就去应聘了，然后凭借我的 IT 技术背景成功拿到了这个职位。我从事的是信息服务，主要工作是网上开发，基于互联网开发图书馆的一些程序、教学活动，主要的研究范围是高校图书馆网络咨询、信息素养教育、涌现技术、Web 2.0 以及互联网技术的发展趋势。这是一个终身教授职位，当时一上岗就签了 7 年合同。所谓终身教授职位，美国大学中叫 Tenure。美国大学图书馆中有一些大学图书馆是没有终身教授职位的，而有一些是有的。有一些图书馆，其图书馆员就叫图书馆员一、图书馆员二，或者图书馆员三；有一些叫助理研究图书馆员、副研究图书馆员或者主研究图书馆员；有一些叫讲师、助理教授、副教授、正教授。凡是图书馆员叫讲师、助理教授、副教授、正教授的这些美国大学，他们都提供终身教职。像大部分这样的美国高校图书馆，往往都处在美国比较偏远的地区，为了留住人才，就会提供终身教职。而在市内的大学图书馆，通常不提供终身教授职位，图书馆员只是作为一般的雇员，每年签合同。名义上我们第二年可以续签，但是没有人能够百分之百保证第二年还能有你的位置，因为要根据预算来定，这期间就存在一定的危机感。而有终身教职的这些图书馆就不一样了，你签了合同，干了五年以后，可以向学校提出申请，申请终身教授职位，如果你的研究、教学和服务这三条标准都达标了，那么这个学校就授予你终身教授职位，这样你的位置就有保障了。这一点，美国大学图书馆和中国大学图书馆不一样。

美国佐治亚南方大学在美国南方城市斯泰茨伯勒（Statesboro），离海岸线 50 英里的地方。因为地处美国南方，夏天比较热，冬天比较暖和。我们大学图书馆有将近 2.2 万平方米的建筑面积，可以放下 4000 个座位。2008 年的时候，学校花了 2200 多万美元重新扩建了大学图书馆，所以说图书馆比较新，我们现在主要是为佐治亚南方大学教学和科研服务。现在学校有大约 2 万名学生，我主要负责四个学科——电子计算机、信息技术、信息系统和公共媒体。

二、关于高校图书馆职能的演变发展

e线图情：李老师，您在美国图书馆领域工作了这么多年，对于图书馆这些年的发展变化应该深有体会，您比较关注哪些方面的变化？

李立力：美国的大学系统这些年经历了不断的演变，特别是随着互联网和万维网的兴起，美国高校图书馆的职能也发生了很多改变。最基本的一点，美国高校图书馆还是一个信息中心，这是其基本职能。图书馆在《牛津英语词典》里的定义是，图书馆就是一幢建筑物，专门来收集图书、期刊或者其他有声读物的建筑物，这是它原来的定义。但在网络信息如此发达的今天，这个定义已经远远不能准确地描述图书馆到底是一个什么机构。

就像你现在可以看见的一样，除了图书馆本身的建筑物，除了它的地理坐标，它也存在于网络虚拟的空间中。比如图书馆有自己的主页，还有自己的数据库，提供线上的、无处不在的、以网络技术为平台的信息服务和信息资源。图书馆不但是一个实体，也是现代网络世界里信息交换的节点。因此，大学图书馆现在已经不单单是作为一个信息中心，像首都师范大学图书馆，已经是学生的一个学习中心。很多学生经常抱怨图书馆的座位不够，虽然馆内有将近4000个座位，但还是远远不能满足学生的要求。除了信息中心、学习中心以外，高校图书馆也可以成为一个教学中心。图书馆是最适合推动信息素养教学的。

而除了这三点以外，图书馆同时也是一个知识中心。我讲的“知识中心”是什么意思呢？就是在数字化时代，在图书馆数字革命的推动下，美国高校图书馆和中国的高校图书馆已经彻底改变了它们的命运，它们已经不单单是信息消费者，它们也把自己转化成信息的制造者。为什么这么说呢？因为以前高校图书馆，不管是美国高校图书馆还是中国高校图书馆，它们主要是收集各种各样的信息资源材料，不管是博士论文、硕士论文、期刊、杂志、图书，还是其他各种各样的影像产品。过去图书馆主要是收藏，而现在通过互联网图书馆还可以分配信息，传输和交换信息，可以和学校的教学员工、学生互动，给他们提供网上信息服务、信息资源。此外，尤其在有了机构库和知识库后，高校图书馆也可以对所收集的信息原材料进行深加工，同时再组织信息，分配信息，使它可以产出自己的信息产品。比如说，首都师范大学博士学位论文集，或者是首都师范大学硕士学位论文集，这些东西就不是百度或者谷歌这些网络搜索引擎能够立刻搜索到的东西。

e线图情：是的，这也成了现代图书馆的核心竞争力，是图书馆在这个数字化时代依然无可替代、不会消失的价值所在。

李立力：对，这就是为什么图书馆能够在今天不断演变的网络世界中，还具有和网络浏览器相抗衡的能力。因为它不单单是信息的消费者，不单单只是被动地接受网络，特别是互联网下载或者是传输的信息，图书馆本身也生产信息，上传信息，和世界各国学者、专家、研究人员、在职教师、学生交换和分享各种各样不同版本、不同格式的学术信息。所以说，今天我很荣幸有机会来首都师范大学图书馆参加这次国际学术会议，借此机会和你们分享一下美国高校图书馆在数字化时代的演变趋势，我们也可以顺便探讨一下，涌现技术（emerging technology），是如何影响未来的美国或者是中国高校图书馆的。

三、关于人工智能在图书馆的应用

e线图情：这次会上，您的报告主题是“数字时代高校图书馆新兴技术的转变趋势”。您是怎么看待新兴技术在高校图书馆的应用的？

李立力：这是我第二次来到首都师范大学参加这个国际学术研讨会，上一次是5年前，2012年在这里举办的第三届国际学术研讨会。我这次的演讲主要是报告一下涌现技术在现在世界上的主要发展情况，以及它对高校图书馆、高校图书馆员的一些潜在的影响。

不管是哪种图书馆，基本上都是为用户提供信息资源和信息服务。从信息服务角度来看，图书馆服务一般分为技术服务和公共信息服务。

技术服务比较好理解。比如最开始没有互联网以前，他们是进行图书馆图书材料的编目，美国公共图书馆用的是杜威编目法，美国高校图书馆用的是美国国会图书馆的编目法，中国高校图书馆用的是中国图书馆分类法。有了互联网以后，大家基本上已不再用这些分类法去自己从事图书馆数据材料的编目。现在图书馆更关心的是，如何去采集、组织网上信息，图书馆主要负责采集、维护这些由各个公司和厂商提供的网络产品，这是它的技术服务，也包括图书馆的古文献、外文资料、机构库、知识库这些后台的建设。

公共服务也好理解。在互联网还没有兴盛起来，比如在20世纪90年代以前，图书馆的公共服务主要还是面对面进行，以个人之间的、在现场的、单纯的、局限在馆内的信息交流模式为主。有了互联网以后，图书馆信息服务就从图书馆建筑物以内扩展到虚拟空间以外。图书馆的用户并不一定非得出现在图书馆建筑物以内才能享受到图书馆提供的信息资源和信息服务，对他们而言，只要他们有网络浏览器，有互联网服务商提供的互联网连接服务，他们就可以享受图书馆提供的线上资源和线上服务。

因此，现代图书馆信息服务和资源，特别是高校图书馆信息服务和资源都是建立在现代信息技术发展基础之上的。换句话来说，现代信息技术，包括计算机技术、数字化技术、网络技术、互联网技术等，它们的发展会影响未来高校图书馆信息服务的组织形式和变化方向。在我今天下午做的演示中，我在幻灯片里面也讲到了，按照现在图书馆信息服务的基本架构来看，可以分三层。第一层，用户界面，不管你用什么工具，像计算机、笔记本电脑、台式电脑、智能手机或者平板电脑，用这些工具来连接互联网，获取图书馆网上信息服务和资源，这是第一层。第二层也就是中间层，这一层主要是防火墙、网上服务器来负责，用户通过http提出要求，服务器做出回应。第三层，后台，即各种各样的数据库，包括机构库、知识库和电子资源，还有图书馆的其他档案库，以及图书馆以html和xml为基础编写的网上文件，图书馆通过这些为读者提供以网络为基础的信息资源和服务。你看懂这个三层结构以后，那就能够比较简单地判定未来高校图书馆的信息服务应该往哪个方向走。

就像今天下午的演示中说的，高校图书馆在今后25年到50年，不管是美国高校图书馆还是中国高校图书馆，信息服务会出现什么变化？我个人觉得，首先我们可以看到的就是人工智能。人工智能严格来讲只是计算机科学的一个分支，人工智能包括语言识别、机器翻译等。大家都比较熟悉的机器人，已经开始出现了，中国图书馆第一个出现机器人并引起注意的是清华大学图书馆，是个线上的虚拟机器人，叫小图。这是清华大学图书馆在 2011 年左右开始提供的线上服务，也可能我记忆不是很准确，但是我确实是在那以后和小图在网上有过几次交流。我对它很感兴趣，这个就是人工智能的方向，用人工智能机器人来开展图书馆即时通信，为图书馆的用户提供在线服务、即时服务。2017 年 6 月，我去中国贵州省贵阳市参加中国图书馆学会高校图书馆分会 2017 年高校图书馆发展论坛的时候，正好有幸拜读南京大学图书馆的会议论文，他们也有一个机器人，帮助他们学校图书馆的读者用 RFID 技术来查找图书。原来没有这个机器人的时候，图书馆用户找书会有一定的困难，他知道有这么一个编号，但是他不知道在哪个架子上，在架子上什么位置，所以说比较费时。而用 RFID 技术以后，机器人可以大面积同时扫描，也能够很准确、很快地告诉图书馆用户这本书目前在图书馆什么位置。

e 线图情：所以这也类似于一种自助服务。

李立力：对，就是种自助服务。所以说估计在今后 25 年到 50 年，图书馆用户服务方面的机器人的雏形也会出现。美国 IBM 公司的 Watson 项目就是一个机器人项目，2011 年开始崭露头角，当时也是很令人震撼，它像大脑一样，可以参加高智力的比赛，回答各种各样的问题，它在 Jeopardy 智力游戏当中，击败了两位人类——此前 Jeopardy 智力游戏的冠军，获取了 100 万美元的奖金。这个钱不是重点，关键是表明 IBM Watson 的这个机器人现在可以超越人脑来回答有关信息搜寻的问题，它有 80% 以上的概率来准确地帮你获取信息。现在 IBM Watson 已经被应用在纽约十几家医院，这些医院和 IBM 公司签订了合同，Watson 采用以证据为基础的方式（Evidence-based Approach），来帮助病人诊断病情，特别是癌症病人。如果这样发展下去，那以后公共图书馆或者高校图书馆的信息服务就不需要图书馆“人”来提供这个服务，有关的各个问题，有一台像 IBM Watson 的机器人完全就足以应付了。

e 线图情：就像过去的采编人员，现在已经基本上被自动化的机器取代。

李立力：对！由此可以发现，如果再进一步发展下去，那么不单单是图书馆的信息服务图书馆员，包括大学某些学科的教授也可以由机器人来担任。因为机器人和人比的优势之一就展现在简单重复性的工作和岗位上，这类工作岗位都会很快地被机器人所代替。比如说在图书馆从事信息服务，最基本的内容就是“到哪里找书？到哪里找洗手间？到哪里找打印机？”，这些简单的问题就完全不需要麻烦人，安这样一台机器人就行，“我的书丢了怎么办？”“我这本书应该在图书馆哪里去找？”这一类的问题完全由机器人就可以回答了。换句话说，如果一个机器人的售价，能从现在的价格降到比如说100万元或者50万元以下，如果我是一个大学的校长，那么我情愿安装一台机器人，同时削减比如说10到20个图书馆员的职位，或者50到100个大学教师的职位，这样一来人力开支下降了，而服务效率却提高了，服务质量也提高了。因为机器人可以一天24小时、一个星期七天不间断地为学校师生提供信息服务。

所以，我觉得，现在我们经历了信息爆炸时代，我们进入了数字时代，按照我个人的理解，然后下面迎接我们的就应该是人工智能时代了。当然，作为我来讲，可能我没有机会能够看到一个完整的机器人代替一个现在的图书馆员站在信息服务台后面。但是根据我现在个人的经验和经历，我可以预测在今后的50年，或者说，如果再快一点的，25年，如果在不发生第三世界大战等意外的前提下，按照现代科技发展趋势和速度来讲，在今后的25年到50年以内，我们是有希望看见越来越多的机器人出现在以网络为环境的高等教育的学习环境中的。现在你也可以看到，中国有一些餐馆已经用机器人为餐馆的客户提供上菜服务，有些商家在商店的门口用机器人招揽客户，已经走到这一步了。现在科技的发展，可以让机器人的皮肤弹性和真人皮肤的弹性所差无几，唯一的区别是，现在生产的机器人还没有脚，它下面是轮子，它是这样移动的。

但是2017年东京国际机器人展览上，在百度、优酷里面搜一下可以看到，展示的机器人模型已经近乎和真人一模一样了，它的身高、面貌、走路姿态都像真人一样，除了走路的速度还比较缓慢，不能像真人一样剧烈奔跑。它还可以自动转换，回答你的问题。这是2017年，我们试着想象，到2050年以后或者到22世纪，那个时候的机器人会是什么样子？机器人会对我们现在图书馆带来什么冲击呢？

我个人觉得，高校图书馆本身的组织结构和形式要随着信息技术发展而改变，高校图书馆管理者，他们的管理经验、管理水平也必须相应地作出调整，顺应现在信息技术发展的趋势和潮流。还有高校图书馆员自己也要与时俱进，要跟得上潮流，特别要从单一学科图书馆员转化成为信息技术专业人才，那么这样才能更好地为高校图书馆师生们提供他们所期待的高质量、高效率的信息服务，尤其在国家“双一流”的战略下，必须保证国家一流学科建设，提供相应的服务。

未来信息技术发展这么快，中国和美国，实际上是世界经济的两个火车头，相比来讲，中国高校图书馆的基金扶持资源要比美国高校图书馆现阶段好一点。中国高校图书馆目前的硬件设施一点都不比美国高校图书馆的差，而且在许多方面甚至已经超越美国高校图书馆。中国这么大的国家，这么多的人口，超越美国图书馆的规模是理所当然的事情，也是应该做的，中国 21 世纪的崛起，这是一个趋势。但是在中国经济如此高速发展的环境下，中国高校图书馆管理层和图书馆员应该怎么顺应这个变化趋势、追踪世界新兴技术的潮流？怎么更好地去融合国家“双一流”战略？怎么去建设学科？这是一个大挑战。

四、关于信息素养教育

e 线图情：目前大家都很关注“信息素养”这个话题，在高校图书馆里，信息素养教育是一个非常重要的内容。在这方面，您能分享一下您的经验和看法吗？

李立力：从我个人的经验来讲，信息素养是一个很大很广泛的范畴。什么是信息素养？一般大家会用美国 ACRL《高等教育信息素养能力标准》来谈，它是 2000 年开始提出来的。ACRL 这个标准里面包括 5 项标准和 22 条具体指标，对当时美国图书馆信息素养教育有纲领性和指导性的作用，但是有些问题它没有解决好。比如说“信息素养”这个概念，它提到信息素养是一种能力，主要是讲信息阅读者如何获取信息、检索信息、使用信息的能力，但是它没有讲什么是信息，特别没有讲到信息在现代网络化的环境里面是如何转化传递的。这样一来，给学生讲就有点讲不清楚了。后来 ACRL 在 2015 年又提出了“高等教育信息素养框架”，其中提出了六个所谓的“门槛概念”（threshold concepts，也叫“阈概念”）。这六个门槛概念是互不相关的，如权威性（Authority），信息是一个创建过程，信息是有价值的，等等。但问题是信息是有价值的，信息在什么情况下才有价值？信息对有相应需求的人才有价值。比如说今天股市涨了或者今天股市跌了，如果我不炒股，我不做期货，股票涨跌这条信息和我有什么关系？它就没有价值。它的价值体现在要我对这种信息有需求，它才有价值，我没有这个信息需求，这信息就没有价值。不能 ACRL 说信息是有价值的，那么我就照着说信息是有价值的。所以说，国外的有些东西，比如说像信息素养教育，我们不要全盘吸收，要批判性地学习。

另外，信息素养是一个很大的概念。我个人的理解，根据我从事 IT 工作的经验和体会，信息素养在 21 世纪其实包括计算机素养、网络技术素养、互联网技术素养、数字技术素养，还有图书馆素养。所以，如果单纯地讲我们是如何教学生信息素养能力，不可能做到这一点，因为没有一个图书馆员知道那么多技术。从数字技术、网络技术、互联网技术到人工智能，信息技术在不断发展，信息素养的概念和外延也在不断发展和扩充。现在，图书馆员在教信息素养时面临的主要挑战就是，如何让学生能够用我们现在从来没有听说过的信息工具和信息格式去获取他们所需求的信息。我们要求他们有这样的能力，我们自己都不懂，但是他们要有，怎么来做呢？就是需要他们能够根据今天信息技术发展的趋势自己获取这种能力，能够自己自行调节，能够去适应未来信息世界的变化。这样才行，否则的话，我们知道一就教给学生是一，那么二我们不知道，于是学生也不知道二是什么，他只知道一，这样的学生是不可能有创造力的。

e 线图情：这就像当年我们在校学习的时候，老师经常给我们强调说，我们教的不是某一个知识点，而是教给你一种思辨能力、学习能力。

李立力：对，我们直接教学生如何使用现在的图书馆，如现在首都师范大学图书馆现有的信息资源、服务形式和工具，但我会要求你具有从首都师范大学图书馆现有的信息服务形式和工具转化出来的能力，去获取未来世界中你所需要的、新的信息格式的信息资源和服务。你要有这种能力，如果没有，你在未来的信息世界当中是无法生存的。换句话说，那你就不是新世纪的创造型人才，你没有那种发现问题、解决问题的能力，你不可能进行批判性思维。所以，这是我要讲的这一点的关键，是你要顺应现在信息技术发展趋势，调整自己的认知，对美国 ACRL 的信息素养要批判性地去学习。

我个人觉得信息素养现在几乎快走进了一个死胡同。因为在美国，我教信息素养也快 20 多年了，教的感觉就是，越教学生不懂的东西就越多。为什么呢？因为信息技术不断在发展，不断有各种各样新的问题、新的信息资源、新的信息格式出现，所以学生就感觉很不适应。比如说我这里有一张我的酒店住房卡，这是一张纸的卡片，上面还有文字、图形，这是纸质版的信息。那么，如果用扫描仪扫描后，我问学生你是怎么存储你扫描的信息的？好多学生不懂，有的聪明的学生会想到，我可以把它存成 PDF 文件。但是我问他们什么是 PDF ？他们不懂。他们不懂 PDF 就是一种信息格式，叫作 Portable Document Format，也就是可移植文档格式。还有，我可以扫描以后把它存成照片，那么照片是什么格式？有些聪明的学生说我存的是 JPEG，我喜欢自拍，我拍下的照片是 JPEG。我喜欢下载数字音乐，那么我下载的是什么音乐呢？好多学生说下载的是 MP3，MP3 就是一种网上音频文件的信息格式。当然还有视频的信息格式。这么一讲，一个东西有这么多种信息格式，有微软的 Word Document，它的格式有 doc 和 docx，有 PDF 文件格式，有 JPEG 文件格式……那么，我手里这个文件的意义是什么？这个东西扫描以后，存成 PDF 或 JPEG，而这个纸质版本的原件还在我手里，这是什么意思呢？就是要告诉你，这个纸质版的文件还在当地图书馆书架上面，同时纸质版文件可以转化生成各种各样不同的电子版文件，它们可以被上传到不同的网站上。我扫描的这张卡，它可能是纸质版文件，它也可能是电子版文件，它可能会在当地图书馆书架上，它也可能在虚拟世界不同网站的网页上。还有一点，如果当地图书馆馆内，比如首都师范大学图书馆，没有我要的这么一个文件，那么，我是不是可以从首都地区图书馆的联盟，比如说像 BALIS，去找到我要的东西呢？如果找不到，我是不是可以通过馆际互借，从别的地区或者别的省市高校图书馆系统里面找到我需要的这份文件呢？换句话说，我是不是可以从网站上面，比如百度或者别的地方搜到我刚才扫描的 PDF 文件或者是 JPEG 文件？所以教学的时候，不能只会讲信息素养，关键还要告诉学生，信息是怎样在数字化的世界里面转换和传递的，这样学生才会有批判性的思维。他才知道，我要找什么东西的时候，应该怎么去找，这个时候再给他们讲搜寻的战略、信息素养框架这些内容，就会很简单了。我希望我说的这些，对于有兴趣从事图书馆信息素养教育的同行、老师有一定的启发作用，希望能够探讨出更适合中国国情的信息素养教育模式，对中国高校图书馆信息服务的发展做一点贡献，我要讲的就是这些。

e线图情：好的，非常谢谢您！李老师，前面您说您是第二次参加这个会议，那么最后我们想问一下您的参会感受。

李立力：首先非常感谢会务的组织方，大家都很辛苦。就像我现在所说的，中国和美国是世界经济发展的两个火车头，中国的高校图书馆和美国高校图书馆引领世界高校图书馆技术发展趋势和潮流，所以说如果有机会我愿意尽可能多地来中国，向中国的图书馆前辈、同行交流和分享我们在图书馆信息服务方面的一些经验和体会。因为我是做信息服务的，所以说我也想看一下，中国高校图书馆信息服务，特别像信息素养教学发展到一个什么地步、有一些什么偏差。我个人研究经历和方向主要包括电子服务、图书馆数字化、Web 2.0、涌现技术还有图书馆价值评估这些方面，所以说像今天下午有图书馆的老师介绍他们学校如何开展嵌入式的信息素养教育，他们的一些具体做法，我很感兴趣，也很有启发，对我自己今后在从事信息素养教育方面也有相应的促进作用。所以我也很珍惜有这么一个机会来中国，向中国的同行和老师请教和讨教。（刘剑英）

杨新涯：智慧图书馆的核心是全面信息化

［人物介绍］杨新涯，博士，研究馆员，重庆大学图书馆馆长，兼任教育部图书情报工作指导委员会委员，中国图书馆学会高等学校图书馆分会副主任、中国图书馆学会编译出版委员会数字出版与推广专委会主任，重庆市高校图工委秘书长，重庆市图书馆学会副理事长，《图书情报工作》《大学图书馆学报》编委等。长期从事数字图书馆、移动服务、智慧图书馆等领域的理论研究与行业实践，先后主持3项国家社科基金项目，10多项国家发改委、教育部、重庆市的科研和业务建设项目。发表学术论文100余篇，其中被SSCI、CSSCI收录的论文有60余篇，出版学术专著3部，拥有数项发明专利。

采访时间：2021年7月12日

初稿时间：2021年7月26日

定稿时间：2021年7月31日

采访地点：重庆大学图书馆

30多年来，重庆大学图书馆一直坚持在数字图书馆和智慧图书馆领域进行自主研发，并且不断与时俱进，在理论上和实践上积淀颇深，成果丰硕，有很多经验值得参考借鉴。因此，e线图情采访了重庆大学图书馆杨新涯馆长。

一、关于职业生涯

刘锦山：杨馆长，您好。非常高兴您能接受e线图情的采访。首先请您向大家谈谈您的职业生涯和学术经历。

杨新涯：谢谢！很高兴再次接受e线图情的采访，印象中十几年前接受过关于数字图书馆的访谈，这些年来，我一直致力于数字图书馆和智慧图书馆的研究和实践，尽管2006—2013年我担任重庆大学信息与网络管理中心的副主任，但仍然兼任重庆大学图书馆副馆长，其间以图书馆2.0思想主导了本馆的系统升级。2013年主持图书馆的全面工作之后，就启动智慧图书馆的研究和实践，形成了研究团队，团队获得相关的国家社科基金6项，发表移动图书馆、新一代系统和智慧图书馆相关的论文近百篇，可以说，这些年主要致力于图书馆信息化的探索和发展。

二、关于智慧图书馆的发展过程

刘锦山：杨馆长，实践活动一般都是在一定理论指导下展开的，而理论在指导实践的过程中又不断得到完善，智慧图书馆的建设亦不例外。请您谈谈您对智慧图书馆概念、范式、体系等基本理论的思考。

杨新涯：数字图书馆、图书馆2.0、新一代图书馆系统、移动图书馆等，以及目前最热的智慧图书馆，都属于图书馆信息化的范畴。目前智慧图书馆仍处于发展的初期，给出一个科学合理的概念，或者判断某个图书馆是不是智慧图书馆仍存在困难。因此我最近经常说，当前我们说“什么是智慧图书馆”还不恰当，但是我们可以说“什么不是智慧图书馆”，通过在“还不是”方面的共识并逐渐去突破，那我们离真正的智慧图书馆就越来越近。如资源的全面数字化、全面的信息化管理与服务、人工智能的应用、大数据的建设与数据驱动、用户体验的革命性变化等，这些应该都是智慧图书馆建设中的重要内容，而目前这些因素的发展进程还不够，就需要努力去探索和突破，而不要太纠结于概念的解读，只有通过发展、探索和实践，才会在这个过程中真正理解智慧图书馆。

刘锦山：杨馆长，智慧图书馆概念及其实践活动的展开是对数字图书馆的一个辩证否定，或者说数字图书馆是智慧图书馆的前奏。通过您前面的介绍我们了解到，20多年来，您一直参与、领导并见证了重庆大学数字图书馆以及智慧图书馆的研究探索与实践活动，推动了重庆大学图书馆在互联网时代的转型升级。因此，接下来请您向读者朋友谈谈贵馆智慧图书馆的发展过程及其成果。

杨新涯：智慧图书馆不是对数字图书馆的辩证否定，但数字图书馆是智慧图书馆的前奏，因为数字图书馆是面向资源的，而智慧图书馆是面向用户的。重庆大学图书馆从20世纪90年代起，就一直走自主研发的道路，第一个版本启用于1993年12月，当时的借阅记录仍保存在新系统的数据中心里面。从DOS版本的计算机自动化管理系统至今，先后经历了替代传统手工业务的集成管理系统、以读者为主导的图书馆2.0系统阶段，这些是重庆大学智慧图书馆建设的基础。2013年至今，重庆大学图书馆开始致力于探索基于文献大数据的新一代图书馆系统，这是智慧图书馆建设的核心。智慧图书馆建设并非一蹴而就，而且大数据中心是必须迈过的第一道坎，重庆大学图书馆经过两年多努力，在2016年底初步完成智慧图书馆建设中最核心的问题——文献数据的梳理，通过和数据库商的谈判和授权，我们本地化收割了2.3亿采购的文献元数据，其中期刊精确到了“篇”级，大大提升了图书馆的数据能力，成为未来发展的重要基石。此外，我们引入数据挖掘、人工智能、大数据等技术优化传统业务流程，在大量数据的基础上建成电子资源管理系统、图书智能采访系统、门户网站、学术头条等多个子系统。同时对纸质图书和电子资源重新进行梳理聚类，实现资源组织方式的转变，形成学院虚拟图书馆、课程文献中心、专题图书馆等。在这个过程中需要解决大量的基础理论、流程、方法论的问题，因此也产生了一系列学术成果。

三、关于下一代业务系统

刘锦山：杨馆长，下一代图书馆业务系统的构建也是智慧图书馆建设过程中的一项基础性工作。贵馆在这方面也开展了富有成效的实践，请您谈谈这方面的情况。

杨新涯：的确，下一代业务系统建设对于智慧图书馆建设以及图书馆业务工作的开展都非常重要。业务系统不仅仅是技术层面需要考虑的事情，其建设过程实际上是图书馆管理思想和理念的体现，甚至也可以说是对图书馆业务流程的重塑或重定义。随着智慧图书馆建设进程的不断推进，下一代图书馆业务系统早已不局限于原来的自动化管理系统（主要针对图书馆基本业务，如采访、编目、典藏、流通、阅览、读者管理等），而应该是能够支撑图书馆所有新兴业务的一个庞大而复杂的体系。

重庆大学图书馆从 2013 年开始研究和实践以智慧图书馆为核心的新一代图书馆系统，全面梳理了相关管理规范和业务流程，先后上线了智能采访系统、快速编典系统、连续出版物管理系统、电子资源管理系统、大数据监控系统、馆务管理系统、用户业务管理等业务平台和系统，当时规划了近 50 个业务流程，基本上都实现了。同时，以上业务系统结合 2016 年建成的大数据中心，联合推动图书馆的智慧管理和服务。2016 年 12 月，重庆大学图书馆智慧门户首次上线，智慧门户作为图书馆向读者提供服务的统一平台，其搭载的许多应用，其实都有赖于业务系统的支持和扩展。

四、关于重庆大学智慧图书馆建设经验

刘锦山：杨馆长，贵馆智慧图书馆建设实践有哪些成功经验和大家分享？

杨新涯：智慧图书馆从表面上看在相当程度上是数字化、网络化和智能化的技术问题，但从深层次的角度考察，智慧图书馆实际上是服务理念、管理水平和环境构建问题，是现代图书馆的发展战略问题，也是未来图书馆的发展模式问题。

我一直认为，智慧图书馆的核心是图书馆的全面信息化，智慧图书馆的系统架构是实现各种管理和服务的前提，重构图书馆管理系统架构是实现智慧图书馆的根本保障，是属于顶层设计的范畴。智慧图书馆应紧密围绕“资源”和“服务”两个核心进行管理系统架构研究，如果没有全面信息化和资源全面数字化，“智慧”根本就无从谈起，这是体现图书馆的智慧管理和服务的根源。因此，在智慧图书馆建设实践方面，重庆大学图书馆一直重点致力于资源数字化和管理服

务全面信息化的基础问题。2016 年 12 月，重庆大学图书馆智慧门户上线，标志着重庆大学图书馆将智慧图书馆蓝图一步步变成了现实。

通过长期的研究和实践，我有如下一些感想或体会想跟大家一起分享：①在智慧图书馆建设方面，图书馆走自主研发与创新的道路具有可行性，“图书馆需求设计 + 软件服务商开发”的建设模式值得推广。②智慧图书馆需要的是一个整体解决方案而非某单个系统，在建设过程中要高度重视系统的顶层设计与业务流程规范化。③数据才是图书馆运行和发展的根基，“有资源，无数据”是导致智慧图书馆成为空想的根本原因，建立起元数据收割、整合、清洗和存储的标准和流程体系非常重要。④智慧图书馆的建设应有所侧重，公共图书馆侧重推动全民阅读，而高校建设智慧图书馆的发展思路应该是支撑科研和科技创新，实现馆藏内容的自动处理、基于文献内容的主动推送、知识组织和知识服务是高校智慧图书馆建设的重要目标。

五、关于未来发展

刘锦山：杨馆长，请您谈谈“十四五”期间贵馆智慧图书馆发展思考。

杨新涯：在未来的“十四五”期间，重庆大学图书馆仍然会继续推动业务和应用系统的升级和全流程优化，有效提高图书馆管理和服务水平。计划全面实现纸电合一的管理和服务流程，尽可能实现纯电的文献服务——当然这需要获得授权。在应用系统方面，计划新建和优化九大系统：优化读者中心；拓展馆藏文献与空间管理系统；升级电子资源管理系统（ERMS）；完善图书配送系统；升级智慧门户；整合馆务管理系统，包含馆务审批、印章管理、馆内人力资源管理、文档管理、图片素材管理等，实现与校内系统对接；深化大数据管理与分析系统；改造基于机构知识库的情报服务系统；建立资源长期保存系统等。我们这半年已经全面梳理了图书馆的管理制度和标准体系，这是信息化建设的基础，并且重新规划了未来的图书馆网络服务，计划面向用户提供近 80 个支持各种终端访问的应用和服务，相信通过这些全新服务的构建，会带给读者全新的、个性化和人性化的感知。毕竟，如果我们的用户没有感受到来自图书馆的变化，智慧就无从谈起。

托马斯·凯瑟克：基于开源软件的电子资源管理

［人物介绍］托马斯·凯瑟克（Thomas Keswick），加州理工学院图书馆电子技术开发部主任，为图书馆和过刊文档开发了网站和基于 Web 的软件。目前，服务于 CORAL 电子资源管理系统指导委员会，同时也是机构知识库联合委员会的成员。

采访时间：2018 年 12 月 5 日

初稿时间：2019 年 1 月 31 日

定稿时间：2019 年 1 月 31 日

采访地点：北京大学图书馆

口语翻译：李宗晔

进入 21 世纪以来，随着图书馆电子资源的迅猛增加，电子资源管理问题日渐突出，一些图书馆和图书馆联盟开始自主研发电子资源管理系统（Electronic Resource Management System，简称 ERMS），出现了很多开源 ERMS，其中圣母大学赫斯伯格图书馆于 2010 年发布的开源电子资源管理系统 CORAL（Centralized Online Resources Acquisitions and Licensing）在高校图书馆得到了较为广泛的应用。

然而，近几年来，不仅仅是电子资源，图书馆自动化管理系统也面临诸多问题，不断根据需求而购入的越来越多的应用系统使图书馆面临维护成本高、数据安全、用户分割等诸多问题。为摆脱这一困境，2016 年 6 月，由图书馆、开发人员和供应商合作构建的开源图书馆服务平台 FOLIO（The Future of Libraries is Open）正式发布并在全球图书馆推广，国外多所著名大学以及服务供应商纷纷加入。在我国，CALIS 也已从 2017 年 3 月开始进行基于 FOLIO 理念与技术的新一代图书馆平台的研发。FOLIO 最大的特点是基于开放社群的开发模式，图书馆、开发者、供应商既是专业人员，也是用户，不仅可以在平台上利用开源代码解决自己的需求，还可以通过合作发现更深层次的需求。

CORAL 与 FOLIO 相比，虽然侧重点和应用范围不同，但却有着许多共同的特征，如均由图书馆自主研发、开源、模块化等。在开源、基于社群成为新一代图书馆自动化管理系统发展方向的今天，图书馆开源 ERMS 应何去何从？为此，e 线图情在 2018 年 12 月 4 日召开的 2018 CALIS 年会期间，采访了美国加州理工学院图书馆 CORAL 项目团队成员托马斯·凯瑟克先生。

一、关于学术经历

e 线图情：托马斯·凯瑟克先生您好！很高兴您能接受我们的采访。首先请您介绍一下您的学术经历以及在加州理工学院图书馆从事的主要工作。

托马斯·凯瑟克：非常感谢您的邀请。在加入加州理工学院图书馆之前，我与图书馆相关的主要工作是在图书馆联盟从事资源授权工作。目前我在加州理工学院图书馆数字图书馆发展部工作，我的职位是数字技术开发部主任，主要工作是为图书馆做软件开发、Web 开发，包括与图书馆系统、后端、电子资源管理和网站的合作。目前，我也是加州理工学院图书馆 CORAL 开发团队成员之一。

二、关于开源软件

e 线图情：请您谈谈贵馆开源 ERMS 的开发和应用情况。

托马斯·凯瑟克：我们在图书馆开源项目上花费了很多的时间和精力。这些项目中，一些是在图书馆外部拥有更大社群的项目，一些则是图书馆自己成立的项目。其中一些大型外部项目就包括我参与的针对电子资源管理的工具 CORAL，针对回溯和数字化资源库的工具 IslandDora，还有一些图书馆外的内容管理系统如 Drupal 等。在图书馆，包括我在内的很多开发人员会写一些开源软件，我们将这些软件公布在公共平台，这样其他图书馆员都可以使用，并且能够让别人看到我们在做些什么。例如，我的同事写的一个软件叫作 DataSet，这个软件可以帮助馆员进行系统之间数据的转移，另一个他们正在做的小的软件包 HandPrint，可以帮助人们进行手写字体识别，扫描手写文件，然后将文件转换成电脑可以识别的文档。如果我们在加州理工学院开发了什么软件，我们通常都会将它做成开源的，因为我们愿意与社群分享这些成果。

三、关于 CORAL 与 FOLIO

e 线图情：目前，比较有影响的开源 ERMS 除了 CORAL 之外还有很多，比如 Gold Rush、ERM as a Service 等，但 CORAL 却得到许多图书馆的认可和应用。请您介绍一下 CORAL 的技术特点及其在美国高校图书馆的应用情况。

托马斯·凯瑟克：首先，CORAL 不仅仅是美国高校图书馆在用，它拥有全球用户。它的功能涉及多个方面，包括管理电子资源采购过程、管理订阅期刊、管理提供资源的组织机构；它还拥有使用率数据模块，也可以帮助管理授权系统。它通过将所有组成部分连接在一起，使用户在一个界面就轻松看到不同模块的信息，如书目、授权、供应商联系信息等，方便电子资源图书馆员整理数据，而过去他们都需要很多表格来整理。CORAL 也允许图书馆员一键访问与他们工作相关的内容，而不是到处去寻找信息。CORAL 在很多大学都有被应用，具体的用户数量不确定，但可以确定的是它是目前应用范围最广的开源 ERMS。CORAL 不仅是开源的，可为图书馆节约大量经费，而且它还拥有非常棒的社群，方便开发人员相互交流。因此，对于在管理电子资源时根本没有任何工具的图书馆来说，CORAL 是个很好的选择。

e 线图情：FOLIO 是图书馆、开发人员和供应商合作构建的开源图书馆服务平台，受到图书馆的普遍欢迎。FOLIO 与 CORAL 是否能够结合，如何结合?

托马斯·凯瑟克：我认为 FOLIO 中的不同组成部分有可能能够与 CORAL 结合，但这取决于它们储存、使用的是哪种数据。如果 FOLIO 中有管理采购记录、订单记录、馆藏信息、供应商记录，这些数据都是可以导入 CORAL 的，那图书馆就可以采用 CORAL 来管理电子资源。举例来说，得克萨斯农工大学目前使用的是 Voyager 图书馆综合管理系统（ILS），他们将其中的订单信息导入 CORAL，因为他们在 ILS 中完成订单，而他们需要在 CORAL 中追踪其他信息。所以如果是 FOLIO，类似的他们也需要将相同数据导入 CORAL，帮助更好管理电子资源数据。

四、关于开源 ERMS 的发展趋势

e 线图情：从技术的层面来看，您认为未来开源 ERMS 的发展趋势是什么?

托马斯·凯瑟克：首先，开源 ERMS 要发展与其他系统的交互，这意味着通过 API 能获取更多数据。因为图书馆必须使用很多系统，所以将信息整合在一个系统里面是非常重要的，此外，帮助不同系统之间进行数据转移也是非常重要的，这也是我们正在努力的方向。正如今天我们在报告中提到的，在 ERM 领域我们可以有其他选择，不同系统的开发者需要看到他们的竞争对手提供什么服务，如何满足客户需求。我认为很棒的一点是，有许多不同的人都在致力于解决电子资源管理中的同一个问题，大家使用的工具不同，这样一来我们可以互相学习，以此开发出最能满足用户需求的软件。

我认为 FOLIO 是个很好的例子，它本身就是开源项目。开源可以有几个不同角度的解释，从我的角度来看，最重要的是社群驱动。在 FOLIO 项目中，有很多负责机构，有图书馆来管理社群，有研发人员写代码，有供应商提供支持，其他人会共同参与决定软件未来发展的方向。这是社群共同努力的结果。另外一点是交互性，基于 API 的系统允许不同模块被单独使用或是结合使用，系统外数据也可以使用 API 进行转换。由于代码是公开的，其他平台的开发人员也可以查看、了解并利用 FOLIO，从而创建更好的图书馆生态系统。（刘锦秀）

吴国英：创新模式　创新服务①

［人物介绍］吴国英，河北工程大学副校长，博士、教授。河北省高等学校教学名师、“新世纪三三三人才工程第三层次人才”，2015年被聘为河北省人民政府参事，曾任河北经贸大学图书馆馆长、河北经贸大学工商管理学院院长。先后获得省级科研成果二等奖1项、省级教学成果三等奖2项。主持省部级研究课题十多项；在省级以上刊物发表论文60余篇；出版专著3部。研究成果获国家版权局计算机软件著作权登记证1项。兼任河北省高等学校管理学教学指导委员会委员、秘书长，中国高等学校市场学研究会常务理事。

采访时间：2015年4月2日

初稿时间：2015年4月23日

定稿时间：2015年5月3日

采访地点：河北经贸大学图书馆

创新现在已经成为大家的共识，但创新并不是一件简单的事情，创新不仅要有新颖而独特的思路，更要采取切实可行的措施将思路落地、付诸实施，只有这

① 原文于2015年5月4日发表在e线图情（http://chinalibs.net/ArticleInfo.aspx?id=376038），本文有删节。

样才能引领发展。河北经贸大学图书馆在过去几年中，紧紧扭住“思路落地”这一关键所在，在图书馆运营与服务创新方面进行了颇具特色的探索，取得良好的效果。为总结优秀图书馆的优秀经验，促进图书馆创新不断深入进行，e线图情采访了河北经贸大学图书馆吴国英馆长[①]。

一、“OTO服务模式”

刘锦山：吴馆长，您好！很高兴您能接受我们的采访。我们了解到，最近几年，贵馆抓住契机，紧紧扭住“以读者为中心”这一发力点，着力创新，创造性地提出并实践了“基于‘三位一体’的图书馆OTO服务模式”，取得了非常好的效果。请您首先向读者朋友谈谈当时提出并实施“基于‘三位一体’的图书馆OTO服务模式”的背景以及这种服务模式的内涵。

吴国英：感谢刘总和e线图情对我们的关注和支持。高校图书馆的职责就是服务科研、学科建设和教学。最近几年我们紧紧抓住上述职责开展工作，“OTO服务模式”的提出和实践与此紧密相连。2011年，我们建设了学科科研信息系统平台和数字图书馆门户网站。2012年，开展了学科服务平台和RFID一期建设工作。2013年，我们参加在武汉召开的中国高教学会财经分会图书资料协作委员会，武汉大学信息管理学院黄如花教授在会上提出高校图书馆应该把教辅工作做好，并提供了丰富多彩的案例，这对我们启发很大。2014年，我们就考虑要把教辅工作做好，服务教学、发挥辅助教学的作用和功能是图书馆2014年的重点工作。这就是我们提出并实施“OTO服务模式”的背景。

经过几年积累，我们在理念和实践上都有了比较大的升华，提出了以服务师生为中心，便于师生轻松、便捷地获取资源的“OTO服务模式”。“OTO”是Online to Offline的简写，其内涵是“线上线下互动，线上移动式，线下一站式”。“线上线下互动”指的是线上服务线下化、线下服务线上化。“线上移动式”指的是为读者提供移动图书馆服务，读者不在馆内时可以通过移动图书馆享受图书

① 时任河北经贸大学图书馆馆长。

馆的所有服务。移动图书馆项目获得中央财政专项资金的支持，第一期2012年开始建设，2014年结项；第二期2014年开始建设，2016年结项。“线下一站式”指的是读者在馆内一台电脑之前就可以完成所有需要的服务，我们名之曰“读者微服务站”。“读者微服务站”提供了读者基本信息查询、OPAC检索、借阅信息、入馆信息、座位自助服务信息、馆内导航、公共资源使用、通知公告、失物招领、留言板、图书转换检错系统等11项服务，所有的服务都可以通过这一台电脑实现。线上服务主要是以手机为载体的线上移动图书馆，读者可以通过手机获取馆内所有资源，我们还提供了学生使用比较频繁的座位管理系统App，读者可以通过手机远程预约座位。

我们还特别注意结合数字化校园建设，将教务管理系统、选课系统、BB系统和经管中心虚拟实验环境整合进线上服务，发挥“OTO模式”对于科研、学科服务和教学的服务功能，实现图书馆由文献信息资料提供者向管理者转变的新定位。条件成熟时，线上服务还要向社会开放服务。

“三位一体”的图书馆架构平台已经发布并运行，我们希望在实践中对其进一步完善，使之运行更稳定、效率更高、使用更便捷。

二、“傻瓜化”服务

刘锦山：吴馆长，“三位一体”指的是图书馆融服务管理、资源建设和技术平台于一体的综合系统建设。请您具体谈谈贵馆在服务管理方面的思考和所做的工作。

吴国英：从管理学和市场营销专业的角度来讲，“傻瓜化”是服务工作发展的趋势，只要在机器面前轻轻按一下操作键就可以享受到图书馆的所有服务，读者的满足感油然而生。因此，操作不能太复杂，要更加简捷、方便。这就需要我们更加注重细节、优化程序、量化管理。

注重细节指的是把读者的需求进行分解，越细越好，大处考虑，细处着手。大处考虑就是总的方向要简洁化、方便，细处着手就是做好细节，细节做好了读者才能满意。例如，我们在“读者微服务站”上增加了失物招领模块，移动图书馆提供了手机座位管理系统App的应用，这些功能特别受读者欢迎。尤其是座位管理App，方便学生在手机上预订座位，解决了高校图书馆抢座的难题，非常受学生欢迎。

优化程序，就是减掉多余的过程和环节，方便读者。我们从基础服务做起，对服务程序进行优化。例如，我们打通样本库，以前样本库只有老师、研究生和大四的学生可以进，现在我们采用RFID系统，同时建成学生共享空间，这就为统筹管理提供了基础，在此基础上我们把分区域的样本库打通，面向所有读者开放，极大地方便了读者。

量化管理体现在方方面面。例如，我们发布了微信公众服务号，为把微信服务做到位，成立了微信团队，要求每个科出一个人，每周每科至少要出一篇公众号文章，大家很有积极性。采编部门还有一个小书童微信子平台，读者部还有读书协会微信子平台，对外统一管理就是河北经贸大学图书馆微信平台。团队积极性很高，工作做得越来越细致。学科服务平台从2014年开始要求有注册数，宣传了多少次、有多少正式用户都有统计；数据库推荐、对学院的服务等，都有量的要求和效果的考核。当然，量化管理本身是手段，目的是为用户提供贴心的细节服务。

移动时代，“傻瓜化”的重要体现方式之一是，读者手机在手，可以搞定一切。为此，我们做了很多工作，除了上面谈到的工作之外，我们还在手机微信服务提供了“图图机器人”服务，读者可以和“图图机器人”进行交流，机器人自动回复读者的提问，读者在交流过程中可以产生愉悦感。

刘锦山：“图图机器人”主要是辅助馆员回答读者提出的问题，是自动回答问题吗？

吴国英：读者可以向“图图机器人”查询天气预报、周边情况、座位情况，读者可以通过“图图机器人”在线借还书、检索资源。“图图机器人”把上述所有的服务和模块都融合到一起了，机器人根据情况自动回答读者提出的问题。我不知道您在其他图书馆有没有见过类似的功能，我们这里做的“图图机器人”应该还是比较早的。

三、资源保障

刘锦山：吴馆长，资源是图书馆赖以提供服务的重要基础。从狭义角度来说，资源主要指的是图书馆的各种类型的馆藏文献；从广义角度而言，资源则指图书馆所赖以存在、发展的各种组成要素，不仅仅包括各种馆藏文献，而且还包括建筑、软硬件、人力、制度等。贵馆“三位一体”中的资源建设情况是怎样的？

吴国英：就狭义角度而言，图书馆的资源主要指文献信息，而文献信息又分为纸质和电子两种。2014 年，河北经贸大学图书馆的资源建设费用突破了 1000 万元，力度很大。电子资源包括购买资源、免费资源、试用资源与自建资源四大类。纸质资源包括购买资源和捐赠资源，学校内外的捐赠品种很多。在资源建设方面，我们还有一些存量资产。河北经贸大学由几个学校合并而成，有些资源进了图书馆就没动过。2013 年，我们把密集书库存放的资源进行了盘点，存量资源都盘活了，现在可以随时查、随时用了。此外，我们协调学校各院（部）资料室，将各院（部）资源统一管理起来。各学院（部）资料室建设经费由图书馆从图书购置费里出一部分，其资产账目和图书馆的管理办法一样，由图书馆签字以后报销，因此资源也被纳入学校统一管理。我们也加强了对院（部）资料室资产的监管，要求严格按照学校的规定购买。我们还建设了漂流书屋，老师和学生把自己多余的书放到漂流书屋，大家可以拿走，但是拿走一本就要拿过来两本。漂流书屋是文明传播的窗口，一些好的书可以借此渠道来分享、传播、流通。

最近几年图书馆作出了些成绩，得到了师生和校领导的认可，学校对我们也很支持，有为才有位。2004 到 2010 年，图书馆都没有进过人，从 2011 年开始每年都要进两位硕士研究生，馆员队伍的专业结构也在逐步改善，作用也逐步发挥出来了。除了引进人才，更为重要的是提升现有馆员的素质与能力，为此，我们将馆内业务培训常态化，已经坚持了好几年。2014 年 9 月之前，每周一上午固定有一次讲座，2014 年 9 月以后改成了两周讲一次，要求科长、副教授以上人员必须一学期讲一次，出差、调研回来的人员围绕专题要讲一次。一方面锻炼大家的能力，更重要的是分享，因为不可能每个人都出去开会、考察、参观。还有“走出去、请进来”，走出去学习参加会议、培训、专题调研，还请一些专家来讲，人员素质在不断提升。

制度方面，我们通过完善制度规范各项管理工作。2014 年上半年，我们把所有的规章制度都梳理了一遍，并将其装订成册，工作就按照规章制度来办。按章办事，最为重要的一点是工作程序合法化。图书馆的“十二五”规划已经提前完成，今年我们要着手制订“十三五”规划。

软硬件建设方面，我们在升级、完善、维修、优化方面做了不少工作，花了不少时间、精力和财力，并使之常态化，效果比较明显。客观地讲，我们图书馆的软硬件环境这两年在省内高校还是比较好的，这几年我们得到的中央财政专项经费对办公环境和条件的改善帮助比较大，老师的办公室和学生阅览室、公共区域的软硬件条件在同类馆里面都算比较好的。公共区域里面增加了饮水机、空气幕、电子读报屏、试听机等设备，图书馆有 2000 多个 Wi-Fi 点，是学校使用 Wi-Fi 比较集中的地方。学校大力落实数字校园规划，远程登录和校外访问的问题都解决了。2014 年，RFID 项目二期主要解决图书馆服务的延伸问题——24 小时自助图书馆和 24 小时借还书系统，这段时间正在安装，估计最近就可以投入使用了，目前有 4 台机器。

这几年学校对环境与文化建设单独给予了建设经费支持，2014 年支持的经费比较多，有 100 多万元，我们重点改造了图书馆二、三、四、五层公共区域环境，采购了座椅、藤椅，布置了鲜花和字画，有几批省内的书画家到我们馆里来作画、写字，效果还是很好的。2014 年，我们还请了一些名人来做讲座。现在图书馆的文化味道、书香气都很浓厚。

四、成效喜人

刘锦山：吴馆长，我们了解到，技术平台在 OTO 服务模式中起着非常关键的作用，因为技术平台是连接线上、线下的重要基础，没有强壮、灵活的技术平台作为支撑，OTO 服务效果就会大打折扣。请您结合技术平台的建设工作具体谈谈 OTO 服务模式的实施情况。

吴国英：目前，“三位一体”平台刚开始使用，平台包括“读者微服务站”、二维码导航系统、公众微信平台、入馆教育在线考试系统、座位管理系统 App、图书转换检错系统、巡检系统、每日数据快报和门禁数据过滤系统等模块。

“读者微服务站”已经使用一段时间了，移动图书馆是 2015 年寒假开学后上线的，效果都比较好。我在上课过程中向学生了解过，现在四个学生里就有一个用到了移动图书馆，说明移动图书馆很受学生和读者的欢迎。“读者微服务站”从 2014 年 11 月到 4 月 1 日读书月活动启动仪式时，注册用户有 7000 多人，我们学校有 24000 人，7000 人就意味着近三分之一读者都进行了注册，点击率也很高，使用效果很明显。

二维码导航系统集成了馆内全部设备和功能区导航，将各阅览室的情况、各部门简介和电话、各类设备使用方法和管理规定等内容，以二维码的形式标于醒目位置，读者只需用手机扫描二维码即可获取上述所有信息，便捷高效。公众微信平台以更加及时快捷的传播途径宣传图书馆的各类信息，成为图书馆的窗口和亮点，更是图书馆与读者沟通的桥梁。入馆教育在线考试系统改变了传统的参观授课模式，新生在线学习、在线考试，通过后自动开通借阅权限，极大地提高了管理效率，目前参加该考试的共 14401 人次，累计通过 5731 人，占参加考试全部人数的 83.34%，这项服务打破了传统入馆教育的时空限制，而且更加便捷灵活。座位管理系统 App 将座位管理系统延伸至手机端，实现座位到时自动提醒功能，避免了读者忘记续时导致违规，有效培养了读者自觉、自律的良好习惯。图书转换检错系统针对 RFID 业务开发，对每日的图书转换进行自动查错，避免错误堆积影响正常流通。巡检系统集成图书馆全部应用系统和本地数字镜像资源系统，可实现设备、资源和数据的自动巡查，发现故障及时报警，方便技术部的管理与维护。每日数据快报生成覆盖图书馆的应用和功能区 68 项数据指标，为量化管理提供了依据。门禁数据过滤系统确保了数据的实时性、有效性和时效性，读者刷卡响应时间缩短，信息化建设整体转型。

刘锦山：“三位一体”创意和实施的过程如何？

吴国英：开始我们先有了思路，但由于技术部“短腿”比较厉害，难以实现。2011 年，学校在建设数字化校园时，一下子从我们图书馆技术部挖走了三个人，校长亲自协调，当时有个日元贷款项目，只有图书馆技术部的人熟悉项目设备，从大局出发，我们不得不忍痛割爱。但是人才缺乏使图书馆缺乏开发的人力资源环境，这样技术部一下子就“腿短”了，有些想法落不了地。后来我们从校外引进了技术部领头人和一位硕士研究生，只要我们想到的，技术上肯定可以做到，有时候我们想不到的东西他们也能帮我们想到，可以帮我们完善。

我们提出了一站式服务，线上服务线下化、线下服务线上化这些思路，技术部就可以按照思路把所有的想法都整合到一起，我觉得这样非常好。过去我们想到了但是做不到，甚至包括移动数字图书馆第一期项目，招标了一个数据库商帮我们做，但是做出来的东西根本不是我当初设想的东西，他们说只能做成这样，因此第一期的移动图书馆当时只有检索书目和发布通知的功能，其他什么功能都没有。现在我们自己做的移动图书馆研发，除了检索书目和发布通知之外，其他功能都完全实现了，图书馆有什么，移动图书馆就可以显示出来什么，这才是我们真正希望的移动图书馆。书架、馆藏、学术资源、公开课、报纸、视频全都有，这正是我最早想象的移动图书馆的功能。

我最感同身受的就是，技术在图书馆的作用是永远不可以替代的，能够把思路落地的还是技术人员，想象特别好如果没人操作是做不到的。“三位一体”的平台是提思路、意见，里面装什么东西都想好了，最后还要依靠技术人员，但是有些功能放在哪里、要达到什么效果，我与技术部沟通以后他们来帮我实现。

刘锦山：吴馆长，您刚才提到建数字校园时学校从图书馆调走了几个技术人员，这是哪一年的事情？

吴国英：2011 到 2012 年之间的事情，新人是 2013 年 9 月引进的，到现在不到 2 年的时间。

刘锦山：现在技术部有多少人呢？

吴国英：除了技术部负责人之外，后来又配了一名硕士，两名合同工，共 6 个人。因为事业编制中没有合适的人选，微信平台的运营就是从合同工里调来的。技术部需要考虑到数据安全问题，人员要可靠。2015 年，我们又招进来两位硕士，准备都放到技术部。技术部的工作量比较大，现在又正好是出成绩的时候。2015 年，学校预算了 99 万元做系统整合，接下来把巡检系统、研究厢和 IC

的预约都做到一站式服务里面，远程可以预约，就像座位管理系统一样。现在技术部的力量比原来强多了，团队氛围都比较好。

刘锦山：吴馆长，请您向读者朋友具体谈谈贵馆实施OTO服务模式所取得的服务成效。

吴国英：OTO服务模式的有些方面还需要进一步完善。就目前而言，有这样几个方面的成效。第一是信息传递快。因为读者的高度关注加快了信息传递速度。昨天主管校长开会时还说，他每天都要刷一下图书馆的微信，看看更新了什么内容。主管校长管理着学校的七个部门，以往不可能天天关注我们，现在通过微信可以做到这一点。第二是精准服务，反馈及时。微信平台里的“图图机器人”是自助服务，读者还可以通过手机与“我的学科馆员”和“我的部门”进行沟通，相关部门和人员会及时反馈。第三是服务到位，针对性强。我们的平台分为老师入口和学生入口，针对老师、学生提供的服务内容也不一样，针对性强，服务到位。第四是节省人力成本。以往，学科馆员到学院去推送相关服务信息时，老师如果1—2个星期没有课，这段时间他就不在学校，集中培训就很难。有了“三位一体”的平台之后，网络、微信就可以解决问题，节约了人力成本。第五是环境得到了优化，阅读环境、工作环境和服务环境比过去好多了。

最后，有助于团队精神的打造，这点我最有感触。我们采用的是项目负责制，谁负责哪个项目就可以打通部门，负责到底，建完为止。第一年是17个子项目，大项目我牵头，子项目分由不同的副馆长、科长负责，项目负责制要求在规定的时间把规定的事情做完，中间有问题可以协调，但是没有理由完不成。项目负责制有助于养成大家的自觉行为，昨天我们开展读书月活动启动仪式，17:40我出去的时候发现除我的车之外还有两辆车，我知道有一位科长和一位办公室人员都没有走，心里觉得暖暖的。不是我们要求大家加班，也不是大家工作不尽心没有干完，而是大家想把自己的工作做好。我们从来不要求大家加班，只有2011年我刚来的时候自己要求加班，因为那时千头万绪，工作做不完，其他人17:30下班，我必须等18:20的第二趟班车走，后来理顺了就不需要加班了。我是反对加班的，但是那天心里觉得热乎乎的，大家已经成了自觉行动了，知道自己该干什么了，不需要再说什么，也不要求加班费待遇，只是把事情做好。团队精神的打造，我觉得这是图书馆自身建设和文化建设的重要内容。

OTO 服务模式的创意和实施是一项创造性的工作，要集思广益。任何一个大项目的实施都要上下左右沟通好多遍。我当了 5 年馆长，自己的专业——管理学课题没有申报过一个，一篇核心论文也没发过，所有的精力都投入图书馆。当然，成效的取得，并非馆长个人的力量，而是与大家的共同努力分不开的。这也是我强调集思广益的重要性所在。我们有的同事说现在图书馆工作比过去心情舒畅，自豪感强，以前在学校都不好意思说是图书馆的，现在大家腰板直了，话也硬了，也敢说了。有为才有位，作出成绩的同时，大家的满足感也提升了。

五、未来展望

刘锦山：吴馆长，一般而言，任何一种服务模式的创新，首先在于思想的创新，请您谈谈 OTO 服务模式背后的理念或者思想基础。

吴国英：第一，以读者为中心的理念指导着我们所有的工作。我们首先贯彻的思想是每一个图书馆人都要把以读者为中心的理念深入到自己的心里，落实到行动上。所有的工作都围绕着读者的需要展开，从上到下、从里到外、从内心到行动都要做到这一点，这是我们做好工作的前提条件。

第二，要有较强的历史责任感。我们经常在大会小会上说“雁过留声，人过留名”，所以脚踏实地地替学校管理好图书馆、建立好图书馆，热爱图书馆就是热爱学校，只要努力了就会为学校留下一点财富。这种历史责任感有效地激发了大家的工作积极性和主动性。

第三，重视方法。应该将一些现代管理方法渗透到日常管理与工作过程中，理念指导下的方法是达到目标的途径，所以方法很重要。刚才我们谈到的目标管理、量化管理都是离不开的，还有人情化管理、以人为本的管理也是需要的。对外以读者为中心，对内以人为本，这些都是必不可少的。

第四，重视技术。通过这几年图书馆的发展，我特别深刻地感触到技术领先是条件和前提，如果没有现代化的技术，思路仅仅是思路而已，永远是停留在纸上和嘴上，落实不到行动中，也没有任何结果。

刘锦山：吴馆长，OTO 服务模式可以说在贵馆取得了阶段性成果，请您向读者朋友谈谈贵馆未来几年在服务创新方面的发展规划。

吴国英：“十三五”规划我们还没有开始做。今年我们在原有的建设基础上又提出十个字：“稳定、完善、优化、量化、细化。”为什么这么讲呢？第一，要稳定图书馆的建设成果，前几年我们从数字图书馆门户建设到全方位推进，取得了很多的建设成果，但走得太快了，细节容易被忽视。今后我们要在巩固中提高，在提高中巩固。第二，我们要进一步完善数字图书馆的功能，平台建立以后要真正用起来，不能像狗熊掰玉米那样，我们还应该对数字图书馆进行全面完善，使其在未来发挥更大的作用。第三，要优化文献信息资源的结构。如何进一步调整纸质资源和电子资源的比重，如何进一步调整电子资源里面主流专业和非主流专业的比例分配，使资源结构能够更加适应学校发展的需要。第四，量化服务管理。基础服务、学科服务、资源管理都需要量化管理，我们现在每日一报是馆藏、服务的流动数据，但是馆藏资源的量化管理还不是很到位，还需要再细化。第五，细化就是做好信息整合，把该做的工作都做好，把该优化的都优化了。

总体来讲，今后我们要加快特色数据库建设步伐，深化信息咨询和学科服务，创新服务思路，提升基础服务效果，加强信息化建设，更加贴近读者，做好服务。

管红星：坚守初心　砥行尽职[1]

［人物简介］管红星，南京师范大学图书馆馆长，中国索引学会常务理事，全国师范大学图书馆联盟常务理事，江苏省图书馆学会副理事长，江苏省高校图工委副主任兼文献资源建设专委会主任，南京市全民阅读智库特聘专家。长期从事高等学校教育管理工作实践，主持编写《江苏省高校图书馆事业发展年度报告》。曾获评江苏省优秀宣传思想文化工作者、江苏省高校图书馆优秀馆长。

采访时间：2019 年 10 月 15 日
初稿时间：2019 年 11 月 29 日
定稿时间：2019 年 12 月 23 日
采访地点：南京师范大学图书馆

2019 年是南京师范大学建校 117 周年。作为这所百年名校的一部分，南京师范大学图书馆有着深厚的历史底蕴，近年来更是展现出蓬勃的发展活力，业界影响力不断提升，受到广泛关注。为此，e 线图情采访了南京师范大学图书馆馆长管红星。

---

① 原文于2020年1月1日发表在e线图情（http://chinalibs.net/ArticleInfo.aspx?id=470235），本文有删节。

一、关于从业经历

e 线图情：管馆长，您好！非常感谢您接受我们的采访。首先请您介绍一下您的从业经历。

管红星：谢谢 e 线图情！我是 2015 年 12 月开始到南京师范大学图书馆工作的，在此之前的经历也不算复杂，一直在南京师范大学。1991 年，我考到南京师范大学中文系——后在 1997 年升格为文学院。1995 年，我留校工作，主要作为学生辅导员从事学生政治思想工作。1996 年，南京师范大学进入国家“211 工程”高校行列。1998 年，由于发展需要，我们学校开始了新校区建设，即现在的仙林校区。因为工作需要，学校把我调到了新校区建设管理委员会工作，然后从 1998 年一直到 2005 年的 8 年时间里，我一直扎根在新校区，从事新校区建设、管理以及后来的校园规划工作。2005 年 7 月，我再一次回到了文学院担任党委副书记，仍然从事学生管理工作。2008 年 3 月，根据学校的工作需要，我从文学院调到了学校的党委宣传部担任副部长，负责学校新闻中心的工作，然后一直到 2013 年 12 月，我从党委宣传部调到了学校的校长办公室工作，主要分管整个学校的文字档案以及相关工作。2015 年 12 月，随工作调整，我就来到了图书馆。

到了图书馆工作以后，我发现我之前的工作经历都和图书馆有内在联系，从不同侧面让我对图书馆建立了全面的认知。在从事学生管理工作时，我就发现学生的成长、成才和图书馆的支持是分不开的，很多学生，特别是本科生，对图书馆非常依赖，图书馆是他们最喜欢去的地方。宣传部门主要负责整体校园文化的建设以及发挥社会主义文化的引领作用，图书馆在其中也发挥了很大的作用。我在宣传部的时候，就和图书馆建立起了合作关系，联合打造了敬文讲坛，敬文讲坛至今已举办 253 期，目前在省内甚至是国内都具有较高知名度。这一渊源让我认识到了图书馆在推动校园文化建设以及带动和引领社会文化风潮方面可发挥很大作用。等我到了校长办公室工作以后，对于全校整体工作有了一个相对更为全面的认知，又发现图书馆为学校的行政管理，特别是决策方面提供了很多的帮助，如图书馆可以提供一些数据以及相关情报分析，为领导层决策提供很大帮助。

2015年到图书馆工作后，我从原来图书馆的服务对象变成我要作为图书馆人服务别人，在这种经历下，我能够更多地换位思考：学校的老师、学生需要什么样的图书馆服务？各个学院、各个机关部门，包括我们的学校领导层、决策层希望图书馆提供什么样的参考？于是，此前在各个工作岗位上形成的对图书馆的认知就从理论进入了实践层面。之前的认知让我明确，让图书馆成为一个可为全校师生以及学校整体事业发展提供更多支撑和服务的保障机构，是我工作的一个重心。所以，我到图书馆后一直向全馆强调，要打破图书馆原有的小圈子，站位要更高，格局要扩大，大学图书馆绝不是图书馆人自己的图书馆，大学图书馆首先是学校的图书馆，是大学的图书馆。因此，在衡量一个图书馆工作做得好坏时，绝不仅仅在于衡量这个图书馆本身工作的好坏，更在于图书馆对大学的整体发展能否发挥出其应有的贡献。图书馆千万不能囿于一个小小的圈子自娱自乐，一定要站出来，一方面要融入学校的中心工作，另外一方面，还要走出学校，融入整个高校图书馆行业的发展中。以南京师范大学图书馆为例，不仅仅要为南京师范大学的建设发展作出自己的努力、帮助和贡献，还应该为整个江苏省乃至全国高校图书馆事业作出自己应有的贡献和努力。这是我的从业经历带给我对图书馆的一个认知和体会。

所以，我到图书馆工作以后提出了三个原则，作为我和整个领导班子成员、全体图书馆员共同遵循的三大工作基本原则。

第一个原则即图书馆必须服务中心。图书馆必须服务于学校的中心工作。如果学校不发展，图书馆怎么发展都没有用。反之，学校发展了，图书馆必然跟在后面一起发展，所以我们要成为学校发展的一个推动力和支撑。

第二个原则是必须以人为本。以人为本我理解为是两种人，或者说两层意思。第一是要以我们的服务对象——读者为本，要把广大师生的需求作为我们工作的主要动力和目标。第二是必须以我们的服务人员——馆员和学生馆员为本，要把馆员的成长和图书馆的成长紧密结合起来，所谓同呼吸共命运，要树立命运共同体意识。如果馆员得不到发展，学生馆员在图书馆工作的过程中自身得不到成长，那么图书馆的工作也是有问题的。所以，衡量和考量图书馆工作成功的标准，除了要让我们的服务对象满意，也要让我们的广大馆员，包括我们的学生馆员、学生志愿者都有获得感、成就感，甚至是荣誉感和幸福感。

第三个原则是必须与时俱进。图书馆是一个与现代科技联系十分紧密的行业，我们必须时刻关注图情领域中新理论以及新技术的进展，并尽可能地将之尽快引入、融入本馆的建设实践中，这样我们才能够始终走在行业和时代的前沿，用行业发展的最新成果服务于广大师生，使广大读者受惠。

二、关于服务教研

e 线图情：管馆长，高校图书馆有一个非常重要的职能，即为教学与科研服务。请您分享一下贵馆在服务教研方面的做法和经验。

管红星：这方面目前对高校图书馆来说有两个指挥棒。一个是我们这么多年来一直强调，且一直秉行的，从“985”“211”到现在的“双一流”一脉相承的，即如何支撑“双一流”，包括一流学科建设和一流大学建设。而从 2018 年甚至于 2017 年开始，另一个指挥棒正日益凸显，即一流本科建设。因为高校图书馆这么多年来对于一流本科建设提供的支持实在是太少了，我们除了给本科生提供一个场馆供其自修或者学习以外，其他的功能却很少提供。我曾做过一个统计，目前高校图书馆的文献资源建设方面，面向本科生的提供存在两个不足 10%：第一，数量总量不足 10%；第二，所占有经费也不足 10%。也就是说，如果图书馆一年花 1000 万元，至少 900 万元以上都是用在学科或者科研上面，简单来说就是为研究生和教师花了，剩下很少一部分才给了本科生。

这主要有两个原因。一方面，我们国家长期以来将本科教育作为基础教育来进行，本来基础教育应指中小学教育，而大学里往往把本科教育看作基础教育，图书馆对本科教育也多是提供一些基本服务功能，没有特别重视。但是随着 20 世纪末和 21 世纪初的大扩招，本科教育受到巨大冲击，教育质量无形之中有一些下降，引起社会普遍关注。在这以后，对于本科教育的支撑虽然有所加大，但图书馆对其的支持力度还是不大。这两年，国家在本科教育建设方面明显提高了要求，其中有一条是要求与一流本科教育相匹配的资源投入。这里所指的资源就包含了图书馆资源、文献资源。所以，在现在的图书馆工作中，我们一直强调文献资源建设，实行双线并举。既要保持住原有的对于一流学科、一流大学建设的支持，也要把我们的相当一部分精力和资源向一流本科倾斜。

在这一块，我觉得我们馆做得非常好。因为我们很早就认识到了这一点。我到图书馆工作以后就在很多场合提到，我们应该更多地为本科生提供更多的服务。因为我原来的工作是做学生辅导，后来又担任了管学生工作的副书记，和本科生交流特别多。我也了解到，本科生在图书馆资源方面的需求很少受到关注，除了要写论文时到图书馆查查资料，平时他们到图书馆基本上不怎么看书，都是来自习，各个空间满是自习的人。为此，我们图书馆要求每个工作人员一定要为本科生打造量身定做的资源体系。2016 年，我们馆推出了本科生资源专题，把本科生可以利用的资源整合集中起来，按照学科体系和专业体系进行划分。然后告诉本科生，你在图书馆所能用的资源不仅仅只有自习空间，还有很多资源都可以用。另外，我们还做了调研，对国内所有“985”高校本科生资源进行调研，看其他学校买了哪些本科生的资源，最后形成一个调研报告。现在，我们虽然只是一个普通的“211”学校和一流学科高校，但我们馆几乎将“985”高校的资源全部拿到了，在本科资源上，我们并不弱，几乎每一类本科生能用资源的类别里我们都不缺项目，无论是专业学科类，还是普及通识类，只要国内有的我们馆都有。我们还调研了所能调研到的全球排名前 50 高校的本科生资源体系情况。这项工作非常难做，我们的目标是调研全球排名前 50 高校，但事实上现在才调研了 22 个学校。因为国外很多大学其资源建设不是全校统筹，有很多资源是由学院主导，各个学院的规划并不都一样。另外，其中很多学校使用的语言不是纯英语的，有很多小语种，翻译过来很难，我们只能尽可能地做。根据这些调研结果，我们购买引进了一些国际资源，虽然费用也不低，但是我觉得很有必要。总的来说，我们馆在国内较早对本科生的资源体系给予了关注，并且对资源建设给予了很大支持。现在，我们在国内已形成了相对比较先进的资源体系。

当前，“双一流”建设是高校图书馆普遍关注的话题。作为“双一流”学科建设高校，我们在“双一流”建设的资源服务体系和学科服务体系方面也做了很多努力。在申报“双一流”建设学科时，我们报了两个学科，一个是地理学，另一个是教育学。目前，地理学进入了名单，而教育学没有，但它仍然是我们的培育学科。因为“双一流”名单是滚动式的，这次没有进，下一次有可能进。为此，我们在资源体系方面对这两个学科进行了国际化的匹配。如教育学学科，我们调研了亚洲排名第一的台湾师范大学，排名第二的香港教育大学，了解他们的资源体系是什么样的，对照看看我们有什么不足，然后进行调整匹配。地理学方面，我们也找了一些国际知名的学校进行对标，专门做了一个地理学资源绩效评估，从文献的拥有率、保障率、引用率等方面评估现有资源的绩效发挥作用。此外，在服务方面，我们图书馆每年要出 30 个以上的支持服务报告，包括定期跟进每一期的 ESI、自然指数，每年一度的全校文科发展报告，每年的发文比对，等等。我们这两年还举办了两个科研峰会。2017 年，我们馆邀请了 Springer Nature 的专家和旗下的编辑来到我们学校，和我们学校所有曾在他们期刊上发表论文的作者见面、对话，以提高师生们的国际论文写作能力和发表水平。这个会议不设翻译人员，全程使用英语交流。2019 年 5 月，又举办了 ELSEVIER 南京师范大学科研峰会暨爱思唯尔读者交流日活动，邀请了爱思唯尔中国区域负责人、科研管理顾问、出版编辑等专家与我校相关职能部门负责人、爱思唯尔高被引作者、师生代表进行对话交流，爱思唯尔在会上发布了 2018 年南京师范大学的高被引学者榜单并颁发证书。这一切工作都是为了能够使我们的学科始终走在第一方阵里面，首先保证不调队，然后慢慢地走到更前面。图书馆不可能走在整个学科建设的排头兵第一行里，但是我们要把后勤保障工作做好，即数据支撑、情报分析支撑。

这两项工作，一项是对一流本科的支撑，另一项是对“双一流”的支撑，构成了我们图书馆在常规工作以外的两个工作亮点。图书馆在这其中扮演非常重要的作用，不仅仅是简单地提供资源和服务，关键一点是通过各种条件和手段，提高我们所有科研人员——包括老师和学生的相关意识，开拓国际视野，开展跨国甚至跨洲的交流合作。

三、关于智慧图书馆

e 线图情：管馆长，智慧图书馆是当前图书馆界的一个热点话题。在谈及智慧图书馆建设时，您曾提出“以人为本就是以‘慧’为本”。请您具体阐释一下这个观点的内涵，并就如何建设智慧图书馆分享一下具体建议和意见。

管红星：这个观点是我在两年前提出的。智慧图书馆是这几年比较红火的词语。但智慧图书馆的称谓从本质上来讲不是非常准确。智慧图书馆这一称谓是从其他地方衍生来的。最早的时候是智慧地球、智慧乡村、智慧社区，然后出现了智慧图书馆。但其他地方都可以这样用，就图书馆不能用“智慧图书馆”的说法。为什么？首先，看看图书馆原始的功能。图书馆为什么要成立？它想解决什么问题？图书馆的初心是什么？中国图书馆史可以追溯到春秋战国时期，老子被称为中国最早的图书馆馆长；而西方或者说国际上最早的图书馆，根据考古发现的泥板书和楔形文字，是在公元前3000年前的两河流域。从图书馆发展史可以发现，人类建图书馆的目的是通过博览群书增强我们的学识，提高我们的修养，使我们可以有更多能力和智慧去建设国家。总之，图书馆就是以智慧碰撞智慧、以智慧启迪智慧的这样一个地方。这是图书馆的初心和使命。因此，我认为图书馆的智慧与生俱来，智慧就是图书馆的本质属性。那请问，图书馆前面还要再冠上“智慧”一词吗？再反问一句，哪一个图书馆不是智慧的？基于这样的认知，我认为用“智慧图书馆”这个说法是不恰当的，或者说是不准确的。

但是我也知道，很多东西是约定俗成的。大家都这样讲，约定俗成地认可“智慧图书馆”的说法。我想，如果一定要用“智慧图书馆”，那我们对智慧图书馆就必须要有一个更加全面的认识，不能够单一，不能够以偏概全。所以，我强调，智慧图书馆一定是“智”与“慧”的结合。就是说，“智慧”是个整体。而从我们目前行业的现状来看，还是存在一些偏颇，大多数情况人们都偏重于“智”，把“智能图书馆”等同于“智慧图书馆”。基于现实中所存在的这种认知误区，我提出，智慧图书馆必须要强调以人为本，必须以“慧”为本。我是学中文的，从汉语语法来看，“智慧”本身是一个合成词。“智”是上面一个知，下面一个日，日代表的是日月运行，简单来说就是自然规律，因而“智”更多的是体现人类对自然界规律的认知。而“慧”是什么？它是人类对主观世界的认知，代表着一个人对自然界的把控。结合图书馆的初心和使命，智慧图书馆应以人为主，以“慧”为主。同时，我也一直强调不排斥对“智”的追求和努力。因为“智慧”本身是一个合体，要既有“智”，又有“慧”。也就是说，既要有一定的先进技术条件和物质条件，同时也要有强大的主观能动性，这样我们才能建设一个全方位的智慧图书馆。

这是我基本的、原则性的认知。基于此，我们在建设智慧图书馆的时候，就不要一窝蜂地走“技术流”。除了技术，从服务、资源、空间上，也都可以有“智慧”的做法。从本质上来说，所有的图书馆都是智慧图书馆，智慧图书馆是不分大小的，大馆可以有大馆的做法，中小馆有中小馆的做法。大的图书馆在智慧图书馆建设中多应用技术我觉得是好事情，它有更多经费或者更多精力去做这件事情，应该给他们点赞。而对于中小型图书馆来说，其经费通常很少，但它们也不愿意在智慧图书馆的建设潮流中被落下来，也希望跟着这个潮流走。怎么办？没问题！回到图书馆的初心上来，如果图书馆所做的一切能够启迪和激发读者的智慧，那就是在履行图书馆的本来职责，也就是在向智慧图书馆迈进。智慧图书馆并不只是引进几个智能工具和设备，或建造一些智能的服务场景就可以了，这只能说我们在“智”的道路上向智慧图书馆又迈进了一步。我们更多地应强调图书馆的初心是什么，即这些好的硬件、设备、环境有没有更好地服务于读者。如果服务好了读者，就是在往好的方向朝智慧图书馆走近；如果读者没有从中受益，没有从中得到更好的体验，没有激发他对于知识的新认知，没有实现智慧再生产，那就是离智慧图书馆越来越远。如在资源方面，买更多的电子资源数据库是一种方式，而尽可能地把馆内纸质资源建设好也是一种方式。现在社会上有很多书吧，人气很旺，由此可以证明纸质资源也可以运营得非常有吸引力。中小型图书馆可以重点建设一些特色文献资源，如徐州工程学院图书馆在“非遗”资源建设方面的做法，他们花了数年时间搜集了大量大淮海地区“非遗”方面的作品并积极推广利用，在文化保存传承方面取得显著成效，令人印象深刻。还有贵州民族大学图书馆，收集了大量贵州地区少数民族文献资源并进行整合。我认为这也是智慧图书馆建设的路径。空间也是这样，可以建造有更多科技感的体验空间让大家去尝试，也可以回到更传统的空间模式。如我们馆现在正计划改造一个区域，将其打造成中国传统书房式的阅览室，作为文化共享空间，读者在其中可以更全面地感受中国传统文化。这个空间没有现代科技元素，但并不意味着这就不是“智慧”的做法。

总之，在智慧图书馆建设中，不管是走“技术流”还是走“文化流”，评判的标准在于：读者买不买账，对读者有没有帮助，能不能启迪读者的想象，让他有更好的体验，启发他的创新欲望，然后产生新的智慧。实现智慧的再生产是智慧图书馆的永恒使命和最终评判标准。这是我对智慧图书馆建设的认知。

e线图情：目前贵馆在建设智慧图书馆方面有相关规划吗？

管红星：基于以上认知，我们馆现在是双线并举，两条腿走路。一方面在我们力所能及的情况下，尽可能地与时俱进。对于能够提高我们的服务水平、服务能力，提高我们工作效率的一些先进设备或理念，要及时引进，在“智”的方面不能落下，要尽可能地跟上智能发展潮流。但是根据我们馆的实际情况，另一方面还是要将更多的精力放在“慧”的建设上，即如何让读者开慧。具体来说就是要做更多具有文化气息的工作，让读者在图书馆获得更多的文化体验和智慧化的体验，激发他们对于知识的再创造，创新认知和实践。除了改造文化共享空间，我们也在搜集一些更具原始气息的素材资源。今年是新中国成立70周年，我们学校是一个以文科见长的综合性学校，我们的文史类学科具有悠久历史，因而，我想搜集全国56个民族的所有辞典，只要是有自己文字的民族，就把其文字辞典收集过来，如《蒙汉辞典》《藏汉辞典》等，然后将这些资源进行加工整理并推广利用，如举办展览，以此激发广大学生的爱国热情，深化他们对中国传统文化的认知。

我近期在写一篇文章，从文化视角去解读智慧图书馆，希望我对图书馆的再认识以及相关建设策略可以为大家带来更多参考。我的看法是，馆不在大小有特色就行，人不在多少有文化就行；经费不够文化来凑，技术不行文化先行。以此给每个馆带去一个强有力的信号，不要认为智慧图书馆建设是少数图书馆才有资格做的事，每个图书馆都可以加入进来，每个人都可以把自己的图书馆建得更有智慧。（刘剑英）

刘冬：以用户为中心　推动杭州图书馆智慧化转型

［人物介绍］刘冬，政工师，杭州图书馆党委书记、馆长，曾任杭州图书馆党总支副书记、杭州少年儿童图书馆党支部书记、馆长。兼任中国图书馆学会理事、浙江省图书馆学会副理事长、杭州市图书馆协会理事长、杭州图书馆事业基金会副理事长。组织杭州图书馆少儿分馆开展2020年“魅力声音·抗击疫情，我们在行动”浙江省少儿音频征集活动，获星级组织单位；2020年9月带领杭州图书馆新媒体运营管理团队荣获第三届图书馆新媒体创新服务评选“最具影响力的图书馆新媒体平台”，并将“杭图微阅读”小程序送进宁夏西吉县图书馆，纳入文化和旅游部2020年“春雨工程”全国示范性实施项目；2020年10月带领杭州图书馆少儿分馆（原杭州少年儿童图书馆）荣获2019年中国图书馆学会“全民阅读先进单位”；2020年11月，带领杭州市图书馆协会荣获中国图书馆学会阅读推广委员会“2020年馆员书评征集活动（第八季）”组织之星奖。同年11月，带领杭图的公共图书馆社会化探索创新团队获得2020年浙江省文化和旅游创新团队。

采访时间：2021年7月22日

初稿时间：2021年7月23日

定稿时间：2021年7月26日

采访地点：杭州图书馆

智慧化转型既是机遇也是挑战，主动适应时代发展趋势积极应变，可以化挑战为机遇，为图书馆赢得发展先机。杭州图书馆在过去数字图书馆建设发展基础上，从顶层设计入手，以用户为中心，积极推动图书馆智慧化转型，取得了良好成效。因此，e 线图情采访了杭州图书馆刘冬馆长。

一、关于职业生涯

刘锦山：刘馆长，您好！非常高兴您能接受我们的采访。请您首先向大家谈谈您的个人情况和职业生涯。

刘冬：谢谢。我 1972 年出生，浙江杭州人，在职研究生学历，现担任杭州图书馆党委书记、馆长。1991 年入伍，2012 年 11 月转业至杭州图书馆担任党总支副书记，2018 年 3 月担任杭州少年儿童图书馆党支部书记、馆长，2020 年 6 月担任杭州图书馆馆长，同年 8 月又担任杭州图书馆党委书记。

二、关于智慧化转型

刘锦山：刘馆长，智慧图书馆概念的出现和实践活动的展开时间并不是很长，大家对于智慧图书馆的认识还有待进一步深化。请您谈谈贵馆对智慧图书馆建设的思考。

刘冬：杭州是一座“数字之城”，近年来各个领域均在积极探索数字化场景建设。在此背景下，杭州图书馆围绕全市“数智杭州　宜居天堂”数字化改革的建设目标，顺应杭州市智慧城市建设进程，构建以数字化为技术前提、网络化为信息基础、集群化为管理特点的新型图书馆智慧服务形态。通过整合书与人的互联，图书馆、网络、数据库、设备、书商、书店以及广大读者都将统一在智能的网络中，成为融为一体的互动要素，公众可以获得更好的体验，可以享受更有品质的资源和服务，助力提升公共文化服务的智慧化程度。

刘锦山：刘馆长，建设智慧图书馆应顺应未来发展变化，杭州图书馆目前开展了哪些工作，取得了哪些具体进展？

刘冬：从网站建设到三网融合，杭州图书馆在数字化建设方面起步较早，2010 年推出了数字图书馆——文澜在线。近年来积极发展移动端融合服务，大力推进数字资源扩容，从数量、种类、渠道等方面丰富数字资源，满足读者多样化需求，探索新媒体服务、移动服务，推出微服务、微阅读、听书馆等，同时促进古籍、地方文献的数字化利用整合，2020 年推出杭州市公共图书馆家谱数据库。

为了更好地满足人民精神文化需求，近年来浙江省开展公共图书馆服务大提升行动。在杭州市委改革办和杭州市文化广电旅游局的指导下，在浙江图书馆的支持下，杭州图书馆于 2020 年 7 月启动“一键借阅　满城书香”公共图书馆服务大提升行动。通过“一键借还、双免一降、数字扩容、悦读服务、省市互通”等一系列举措，使在线借阅更便捷，全民阅读更实惠，文献资源更海量，畅享新书更幸福，智慧体验更丰富。在服务大提升中，我们无时无刻不在思考、研究，怎样通过数字化手段更好地满足读者的需求，始终站在读者的角度去提升服务、提升体验，让读者有更好的获得感、幸福感、满足感。尤其是在简化线上借阅、降低借阅成本、满足个性化需求以及省市跨域互通等方面，实现了借阅服务再集成、阅读空间再拓展、便民服务再优化、移动服务更智慧。

改革效果显著，受到媒体高度关注与市民广泛好评。《文汇报》、文旅中国、《浙江日报》、《杭州日报》、浙江电视台、杭州电视台、学习强国、杭州发布、杭州改革等主流媒体及平台原创宣传报道达 123 篇，被媒体、市民称为“杭图飞鸽传书”“杭图进行读者侧服务改革”“杭图花式借书”“杭图一键借阅受热捧”等，著名钢琴家郎朗为“一键借阅”项目点赞助力。该案例荣获“改革在身边•浙江公共场所服务大提升新闻行动”2020 年 11—12 月亮点项目、2020 年杭州市改革创新最佳实践案例和 2021 全民阅读推广典型案例。项目服务成果被写入 2021 年杭州市政府工作报告。

“一键借阅　满城书香”公共图书馆服务大提升项目起步至今差不多正好一年，取得了良好的社会成效，并得到业界专家及同行认可。2021 年，我们围绕全市“数智杭州　宜居天堂”数字化改革的建设目标，以已有的“一键借阅”服务平台为基础，致力于通过技术升级、软件开发和服务迭代，整合全市公共图书馆的资源和服务，重新构建杭州地区一体化的线上服务平台，打造“一键借阅”升级版，实现“悦借”（线上借书）、“悦读”（书店借书）、数字阅读等服务模块的整合，实现纸本、数字资源的“一站式”线上服务，并利用大数据分析、智能推荐等技术，为读者提供更便捷、更高效、更智慧的线上服务，从而推进杭州地区公共图书馆线上服务的一体化、智慧化。我认为这是杭州图书馆目前在智慧图书馆建设方面所做的最重要的实践探索。

三、关于未来发展

刘锦山：刘馆长，在进行智慧化转型过程中，杭州图书馆有哪些成功的经验可以和大家分享？

刘冬：“一键借阅　满城书香”公共图书馆服务大提升项目我们获得了这些经验：一是顶层设计，全面部署。馆党委高度重视，成立专班进行顶层设计，确保目标任务清晰准确、符合时代需求、富有引领性，同时从人财物等方面给予大力支持，以专班工作推进落实。二是市区联动，攻坚克难。围绕“以读者为中心”，结合互联网环境下图书馆转型发展的痛点和疫情防控新形势下人们对阅读服务的新需求，瞄准让市民“悦借”、“悦还”、更“悦读”的改革难点，联动区、县（市）公共图书馆，密切配合，共同发力，确保有序推进，解决读者所盼、所急、所难，努力成为市民的“家庭书房”。三是扎实推进，注重实效。坚持把改革攻坚与推进工作相结合，以务实的作风，高效的机制，发挥自身优势，灵活调度经费，积极争取合作支持，切实分阶段抓实绩，促进全市公共图书馆共同惠民。

刘锦山：刘馆长，请您结合贵馆“十四五”发展规划谈谈贵馆未来在智慧图书馆发展方面的一些思考。

刘冬：在数字经济迅速发展的当下，推动公共文化数字化建设，促进图书馆从数字化向智慧化发展转变，是“十四五”期间我们必然面临也将重点考虑的一大问题。

“十四五”期间，杭州图书馆将在杭州市委改革办和杭州市文化广电旅游局的指导支持下，通过联动全市各区、县级公共图书馆，深化“一键借阅　满城书香”服务大提升项目，并以此为基础大力推进智慧图书馆的建设。融合“悦读”“悦借”服务，综合打造全市范围线上线下借阅平台，实现实体馆可借、自助可借、书店可借（“你选书，我买单”）、线上可借（“线上借书、快递到家”）等多个主渠道借阅，并以微信公众号、政府办事App、支付宝小程序等多个途径载体，积极推进移动服务智慧化，实现“一键借阅”“智慧服务”。

公共图书馆的智慧化转型，必定伴随着全新的管理升级和服务升级。我们需要与时俱进，与科技赛跑，与创意共舞。从业务管理的角度，深入对智慧图书馆的研究，发挥城市图书馆优势，搭建具有杭州图书馆特色的智慧图书馆框架，同时坚持数字化时代“以用户为中心”的理念，在智慧图书馆框架体系下，深入探究现代化的读者服务方式，全方位地满足读者需求，提升服务水平，提高服务效能，实现服务的规范化、专业化、智慧化，助力全民阅读，推进公共文化服务高质量发展。

曹俊：让技术为服务“插上翅膀”

［人物介绍］曹俊，硕士研究生学历，研究馆员，苏州图书馆馆长、党委书记。1996 年 6 月参加工作，1999 年 8 月加入中国共产党；2010 年 10 月任苏州市文化广电新闻出版局社会文化处（非物质文化遗产处）处长；2013 年 8 月—2020 年 4 月任苏州市公共文化中心主任（苏州美术馆馆长、苏州市文化馆馆长、苏州市名人馆馆长）、党总支书记；2020 年 4 月起任苏州图书馆馆长。

采访时间：2021 年 7 月 22 日

初稿时间：2021 年 7 月 23 日

定稿时间：2021 年 7 月 28 日

采访地点：苏州第二图书馆

作为总分馆服务体系的基础设施，由于具有高度集约化储存、机电一体化作业等优势，苏州第二图书馆智慧书库成为苏州市总分馆体系的物流中枢，在总分馆体系中发挥着很大的作用并受到图书馆界的积极关注。因此，e 线图情采访了苏州图书馆曹俊馆长。

一、职业生涯

刘锦山：曹馆长，您好。非常高兴您能接受我们的采访。首先请您向大家介绍一下您的职业生涯。

曹俊：我 1996 年 6 月参加工作，2010 年 10 月任苏州市文化广电新闻出版局社会文化处（非物质文化遗产处）处长；2013 年 8 月—2020 年 4 月任苏州市公共文化中心主任（苏州美术馆馆长、苏州市文化馆馆长、苏州市名人馆馆长）、党总支书记；2020 年 4 月起任苏州图书馆馆长。

在做好本职工作过程中，我还担任国家文化和旅游公共服务专家委员会委员、北京高校高精尖学科建设项目文化遗产与文化传播兼职研究员、北京师范大学艺术与传播学院特聘研究员、江苏省第五期“333 高层次人才培养工程”第三层次培养对象（中青年学术技术带头人）、中国图书馆学会理事、文化和旅游部公共文化研究上海图书馆基地特约研究员、公共文化服务大数据应用文化和旅游部重点实验室学术委员会委员、国家公共文化服务体系示范区创新研究中心学术委员等学术兼职。

这些年出版了一些学术著作，具体包括独著《“吴风尚管弦”：苏州的经典文学艺术》（人民出版社）、学术随笔集《一样春风几样青》（文汇出版社），主编《“苏州学”研究丛书》（人民出版社），主编《三生长忆是江南》（文汇出版社）、《寂寞光影》（文汇出版社）等专著。

策划主持实施“江南如画——中国油画作品展”获全国美术馆优秀展览项目和国家艺术基金资助项目、“首届苏州文献展”获全国美术馆优秀展览提名项目、“苏州美术馆建馆九十周年大展——颜文樑文献展”获全国美术馆优秀展览提名项目；策划主编《姑苏繁华录——苏州桃花坞木版年画特展作品集》荣膺“中国最美的书”、第 64 届国际设计竞赛全场大奖（NY TDC 64 Best in Show）、美国设计协会“全球年度出版物设计铜奖”（The ADC 97th Annual Awards-Bronze）、日本东京 2018 年度大奖（Tokyo TDC Annual Awards 2018），相关展览获国家艺术基金资助项目。主持的服务项目获文化和旅游部科技创新项目、文化和旅游部文化志愿服务示范项目；策划统筹女声表演唱《一条叫作“小康”的鱼》获第十七届中国文化艺术政府奖——群星奖。

二、苏州第二图书馆

刘锦山：曹馆长，苏州第二图书馆2019年12月10日正式开放以来，引起了强烈的反响。请您谈谈苏州第二图书馆的基本情况。

曹俊：苏州第二图书馆位于苏州市相城区华元路北侧、广济北路以西，建筑面积4.5万平方米，总投资4.8亿元，2016年2月开工建设，2019年12月正式对外开放。整栋建筑由德国GMP公司和东南大学建筑设计研究院共同设计，分为南北两个区域，地上6层，地下1层，外立面由5000多块玻璃组成，使得整个图书馆都通透敞亮。其建筑设计灵感来源于旋转叠放的纸张，逐层向上旋转倾斜的建筑形式与轻质遮阳铝板构成的横向立面线条，赋予了图书馆独特的建筑造型。

苏州第二图书馆始终坚持以新发展理念引领各项工作，紧扣提供以人民满意度为标尺的公共文化服务这条工作主线，推出了更多实实在在的品牌服务和体现人文温度的务实举措，让群众能够无障碍、无边界享受多层级、精细化的高品质公共文化服务。具体体现在：

第一，发挥平台优势，打造特色服务品牌。一是积极发挥苏州第二图书馆主题特色馆功能优势，有针对性地举办满足各年龄段和各层次人群阅读需要的读者活动，如“听·说 ‖ 乐读课堂”“不一样的两岁半”“苏韵流芳——苏剧的传承与保护”等，吸引更多人走入图书馆，使用图书馆；二是将借阅与体验活动相结合，将馆内阅读与馆外活动相结合，利用主题阅读空间、图书漂流设施、文化消费夜市等阵地，举办了形式丰富、内容多样的主题活动；三是关切读者多样化、品质化、个性化需要，打造彰显美好文化生活价值、促进供需适配、激发创造活力的阅读推广“中央厨房”，积极“走出去”，全力提升服务供给质量和效率。

第二，加快提档升级，推动文旅融合发展。坚持“文旅融合、全域旅游”理念。一是进一步完善国内独具特色的书香公园、书香站台等文化设施，开通苏州首条“书香文旅公交专线”，让图书馆元素走向公共空间；二是实现“服务空间”到“空间服务”的华丽转身，引入多业态，丰富图书馆载体内容，满足读者需求；

三是实现社会资源和馆藏资源融合，积极推进图书馆与机关、企事业、学校合作，探索新途径、新模式，与苏州轨道交通集团合作开展“轨道交通阅读之旅”系列活动，定制“书香列车”，与苏州市消防救援支队姑苏区消防大队携手，建立“红色初心站”党史图书室，将阅读党史书刊、学习党史知识融入消防工作，丰富消防救援人员的精神文化生活，实现资源共建共享。

第三，优化资源调配，推进文献资源建设。一是发挥智慧书库效能，探索建立苏州市公共图书馆资源共享平台暨苏州市“城市阅读一卡通”项目，发挥苏州第二图书馆地区中心馆的资源和“线上线下”的服务优势，进一步满足全市人民的阅读需求；二是依托苏州第二图书馆古籍保护中心，坚持弘扬优秀传统文化，推出“风雅总持——纪念文徵明诞辰 550 周年文献展”、“册府千华——苏州市藏国家珍贵古籍特展”，以及“吴门缥缃”古籍体验活动等，让珍贵古籍走进大众，让书写在古籍里的文字“活”起来；三是全面打响“江南文化”品牌，深入挖掘江南文化特质，聚焦江南文化主题，整合各种高端资源，策划实施高端项目，举办：“但替‘山河’添锦绣——乐震文 · 张弛 2021 艺术特展”“赵无极与他的‘江南’——董明镜头中的艺术家”摄影展等，进一步彰显苏州文化魅力，展现苏州城市品位。

三、智慧书库

刘锦山：曹馆长，智慧书库是苏州第二图书馆最为引人注目的元素。请您向大家介绍一下自动化立体书库项目策划、设计、实施以及立体书库系统构成方面的情况。

曹俊：2015 年，苏州第二图书馆智慧书库开始规划设计，2018 年 6 月进场实施，历时一年半，于 2019 年底正式上线运营。智慧书库包含后端的自动化立体书库（立体货架、堆垛机、穿梭车、拣选台、分拣系统、WMS 系统等）、前端的读者服务系统（现场借阅系统、网上借阅系统），以及连接前后端的输送线系统和物流系统。大家比较关注的也就是后端的自动化立体书库，书库设计图书总藏量为 700 万册，包含 4 个库区，配备了 11 个拣选工作台和带 56 个分拣口的快速分拣系统，达到了每天 2 万册图书的出入库效率。

刘锦山：曹馆长，智慧书库体量大，系统复杂，日常运营维护工作相当重要，请您谈谈这方面的情况。

曹俊：智慧书库相较于传统的书库还有一大优势，即高度节约人力资源，经过测算，每100万册藏书仅需管理人员2—4名。目前，我馆日常维护智慧书库的有2支团队，共20人左右。一支是操作岗运维团队，主要负责日常业务处理，人数约15人；还有一支是技术运维团队，主要负责优化智慧书库的相关系统、算法以及新增功能的开发等，人数约5人。

刘锦山：曹馆长，请您谈谈贵馆智慧书库项目的成功经验。

曹俊：自2019年12月苏州第二图书馆开馆以来，智慧书库，让苏州图书馆的服务"插上翅膀"。高度集约化储存，仅用3000平方米就可存储用于市域借阅流通的图书300多万册。机电一体化作业，达到每天2万册图书出入库的效率。融合现场借阅系统，从发出借阅需求到库内图书输送到服务台，仅需5—10分钟，效率较人工提高了4—5倍。融合网借系统，采用O2O模式提供借阅服务。读者通过电脑或手机等下单，2—3个工作日内心仪的图书就会被免费派送到指定取书点，实现"借书就像下楼取牛奶一样方便"。

最为可喜的是，作为苏州市总分馆体系建设和运营的基础设施，智慧书库项目能够对全市范围内总分馆的文献进行集中调剂和调配，构建了总分馆之间的物流中枢，提高了图书的流转效率，让我们看到了公共图书馆市域一体化发展的可能性。2020年底，苏州图书馆启动实施"苏州市公共图书馆资源共享平台暨苏州市'城市阅读一卡通'基石工程"（以下简称"共享平台"），逐步整合共享831个分馆、116个24小时图书馆、203个投递服务点构成的公共图书馆总分馆服务体系，这一举措将直接拉动全市域图书借还量至少增长30%以上，同时重复书目复本数至少减少25%，助推有"苏州模式"美誉的总分馆体系再次华丽升级。

当然，"共享平台"项目的实施，也只是我们借助智慧书库作出的一次积极有益的尝试，如何更有效地发挥智慧书库的作用，我们能说的、能做的还有很多。比如：进一步加速推进沪苏同城化，促进沪苏两地公共图书馆资源的共建共享；深度融入长三角一体化发展，建立并完善公共图书馆市域内的"小循环"，做大做强长三角公共图书馆的"大循环"等。

岳修志：打造有温度的图书馆

［人物介绍］岳修志，南开大学管理学博士，研究馆员，中原工学院图书馆馆长。研究领域主要为竞争情报、信息资源管理，信息管理与信息系统。主持国家社科项目 1 项，完成河南省政府决策项目 1 项、河南省教育科学项目 1 项、河南省档案局项目 1 项；主编图书 2 本，发表论文 56 篇（其中核心期刊论文 39 篇），单篇论文被引次数较高的前 3 篇分别为 153、121、95 次。曾经社会兼职有：中国图书馆学会阅读推广委员会委员、大学生阅读推广委员会副主任；河南省图书馆学会副秘书长、信息资源开发委员会副主任，河南省高等学校图书情报工作委员会阅读推广专业委员会主任等；曾讲授“信息检索”“竞争情报”“信息资源管理”“知识产权文献分析与利用”“知识产权战略”“专利检索与分析”等课程。

采访时间：2019 年 10 月 9 日

初稿时间：2019 年 11 月 30 日

定稿时间：2020 年 1 月 16 日

采访地点：中原工学院图书馆

随着投入的持续增加，图书馆办馆条件不断改善。在内涵建设过程中，如何打造一座读者自己的图书馆，使读者进入其中有如沐春风之感，这是诸多图书馆人深入思考的问题。中原工学院图书馆岳修志馆长，多年来致力于阅读推广、图书馆管理的理论研究与实践工作，对这一问题有着系统的思考，他提出“打造有温度的图书馆”，见解颇深。

一、职业生涯

刘锦山：岳馆长，您好！非常高兴您能接受e线图情的采访。首先请您向大家谈谈您的职业生涯和学术研究情况。

岳修志：谢谢刘总。1990年，我考入中原工学院机械设计与制造专业，1994年毕业留校在人事处工作。后来在机械系工作2年多，1996年10月底到图书馆工作到现在。我到图书馆以后，作为一个普通馆员在流通部工作了两年多，那时候的图书馆就是现在的北校区图书馆，不是很大，工作人员也比较少，30多人。图书馆流通部是一线工作岗位，我在那里和学生打交道最多。流通部的图书馆员也是最多的。我一直认为那两年的工作经历是我的财富，那两年给了我机会，让我和最普通的、最一线的馆员接触。

因为我平常喜欢计算机，两年多以后我到采编部工作。当时的机房在采编部，采编工作也负责服务器管理。之后我到信息技术部任主任。2005年脱产攻读博士学位，2008年博士毕业，2009年担任图书馆副馆长，2015年主持图书馆工作，当时张怀涛馆长借调到校史馆。2017年我担任馆长。我毕业之后除了两年半在其他单位，基本上一直在图书馆工作。

我从1998年开始读合肥工业大学的在职研究生，2003年拿到学位证，读的专业是机械制造机械自动化。当时比较凑巧，我的导师研究工业工程，他当时做的项目是数字化企业，就是ERP系统开发。我当时已经在图书馆工作了，我想将研究论文的方向和图书馆结合，就选了复合图书馆数字化管理。2001年，初景利、李致忠等人的几篇关于复合图书馆文章引起我的重视，对我影响比较大。因为当时我感觉图书馆的资源是数字、纸质并存，如何建设复合图书馆有疑问，管理手段当时也比较欠缺。当时我感觉对于图书馆所有资源，不管是纸质的还是数字化的资源都要进行管理，所以硕士研究生毕业论文就写了复合图书馆方面的选题。

硕士论文的题目是《复合图书馆数字化管理研究》。

2005年，我去南开大学读博士。读博士一方面是为了个人发展，另一方面是因为我想解决自己的一个疑问。我一直在思考，为什么国内图书馆的服务质量、老百姓对图书馆的认可度没有国外高呢？当时张怀涛是我们的书记，我就向他请教这个问题。当时我在图书馆工作了近10年，我一直在思考，为什么我们的服务就上不去？我们的资源建设为什么上不去？张书记说纵向比较，图书馆已经有了很长足的发展，横向对比我们和国外还是有很大的差距，但是要把图书馆放在一个发展的过程中来看待。到南开大学之后，我的导师给我的研究方向是竞争情报系统，其实我一开始没有想到会研究这个方向，但是很快我觉得这个方向值得研究。因为竞争情报会借助很多信息技术，这方面我还是比较擅长的，同时它毕竟带有一些神秘色彩，或者说是一种更高端、更智能化的研究，我还是愿意做这方面的工作的。原来我跟柯平老师学习，知识管理方面的文献我看得还是比较多的，我对机构知识库也有兴趣，但最后还是选择竞争情报系统方向，所以博士期间主要是竞争情报系统的研究。

博士期间收获最大的还是各位导师上的课，像柯平老师、王知津老师、我的导师刘玉照老师。我们上课之前，学生要在下面要找很多资料看，在课堂上讲，然后老师点评，这种方法极大地刺激我们去思考。学术规范性方面，柯平老师给我的指导很大。当时感受最深的是读博士一年之后，大家不会写论文了，其实是对于写论文有了更严谨的要求。我从2002年发表论文，基本上发表在核心期刊上，很少在普通刊物上发表。但是读博士期间，我就感觉不会写了，当时意识到自己有很多问题。就像我现在给我们馆员经常讲的，大家想写论文了，从实践中出发，实践中存在的问题怎么解决就怎么写，这种写法前些年还可以，现在不行了，因为大家研究水平都高了。那怎么办呢？就要查资料，这些问题在学术资料上哪些人已经提出办法了，这就相当于文献综述，然后还有一些学术上的理论，不能说就是自己解决，实践一定要与理论结合。我觉得当时我们写论文确实很困难，通过上课提高很大，这是我收获最大的一点。第二点就是我的导师刘玉照老师，他现在已经退休了，今年都75岁了，他非常注重实践，他认为即使上博士，如果不去一家企业进行实践，就在那儿空想，光查资料，意义不大。这两点对我感触很大。

毕业之后我回到图书馆。当时张怀涛馆长和崔波秘书长在中国图书馆学会阅读推广委员会全国大学生阅读委员会，正吸纳新会员，我有幸加入了，主要关注阅读推广实践。2010 年，我开始陆续发表阅读推广方面的论文，近 10 年来一直关注阅读推广。2015 年，我的课题“阅读推广活动评价指标及其实证研究”获得国家社科基金项目资助。这就是我的职业生涯和学术研究情况。

二、学术研究

刘锦山：岳馆长，请您向大家谈谈您在竞争情报和阅读推广两个领域的主要观点。

岳修志：从上学到 2012 年左右，我对竞争情报关注比较多。我给本科生上竞争情报公选课，这么多年也没有丢掉，但是课研成果比较少。怎样让学生了解竞争情报，我还是做了大量工作。首先，竞争情报其实就是情报学的一部分，对以前的情报学研究内容不能忽视。信息到情报到知识的观点，我觉得是对的。其次，我们要多关注竞争情报在企业、在行业的实践。2018 年上半年，我去株洲参加竞争情报分会的一个学术会议，从会上了解到，中车株洲所、一汽、宝钢其实对竞争情报还是很关注的。竞争情报原来主要在局部或者小范围分析竞争对手，现在竞争情报应该重点考虑战略规划，与企业战略要结合。实际上 SCIP 原来是美国竞争情报从业者协会，2010 年以后改成了美国战略与竞争情报从业者协会，与战略结合，当时已经改过来了。竞争情报一定要为企业和公司提供洞察力，外国人也这么提。我给本科生上课也这样提，一定要提供洞察力。报告中体现洞察力，可能是几句话，也可能是比较长的，可长可短，但是一定要有新意。严格按照框架和研究方法来，洋洋洒洒上万字，如果提供不了洞察力，价值就不大。因此，竞争情报一定是有用的，一定提供对企业有用的信息。

目前竞争情报受到大数据、人工智能的挑战。我们上学时候的信息技术，像当时的内容管理技术，像 IBM 提出来的智慧地球，已经对竞争情报提出了严重的挑战。我们在竞争情报计算机分析，即竞争情报信息化方面做得不足，当然想结合也是比较困难的。最近我们学校成立一个网络舆情研究中心，这个中心属于河南省教育厅，中心主任原来是计算机学院的院长，他们的计算机编程能力很强，但是对情报分析方法不太熟悉。我们一直想将二者结合，但是结合还是有难度的。竞争情报在国内走的道路有几方力量，研究者和企业，研究内容和实践结合并不是非常紧密，中国科技情报学会竞争情报分会想做这方面的工作。竞争情报研究不光是图书情报学界在研究，要想发扬光大，一定是各行业、各学科都参与进来，而这种参与也可能是从原始自发的状态到最后自觉的整合状态。

刘锦山： 竞争情报与智库服务关系密切。

岳修志： 智库开始的定位就是为战略服务，为国家、区域战略服务。智库对国家和区域战略服务的可能更多一些，学界把竞争情报定义为产业、行业、企业的竞争情报，虽然有提到为国家的战略服务，但是这方面做得还是比较少。智库与我们原来的研究系统，像社科院、中科院有紧密的关系，现在很多大学也在建立各种战略和中心，与智库也有关系。但是我觉得智库是一个新的概念。

刘锦山： 岳馆长，请您再谈谈阅读推广方面的研究成果。

岳修志： 阅读推广活动从 2009 年开始到现在 10 年了，活动内容、形式和数量都丰富了很多。原来不知道怎么做推广，原来比较注重读书节的活动启动仪式和闭幕式，到现在长年累月持续开展形式多样的阅读推广活动，变化很大。例如，学院教授提出来的分众阅读，根据读者的特点和运作规律开展阅读推广活动，高校在新生入学季、毕业季，开展有特色的阅读推广活动，针对男生、女生和不同年级学生，针对不同爱好的学生开展各种各样的活动，活动形式内容都非常丰富。现在自主经费也比较多，各个高校，尤其是公共馆这些年来做得更多，不断形成品牌，例如中原工学院举办的中工诗会，郑州大学举办的挑战 24 小时活动等，现在有越来越多新的栏目，慢慢形成了品牌。河南省图书馆的豫图讲坛，每周一次，也形成了品牌。整个阅读推广的发展，经历了从开始探索到现在的百花齐放。

现在我关注两个方面的问题：一是阅读推广要注重实效，要进行评价，其实不是因为阅读推广不好才去评价，而是阅读推广活动在发展过程中，有些问题被我们忽略了，或者说产生了新的问题，需要我们重视。例如，有些阅读推广活动搞得轰轰烈烈，但是热闹过后什么也没有留下；二是对阅读推广投入的资金我们要谨慎使用。我关注这两方面问题目的是推动阅读推广活动高质量发展。我们课题组研究过，把阅读推广的要素进行排列组合可以推出很多活动，例如读者属性、图书类型、图书馆属性，可以列出很多，这些属性交叉匹配就有很多排列组合，因为读者属性、图书馆属性、读物属性有很多，每一个属性对应其他属性就有很多可能性，可以推出很多类型的图书馆阅读推广活动。随着阅读推广活动的发展，现在大家对常规的阅读推广活动并不是很关注了，现在更关注一些特色活动。结合学校自己的特色，结合自己的本土资源，根据读者的特点推出一些特色阅读推广活动。阅读推广评价要注重五个方面的绩效：第一是管理绩效，管理绩效很重要，因为它对阅读推广活动的过程、效果有很大影响。第二是经济绩效，虽然阅读推广活动是公益性活动，但是也要合理利用人财物，实现效能最大化。第三是社会绩效，现在的阅读推广活动还是以政府投资为主，无论高校图书馆还是公共图书馆，以及各行各业，要考虑阅读推广的社会绩效。第四是生态环境绩效，做活动时用的海报、宣传条幅和幕布，半天就结束了，如果有更环保的方式会更好一些。第五是可持续发展绩效，同样的活动能否可持续发展，去年做了今年是否还能做？创新形式是一方面，但是有一些活动，如传统活动能做还是要做的；当然不仅是活动自身的可持续发展，还包括经济投入的可持续，高校图书馆还是公共图书馆，每年的阅读推广活动要进行经济投入，不能今年投入5万元，明年就没了，这种经济投入就不可持续了。还有环境与资源的可持续绩效、社会发展的可持续绩效等需要注意。另外我们每次邀请专家做报告，一定要将专家及其报告当作资源利用起来，把讲座报告通过影音方式保存下来，三五年之后，我们还能继续利用这些资源。

最近十来年，我在阅读推广方面的研究成果比较多，在《图书情报工作》《大学图书馆学报》《国家图书馆学刊》等专业期刊上发表了一些文章。

三、以人为本

刘锦山： 岳馆长，最近20年，我国图书馆事业获得了长足的发展，图书馆的办馆条件以及各项工作都取得了很大的进步，在这种情况下，图书馆如何能够办得更好，真正成为人们获取知识和思想的精神家园，是大家都在思考的一个问题。我们都知道，实践都是在理论指导下的实践，新的实践需要新的思想，图书馆实践更上一层楼需要新的思想来指导。因此，我想请您结合您的工作实践和学术研究这两方面谈谈您在图书馆办馆思想和理念方面的思考。

岳修志：总的来说，图书馆事业确实取得了长足的发展，办馆条件都很好了。但是，我们要注意到，现在社会网络技术发展非常快，获取信息的途径增加了很多，大家的思想状态也发生了很大的变化，尤其是年轻人。虽然图书馆的办馆条件和各项工作取得了很大的成绩，但实际上还是原先的办馆思想在起主要作用，比如我们现在很多评价指标都是馆藏、空间、现代化设备、人员等，这些评价指标都是根据以前的思维设置的。现在图书馆的功能已经基本上固定下来了，大家都认为图书馆应该是一个很安静的地方，但是现在我们图书馆一楼大厅，不知不觉形成了一个学生的朗读空间，这个空间前面是服务台，从服务的角度来说，其实我们需要一个安静的空间，但是学生逐渐在一楼大厅朗读，就慢慢形成了一个朗读空间。我们图书馆其实在八楼的报告厅提供了空间，想让学生到这里朗读，但是来的人少，也不太方便，所以就在一楼大厅形成了朗读空间。就这件小事而言，学生对图书馆的需要，不见得一定是图书馆要求的那样。

现在学生家里条件都非常好，衣食住行远远超过了学校的条件。我们上学的时候，农村条件非常苦，我们看到大学里面所有的设施都比家里好。但现在基本上反过来了，家里条件比学校条件好，学校要想提高条件，可能就会出现天价宿舍。我一直觉得现在我们国家经济高速发展，富裕了，但是学校条件包括图书馆的服务没有跟上。学生已经非常方便地通过手机、平板电脑等来使用图书馆资源，但是我们图书馆仍然停留在原来的服务水平上面，图书馆的电脑如果没有学生家里的电脑高级，谁还会用它？当然我们不排除有一些贫困学生，到现在没有电脑，就可以到图书馆来使用电脑。但是很多情况下，我们做过调查，很多学生来大学报到就带着笔记本电脑，带着 iPad，带着手机，有的学生没带，入学后也会慢慢配置。如果学生的电脑比阅览室的电脑还要高级，他为什么还有兴趣来呢？

现在讲文旅融合，其实我们可以向旅游学习。很多旅游项目并非就是一个景点，而是开辟了很多体验式功能，像一些特色小镇，就会告诉游客前面吃的东西，后台是怎么做出来的，会让游客来看，例如醋的加工、酒的生产，前面卖的是产品，后面让游客参观生产过程，让游客体验，获得体验感。我一直感觉读者在图书馆获得的体验感比较少，读者到图书馆以后，图书馆给读者提供了知识，但是很安静，很严肃，有时候甚至冷冰冰的感觉。现在图书借阅率呈下降趋势，很多馆都是这样。哪里出现了问题？我总结就是图书馆缺乏温度。

我出差时到兄弟图书馆参观，有时候不愿意打扰馆领导，有时候也不认识馆领导，就自己走进去，有时候也会想着如何通过门卫，也有很多机会能够通过门卫，包括通道仪和通道机，我也能进去，进去之后自己就在图书馆转转。我发现对于陌生者来说，虽然有身份证，但是如果没有借阅证，要进入一个图书馆陌生者是很胆小的。即便进了图书馆，如果想进一个特色阅览室，旁边的工作人员会询问进入者有没有证件，因为这是善本书库、特色书库。没有借阅证的人一般很胆小，不敢进去。我有一次在一个阅览室门口探了几次头，旁边的工作人员也没抬头，我就进去了。我转了一圈，出来之后，我和工作人员互相对视一眼，微笑一下，我就出去了，我感觉挺温暖，因为人家让我进去看了看。其实我也感觉到我们图书馆，有些指示牌、标语等，确实缺乏一些温度。读者来这里没有感觉到这是读者自己的图书馆。

读者感觉到进入了图书馆，利用图书馆的资源，要遵照图书馆的规章制度。当然，图书馆一定需要一些规章制度来引导、告知读者，但是我们确实没有做到提供很贴心、很温馨的有温度的服务。

刘锦山：岳馆长，您提出打造有温度的图书馆，这是非常好的理念和思路。请您结合贵馆的实际情况谈谈什么样的图书馆才是有温度的图书馆？

岳修志：我可以结合我们图书馆自身的情况谈谈我的一些想法。应该从几个方面共同支撑有温度的图书馆。首先是馆员，其实我一直不提倡一些重要人物到图书馆参观或者指导工作时，馆员就站起来面带微笑。馆员该做什么样的服务就做什么样的服务。但是对用户而言，我一直要求我们馆员要知书达礼，文质彬彬，读者咨询问题，不能说这个不归我管，然后直接交给部主任或者交到哪个阅览室。这不行，采取首问负责制，读者找到馆员，如果馆员解决不了读者的问题，馆员就要带着读者到某个部门解决，最后馆员要知道读者的问题解决了没有，馆员始终要知道这些过程。有没有温度是通过馆员来体现的，知书达礼就是馆员要对图书馆的文献资源了解很多，其实我并非让馆员把《红楼梦》读 10 遍，把《三国演义》读 10 遍，去了解到那种程度。我更关注的是馆员要对图书馆的印本和数字文献资源有所了解，当读者咨询的时候，馆员有充分的知识资源准备。除了资源情况，还有图书馆的使用情况、图书借阅率、各阅览室的借阅情况等，馆员都要了解。

第二是环境，有温度的图书馆要营造出一个很温馨的环境。现在很多图书馆里摆了很多绿色植物，也有一些标语，书架非常整齐。我觉得对资源还是揭示得不够，图书馆是知识的海洋，一排排的书架排在那里，要作更多的揭示，让读者了解哪些书借阅量比较大。揭示的内容要及时更新。

第三是服务，一些图书馆的在线服务做得还比较欠缺，图书馆网站建设不是对读者建设的，更多的是针对图书馆的管理者和图书馆的上级管理部门建设的，这是给图书馆同行来看的，因为新闻、报道、公告总是放在比较醒目的位置。但是读者要找到一种数字资源，要点击、再点击，可能会点击好多次才能进去，谁能知道一个数据库在哪个位置？上半年我与信息部考虑这个问题，我说一定要面向用户，一定要把图书馆的资源放在最核心的位置，而且我要求从首页开始找到一个数据库的点击次数不要超过 3 次，最好能一次找到，不要害怕图书馆的网页一页显示不完，可以用下拉的方式，新浪、搜狐不都是一下子很长的页面吗？

另外，数据库的分类要科学实用，要更面向读者。现在很多图书馆是这样分类的，中文数据库、外文数据库，自建数据库、试用数据库，网络免费数据库……实际上，试用数据库和购买的数据库，其实读者并不了解，只要能用就行了，所以一定不能这样分类。其实可以按文献类型进行分类，例如期刊，把中文期刊数据库、外文期刊数据库、试用期刊数据库、开放获取期刊资源都放在一起，读者想看的期刊在这里都可以看到。图书数据库也可以按照这种方式来分类。最好一页呈现下来，在主页上都能显示出来，每个数据库直接链接到库。其次，让读者很容易找到图书馆的服务，图书馆开放时间、联系方式很容易找到，读者想反映意见，能很容易去反映。图书馆提供了邮箱、手机号、座机号，这也可以，但能不能网上提交？服务还是要以面向用户为主。《普通高等学校图书馆规程》2002版和2015版一个很大的区别是，2002版有“读者第一，服务至上”类似的话语，这是图书馆的服务原则，2015版里改成“以人为本”了。“以人为本”是以谁为本呢？以用户为本，因为用户的需求才是图书馆真正要做的。服务这块以网络服务为主，现在学生使用图书馆资源主要通过图书馆的微信平台或者相关软件，入口要把握住。一定要发挥微信平台功能，我在2015年就注意到这个问题。当时微信平台还不是很多，高校图书馆用微信公众号的也不是特别多，我认为这是一个弯道超车的机会，在微信公众号面前，清华大学和中原工学院的机会是一样的。经过这几年发展，我们看到公共图书馆里面湖南省图书馆的微信公众号排名比较靠前，每天都更新，不是每天更新一些图书、推荐一本书，而是讲一个故事后跟一本图书。河南工业大学图书馆的微信公众号也不错，在全国高校图书馆的排行还是比较靠前的。为什么河南工业大学图书馆能冲上去？人家把握住机会了。我一直要求中原工学院图书馆的微信公众号要往上提高一个层次。其实这方面大家的实力差不多，我在为公共图书馆做培训讲座的时候也说，每个县级、市级图书馆，微信公众号作用非常大，远远超过了现在做的很多工作。因为现在的年轻人，包括我们中年人都用微信，那为什么我们不在微信上推荐自己的服务呢？

第四是感觉。我最近看了一本关于思维创新的书，其中谈到几点。其中的一点就是要转变话语，就是要用读者、用户喜欢的方式语言。我记得有一年为了引导读者工作，我们在网上找了一些类似漫画的头像，引导读者把垃圾丢在垃圾筒、上厕所冲水、保持安静，印了以后贴到图书馆的各楼层。当时有个新闻媒体还报道了，说有的学生很早就起床，就是为了来图书馆看这些文明标语。如果是很严肃地说请把垃圾丢在垃圾筒，现在年轻人思想都比较活跃，不一定能听进去，以调侃的方式、以自黑的方式来传达这种理念，可能年轻人接受得更好些。我们要转变自己的工作态度，要和学生共振。学生的思维方式不是那种严肃的思维方式了，我们就要用一种灵活的方式来对待，宣传标语、文明读者公约、规章制度，能不能更活泼一些，更吸引眼球一些。我们上大学的时候，严肃的规章制度我们觉得很好，现在不一样了，我们要用这种灵活的方式来吸引学生，来吸引更多的学生来图书馆。

四、不忘初心

刘锦山：岳馆长，您从馆员、环境、服务、感觉四个方面介绍了什么样的图书馆才是有温度的图书馆，我相信读者进入到这样的图书馆应该有如沐春风之感。下面请您从管理的角度谈谈如何打造有温度的图书馆?

岳修志：打造有温度的图书馆关键在人。打造有温度的图书馆，是希望馆员能够给读者以温度。我们知道，从能量守恒原理来说，馆员给读者更多的温暖服务之后，也需要营养补充，也需要温度补充。我们去海底捞火锅，感受到服务员热情的服务态度，顾客在海底捞走到哪里都有服务，等候的时候有人服务，入座之前一路都有人服务，有人引导，其实我不太清楚海底捞是怎么做到的。一个人每天这样热情服务，能量迟早是会被消耗掉的。海底捞肯定采取了很多措施，让服务人员始终充满热情，肯定有待遇方面的措施，但我想更多的可能是职务提升和精神关照、对员工工作的认可、评优评先，可能会和待遇有关系，但很多时候也是一种人文关怀。我觉得要想让图书馆有温度，一定要让馆员有温度，要想让馆员有温度的话，我们就要从很多的角度关心馆员的个人发展。

馆员要有温度，可以从礼节、工作流程上让馆员有温度。图书馆领导要给予馆员大力的支持。此外还有能力提升，比如图书馆的服务标语、宣传册、简介的拟订，其实都需要馆员在熟悉图书馆各种业务基础上完成，没有能力的提升是不行的。

第一是图书馆员的态度，第二是能力，能力还要提升。其实有温度的图书馆也不能完全涵盖图书馆所有的工作，但是我们尽量在所有的工作中体现一定的温度。图书馆员现在还面临转型和升级等压力，现在一线借还书、管理图书的岗位在减少，但图书馆新的任务在增加。近几年对知识产权、信息服务提出了新的要求，要求有能力的高校图书馆成立知识产权信息服务中心，为学校的知识产权工作服务，为学校学科建设、科研工作服务，图书馆现在缺乏这样的人才，这需要馆员学习。图书馆提供有温度的服务，能让用户感受到是为了用户考虑的。我们最近对学校专利进行分析，然后根据常规研究方法写分析报告，我们自己不是太满意，站在我们的角度好像我们有这方面的能力和才华，但实际上没有抓住用户的真正需求。我们走访了几个二级学院的负责人，他们提出的要求实际上我们有些还做不到，我们的报告也不能完全满足他们的需求。因此，温度也代表着满足用户的需求，用户的需求被满足了，心里就暖和了，就感受到图书馆的温度了。因此，能力非常重要。我们馆员要适应现在新形势的发展，随着现代化技术的发展，很多岗位已经不太适应现在的需求了，一些岗位越来越少了，同时会有新的岗位出现，这就需要馆员能够适应角色。

我们能不能采取送书上门这种服务？我们虽然不能直接送到每个读者手里，但是针对老师借还书，我们前段时间也讨论过，能不能把老师需要的图书送到各院系办公室？我们也在想一些办法。图书馆转型升级是个一定要思考的问题，不一定是个很严峻的问题，但起码是我们一定要思考的问题。

我们图书馆从 2019 年上学期开始，在国家法定节假日开放，中秋节、国庆节等节假日都开放。实际上，这方面的榜样不少，公共图书馆大年初一都开放，我们学校的保卫处、后勤部门节假日也要工作。学生如果想来图书馆了，但图书馆没有开门，感觉不太好。图书馆需要吸引更多的用户来图书馆，因为图书馆不是爆满的，图书不是天天被借得一本不剩，天天学生都来，所以现在我们还需要吸引学生。我们学校近几年加强学风建设，学生不会管节假日到了没有，一直在利用图书馆，如果节假日图书馆不开放，让学生这几天换个地方学习，也不太合适，所以我们图书馆从这学期开始法定节假日也要开放。我查了查，在高校图书馆里面我们可以说走在前列了。北京大学图书馆、郑州大学图书馆、河南大学图书馆，他们在国庆节期间是不开放的。就开放时间上而言，我们也可以说走在前列，早上 6 : 40 开放，晚上 10 : 00 闭馆。我们现在几乎没有学生排长队进图书馆的场面了，近年来我们的开放时间从 9 : 00 提前到 8 : 30，然后又提前到 7 : 40，还是有排长队的现象，我们就提前到 6 : 40 开馆。有的人就问了，6 : 40 学生如果再排长队，能提前到 5 : 40 吗？我说不会的，因为根据生活作息规律，6 : 00 起床再走过来，6 : 40 开放就可以了。现在 6 : 40 开，最多有十几个人排队，这是可以理解的，但是要等 7 : 40 开放，可能会排到 100 个人。我觉得这也是我们打造有温度图书馆的一种表现，要适应读者的需求。

有人说这样把学生惯成什么样了，我说他们能来就不错了，他们能来利用图书馆就说明图书馆还有用，学生不来图书馆，那图书馆更不行了。现在学校开展“不忘初心、牢记使命”主题教育，我们要更多地反思自己的不足，而不是对学生提出更多的要求和限制。这会让图书馆的管理更加公开、公正、开放、公平。我们有一个校长信箱，学生对图书馆有什么意见直接反映到校长信箱。学生通过校长信箱给图书馆提的意见也不是特别多，现在我能做到我自己尽量 24 小时以内回复，而且要求我们图书馆的工作人员与反映问题的学生直接联系，因为学生留有手机号，不仅是图书馆官方给一个回复，而且和学生直接联系、见面解决问题，这样做才有温度。有温度的图书馆其实还是“以人为本”，就是“以人为本，以读者为本”。但是有个问题一直没有得到很好的解决，就是图书馆的管理者如何给予馆员们人文关怀，让馆员能够提供给读者更多的温度，我们如何给馆员更多的温度，这是需要深入思考的问题。

任瑞娟：图书馆之树常青①

［人物介绍］任瑞娟，博士，三级教授，硕士生导师，现任河北大学图书馆副馆长。河北省百名优秀创新人才，河北省优秀专家出国人选。中国科技传播学会理事、河北省新闻教育学会理事，河北省高等学校图工委副秘书长。自2010年以来，主持国家社科基金项目2项、部（省）级项目8项。研究项目包括“基于分布式数据库构建分布式本体的设计与实现”“大数据背景下的数据新闻制作流程与语义构建研究”“基于关联数据的本体发布与重用实证研究”等。近年来在《中国图书馆学报》《大学图书馆学报》《情报学报》等核心刊物发表论文30余篇。以第一责任人获得部（省）级科研奖励多项。

采访时间：2017年4月6日

初稿时间：2017年6月12日

定稿时间：2017年6月30日

采访地点：河北大学图书馆

互联网时代图书馆的发展问题是近年来国内外图书馆界普遍关心的一个重要

---

① 原文于2017年7月1日发表在e线图情（http://chinalibs.net/ArticleInfo.aspx?id=420156），本文有删节。

的理论和实践问题。河北大学图书馆副馆长任瑞娟教授多年来致力于图书馆理论与应用研究，特别是对于本体与关联数据等语义网相关技术的研究、高校图书馆核心竞争力的研究以及对图书馆未来发展趋势颇有独到见解，为进一步推进图书馆学理论研究与图书馆事业的发展，e线图情采访了河北大学图书馆副馆长任瑞娟教授。

一、成长经历

刘锦山：任馆长，您好。非常高兴您能接受我们的采访。请您先向读者朋友谈谈您的求学和职业生涯方面的情况。

任瑞娟：谢谢刘总。很高兴接受e线图情的采访。

我的本科、硕士和博士都是在河北大学取得的。1992年，我获得本科学历，专业是应用物理，获理学学士学位；2006年获得管理学硕士学位，图书馆学专业，顾萧华、杨文祥教授是我的硕士导师；2016年获得文学博士学位，专业是新闻传播学，白贵教授是我的博士导师。应用物理专业属于理科，我的下届就改为光学工程，属于工科。图书馆学是一个典型的管理学学科门类，新闻传播学在国内属于文学学科门类。这是三个学科门类的一个跨界，非常有挑战性。实际上，也幸亏这三个学位的取得所跨时间比较长，使自己的学习和研究有一个吸收和掌握的过程。如果本科毕业直接读硕士，再读博士，这么大的跨界是消化不了的。每一个专业的学习内容都有十多年的消化时间，因此，我还没觉得特别费劲。因为从硕士到博士期间，我主要研究的是对信息进行加工基于本体与关联数据的语义化组织，对数据的分析与可视化等，特别是基于本体与关联数据的语义化关系挖掘的理论方法在新闻传播学中用处也很多。

拿到新闻传播学的博士之后，我也指导新闻传播学的研究生，但我更愿意和大家说我是图情界的人。因为，我从1992年大学毕业到图书馆工作至今已满25年。从2006年开始担任河北大学图情档一级学科的硕士生导师，2010年，这个硕士点变成了一级学科硕士点，我也做了一级学科硕士点的原创学术带头人。我的研究方向是知识组织与知识管理，2017年我们可能有机会申报博士点。2006

年到现在，我指导的研究生也有二十多个了。有的弟子在图书馆业界开始走向领导岗位，有的做了部主任、馆长助理，还有的做了图书馆业界的骨干，我觉得非常欣慰。

我从1992年毕业开始一直在图书馆工作，2000—2015年任技术部主任，满15年，2006—2015年兼任信息部主任，近10年。这两个岗位非常锻炼人，也让我对图书馆业界的一些工作包括前沿问题有了更深入的认识。我在硕士生教学中主讲“数字图书馆前沿问题研究”“图情信息技术”。这样，我的工作和教学基本上能够呈现一种相得益彰的互补关系，教学和工作并没有互相牵扯精力，而是交互融合的一种关系。经常有一些兄弟馆请我过去介绍一下研究和工作的关系。其中也去过中国人民大学图书馆，给中国人民大学图书馆同行和图书馆学的博士做过关于“分布式本体的设计与实现”“基于本体与关联数据的知识组织”相关学术报告并进行工作交流，探讨将研究成果如何应用到实际工作的书目数据的语义化组织中，2017年4月10日，我参加同济大学图书馆召开的“新技术时代大学图书馆领导与管理创新国际会议”，会议期间应邀到上海外国语大学图书馆做“基于关联数据的知识组织与知识服务”的学术报告，并讨论在书目信息的关联化组织与语义化发布的方法与工具。大家可能认为我在本体与关联数据方面的学界研究与探索对业界实际应用有些帮助，或者说也是我的研究理论与实践相结合的一些特点吧！

刘锦山：任馆长，您的硕士论文的题目是什么方向?

任瑞娟：我的硕士论文选题就是我的第一个国家基金项目的来源。我于2006年获得硕士学位，论文的题目是《基于分布式数据库构建分布式本体的方案设计》。2007年拿到的国家基金项目就是在硕士论文基础上做的一个实现，题目是《基于分布式数据库构建分布式本体的方案设计与实现》。硕士论文是国家基金项目的一个重要参考文献，或者说是研究基础。

刘锦山：博士是哪几年读的?

任瑞娟：2013年到2016年，全日制，三年如期毕业。

刘锦山：读书期间还在工作?

任瑞娟：对。

刘锦山： 博士三年毕业的，非常难得。

任瑞娟： 谢谢鼓励。因为我父亲去世，博士论文几乎要延期，但我导师比较强势，赶着我。还有一个原因，我觉得如期毕业也是对父亲的回报，因为我父亲一直比较在意我的学业及工作中的成绩，我被聘为三级研究馆员后转评为三级教授也是为完成老父亲的一个心愿。

刘锦山： 您的博士生导师是哪一位？

任瑞娟： 博士生导师是白贵教授，当时是新闻传播学院的院长兼学科带头人。现任学校一级特聘教授，学科带头人。

刘锦山： 您的博士论文的题目是什么？

任瑞娟： 博士论文题目是《数据新闻研究》，与我原来的图情方向的数据组织与分析等相关，国内数据新闻兴起也正好是我读博期间，国外是 2012 年兴起的，国内是 2014 年才爆发的数据新闻的研究热潮。刚好赶到了一个热点。我的博士论文刚开了题，就申报并获准了国家社科基金项目，题目是《大数据背景下的数据新闻的制作流程与语义构建研究》，当时申报重点项目。

刘锦山： 您还是真厉害，本来博士三年毕业还是相当有难度的。

任瑞娟： 我想能够如期毕业与这个内容很新有一定关系，参考文献比较少，创新点比较大。我觉得最后支撑基金下来的主要原因是创新点比较大。因为这是个新东西，国内 2014 年才开始。在我博士还没毕业的时候，学院就让我做了新闻传播学的硕士生导师，教授新闻学、传播学、新闻与传播专硕三个专业的研究生课程——“数据新闻研究”。

刘锦山： 您家是什么地方的？

任瑞娟： 我家是石家庄的，我小时候叫石家庄市郊区，大学毕业以后叫石家庄市新华区。我祖籍其实就是石家庄的，我祖父和父亲那会儿是在重庆，我是在石家庄出生的。重庆那边还有我们家族的一些东西，重庆地图上有个特别特别小的地方叫“任家坡”，那里有我的祖先、我爷爷奋斗的足迹。我爷爷毕业于太原的一个法国教会学校，当时似乎是叫“太原铁道学院”。毕业就被当时的部队选去做文职参谋，再后来南京失守后又到重庆安了家。我的家族是一个挺有历史的家族，现在可以找到的家族购买房屋、土地的地契是咸丰三年的。我爷爷喜欢作画，水墨山水是他的最爱，小时候家里的中堂画就是爷爷画的。我父亲也是从小上私塾长大的，喜欢写毛笔字，一直到他退休，邻居们过年贴的对联福字都是他写的。所以，家里在传统文化方面对我还是很有影响的。“百善孝为先”，“人之初，性本善”，这些都是我小时候常背的东西。当然，不同年纪对这些内容的理解不一样。“吃亏就是占便宜”可以说是我们家的家训。我一直到30多岁对它的理解才更深入透彻，这是家庭给我的影响。

二、关于硕士论文与本体研究

刘锦山：任馆长，您的求学经历，我觉得挺有趣的。本科是理工科的，硕士是管理学的，博士是新闻传播学的。您做图书馆工作正好跟国外对图书馆学、情报学的硕士培养机制是一样的，一般都是要双学科的。刚才看您主编的书:《重点基础研究战略前瞻研究》《汉语基础语料库及其网络调用平台》，如果没有理科的基础和背景可能不是太好做。下面请您围绕您的两篇学位论文，谈一下您在学术研究方面的情况。您的硕士论文是《基于分布式数据库构建分布式本体的方案设计》，您刚才说了，本体研究支撑了对知识组织、知识管理的研究，也是知识组织、知识管理研究中的核心。请您围绕硕士论文的题目谈一下知识组织、知识管理本体构建这方面的研究工作。

任瑞娟：其实，在硕士论文的撰写和构思的过程内容中，我当时为什么有想法要研究本体这个东西呢？我们都知道本体是语义网的核心技术，是语义组织最重要的一个基础。2005年，我在确定了这个选题思路之后查了一下WOS平台，全世界做本体（ontology）研究最早的是1985年的计算机学科，图情学科做本体研究的人最早把本体叫作概念集（concept collection），始于2000年左右，当时判断从图情学科选择切入点是可行的思路。由于我经常关注互联网的一些研究和W3C的网站、RDF、元数据的研究，以及这20多年的实践也让我觉得图书馆的发展，包括网络信息资源组织的未来发展趋势就是语义化组织，这是一个趋势，此外，自2000年我们进行了系列元数据与DC、RDF的相关研究，这些研究让我决定在元数据和RDF的基础上再深入到本体。

我个人认为图情学科对整个人类社会最大的学科贡献点在于分类法和主题法。基于分类法和主题法来进行知识组织的思路只有图情界有，而且图情界搞得非常清楚。如果将这两种方法与计算机对于信息组织的方法和理念结合起来，那将会使计算机的信息处理或者说网络信息的管理产生质的飞跃，同时也能把我们图情界的优势或者长处发挥出来。基于这样的理念和想法，我就毅然将从图情视角研究本体作为选题。本体在国内图情业界和学界才有两三年的历史，它是非常新的，也非常有难度。所以，基于这些认识，特别是对图情学界分类法和主题法的认识，我认为我是透彻了解的。因为计算机界做本体已经 20 多年了，它的起色并没有想象中的那么大，它有它的困境，有它的瓶颈。所以，我就觉得要找一个好的切入点，这时候刚好要确定硕士论文选题了，然后就选择了这个题目。

这是谁鼓励了我呢？我将这篇硕士论文凝结为一篇学术论文发表在《中国图书馆学报》2006 年第 4 期。朱强馆长看到了这篇文章，鼓励我："这篇文章很有价值，创新点比较大，只写这么一篇文章就算了吗？后续的研究打算怎么做？""这个思路的创新点在业界和学界的价值足够支撑一个国家基金项目。"说实话，申请国家社科基金项目我当时没敢想，在朱馆长的鼓励下，再加上在 2000 年，我又做过关于 XML、RDF、元数据方面的研究，我的硕士论文、XML、RDF 这些研究就成为国家基金的研究基础，基础算是比较扎实了。所以，2007 年这个国家社科基金项目就一举而中了。

刘锦山：后来您的国家基金项目什么时候结的项？

任瑞娟：2010 年结项，项目成果就是汉语基础语料库。2010 年结项的时候这个数据还不太多，我们做的是实验平台，里面数据比较少。之后我又觉得我们这种语料库是非常实用而且非常有价值的东西，所以就把这方面的研究继续下去，最后一直做了好几年。国家基金结项之后我自己用其他项目的研究经费来支撑着做，现在达到 25 万条数据，这已经不仅是实验平台了，也是一个实际应用的平台。我给朱强、陈凌馆长汇报之后，他们很赞赏。

三、关于博士论文与数据语义关系发现等研究

刘锦山：任馆长，请您再谈一下您的博士论文。

任瑞娟：我的博士论文是《数据新闻研究》。数据新闻是一个新的东西，是基于数据的采集、分析、内容语义挖掘、可视化呈现来形成的，是一种新的新闻形式。这种新闻形式也是只有在互联网媒介环境下才能够实现的一种新闻形式，最近几年也比较火。

刘锦山：这项研究的具体应用是不是可以进行新闻的自动采写？

任瑞娟：不是，它跟机器人新闻是两回事。数据新闻是通过数据的采集、挖掘、分析、筛选等数据处理的过程来发现规律。

博士论文开完题之后紧接着就是国家社科基金的申报，我就写了国家社科基金的申报书，然后就中标了。我报的是重点项目，因为我已经中过国家社科基金一般项目了。后来我知道到了最后评审阶段，创新点非常强没有问题，好像最后因为我新传的博士还处于在读阶段，从重点项目拿下来做了一般项目。后来因为经费不足，学院及学校又给我的团队补充约 15 万元经费，达到我原来的重点项目经费，我依然按照重点项目的原有设计的框架做。

刘锦山：您博士论文的主要内容是什么？

任瑞娟：博士论文的主要内容是国家基金的前部分内容，大数据背景下的数据新闻制作流程与语义构建研究，因为这部分内容实在是太新了，没有做语义方面的研究。

实际上日常工作中我对于图情研究生的教学和后续关于图情领域的研究，从 2011 年到现在基本上是基于关联数据的语义组织与语义关系发现，我的团队也有多个关联数据的大型研究项目，在《大学图书馆学报》等刊物发表了几篇文章。有多个实验平台，包括基于 D2R 的书目数据平台、基于 Drupal 的多类型学术资源的语义化组织和关联化聚合，以及基于 Relfinder 的五维学术关系发现的知识脉络可视化实践平台等。

刘锦山：要实现语义化发现，再可视化，需要对这些数据做些处理吗？

任瑞娟：是这样的，书目数据本身是结构化数据，是基于关系模型组织的结

构化数据，对于这种关系模型组织的结构化数据，把它实现关联化数据的发布，为了让它带有语义。为什么要实现它的关联化发布呢？就是为了让发布的信息自己带有语义，而且在以后的信息环境下能自动产生关联化语义聚合，这是其本质的目的。斯坦福大学图书馆大概在 2012 年已经实现书目数据的关联化发布。北京大学图书馆在 2015 年底公布的“十三五”规划计划在“十三五”期间实现书目的语义化发布。

我们团队有 D2R、Drupal、Relfinder、Plig 和 Paliment 等五个关联数据平台，分别可以把现有的 MARC 数据批量转化 RDF，从而方便关联化发布，对多种文献资源进行关联化发布，对多种资源的学术关系进行自动发现与可视化呈现。针对 D2R、Drupal 和 Relfinder 三个平台发表了相关文章，刊登在《大学图书馆学报》《情报科学》《图书馆理论与实践》等刊物。另外两个正打算申请专利。这次我在上海外国语大学图书馆讲的是 D2R 和 Drupal。D2R 是实现书目关联化发布的一个批量实现的工具，我们对这个也做了再开发，公开发表的是 D2R 和 Drupal。Drupal 这个平台实现的是多种资源的本体化关联化发布，就是对多种资源实现主体的本体化处理，本体就是关系，首先对主体进行本体化处理，然后再实现关联化发布，所以它比 D2R 更进一步。

其实关系发现就是语义化组织的网络信息的语义聚类，无论在我们图情界还是社会各界，它的应用都是非常广泛的，包括现在我们的智慧城市、图书馆未来智慧空间的应用，都对资源的语义化聚合有要求，这是一项最基础的工作，也是一项非常实用的技术。这几年的工作中我一直也在做这方面的相关研究，团队的实验平台有不少，单关联数据就有五个实验平台。我把语义关系的可视化发现写在“双一流”建设规划中，因为一流学校、一流学科、一流图书馆必须有新的东西，所以把关联数据写进去了。无独有偶，2015 年底我们听到了朱强馆长关于北京大学的“十三五”规划，他们决定在“十三五”期间实现北京大学馆藏书目数据的语义化发布。在《大学图书馆学报》2016 年第 1 期上发表的论文《基于五维学术关系发现的知识脉络可视化实践》介绍，作者在实验中做的不仅仅是书目，而是书目、学位论文、期刊、会议论文、报纸五种资源学术关系的发现，而且是关系的可视化发现。

在京津冀协同创新平台下，北京大学、南开大学、河北大学三馆间会对特色馆藏进行基于关联化的语义关系发现的应用研究。预期北京大学、南开大学、河北大学三馆的特色馆藏语义化发布平台会在今年年底或明年实现。

基于关联化的语义关系发现业界也不断有同人在这几篇文章公开发表后来和我讨论实际应用。所以这样看，关联数据的这几篇文章的应用价值很大。

以上是我的两个学位论文和两个国家社科基金项目的情况。

四、趋势：虚实互动的智慧空间

刘锦山：您刚才结合硕士与博士论文谈了与其密切关联的您所主持的两个国家社科基金学术研究方面的情况。您从大学毕业就开始在图书馆工作，到现在已经有 25 年了。请您谈谈您对图书馆的发展、图书馆面临的一些机遇和挑战等的看法。

任瑞娟：关于图书馆的未来或者趋势，其实学界和业界都有一些观点，有图书馆消亡论，也称为图书馆僵尸论。但是我不这样认为，我认为图书馆之树常青，无论是高校图书馆还是公共图书馆，我非常坚定地这么认为。为什么呢？有几个方面的因素。

第一，从媒介演进与变迁的视角看，图书馆是个生长着的有机体。

图情学科自从诞生到现在，有它学科的积累，有它学科的贡献度，有它学科的张力，有它学科培养的人才，它对于社会生活、对社会文化有自己的黏合力和支撑。在网络媒介环境下，图书馆作为专业信息机构，它的作用和价值更为突出，尤其是在大数据背景下图书馆是其他机构无法比拟的。为了阐述这个观点，我这里加入一个观点来解释，那就是“媒介定义社会”，这个观点是新闻传播学的一个观点，为什么这么说呢？我简单举个例子就可以理解了，比如在广播这个媒介，我们平常说的四大媒介包括平面、广播、电视和网络。在平面媒介统领的时代，《平凡的世界》《红与黑》等名著会影响很多人。在广播时代，刘兰芳的《岳飞传》，能让万人空巷，那个时间段小偷都不偷东西了，我们是从那个年代成长起来的，都能理解这一点。在电视媒介兴盛的时期，《好人一生平安》这首歌一响起来，大家都去看电视连续剧《渴望》，公路上的交通事故也少了。媒介能挖掘和引领人们对于自己所渴望东西的崇拜和模仿，所以说这是对“媒介定义社会”最朴素的理解。

图书馆诞生于平面媒介时代，从古代藏书楼到近代图书馆的发展，平静地映射了平面媒介环境下社会的文献典藏与文化传承；至音频与视频成熟发展的时期，传统的多媒体（音视频）锁住了大众的视野，图书馆中也自然地出现了多媒体阅览室，国家图书馆还建有独立的单体建筑——国图音乐厅。现在是互联网时代，网络这种媒介形式下的信息组织管理有其自身特点，图书馆在这种媒介形式下的优势与价值表现在它的资源能够给用户带来很多服务，比如刚才讨论的语义化组织与语义聚类等。

总之，在不同媒介环境下有不同的技术平台的支撑，图书馆就在这种媒介及技术的支撑下，不断生长不断完善，网络媒介环境下，这种媒介形式也在不断演进，从 Web 1.0 到 Web 2.0，现在到 Web 3.0、Web 4.0，所以我想从这个媒介发展的角度出发来证明图书馆不会消亡。

第二，依托平行理论视角，图书馆在虚拟空间中的演进发展将如火如荼。

这里有一个重要的平行理论，大意是世界由实体空间与虚拟空间构成。一个是我们大家所理解的实体空间，另一个空间是网络形成的虚拟空间，即网络世界所营造的虚拟空间，即赛博空间。平行理论是人工智能的理论基础。反映到图情领域，一个空间就是我们所看见的图书馆的实体的藏书阅览空间，而另一个就是依托网络所构建的虚拟空间。正好符合空间的本质是社交这个原理所承载的理论。在其支撑下，网络所创造的虚拟空间，在当前 Web 2.0 环境下呈现出明显的社交特征，未来是 Web 3.0 语义网和 Web 4.0 泛在网。

其中有关图书馆虚拟空间的观点如下：在互联网环境下，读者的学习包括对信息的需求，呈现出一种泛在学习、泛在教学的特点。这种泛在表现为在学习中实现社交，在社交中完成学习。这是我们不得不承认的一种网络媒介定义的网络文化特点。图书馆的要素说对于空间也是有说法的。但是，这些年来，在图书馆的实践中，实际上对于空间的认识和研究是不够的。图书馆学基础中要素说也谈到了空间，好多大家包括刘国钧、杜定友、陶述先、吴慰慈等先生在这方面都有过论述。但是三要素说认为是经费、建筑、设备，四要素说是设备、馆员、期望和观察力，还有的三要素说认为是书籍、馆员、读者，刘国钧的四要素说是图书、人员、设备和方法。没有非常清晰地把空间作为一个重要的要素去研究。图书馆学界对于空间的理论和应用研究都非常欠缺。

在互联网媒介环境下，虚拟空间的打造和普及，承载了网络环境下用户对于泛在学习环境、泛在信息咨询环境的需求，彻底契合了这种泛在的需求特点。2017 年我的一个毕业生写的《高校图书馆智慧空间的构造》的论文，整体梳理了智慧空间建设方面的理论依据和实践的应用等情况。下面是得到学界与业界认可的基于平等理论的一些研究探讨：

在平行理论观点下，图书馆空间不是萎缩了，而是又增加了虚拟空间，由以往的只有实体空间变成实体空间与虚拟空间并存。在当前的网络环境下，以实体空间与虚拟空间融合为抓手，形成图情领域的 IC 空间、LC 空间、KC 空间。以空间、资源、服务这三者融合发展成为图书馆的引擎。所以我们说虚实互动智慧空间的打造是未来图书馆发展的一个引擎，是图书馆创新的一个引擎。实际上这个虚实互动的智慧空间的打造离不开资源、空间、服务三维融合思想，只有在资源、空间、服务三维融合的前提下才可能打造虚实互动的智慧化空间。所以我们说虚实互动的智慧空间也是三维融合服务的一个落脚点。

第三，从场景理论看，适应和发展新的信息需求场景是图书馆知识服务的新路径。

场景本来是一个影视用语，是指在特定时间和空间内发生的情境，或者因人物关系构成的具体画面。移动互联网时代场景的定义是：场景成了继内容、形式、社交之后媒体的另一种核心要素。与计算机时代的互联网传播相比，移动时代场景的意义远非昔比。移动传播的本质是基于场景的服务，即对场景（情境）的感知及信息（服务）适配。当移动媒体在内容媒体、关系媒体、服务媒体三个方向上拓展时，其目的在于完成信息流、关系流与服务流的形成与组织。场景理论最早由美国著名的科技博客作者罗伯特·斯考伯和资深技术顾问谢尔·伊斯雷尔在《即将到来的场景时代》中提出。场景理论源自场景的五种技术趋势，也就是构成场景的五种技术力量（简称“场景五力”），即移动设备、大数据、传感器、社交媒体、定位系统。在未来25年，互联网将会走进新的时代——场景时代。场景时代下，基于场景五力的场景设备发挥自己的作用：对用户及外部环境的各种信息知道得非常详细，理解有关用户是谁、正在做什么以及接下来可能做什么等场景，提供个性化的智能服务，以便“更加符合每个人当时的需求”。

场景概念的内涵与演进、场景理论的内容框架、场景的理论框架等是需要探索的重要内容，场景是怎么构建的呢？暨南大学谭天教授在《从渠道争夺到终端制胜，从受众场景到用户场景——传统媒体融合转型的关键》一文中指出：场景设计者可以有三个思考维度：满足需求、响应需求、创造价值，即人性、社会和文化三个层面。

基于这些理论，图书馆基于场景的信息服务可以分为三个层次的内容：首先感知读者的场景信息，结合图书馆的空间、资源与服务，为用户提供基于信息场景的语义化信息检索服务；其次结合用户大数据和在社交媒体中的信息，依据个性化使用倾向为用户推荐附近最适合的资源或服务；再次，依据个性化特征获得用户所需要的语义资源的路径导航服务。上述三个层次构造了图书馆即基于场景的知识服务。

2016年7月24日，我在北京讲《高校图书馆资源、空间、服务三维融合发展》，实质是基于场景的知识服务在高校图书馆的具体应用，体现在高校图书馆的核心竞争力表现在三个方面：一是持续参与用户泛在学习过程；二是增强支撑用户的研究创新过程；三是不断参与学校的管理决策过程。上述三个过程的深度与广度体现了高校图书馆的核心竞争力。

当天我和百度设计院的副总设计师同台演讲。当时只有两个主题演讲，参会人数约100人，基本上都是馆长或副馆长。当时百度研究院副总设计师，职位很高了，他对我研究的这个内容非常感兴趣，他说他没有想到在图书馆会议上能听到这样一个报告。他认为我讲的这个虚实互动智慧化空间特别好，百度作为一个IT领头企业，在实践项目的研究中特别肯下功夫，但他们对于相关虚拟空间理论几乎没有，所以他特别聆听了我的报告，并大大点赞。

还有一次在南京大学的计算传播学会议上，与一些大企业的传媒总编一起讨论问题，包括今日头条的技术总监刘志毅，他对于我做的虚拟智慧空间的相关理论探讨也大加点赞，作为传媒企业今日头条一直在网络前沿探索，但理论基础研究很少或没有，这样到一定程度后就很难提升，所以我们图情学科在注重信息组织与信息管理相关应用研究的同时，也要多注重其理论基础，这样这个领域的研究才能高远。